浅埋煤层开采覆岩破坏与地表移动变形时空特征研究

孙庆先　著

应急管理出版社

·北　京·

图书在版编目（CIP）数据

浅埋煤层开采覆岩破坏与地表移动变形时空特征研究 / 孙庆先著. -- 北京 : 应急管理出版社, 2024. -- ISBN 978-7-5237-0701-2

Ⅰ. TD823.25

中国国家版本馆 CIP 数据核字第 2024HW8834 号

浅埋煤层开采覆岩破坏与地表移动变形时空特征研究

著　　者　孙庆先
责任编辑　刘永兴
责任校对　张艳蕾
封面设计　于春颖

出版发行　应急管理出版社（北京市朝阳区芍药居 35 号　100029）
电　　话　010－84657898（总编室）　010－84657880（读者服务部）
网　　址　www. cciph. com. cn
印　　刷　北京建宏印刷有限公司
经　　销　全国新华书店

开　　本　787mm×1092mm 1/16　**印张**　20　**字数**　475 千字
版　　次　2024 年 11 月第 1 版　2024 年 11 月第 1 次印刷
社内编号　20240515　　**定价**　65.00 元

前言

我国煤炭资源在地理分布上的总格局是西多东少、北富南贫。西北部地区是我国煤炭资源主要集中地，约占全国探明储量的80%。我国西北部地区不仅煤炭资源储量丰富，而且产量大。国家统计局统计数据显示，2022年我国原煤总产量为45×10^8 t，其中内蒙古产量为11.7×10^8 t，陕西产量为7.5×10^8 t，新疆产量为4.1×10^8 t，三省（区）产量约占全国总产量的52%。也就是说，西北地区已经成为我国煤炭资源的主要基地。地质勘查表明，西北部地区相当一部分煤层属浅埋煤层，主要包括吐哈煤田、灵武煤田、神府东胜煤田等。其中，又以神府东胜煤田最为典型。神东煤田是我国现已探明储量最大的煤田，与美国阿巴拉契亚煤田（Appalachia coal field）、德国的鲁尔煤田（Ruhr coal field）等并称为世界七大煤田。煤田已探明地质储量为2236×10^8 t，远景储量达到10000×10^8 t，占全国探明储量的1/4强。神东矿区是神东煤田的一部分，矿区南北长约38～90 km，东西宽约35～55 km，面积约3481 km^2。地处陕蒙交界的神东矿区，煤炭资源丰富，赋存稳定，地质条件简单，已基本形成高强度、高效率的地下开采模式。在高强度开采条件下，覆岩破坏严重，地表水流失严重，河流水量减小乃至干涸，地下水水位下降，泉水断流，地表移动变形剧烈，高强度煤炭开采导致了地表破坏和生态环境恶化。既要合理高效开采煤炭资源，又要最大限度地减轻对生态环境的破坏，这是神东矿区和整个西北部矿区资源开发中面临的重大课题。

本书以神东矿区为主要研究区域，探讨浅埋煤层开采的覆岩破坏与地表移动变形特征，为矿区地质灾害治理和生态环境修复提供技术参考。本书内容分为7章：第1章简要介绍开采沉陷学研究历史与现状，第2章介绍神东矿区的地质采矿条件，第3章至第5章分别探讨综采/综放条件下地表移动变形特征、地表裂缝和塌陷坑发育特征、以“两带”高度为主的覆岩破坏特征，

第 6 章探讨柱式开采遗留采空区稳定性问题，第 7 章是对全书的总结和思考。浅埋煤层开采的覆岩破坏与地表移变形特征与中东部矿区有很大差异，为了便于对比分析，以加深对浅埋煤层开采覆岩破坏与地表移变形特征的理解，本书中介绍了很多中东部矿区的研究成果。

总结本书的研究成果，有两个最重要的观点：

（1）工作面采场来压、覆岩破坏和地表移动变形是具有因果关系的、统一的力学行为。我国中东部矿区煤层埋深大，工作面采场来压和地表移动变形之间的时空对应关系不明显，因而以往研究中多是针对两种现象单独进行研究。而在以神东矿区为代表的浅埋煤层矿区，工作面采场来压和地表移动变形之间的时空对应关系比较明显，特别是与地表移动变形动态参数的时空对应关系很明显。这为两个专业的交叉研究提供了可能。将工作面采场来压、覆岩破坏和地表移动变形纳入到统一的框架内考虑不仅是可行的，而且也是必要的。例如用关键层理论解释超前影响距。

（2）适合普采、炮采工艺条件下的部分覆岩破坏和地表移动变形计算方法在综采/综放工艺条件下的适用性下降，适合煤层埋深较大的中东部矿区的覆岩破坏和地表移动变形计算方法在西部浅埋煤层矿区的适用性下降。

因此，与中东部矿区相比，总体上神东矿区覆岩破坏和地表移动变形规律性降低，由此得到一些新的认识，例如概率积分法在神东矿区的适用性下降，又如地表移动持续时间明显缩短，仅约为经验公式计算值的一半。尽管总体上神东矿区覆岩破坏和地表移动变形规律性减弱，但综采/综放条件下地表移动变形表现出的明显而强烈的非连续特征的规律性有所增强，例如裂缝的发生、发育规律较明显。这一认识不仅突破了非连续变形规律性差的观点，也是对覆岩破坏和地表移动变形规律研究的有力补充和完善。

需要在此特别说明的是，在资料收集过程中发现，对同一个工作面地质采矿条件信息的描述，存在不同文献不一致的现象，工作面编号、钻孔编号也存在不一致现象，甚至同一篇文献中同一个信息也存在前后不一致现象。为便于读者核实，消除误解，本书尽力说明信息出处。为此，本书中的信息标注方法为：凡源自学术专著、毕业论文、研究报告的数据，除标注文献编号外，还标注数据所在页码，标注方法为 $\left[\frac{\text{参考文献编号}}{\text{页码}}\right]$，形式为上标；凡源自科技期刊论文、会议论文的数据，只标注文献编号，不标注所在页码，标注方法为［参考文献编号］，形式为上标；根据文献记录中相关数据计算得到的数据（例如深厚比）不标注；根据相关信息推测的信息（例如采煤工艺）不标注。这种信息标注主要出现在表格中。

本书对前人研究成果进行了整理归纳，并在此基础上分析总结，介绍著者自己的观点。期望本书的内容和研究成果能对从事相关工作的科研和技术人员提供一定的帮助。

在此，对本书引用文献作者表示感谢。对支持我的同事陈清通、李宏杰、吴海军、李杰、陈凯、郭文砚、牟义、李文、贾新果等表示感谢。对支持我的朋友和家人表示感谢。

著者水平有限，疏漏在所难免，恳请专家、读者批评指正。

著　者

2023年11月

目录

1 绪　论

1.1 研究历史与现状

矿产资源开采后，开采区域周边岩体的原始应力平衡状态受到破坏，应力重新分布，达到新的平衡。在这一过程中，覆岩和地表产生连续的移动、变形和非连续的破坏（开裂、冒落等），这种现象称为开采沉陷。

开采沉陷学最早来自德文 Bergschadenkunde 和英文 Mining Subsidence，它是一门研究地下有用矿物开采引起岩层和地表移动及相关问题的科学（王金庄，2003）。

1.1.1 国外研究历史与现状

地下煤层开采造成的地表破坏，在 15 世纪就引起了人们的关注。比利时、英国、德国等欧洲国家颁布过相关法令，组织过专门的委员会调查采矿破坏事件，由此产生了开采沉陷最早的垂线理论，后续不断观测、调查、分析研究，陆续产生了法线理论、二等分线理论、自然斜面理论和拱形理论等。采矿企业的测量人员从 20 世纪初开始建立地面观测站，对地表移动进行系统观测。在综合分析地表移动观测成果和探讨地表移动规律的基础上，产生了新的学科领域——开采沉陷学。此后，西方的工业化国家包括英国、德国、波兰、俄罗斯、美国、澳大利亚等国因能源需求的急剧增长而开展了大量研究工作，相继出现了基于连续介质和非连续介质的开采沉陷预计理论和方法（王金庄，2003；崔希民等，2017）。

世界上主要采煤国家都在致力于开采沉陷研究，形成了许多观点不同的学派。20 世纪 30 年代，苏联开始矿山岩层与地表移动实地观测工作，1947 年出版了学术专著，中译本名为《煤矿地下开采的岩层移动》。1949 年德国学者 Niemczyk. o 出版了开采沉陷的第一本有代表性的著作 *Bergschadenkunde*。1958 年苏联学者出版了中译本名为《岩层与地表移动》的学术专著，首次提出采空区上方岩层移动的“三带”理论，系统地分析研究了地表移动和变形分布规律及有关参数规律，提出了苏联通用的地表移动变形计算方法——典型曲线法。波兰也很重视开采沉陷的研究工作，20 世纪 50 年代先后提出了多种地表移动变形预计方法，1950 年布德雷克（Budryk）和克诺特（Knothe）提出了计算开采水平煤层地表变形的理论和公式，1954 年李特维尼申（J. Litwiniszy）引入了随机的概念来研究岩石移动的规律，其中尤以水平煤层开采的问题研究比较多，这在当时引起了广泛的关注，形成了比较著名的几何学派、连续介质力学派以及随机介质学派（王金庄，2003；刘宝琛等，2016；崔希民等，2017）。

总体上，国外对开采沉陷规律的研究分为 3 个阶段。第一阶段是 1900 年以前人们对地表移动破坏的初步认识，形成了一些假说和推理；第二阶段是 20 世纪初至 20 世纪 50 年代末，学者们不仅认识到了理论的重要性，而且认为实测研究是最重要的研究手段，提出了采空区上方岩层移动的“三带”理论、覆岩与地表移动变形的连续介质、随机介质等理论和经验法、理论模拟法、影响函数法等预计方法；第三阶段是 20 世纪 60 年代后，理论逐渐趋于完备，手段日趋丰富，有限元、边界元、离散元等数值计算方法得到了广泛应用，取得了很好的效果（邹友峰等，2003；陈凯，2015）。纵观国外的研究历史可以发现，其研究成果集中在以几何学为基础的地表变形基础理论上，其他方面则涉及较少。

1.1.2 国内研究历史与现状

开滦是我国开展地表移动观测最早的矿区，我国第一个地表移动观测站——黑鸭子地表移动观测站就建在开滦矿区的林西煤矿。此后，开滦、抚顺、阜新、峰峰、淮南、大同、鹤岗、新汶、阳泉、本溪等矿区先后制定并实施了地表移动观测规划，积累了大量丰富的资料和观测数据。20 世纪 50 年代，我国公派留学人员到波兰、苏联学习有关开采沉陷知识理论，并聘请国外专家来华讲学、工作。1955 年开设了“岩层与地表移动”课程。1965 年出版了关于煤矿地表移动基本规律的第一部专著《煤矿地表移动的基本规律》(刘宝琛等，1965)，1981 年出版了教材《煤矿岩层与地表移动》(中国矿业学院等，1981)和专著《煤矿地表移动与覆岩破坏规律及其应用》(煤炭科学研究院北京开采研究所，1981)，1991 年出版了教材《矿山开采沉陷学》(何国清等，1991)，1994 年出版了专著《建（构）筑物下压煤条带开采理论与实践》(吴立新等，1994)，此后还有大量相关学术著作相继问世，开滦、峰峰、枣庄、阳泉、淮南、淮北等很多矿区在实测资料分析的基础上，整理出各自的预测参数，建立了适合各自开采条件的开采沉陷预计、控制理论和技术体系。

1. 理论研究与方法方面

刘宝琛与廖国华利用李特维尼申的随机介质理论解算出了其简化解，建立了可以应用的完整的方法，从而实现了从理论到方法再到应用的发展，创建了概率积分法；从随机介质理论到概率积分法，既有理论上的学习与继承，又有方法上的创见。1985 年刘天泉主持编写的《建筑物、铁路、水体及主要井巷煤柱留设与压煤开采规程》(简称“三下”采煤规程）中首次提出概率积分法的概念（刘宝琛等，2016）。随着科学技术的发展进步，我国科技工作者在开采沉陷相关方面做了大量扎实有效的工作，取得了许多新的研究成果，2000 年对原“三下”采煤规程进行了修改补充，颁布了新的“三下”采煤规程。随着综采（综放）工艺的推广应用和研究成果的积累，在 2000 年版本“三下”采煤规程的基础上，于 2017 年颁布实施了《建筑物、铁路、水体及主要井巷煤柱留设与压煤开采规范》(简称“三下”采煤规范)，同时出版了相应的《建筑物、水体、铁路及主要井巷煤柱留设与压煤开采指南》(简称“三下”采煤指南)。无论是“三下”采煤规程还是“三下”采煤规范，概率积分法都是推荐使用的计算方法。概率积分法在我国主要矿区得到了应用，解决了大多数相关问题。此外，唐山煤研所矿山测量研究室1965年建立了负指数函数法，峰峰矿区、平顶山矿区建立了各自的典型曲线。这些基于实测资料建立起来的预测方法成为解决矿区开采沉陷预计的可靠方法之一（何国清等，1991；崔希民等，2017）。

无论是概率积分法还是剖面函数法、典型曲线法，都是基于几何学理论建立起来的计算方法，而覆岩和地表移动是一个复杂的时空过程，本质上是一个力学行为。研究表明，主关键层的破断导致上覆所有岩层的同步破断与地表快速下沉，地表移动观测点和对应的主关键层岩移观测点几乎同时达到下沉量和下沉速度的最大值，也就是说，关键层在岩层和地表移动中起主要的控制作用（许家林等，2005；朱卫兵等，2009）。关键层理论的提出为岩层移动与开采沉陷的深入研究提供了新的理论平台。因此，学者们试图从力学角度开展研究，从根本上揭示开采沉陷的奥秘。研究结果表明，覆岩主关键层位置会影响顶板导水裂隙带高度，当主关键层与开采煤层距离较近并小于某一临界距离时，顶板导水裂隙带将发育至基岩顶部，导水裂隙带高度明显大于按“三下”采煤规范中的顶板导水裂隙带高度确定方法得到的结果，这很好地解释了神东矿区部分煤矿顶板异常突水灾害的发生机制（许家林等，2009）。许多学者将关键层理论引入到地表沉陷研究中，取得了很多成果（刘玉成，2010；何昌春，2018）。影响覆岩和地表移动的因素有些是确定的、定量的，有些则是随机的、定性的、模糊的，而且这些因素之间还可能存在错综复杂的影响，用数学或力学理论很难全面而准确地描述，而非线性理论在这方面具有一定的优越性。很多学者都做过尝试，效果很好（郭文兵等，2003；王正帅，2011）。煤柱稳定性评价是开采沉陷学重要的研究内容之一，安全系数是定量评价煤柱稳定性最常用的指标，以往计算安全系数的计算方法全部是面对规则煤柱的，而早期小煤矿技术落后、管理不规范，遗留了很多“L”“H”“凹”“凸”形不规则煤柱，这些不规则煤柱的长、宽信息不明确，无法计算安全系数。针对这种情况，著者提出了利用煤柱形状指数计算不规则煤柱安全系数的方法，解决了不规则煤柱稳定性评价问题（孙庆先，2016；孙庆先，2017）。采动作用下覆岩各个分层的运移变形程度不同，工作面上部各个岩层运移变形形态叠加的结果就是地表沉陷，导致该结果的过程即为传递作用，基于这样的思想，有学者建立了分层传递预计地表沉陷的理论和模型，计算结果与实测数据吻合较好，充分说明了分层传递方法的合理性（李玉，2019）。

2. 研究手段方面

数值模拟具有成本低、周期短的先天优越性，因此成为一种应用越来越广泛的手段，无论是在覆岩“两带”高度还是地表移动变形监测中，数值模拟手段扮演着越来越重要的角色。著者查阅2010年后关于覆岩和地表移动变形的硕博士毕业论文，粗略统计发现，约70%采用了数值模拟方法，这说明数值模拟成为覆岩和地表移动变形研究的重要手段。虽然数值模拟具有如此重要的作用，但传统的相似材料模拟手段并没有被放弃，随着模型设备和观测方法的不断改进完善，相似材料模拟应用更加广泛。无论是数值模拟还是相似材料模拟，都是在对实测数据分析的基础上的再现，因而也就是对实测结果的修正、补充、完善或验证，是具有辅助作用的研究手段。研究覆岩和地表移动变形特征，往往同时采用多种研究手段，数据相辅相成，达到总结共性特征的目的。在研究淮南矿区厚松散层下深部综采和高位硬岩下综放开采地表移动规律（刘义新，2010；刘飞，2017）时，均采用了地表观测站实测、数值模拟和相似材料模拟手段，取得了具有实用价值的结论。在研究神东矿区综采“三带”高度（煤炭科学技术研究院有限公司，2019）时，采用了钻孔漏失液观测、钻孔电视设备和数值模拟、相似材料模拟手段，得到了具有指导意义的垮落带、导水裂隙带高度计算公式。

3. 数据获取设备和数据整理分析方面

对于“两带”高度观测，钻孔漏失液观测结果可信度高，因此仍具有不可替代的地位。钻孔电视观测具有直观可靠的显著优点，随着设备轻便化和图像数字化的发展，钻孔电视发挥着越来越重要的作用。此外，物探技术也被应用到“两带”高度观测中。有学者在探测煤层覆岩“两带”高度时采用了钻孔漏失液观测、钻孔彩色电视和瞬变电磁法物探 3 种设备，所得结论是一致的：钻孔彩色电视探测结果最优，精度可在米级以内；瞬变电磁探测结果具有不确定性，仅能确定大致范围；钻孔漏失液观测结果居中，数据可供参考（孙庆先等，2013；叶飞等，2015）。物理模拟和数值模拟方法预测的导水断裂带高度与实际存在一定的误差，可作为辅助研究方法进行导水断裂带发育规律性研究（李宏杰等，2015）。地表观测站传统的经纬仪、水准仪、全站仪观测固不可少，但这些方式存在着成本高、劳动强度大、受天气和地形限制影响、效率低等缺点。GPS（Global Positioning System，全球定位系统）、3D LS（3D Laser Scanning，三维激光扫描）、D－InSAR（Different Interferometric Synthetic Aperture Radar，差分合成孔径雷达干涉）等技术设备的应用弥补了传统观测方法的不足，不仅实现了数据获取由单点模式向面式模式再到立体模式的突破，而且能够实现全天候、全天时、高精度和大覆盖面观测，不仅大大降低了成本和劳动强度，而且基本能满足开采沉陷的需要。为直接从 GPS 和我国 Beidou（Beidong Navigation Satellite System，北斗导航系统）的原始数据中提取监测点变形信息，实现开采沉陷监测数据高精度采集和数据快速处理的方法，有学者研究了利用 Beidou/GPS 技术对矿区地表沉陷进行变形监测的方法，并从监测方案的设计、矿区高精度 Beidou/GPS 三维变形监测基准网的建立及变形信息的解算 3 个方面研究了矿区地表沉陷监测的具体流程，编制开发出了一套基于 Beidou/GPS 技术的变形信息快速解算软件，应用于顾北煤矿 2326 首采工作面，可以基本满足矿区开采沉陷监测的要求（张美微，2014）。也有学者研究了一种 3D LS 与 D－InSAR 联合监测矿区地表动态沉陷方法，实现了大范围、高精度、动态的地表沉降监测（何倩等，2017）。还有学者尝试将 UAV（Unmanned Aerial Vehicle，无人机）监测技术应用于地表沉陷观测，探讨了地表裂缝解译方法和地表沉降量计算方法。在数据获取实现信息化的同时，也实现了数据处理的智能化和成果展示的多样化（高冠杰等，2018）。基于 Microsoft Visual Studio 2010 开发环境和 Visual C#开发语言的开采沉陷监测系统具有用户界面友好、运行快捷、使用方便、计算结果正确可靠的特点（张美微，2014）。针对已有开采沉陷预计软件程序功能单一、数据综合处理能力较低的不足，有学者综合应用 VB（Visual basic）、VBA（Visual basic for application）语言，并结合 SUFER、

EXCEL 和 CAD 软件，开发了集地表移动观测站设计、资料整理、数据提取、拟合计算、残余变形预计以及塌陷区综合治理等功能于一体的软件系统（刘占新等，2017）。在研究宁夏平罗某矿区深部缓倾斜煤层长壁法和条带法两种开采方案分别开采后地表的移动变形规律时，有学者基于 VB 语言开发地表移动计算软件，通过在软件内调用 Matlab 图形平台实现了计算结果的可视化处理（杨光，2016）。这些工作都有力地推进了开采沉陷研究的信息化和智能化进程。

纵观我国的研究历史可以发现，虽然我国相关研究起步晚，但研究内容、研究方法和手段广泛，研究成果丰富。研究成果集中在地表变形理论与方法上，已有学者将其与力学有关的理论方法引入到开采沉陷研究中，取得了初步的研究成果。

1.1.3　浅埋煤层开采覆岩与地表移动规律研究现状

本书以研究浅埋煤层开采覆岩与地表移动规律为主，简要介绍了以神府—东胜矿区（简称神东矿区）为主的典型浅埋煤层矿区的相关研究成果。

西北部地区是我国煤炭资源主要集中地，约占全国探明储量的 81.3%。地质勘查表明，该地区相当一部分煤层属浅埋煤层，其中，又以神东煤田最为典型。神东煤田位于毛乌素大沙漠边缘，煤田面积大($31172\ km^2$)，可采煤层多，煤层厚度大，储量高达 $2236\times10^8\ t$，大约是全国总探明储量的 1/3（戴自希，2005），是我国目前最大的煤田，也被称为世界第七大煤田。自 20 世纪 80 年代开始，神东矿区煤炭资源有规模地开发，21 世纪初，神东矿区煤炭资源大规模地开发。我国东部地区总体上资源趋于枯竭，中部地区开发时间长、强度大，目前面临严峻的生态环境问题，煤炭生产重心已经转移至西北部地区，西北部地区产量在全国煤炭总产量中的比重不断增加，位于陕蒙交界地带的陕西省神木市和内蒙古自治区鄂尔多斯市分别被称为中国产煤第一大县和第一大市。随着一大批大型、特大型安全高产高效矿井的建成投产，西部重点煤矿采煤机械化和掘进机械化程度达到全国先进水平，成为煤炭工业先进生产力的代表。

关于浅埋煤层开采覆岩和地表移动规律，近年来开展了大量的研究工作。2010—2012 年，煤炭科学研究总院在神东煤炭集团公司柳塔煤矿、寸草塔一矿、寸草塔二矿、布尔台煤矿建立地表移动观测站并进行数据采集和分析整理，总结出了万利矿区综采与综放开采技术条件下的概率积分法参数规律；同时在寸草塔二矿工作面上方布置 2 个钻孔进行覆岩破坏“两带”高度观测，对 2 个钻孔的导水裂隙带高度实测结果表明，“三下”采煤规程中的计算公式在万利矿区是适用的。2012 年，西安科技大学（王鹏，2012）在韩家湾煤矿开展了浅埋煤层地表移动规律研究，得到了韩家湾煤矿大采高开采条件下的岩移参数，揭示了地表裂缝分布形态与覆岩断裂结构演化的内在关系。2012—2013 年，西安科技大学与神东煤炭集团合作在三道沟煤矿开展大采高厚砂岩条件下矿压显现和地表移动规律研究，得到了很多有益的研究成果。2013 年，煤炭科学研究总院在神东矿区杨家村煤矿开展了浅埋煤层综采地表移动规律研究，得到了一系列地表移动参数并研究了地裂缝发育特征。在收集整理前人工作成果的基础上，煤炭科学研究总院（陈凯，2015）对东胜矿区 12 个工作面地表移动实测数据进行了统计分析，建立了东胜煤田地表沉陷岩移角值和沉陷变形参数与相关地质条件的关系式，并对地裂缝发育的基本规律进行了分析总结。中国矿业大学（北京）在研究地表移动规律和地裂缝特征的基础上开展了土地复垦生态修复的研究工作，取得了很多研究成果（杜善周，2010；王新静，2014；陈超，2018）。中国矿业大学（刘辉，2014）专门就地裂缝进行了研究，基于开采沉陷理论、覆岩破坏理论、坡体滑移理论，提出了采动地裂缝的分类方法，研究了采动地裂缝的发育规律，揭示了采动地裂缝的形成机理，建立了各种不同类型采动地裂缝的预测模型，提出了适合西部矿区采动地裂缝的综合治理技术措施。2017—2019 年，煤炭科学技术研究院有限公司在神东矿区上湾煤矿、补连塔煤矿、布尔台煤矿施工 6 个“两带”高度钻孔并进行观测，同时收集了神东矿区以往近 30 个“两带”高度钻孔的观测数据，在对这些数据进行全面分析的基础上，拟合回归得到神东矿区的导水裂隙带和垮落带高度预计公式，采用关联分析法对影响垮落带和导水裂隙带的影响因素进行了分析。2017 年出版的“三下”采煤指南中收录了神东矿区部分矿井“两带”高度实测数据和地表移动变形参数。浅埋煤层大量生产实践和研究表明，覆岩中主关键层控制了上覆基岩直至地表的移动变形，开采过程中矿压显现剧烈，顶板灾害严重，中国矿业大学和西安科技大学对关键层理论的浅埋煤层顶板控制、矿压显现、地表变形的研究成果十分丰富（朱卫兵等，2009；许家林等，2009；侯忠杰，1999，2000；黄庆享，2002；雷薪雍，2008；李金华，2017），有力地指导了安全生产。

国外关于浅埋煤层的研究成果不多。1995 年，我国对印度出口了多套综采设备并开展了矿压规律研究。对印度 PV 矿浅埋煤层综采矿压规律的研究表明，工作面直接顶和基本顶由下向上离层，沿工作面长度方向，分段断裂和垮落，来压显现为煤壁前方顶底板移近速度增大，基本顶周期来压步距有大小之分，利用支护阻力测定的大周期之间有小步距，大周期来压步距为 30 多米，小周期来压步距为 4 m，由于支架额定工作阻力较大，所以工作面矿压显现不十分明显。地表缓慢下沉并呈周期性地产生裂缝，大周期来压步距与地表裂缝间距一致（赵宏珠，1996）。就工作面矿压显现特征来说，印度 PV 矿与神东矿区明显不同，但地表裂缝间距与周期来压步距一致的规律是相同的。

1.2 本书研究的目的和意义

（1）对于地表移动变形，无论是概率积分法还是典型曲线法，都没有从力学角度揭示覆岩和地表移动变形的机理，这些方法本质上是几何方法。尽管概率积分法数学推导严密，也满足了生产建设的基本需要，但是，其提出者刘宝琛院士在 20 世纪 80 年代初重新审视概率积分法时就明确指出了这一不足。研究发现，工作面矿压、覆岩破坏和地表沉陷变形存在较明显的对应关系，本书试图在这些方面做些尝试性的工作。

（2）开滦、峰峰、兖州、新汶、阳泉等很多中东部矿区在大量实测资料的基础上建立了比较完整的覆岩与地表移动计算体系，而浅埋煤层的实测资料相对很少。“三下”采煤指南中罗列了 408 组工作面地表移动实测参数以及 20 个矿区综合分析地表移动实测参数，神东矿区的实测资料仅 7 组，不足以进行综合分析。“三下”采煤指南中罗列的 138 组覆岩破坏“两带”高度实测数据中，属于神东矿区的 12 组，这对于面积巨大的神东矿区来说，实测数据显然偏少。本书收集到的神东矿区工作面地表移动实测参数 60 余组，数据较齐全的近30组，“两带”高度实测数据70余组，数据较齐全的近40组。由于各煤矿区地质条件存在差异，以往的研究成果在神东矿区应用存在较大误差，补充、完善神东矿区的实测资料，整理、总结神东矿区的研究成果，能为神东矿区后续开采和相似地质条件下其他矿区的开采提供有力的指导。

（3）“三下”采煤规范和“三下”采煤指南中总结的成果大多是在炮采、普采工艺下得到的，由于彼时开采工艺相对落后，工作面倾斜长度短，多数实测数据是在不充分采动条件下得到的，而神东矿区综采工作面不仅走向长度大，而且倾斜长度也大，双向达到了充分采动条件，其覆岩破坏与地表移动特征必然与中东部矿区存在差异，以原有的成果指导煤矿生产可能不适用，存在一定的安全隐患，开展充分采动条件下的覆岩破坏与地表移动规律研究是必要的。

（4）随着煤炭行业战略西移，西部矿区成为我国能源开发的核心区。神东矿区位于我国西北内陆地区，风沙多和干旱缺水是主要生态特征，生态阈值低，一旦遭到破坏，较难恢复，是典型的生态脆弱矿区。神东矿区地质条件简单，综采工作面不仅长度大，而且推进速度快，地表塌陷严重，出现大量的塌陷坑、裂缝等不连续变形。这对于处于生态环境脆弱区的神东矿区来说，煤炭开采对生态环境的扰动无疑是巨大的。本书将开采导致的地表裂缝作为重要研究内容之一，研究成果对矿区地质灾害治理、土地复垦等工作具有指导作用。

（5）20世纪80年代至21世纪前10年，神东矿区曾经普遍采用柱式采煤工艺，柱式采空区分布十分广泛。柱式采空区不仅是本煤层和邻近煤层开采的安全隐患，而且由于神东矿区煤层埋深浅，其塌陷后造成的地质灾害也远远大于煤层埋深较大的中东部矿区。故在本书中单独设立一章，专门就柱式采空区的稳定性评价问题进行探讨，以期对煤矿井下安全生产和地表建设工程安全施工提供一定的技术支持。

需要说明的是，书中绝大部分数据来源于神东矿区，但也收集了少量其他矿区的数据。本书在部分章节刻意将神东矿区的数据及统计规律与其他矿区的数据及统计规律进行对比，目的是使读者对不同地质采矿条件下覆岩与地表移动规律的了解更加全面、认识更加清晰、理解更加深刻。

2 神东矿区浅埋煤层地质条件

2.1 浅埋煤层的定义

2.1.1 以关键层、松散层厚度对浅埋煤层分类和定义

有学者（侯忠杰，1999、2000）以关键层理论为切入点，根据松散层厚度把浅埋煤层分为一般浅埋和地面厚松散层浅埋煤层。如果满足式（2－1）则称为厚松散层浅埋煤层，反之，则为一般浅埋煤层。

$$\frac{\sum_{i=1}^{n}\rho_i g h_i \times \sum_{i=n+1}^{m} E_i h_i^3}{\left(\sum_{i=n+1}^{m}\rho_i g h_i + q\right) \times \sum_{i=1}^{n} E_i h_i^3} \leqslant 1 \tag{2-1}$$

式中 $\rho_i g$——第 i 层岩层的容重，kg/m^3；

h_i——第 i 层岩层的厚度，m；

E_i——第 i 层岩层的弹性模量，N/m^2；

n——第一层坚硬基本顶控制的岩层层数；

m——从第一层基本顶起算的岩层层数；

q——地表松散层荷载，kN/m^2。

厚松散层浅埋煤层开采后，上覆岩层全厚整体垮落，工作面来压强度很大；一般浅埋煤层上覆各层基本顶变形破坏不同步、不协调，工作面来压强度较小。

2.1.2 以关键层、煤层埋深和基载比对浅埋煤层分类和定义

在分析神东矿区大柳塔煤矿 3 个不同条件的浅埋煤层工作面矿压实测数据的基础上，得出了中国特大浅埋矿区顶板破断规律与普通采场不同的结论，其主要特征是顶板切落式破断和台阶下沉，顶板垮落一般形成冒落带和裂隙带（黄庆享，2002）。由此提出了以关键层、基载比（基载比 J_Z＝基岩厚度/载荷层厚度）和埋深为指标的浅埋煤层定义。研究认为，浅埋煤层可分为 2 种类型。一是基岩比较薄、松散载荷层厚度比较大的浅埋煤层，

其顶板破断为整体切落形式，易于出现顶板台阶下沉，此类厚松散层浅埋煤层称为典型的浅埋煤层。可以概括为：埋藏浅，基载比小，基本顶为单一关键层结构的煤层。二是基岩厚度比较大、松散载荷层厚度比较小的浅埋煤层，其矿压显现规律介于普通工作面与浅埋煤层工作面之间，表现为两组关键层，存在轻微的台阶下沉现象，可称为近浅埋煤层。近浅埋煤层工作面的主要矿压特征是基本顶破断运动直接波及地表，顶板不易形成稳定的结构，来压存在明显动载现象，支架处于给定失稳载荷状态。

研究认为，基于煤层覆存和工作面矿压特征判断浅埋煤层的指标是：埋深不超过150 m，基载比 J_Z 小于1，顶板体现单一主关键层结构特征，来压具有明显动载现象（黄庆享，2002）。

2.1.3　以“承压拱”结构定义浅埋煤层

煤炭科学研究总院学者（任艳芳，2008）研究认为，煤层开采后，覆岩中无法形成稳定的“承压拱”结构的煤层称为浅埋煤层。因此，在长壁开采条件下确定某一煤层是否为浅埋煤层的条件，关键在于在正常回采过程中上覆岩层中能否存在“承压拱”结构，且这个“承压拱”结构是否始终保持稳定，它的界定关键在于覆岩中的“承压拱”结构在工作面不同推进阶段的基本特征及稳定性状态。影响浅埋煤层矿压及覆岩结构稳定性的关键因素是采高和工作面长度。即采高和回采工作面长度的不同，上覆岩层中“承压拱”的临界拱高不同，当采高达到一定值后，上覆岩层不能形成稳定的“承压拱”结构；工作面长度对于承压拱结构的稳定性影响也很大，但当工作面达到一定临界长度时，加长工作面对覆岩结构稳定性影响程度降低。因此，浅埋煤层是一个相对的概念，某一煤层在一定的工作面长度、采高条件下属于浅埋煤层，而当工作面长度、采高改变后，可能不再属于浅埋煤层。

2.1.4　以煤层埋深定义浅埋煤层

在研究大屯矿区地表移动参数规律时，有学者（任丽艳，2009）将300 m以浅作为浅部煤层，将大于500 m作为中深部煤层。

在研究徐州矿区地表移动参数规律时，有学者（滕永海等，2003）将400 m作为浅部开采与深部开采的界限，其理由有两个：一是“三下”采煤规程（2000年版本）中列出的各矿区的地表移动实测参数绝大部分是在采深小于400 m的条件下求出的；二是大部分生产矿井开采深度已超过400 m，在这种条件下，覆岩中第四纪冲积层厚度所占的比例一般已较小，地表移动参数受冲积层的影响已较弱。

2.1.5　以煤层埋深、基载比和基采比对浅埋煤层分类和定义

以煤层埋深、基载比（基载比 J_Z = 基岩厚度/载荷层厚度）、基采比（基采比 J_C = 基岩厚度/采出煤层厚度）为关键参数的浅埋煤层矿压显现特征、分类和定义为以下内容（赵兵朝，2009）。

（1）浅埋煤层矿压特征，按基载比 $J_Z = 0.8$ 分类。

当 $J_Z \geqslant 0.8$ 时，①若 $J_C < 10$，顶板基岩沿全厚切落，覆岩破坏直接波及地表，地

表和顶板台阶式下沉，工作面覆岩不存在“三带”，覆岩表现出“三带合一”现象，基本顶为单一关键层结构；②若 $10 \leq J_C \leq 25$，矿压显现特征介于浅埋煤层和普通采场之间；③若 $J_C > 25$，随着基采比的增大，顶板基岩破坏形态逐渐由“三带合一”向“三带”型转变。

当 $J_Z < 0.8$ 时，①若 $J_C < 15$，覆岩表现出“三带合一”现象，基本顶为单一关键层结构；②若 $15 \leq J_C \leq 30$，矿压显现特征介于浅埋煤层和普通采场之间；③若 $J_C > 30$，地表表现出连续变形，随着基采比的增大，顶板基岩破坏形态逐渐转变为“三带”型。

（2）浅埋煤层按基采比分类，可分为 3 种类型。①基岩较薄，松散层厚度较大，当 $J_C < 10 \sim 15$ 时，覆岩表现出“三带合一”现象，此类煤层为典型的浅埋煤层，概括特征是埋深浅，基采比小，基本顶为单一关键层结构；②埋深较浅，但基岩厚度较大，$10 \sim 15 \leq J_C \leq 25 \sim 30$ 时，矿压显现特征介于浅埋煤层和普通采场之间，此类煤层称为近浅埋煤层，概括特征是埋深浅、基岩厚度大，覆岩出现微小台阶下沉；③$J_C > 25 \sim 30$ 时，随着基采比的增大，矿压显现规律等同于普通采场，此类煤层称为广义浅埋煤层，概括特征是顶板基岩破坏形态表现为“三带”型。这里，基载比 J_Z 较大时，J_C 取下限，反之，J_C 取上限。

综上所述，浅埋煤层可用下列指标判断：埋深不超过 300 m，$J_Z < 1$，顶板体现为单一主关键层结构特征，顶板具有明显的动载现象，地表表现出非连续变形特征，此时称为典型浅埋煤层；$J_Z \geq 1$，顶板体现为两组或多组关键层结构特征，地表表现为近似连续变形特征，此时称为近浅埋煤层或广义浅埋煤层。

2.1.6 以煤层上覆岩层组成、活动规律和埋深对浅埋煤层定义

综合以往的研究成果，有学者（蒋军，2014）从煤层上覆岩层组成、回采工作面的上覆岩层活动规律和煤层埋藏深度 3 个方面界定了浅埋煤层的定义。从煤层上覆岩层组成角度考虑，上覆岩层主要由松散载荷层和薄基岩组成；从回采工作面的上覆岩层活动规律角度考虑，顶板为主关键层结构或单一关键层结构，松散层载荷随基岩移动并出现垮落，裂缝现象明显；从煤层埋深角度考虑，工作面平均埋深 $H_0 \leq 200$ m。

从以上关于浅埋煤层的各种分类和定义可以看出，对于浅埋煤层，除埋深指标外，更主要考虑的是工作面覆岩结构和覆岩及地表移动变形形态。覆岩及地表移动变形形态与覆岩结构、埋深、采厚等因素有关。

2.2 关于深部开采的界定

为了与浅埋煤层进行对比，本节简要介绍深部开采的概念。

地下深部资源开采所产生的岩体力学现象与在浅部相比存在显著差异，因此，“深部开采”问题和“深部”的概念引起国内外学者的广泛关注。所谓深部，不仅仅是矿产资源的埋藏深度指标，而更重要的是由于矿产资源埋藏深度的增加所带来的开采难度和灾害程度的增加的指标。国际岩石力学学会认为一般 500 m 左右深度硬岩将发生软化，并以此作为“深部”的概念。世界上有着深井开采历史的许多国家一般认为，600 m 为深井开采

的临界深度。英国和波兰将“深部”的界限界定为750 m，而南非、加拿大、德国等界定为800～1000 m。我国学者认为，煤矿与金属矿的所谓“深部”界限存在显著差异，多数学者认为，我国深部资源开采的深度可界定为：煤矿800～1500 m，金属矿山1000～2000 m。我国很多学者（王英汉等，1999；梁政国，2001；何满潮，2005；钱七虎，2007；李铁等，2010；谢和平等，2015）都对深浅部的概念或界限进行过探讨，本节将对以煤矿为背景的部分研究成果做简要介绍。

2.2.1 以动力异常现象为依据的煤矿深浅部划分界线

结合数十处煤矿开采的实际，有学者（梁政国，2001）就煤矿开采深浅部界限划分问题进行探讨。研究认为，煤矿深浅部开采划分是一个理论与实践问题，开采达到某临界深度时，煤岩体结构稳定性就开始发生深刻变化，严重的动力异常现象不断增加。

煤矿深浅部开采界限划分的原则：

（1）出发点是考虑井下采场正常生产安全程度，不仅考虑支护适用程度，还要考虑作业环境对作业个体身心健康的危害程度。

（2）界线划分应以一个矿井为单位，提出的划分依据应具有一定的理论性和适用性。

（3）界线划分的几个依据参量要综合筛选，不可偏重其中的任何一个。

深浅部界线划分的4个参量：

（1）采场生产中动力异常程度。该参量多指突然显现的应力释放而造成的损失，也即恶性事故突发程度。

（2）一次性支护适用程度。巷道或硐室在服务期间内发生支护状态折损40%～60%时，视为一次性支护失效。

（3）煤岩自重应力接近煤层弹性强度极限的程度。开采深度达到某深度时，煤岩单元体的自重应力趋近一定值，而其弹性极限强度或单轴抗压强度也趋近某一定值，此时的开采深度就视为进入到深部开采阶段。

（4）地温梯度显现程度。矿井开采达到某一深度后，地温梯度突然普遍增高，采场气温普遍超过规程规定的标准，此时的开采深度为地温梯度异常深度。

根据以上4个界线划分参量，结合大多数国企煤矿的实际情况，初步划分的情况如下：

（1）深浅部开采界限初步定为700 m。

（2）在浅部开采中，500 m以上为一般浅部开采，500～700 m为超浅部开采。

（3）在深部开采中，700～1000 m为一般深部开采，1000～1200 m为超深部开采。

2.2.2 以采动岩体力学行为发生非线性动力反应为依据的煤矿深浅部划分界线

有学者以抚顺煤田为工程背景，通过采动微震和瓦斯的现场观测与分析，得到深部开采临界深度是采动岩体的动力响应由线性转变为非线性的认识。采动岩体力学行为指标有3个（李铁等，2010）。

（1）采动岩体的“视本构关系”。采动岩体的“视本构关系”可视为岩体应力－应变关系的相似性测度，是对采动岩体力学行为的一种观测方法。研究表明，采动岩体的视本构关系曲线整体为指数型，在 710 m 深度之前，视本构关系接近直线，而在 710 m 深度之后，视本构关系转变为显著的非线性。

（2）采动微震的分形几何学特征。开采扰动下，煤岩体破裂释放的弹性能可被微震设备记录到，即所谓采动微震。观测资料和研究成果显示，无论是采动微震还是天然地震，其强度和频率之间存在定量关系。根据震级与其频率的关系式分析，抚顺煤田在煤层埋深 710 m 前后，震级与其频率关系式的常数发生了显著变化。

（3）浅部未发生过的特殊动力现象。浅部冲击地压和矿震与瓦斯异常突出及煤与瓦斯突出事件各自独立发生，表现为单一灾害。开采深度进入 710 m 后，冲击地压和矿震与瓦斯能量相互作用的复合型灾害显著增多，并与开采深度成正比增加。

综合以上 3 项指标可知，在 700 m 左右深度，开采扰动后岩体的动力响应特征发生了显著变化，证明这一深度的采动岩体动力响应由线性向非线性的质变。由此确定，700 m 深度是深部开采的临界深度。

2.2.3 以围岩破坏特征为依据的煤矿深浅部划分界线

研究认为（谢和平等，2015），以往从煤层赋存深度、煤岩层“三高”（高地应力、高地温、高渗透压）赋存特征、冲击地压等灾害程度、巷道支护方式和维护成本的角度出发来界定深部开采，其本质上是经验、定性的描述，并没有揭示深部开采的本质特征。“深部”不是深度，而是一种力学状态，是由地应力水平、采动应力状态和围岩属性共同决定的力学状态，可以通过力学分析给出定量化表征。综合考虑应力状态、应力水平和煤岩体性质 3 方面因素，提出了亚临界深度、临界深度、超临界深度的概念和定义，用于表征不同程度的深部开采。

（1）亚临界深度的条件是，煤体在采动应力作用下进入脆塑性破坏的临界点，亚临界深度由煤样的采动力学实验测定。对煤矿开采而言，进入到亚临界深度时，开采扰动下煤体已经进入临界弹塑性转换点，煤体的破坏形式将从脆性失稳向塑形破坏转换。

（2）临界深度应同时满足 2 个条件：①临界深度处，岩体处于准静水应力状态；②临界深度处，自重应力已达到围岩的弹性极限或能量密度达到弹性能极限。深部岩体易发生塑性大变形和高烈度的动力破坏。

（3）超深部临界深度应同时满足 2 个条件：①超深部临界深度处，岩体处于静水应力状态；②超深部临界深度处，岩体已处于全塑性状态，应力状态满足岩体屈服强度准则。岩体将出现大范围塑性流变。

在测定深部岩体的原岩抗压强度等参数后，通过计算结果判定，大屯矿区孔庄煤矿临界深度约为 827 m，新汶矿区协庄煤矿临界深度为 963 ~ 1380 m。

本书无意对前述关于浅埋煤层、深部开采的概念和定义进行评述，简要介绍关于浅埋煤层、深部开采的有关研究成果，意在使读者对浅埋煤层和深部开采形成初步的认识，这有助于加深对本书内容的理解。

无论从煤层的赋存深度还是从其工作面矿压特性、覆岩结构、开采后的覆岩状态和地表移动变形形态看，神东矿区都属于浅埋煤层。因此，本书主要以神东矿区煤层开采覆岩和地表移动变形实测数据为依据开展研究。

2.3 神东矿区浅埋煤层矿区地质条件

神东矿区是我国典型的浅埋煤层矿区，本书中采用的绝大部分实测资料来源于神东矿区，少量用于与神东矿区进行对比分析的数据来源于其他矿区。为使读者能够对神东矿区有宏观上的了解，本节对神东矿区地层、地质构造等情况做简要介绍。

2.3.1 矿区工程地质条件

2.3.1.1 矿区概况

神东矿区位于内蒙古西南部，陕西、山西北部。神东矿区是神府－东胜矿区的简称，具体包括陕西省神木市、府谷县和内蒙古自治区鄂尔多斯市，是我国最大的井工煤矿开采地。神东矿区所开采的范围是神东煤田的一部分。其地理坐标为东经 109°51′～110°46′、北纬 38°52′～39°41′，地处乌兰木伦河（窟野河）的两侧。矿区南北长约 38～90 km，东西宽约 35～55 km，面积约 3481 km^2。矿区专用铁路与京包线、包兰线、神(木)—延(安)和神(木)—朔(州)—黄(骅港)铁路连通。近几十年的煤炭资源开发，矿、厂、附属单位以及居民点星罗棋布。当地已经形成人口相对较多的新兴工业化地带，包茂高速、荣乌高速、阿大一级公路、沧榆高速以及县级、乡级公路四通八达，连接着各煤矿，给煤矿的生产运煤、职工的生活出行带来了极大便利。

神东矿区地处鄂尔多斯高原的毛乌素沙漠区，地表为流动沙及半固定沙所覆盖，最厚可达 20～50 m，海拔高度为 1200 m 左右。区内地表水系不发育，主要有乌兰木伦河（窟野河）贯穿全区，植被稀少。地形切割强烈，冲沟发育，沟壑纵横，沟谷两侧基岩裸露，局部属河流侵蚀地貌，水土流失严重，局部地区基岩裸露。矿区西北为库布齐沙漠，多为流沙、沙垄，植被稀疏；中部为群湖高平原，地势波状起伏，较低地带多有湖泊分布，湖泊边缘生长着茂密的天然柳林；西南部为毛乌素沙漠，地势低平，由沙丘、沙垄组成，沙丘间分布有众多湖泊，植被茂密；东北部为土石丘陵沟壑区，地表土层薄。全区地势总体呈现西北高东南低的趋势。神东矿区地貌可分为两大类型，风积沙地貌和黄土梁峁沟壑地貌。

神东矿区煤层覆存地质条件简单，厚度大，适合大规模开采。神东矿区是目前我国乃至全球煤炭开采规模最大、开采效率最高的井工矿区。神东矿区煤炭资源探明储量约占全国的 1/4，相当于 70 个大同矿区、160 个开滦矿区。神东矿区先后建设了大柳塔煤矿（含大柳塔井和活鸡兔井）、补连塔煤矿、榆家梁煤矿、上湾煤矿、哈拉沟煤矿等现代化矿井，很多矿井生产能力达 1000 万 t/a 以上水平，先后建成全国第一个年产 1500 万 t、2000 万 t、2500 万 t、3000 万 t 矿井，形成了以千万吨级大型和特大型现代化煤矿群为主的大型煤炭基地。神东矿区开发了适合浅埋深厚煤层和特厚煤层的超长工作面、超大采高、超长推进距离的“三超”型超大工作面开采工艺，相继创新第一个 300 m、360 m、400 m、450 m 加长工作面，首创世界上第一个 5.5 m、6.3 m、7 m、8 m 大采高重型工作面。2018 年 3 月 19 日，神东煤炭集团上湾煤矿世界首套 8.8 m

超大采高成套综采智能工作面设备投入试生产，再一次创世界煤矿综采工作面高度之最。

2.3.1.2 矿区地层

神东矿区地表广泛覆盖着第四系黄土和风积沙，中生界在各大河谷中出露。据勘探揭露的地层从老到新基本上为三叠系、侏罗系、白垩系、新近系、第四系。见表2－1。

表2－1 神东矿区区域地层一览表

地层			厚度/m 最小～最大	岩性描述
系	统	组		
第四系	全新统	(Q_4)	0～25	为湖泊相沉积层、冲洪积层和风积层。
	上更新统	马兰组 (Q_{3m})	0～40	浅黄色含砂黄土，含钙质结核，具柱状节理。不整合于一切地层之上。
新近系	上新统	(N_2)	0～100	上部为红色、土黄色黏土及其胶结疏松的砂质泥岩，下部为灰黄、棕红、绿黄色砂岩、砾岩，夹有砂岩透镜体。不整合于一切老地层之上。
白垩系	下统 (志丹群)	东胜组 ($J_3-K_{lsh}^2$)	40～230	浅灰、灰紫、灰黄、黄、紫红色泥岩、粉砂岩、细砂岩、砂砾岩、泥岩、砂岩互层，夹薄层泥质灰岩。交错层理较发育。顶部常见一层中粗粒砂岩，含砾，呈厚层状。
		伊金霍洛组 ($J_3-K_{zsh}^1$)	30～80	浅灰、灰绿、棕红、灰紫色泥岩、粉砂岩、砂质泥岩、细砂岩、中砂岩、粗砂岩、细砾岩、中夹薄层钙质细砂岩。斜层理发育，下部常见大型交错层理。与下伏地层呈不整合接触。
侏罗系	中统	安定组 (J_{2a})	10～80	浅灰、灰绿、黄紫褐色泥岩、砂质泥岩、中砂岩。含钙质结核。
		直罗组 (J_{2z})	1～278	灰白、灰黄、灰绿、紫红色泥岩、砂质泥岩、细砂岩、中砂岩、粗砂岩。下部夹薄煤层及油页岩，含1煤组。与下伏地层呈平行不整合接触。
	中下统	延安组 (J_{1-2y})	78～247	灰—灰白色砂岩，深灰色、灰黑色砂质泥岩，泥岩和煤。含2、3、4、5、6、7煤组。与下伏地层呈平行不整合接触。
	下统	富县组 (J_{1f})	110	上部为浅黄、灰绿、紫红色泥岩，夹砂岩。下部以砂岩为主，局部为砂岩与泥岩互层，底部为浅黄色砾岩。与下伏地层呈平行不整合接触。
三叠系	上统	延长组 (T_{3y})	35～312	黄、灰绿、紫、灰黑色块状中粗砂岩。夹灰黑、灰绿色泥岩和煤线。与下伏地层呈平行不整合接触。
	下统	二马营组 (T_{2er})	87～367	以灰绿色含砂砾岩、砾岩、紫色泥岩、粉砂岩为主。

2.3.1.3 矿区岩性及地质构造

神东矿区中心区位于鄂尔多斯大型聚煤盆地的东北部，煤田开采规划区内地面广泛覆盖着现代风积沙及第四系黄土。侏罗系中统延安组为矿区的含煤地层，由中、厚层砂岩和中、薄层泥岩组成，含煤层数多达 18 层，一般 5 ~ 10 层，可采煤层 13 层，一般 3 ~ 6 层，煤层可采厚度总计 27 m，最大单层厚度 12.8 m，煤系地层在矿区出露较多、埋藏较浅。矿区构造简单，断层稀少，地层是近似水平、微向西倾斜、倾角 1° ~ 3°的单斜构造。矿区现代应力场属张剪性走滑型应力状态，总体呈 NEE – SWW 向挤压，NNE – SSW 向拉伸，显然受华北东侧太平洋板块的俯冲和青藏高原推挤的控制，最大、最小应力轴水平，中等应力轴垂直（伊茂森，2008；师本强，2012）。

神东矿区煤层顶底板岩性多为细砂岩、粉砂岩、砂质泥岩，有少量的泥岩及中粗粒砂岩，地质构造简单，岩层裂隙不发育，矿区内绝大多数岩石强度在自然状态下为（40 ~ 80）MPa，饱和状态下为（10 ~ 45）MPa，属于半坚硬岩石类型。根据岩石物理力学性质、地层裂隙发育状况及地下水条件来评价矿区煤层顶底板稳固性，大多属于二类 Ⅰ 型中等冒落顶板；而在某些泥岩发育地区及埋藏浅、受地表水及风化作用影响大的地段，岩石强度降低，裂隙较发育，属于一类易冒落顶板（伊茂森，2008）。

2.3.1.4 矿区工程地质岩组划分及特征

根据矿区内岩土体工程地质特征及成因，将矿区岩体工程地质分为 4 大类 6 大岩组，见表 2 – 2。

表 2 – 2 神东矿区岩土工程地质类型

岩石类型		划分依据	空间分布	岩体结构类型	主要工程地质问题
松散岩类	松散沙层组	松散沙、含水层	广布地表	散体结构	风沙、边坡、地基稳定性，充水因素
	土层组	黄土、红土、隔水层	近地表广布		
软弱岩类	风化岩组	岩石破碎 R_{b}（岩石的饱和抗压强度）一般 <20 MPa	岩石顶部风化带厚度一般为 16 m	散体至碎裂结构	边坡及地下工程稳定性
	煤岩组	煤层 $R_{\mathrm{b}}=21.2$ MPa	煤层总厚度一般为 6 ~ 8 m	层状结构	采煤后引起地表变形
半坚硬至坚硬岩类	泥岩、砂质泥岩薄层砂岩互层组	一般 $R_{\mathrm{b}}=51$ MPa，岩石质量指标 RQD 一般 $>90\%$	延安组煤系地层岩石，多为煤层顶、底板	层状结构	地下工程稳定性
	砂岩组	一般 $R_{\mathrm{b}}=32$ MPa，RQD 一般 $>94\%$		块状结构	
烧变岩类	烧变岩	特殊水文、工程地质特征	煤层自燃区最厚达 70 m	碎裂结构	边坡、地下工程稳定性，矿坑涌水等

4 种岩体结构类型岩体工程地质特征分述如下。

1）散体结构

主要是指土质岩类，亦包括风化带最上部的强风化岩体，其中各原生及次生结构面呈无序状，岩石近似松散状，强度极弱，是工程地质条件最差的岩体结构，容易引起较多的工程地质问题。

2）碎裂结构

主要是风化岩组和烧变岩组，此类岩体其结构面间距一般小于0.5 m，且相互切割。结构体为大小不等、形态不同的岩块，且呈不规则状。岩块的孔隙度大且隐藏有微小的风化裂隙网络。烧变岩岩块之间没有黏结力，岩块的强度只能代表其本身的机械强度，对于整个岩体并无实际意义。

3）层状结构

是粉砂岩、泥岩及其互层岩组的典型结构，夹一些软弱夹层，如煤、炭质泥岩等，局部夹有中厚层砂岩。此种岩体结构的特点是分层较多、软硬相间，除层面外，层理密集，软弱面发育，一般为隔水层，但却易受地下水对岩石的软化、崩解、离析等。多形成煤层直接顶底板，并以复合层状结构产出，在失去原岩应力平衡状态后，以离层或沿滑面滑脱失稳为主要表现形式。

4）块状结构

主要是指砂岩岩组的岩体结构，包括厚度较大层理不甚发育的粉砂岩。岩石分层厚度一般大于1.0 m，为中厚—巨厚层状，多形成煤层基本顶。岩体结构面较层状结构的岩体少。这种结构岩体主要特点是岩性较均一，对岩体稳固性有利，故称之为“块状结构岩体”。其中层面主要为大型的槽状交错层理和波状层理。岩石受地下水的影响较层状结构的岩体小，水稳性较好，是岩体完整性和稳定性较好的岩体结构类型。

岩石类型特征分述如下。

1）土体

松散沙层组：分布于沟谷谷底及坡脚地带，厚度变化大，呈散体结构，孔隙率高，含水率大，承载力低，稳定性差。

土层组：更新统黄土广布全区，结构疏松，垂直节理发育，多不具湿陷性，承载力老黄土优于新黄土。冲沟边缘雨季受流水冲蚀，常有小型滑坡、崩塌现象发生。

2）软弱岩类

风化岩组：风化岩组指基岩顶部0～20 m深度范围内具有已风化特点的岩石。风化岩层内部由上到下风化程度逐渐减弱，强风化带原岩结构破坏，疏松破碎，孔隙率大，含水率增高，强度减小，多数岩石遇水短时间内全部崩解或沿裂隙离析，其干燥状态抗压强度为（52.6～56.8）MPa，饱和抗压强度仅为（3.8～10.4）MPa，软化系数为0.07～0.16，充分表现了稳定性差的特点。岩石属劣质的软弱岩石，岩体完整性差。

煤岩组：煤层饱和抗压强度为20～30 MPa，干燥状态抗压强度为30～40 MPa，软化系数为0.44；饱和抗拉强度为0.9 MPa左右，干燥状态抗拉强度为2.5 MPa左右；饱和抗剪断强度为0.90 MPa左右。

3）半坚硬至坚硬岩类

该岩组是煤系地层的主要岩组，它与煤层开采有直接关系，由粉砂岩、泥岩、泥质粉砂岩、砂质泥岩及薄煤层等组成。多出现于煤层顶底板。岩石含有较高的黏土矿物和有机质，以发育较多的水平层理、小型交错层理、节理裂隙和滑面等结构面为特点。平均单轴抗压强度值为 51 MPa，属半坚硬岩石。RQD 值一般大于 90%，说明岩石质量较好，岩体中等完整。

4）烧变岩类

主要指煤层火烧区范围，包括不同烧变程度的砂岩、粉砂岩、泥岩等，蜿蜒锯齿状断续分布于较大沟谷两侧，一般自燃深度 20 ~ 50 m。煤层自燃后，引起的破碎带和裂隙密集带厚度一般达 10 ~ 30 m。发育的张性裂隙纵横交错，由片状、块状、渣状等烧变岩块共同组成的烧变岩体；岩块之间无黏结力，岩石质量极劣，稳定性很差。但就单块岩体而言，其具有较好的力学强度，当然随烧变程度的不同，岩体的工程地质性质亦有所差异。岩石烧变后容重减少（2. 115 ~ 2. 230 g/cm^3），比重增大，孔隙率加。熔融岩的抗压、抗剪强度增大（63. 55 ~ 12. 75 MPa）。

2. 3. 2　矿区煤层特征

神东矿区主要煤层均赋存于延安组，共包含 7 个煤组。煤田内河流沼泽相煤层顶板多为粉砂岩、细砂岩，湖沼相煤层顶板多为泥质岩，三角洲平原沼泽相煤层顶板则泥、砂参半，泥质岩略占优势。

（1）1^{-2}煤层在神木市大柳塔镇及周边、府谷县大部分区域可采，大柳塔煤矿、上湾煤矿、补连塔煤矿、石圪台煤矿、哈拉沟煤矿、柳塔煤矿、乌兰木伦煤矿等均开采 1^{-2}煤层，在神木市店塔镇局部可采（柠条塔煤矿及周边），厚 3. 0 ~ 9. 5 m，平均 5. 3 m，煤层结构较简单，部分煤层分布有 200 ~ 500 mm 的砂质泥岩夹矸（部分地段为菱铁质），煤层为近水平煤层，倾角一般在 3°之内。在大柳塔、哈拉沟、韩家湾、柠条塔、上湾、补连塔等煤矿分岔为 $1^{-2上}$和 1^{-2}煤，部分煤矿（如上湾煤矿、大柳塔活鸡兔井）开采 $1^{-2上}$和 1^{-2}煤。煤层直接顶为泥岩、粉砂岩，泥质胶结，下部含泥量较大。基本顶以粉砂岩为主、部分地段为中砂岩，煤层顶板较软弱，基本顶运动的剧烈程度取决于顶板岩性的刚度和断裂程度。煤层直接底多为泥岩、砂质泥岩；老底为粉砂岩、中砂岩。直接底遇水后易泥化，强度大幅度降低。

（2）2 煤层在神木市大柳塔镇和店塔镇中西部、府谷县大部分区域、鄂尔多斯市东胜区和伊金霍洛旗大部分区域分布可采，分为 2^{-1}和 2^{-2}煤层。2^{-1}煤层仅局部可采，又分叉为 $2^{-1上}$、$2^{-1中}$、$2^{-1下}$。2^{-2}在神东矿区广泛分布，为主要可采煤层，分叉为 $2^{-2上}$、$2^{-2中}$、$2^{-2下}$。2^{-2}煤层厚度为 3. 9 ~4. 5 m，平均厚度为 4. 3 m，煤层结构较简单，部分煤层分布有 33 ~240 mm 的砂质泥岩夹矸（部分地段为菱铁质），煤层为近水平煤层，倾角一般在 5°之内。2^{-2}煤在局部地区分叉为 $2^{-2上}$、2^{-2}。煤层直接顶为粉砂岩、细砂岩，部分地段分布有伪顶存在，岩性以泥岩和砂质泥岩为主，基本顶以中砂岩为主，部分地段为粗砂岩，煤层顶板中等稳定。煤层直接底多为泥岩、砂质泥岩，老底为粉、细砂岩。直接底遇水后易泥化，强度大幅度降低。店塔镇东部、府谷县西部无 2^{-2}煤层分布或不可采。

（3）3 煤层在神东矿区广泛分布，为主要可采煤层。3 煤层分叉为 3^{-1}、3^{-2}、3^{-3}煤层。3^{-1}煤层上距 2^{-2}煤层 12. 75 ~49. 32 m。煤层自然厚度为 0 ~5. 85 m，平均 2. 93 m，层

位稳定。煤层结构较简单，一般含1~2层夹层。顶板以中粒砂岩、砂质泥岩为主，底板岩性以砂质泥岩为主，局部为泥岩、粉砂岩。3^{-2}上距3^{-1}煤层1.40~33.48 m。煤层厚度为0~5.55 m，平均0.78 m，不稳定。煤层结构简单，不含夹矸，或偶含1~2层泥岩夹矸。顶底板岩性为砂质泥岩、粉砂岩。3^{-3}煤层局部分布，不可采。3煤层在神木市店塔镇东部、府谷县西部无分布或不可采。

（4）4煤层在神东矿区广泛分布，为主要可采煤层。分叉为4^{-1}、4^{-2}、4^{-3}、4^{-4}煤层。4^{-1}煤层上距3^{-2}煤层5.05~54.91 m。煤层厚度为0.17~4.40 m，平均1.85 m。该煤层层位较稳定，部分地区与5^{-1}煤层大面积合并。煤层结构简单，偶含1层泥岩夹矸，厚度变化较有规律，可采面积较小。煤层顶板以砂质泥岩为主，局部为粉砂岩、细砂岩；底板岩性多为砂质泥岩、粉砂岩。4^{-2}煤层局部可采，属稳定煤层。其厚度为0.20~6.53 m，平均厚度为3.75 m。煤层直接顶板为泥岩或粉砂岩，灰—深灰色，均一致密，含植物枝叶化石，底部含炭质。直接底板为泥岩及粉砂岩，块状，均一致密。4^{-2}煤在局部（如布尔台煤矿）分叉为$4^{-2上}$和4^{-2}煤。4^{-3}煤层局部可采，可采区内的煤层结构简单，不含夹矸，煤层厚度变化小，一般为0.00~2.13 m，平均0.95 m，直接顶板多是粉砂岩，其岩性致密，较坚硬，含细砂岩条带、植物化石。4^{-4}煤层为局部可采，属不稳定煤层。煤层厚度为0.00~1.47 m，平均厚0.95 m。煤层结构单一，大多不含夹矸。4煤层在府谷县西部、神木市局部、伊金霍洛旗局部无分布或不可采。

（5）5煤层在神东矿区广泛分布，为主要可采煤层。主要分叉为5^{-1}、5^{-2}煤层。5^{-1}煤层厚度为0.90~7.9 m，平均4.62 m。煤层层位稳定，结构简单，一般不含夹矸或偶含1层夹矸。顶板以砂质泥岩为主；底板主要为砂质泥岩、粉砂岩，局部泥岩、粉砂岩。5^{-2}煤层为主要可采煤层，属稳定煤层，变化幅值小，煤厚为0.83~8.35 m，平均厚度为3.93 m，煤层结构简单，一般不含夹矸。5^{-2}煤在局部（如布尔台煤矿）分叉为5^{-2}和$5^{-2下}$煤。5煤层在局部分叉有5^{-3}、5^{-4}煤层，但分布范围小且煤层厚度小，不可采。

（6）6煤层在伊金霍洛旗、东胜区广泛分布，其他区域无分布或不可采。分叉为6^{-1}和6^{-2}煤层，6^{-1}和6^{-2}煤层又多次分叉。6^{-2}煤层为伊金霍洛旗、东胜区主要可采煤层，煤层厚度为1.55~7.79 m，平均3.58 m。结构简单，一般不含夹矸或仅在东部边缘含1层夹矸，夹矸岩性为泥岩，厚0.09~0.30 m。该煤层层位稳定，对比可靠，属全区可采的较稳定煤层。顶板岩性以砂质泥岩为主，底板岩性东部以砂岩为主、西部以砂质泥岩为主。

（7）7煤层局部分布，无开采记录。

煤层除有分叉现象外，还有复合现象。例如布尔台煤矿42106综放工作面为3^{-1}煤和4^{-2}煤复合区，大部分范围开采4^{-2}煤，小部分范围开采3^{-1}煤。

煤层在各煤矿所处区域并不是所有煤层都发育存在，所以各煤矿主采煤层有所不同。

2.3.3 矿区综采/综放工作面地质采矿条件

本书以神东矿区浅埋煤层综采/综放工作面覆岩破坏和地表移动变形为主要研究内容，因此收集到了大量神东矿区浅埋煤层综采/综放工作面资料，部分煤矿和工作面资料比较完整，本节对这些资料比较完整的煤矿和工作面进行简要介绍，以期能够使读者在全面系统了解神东矿区的整体情况的基础上对煤矿和工作面有更加细致的认识，从而有助于加深对后续章节的理解。

1. 张家峁煤矿

陕煤集团张家峁煤矿位于陕西省神木市北部，面积 145.6 km^2。

15201 工作面是张家峁煤矿首采工作面，开采 5^{-2}煤层，综采一次采全高，走向长 1352 m，倾斜长 266 m，采厚为 6.0 m，开采的初期推进速度为 2～3 m/d，总体推进速度约 10 m/d。煤层埋深为 89～133 m，倾角为 1°～3°，基岩厚度约 70 m，松散层厚度约 60 m。地质构造简单，顶底板岩层稳定，直接顶为 0.7 m 厚泥岩，基本顶为约 30 m 厚的粉砂岩。在该工作面开展过地表沉陷观测和“两带”发育高度观测工作。

14202 综采面是张家峁煤矿 4^{-2}煤第一个综采工作面，工作面走向长度为 734 m，倾斜长度为 295 m。煤层平均倾角为 2°，煤层厚度为 1.70～4.05 m，平均采厚为 3.7 m。煤层埋深为 39.5～104 m，松散层厚度平均为 58 m。地质构造简单，顶底板岩层稳定。直接顶板以深灰色的泥岩为主，易风化破碎，遇水易软化，基本顶为浅灰色厚层状波状层理的细砂岩。工作面平均推进速度为 8 m/d。在该工作面开展过地表沉陷观测工作。

张家峁煤矿还在 15204、N15203 工作面开展过“两带”发育高度观测工作。

2. 柠条塔煤矿

陕煤集团柠条塔煤矿位于陕西省神木市柠条塔工业园区，行政区划隶属神木市孙家岔镇、麻家塔乡管辖。井田面积为 119.8 km^2。柠条塔煤矿设计能力为 1200 万 t/a。

N1201 工作面走向长 2740 m，倾斜长 295 m，开采 2^{-2}煤层，综采工艺。平均采厚 3.9 m，倾角小于 1°。煤层埋深为 67～158 m，松散层平均厚 70 m，基载比为 0.57。煤层顶板主要为层状结构的粗粒砂岩（18.4 m）、中粒砂岩（5.25～12.4 m）、细粒砂岩（5.19～7.2 m），局部粉砂岩（2.13～6.78 m）和泥岩（1 m）。工作面地质构造简单。在该工作面开展过地表沉陷观测工作。

N1212 工作面走向长 1965 m，倾斜长 294.4 m，开采 2^{-2}煤层，平均采高约 4.8 m，综采工艺。近水平煤层，平均采深约 200 m，基岩厚度平均约 105 m，主要由粉砂岩和中粒砂岩组成，黄土层平均厚 95 m。回采时间为 2018 年 10 月至 2019 年 11 月。工作面回采速度为 2.4～27.2 m/d。N1212 工作面上部为开采 1^{-2}煤的 N1118 工作面，先于 N1212 工作面 1 年多开采结束。在 N1212 工作面开展过地表沉陷观测工作。

柠条塔煤矿还在 S1210、N1114、N1206 工作面开展过地表移动观测工作。

3. 大柳塔煤矿

神东煤炭集团大柳塔煤矿地处陕西省神木市大柳塔镇乌兰木伦河畔，地势比较平坦，海拔高度一般在 1220 m 左右。大柳塔煤矿是神东煤炭集团所属的特大型现代化高产高效矿井，也是目前世界上最大的井工煤矿，年生产能力达 3000 余万吨。

1203 工作面是大柳塔煤矿第一个综采工作面，开采 1^{-2}煤，走向长 938 m，倾斜长 150 m，煤层倾角为 1°～3°，采厚为 4 m。煤层平均埋深 61 m，基岩厚 20～34 m，松散层厚 23～30 m。顶板结构类型为厚风积沙复合单一关键层结构。工作面推进速度约 2.4 m/d。该工作面地表布置了沉陷观测站和“两带”发育高度观测钻孔。

12208 工作面位于大柳塔煤矿二盘区，开采 1^{-2}煤层。地表最大高程为 1225.1 m，最小高程为 1182.9 m。工作面走向长 1537 m，倾斜长 155 m,采厚为 7 m,平均埋深为 40.4 m。煤层上覆由第四系松散层及延安组基岩地层组成，松散层主要由风积沙及黄土层等组成，平均厚度为 7.2 m，基岩组成为细砂岩、粉砂岩、泥岩等，平均厚度为 33.2 m。基岩采厚比为 5.4。开采时间自 2012 年 4 月 25 日至 9 月 3 日。工作面推进速度约 10 m/d。在该工作面开展过地表沉陷观测工作。

22201 工作面位于大柳塔煤矿二盘区，开采 2^{-2}煤层。地表最大高程为 1206.6 m，最小高程为 1182.9 m。工作面走向长 643 m，倾斜长 349 m，煤层平均煤厚 3.95 m，平均埋深为 72.5 m，煤层倾角为 1°~3°。地表大部为风积沙松散层覆盖，平均厚 12.0 m，基岩主要由粉砂岩、细砂岩、砂质泥岩组成，平均厚 60.5 m。工作面推进速度为 9.6 m/d。22201 工作面为重复采动，其上部为 12208 工作面、12210 综采面采空区。1^{-2}煤与 2^{-2}煤的层间距为 32.6~39.2 m。12208 工作面、12210 工作面走向与 22201 工作面走向一致，两工作面之间留有 15 m 宽的巷道煤柱，煤柱位于 22201 工作面正上方。在该工作面开展过地表沉陷观测工作。

52304 工作面位于大柳塔煤矿东南区域三盘区，开采 5^{-2}煤层。地面标高为 1154.8~1269.9 m。工作面走向长度为 4547.6 m，倾斜长度为 301 m，平均采厚为 6.5 m，煤层倾角为 1°~3°，平均埋深为 235.0 m。地表大部为第四系松散沉积物覆盖，平均厚度为 30.0 m，上覆基岩主要由粉砂岩、细砂岩组成，平均厚度为 205.0 m。工作面推进速度为 6.8 m/d。52304 工作面为重复采动工作面，工作面停采线一侧对应上覆为大柳塔煤矿 2^{-2}煤 22306、22307 综采面采空区以及 22307 旺格维利采空区，2^{-2}煤与 5^{-2}煤层间距为 155.6~164.7 m。22306 与 22307 工作面之间的煤柱宽为 30 m，煤柱基本位于 52304 工作面上方中间位置，与 52304 工作面走向夹角约为 10°。该工作面地表布置了沉陷观测站和“两带”发育高度观测钻孔。

52305 工作面位于大柳塔煤矿的东南区域，南侧为已采 52304 工作面，开采 5^{-2}煤层。工作面走向长度为 2881.3 m，倾斜长度为 280.5 m，煤厚为 7.07~7.7 m，平均为 7.25 m，平均采厚为 6.7 m。工作面平均埋深为 234 m，基岩平均厚度为 204 m。深厚比约 32。52305 工作面为重复采动工作面，其上部为 22307 旺采工作面。52305 工作面从 2013 年 9 月开始回采，平均推进速度为 10 m/d。在该工作面开展过地表沉陷观测工作。

52306 工作面位于 52305、52307 工作面之间，开采 5^{-2}煤层。工作面为二次“刀把”型，工作面尺寸为 1284.8 m×280.5 m+391.7 m×233.5 m+431.7 m×141 m，工作面煤层的厚度为 7.2~7.6 m，平均厚度为 7.35 m，采厚为 7.0 m，全部垮落综合机械化一次采全高的采煤方法采煤。在该工作面开展过地表沉陷观测工作。

52307 工作面开采 5^{-2}煤层。工作面走向长度为 4462.6 m，倾向长度为 301 m，工作面煤层平均埋深为 190 m，煤厚为 7.1 m~7.4 m，平均为 7.2 m，实际采高为 6.7 m，走向长壁后退式全部垮落综合机械化一次采全高的采煤方法采煤。工作面于 2016 年 2 月 24 日开始回采，2015 年 9 月 18 日建立地表移动观测站完成连接测量。2016 年 2 月 14 日工作面回采前进行第一次全面观测。工作面推进速度为 4.4~13.5 m/d。

4. 补连塔煤矿

神东煤炭集团补连塔矿位于内蒙古自治区鄂尔多斯市伊金霍洛旗境内，井田面积为

106.43 km^2，核定生产能力为20.0 Mt/a，平硐－斜井联合开拓方式，主采1^{-2}、2^{-2}、3^{-1}煤层，井田范围内大面积被第四系松散风积沙覆盖。

31401工作面为四盘区首采面，开采1^{-2}煤层，综采工艺。工作面走向长4629 m，倾斜长265 m，采厚为4.2 m，倾角为1°～3°。埋深为180～250 m，地表松散层厚度为5～25 m，基岩厚度为120～190 m。平均开采速度为13.5 m/d。在该工作面开展过地表沉陷观测和“两带”发育高度观测工作。

32301工作面是三盘区2^{-2}煤首采面，综采工艺。工作面走向长度为5220 m，倾斜长度为301 m，采厚为6.1 m，倾角为1°～3°，平均采深为260 m，上覆岩层主要为泥岩和砂岩，基岩厚度为210～230 m，松散层厚度为30～35 m。平均开采速度为9.2 m/d。32301工作面上方1^{-2}煤层的31301、30301西、31302等综采工作面和31301 L旺采面均已回采完毕，煤层间距为29.3～32.4 m。32301工作面靠近机尾部位的156 m范围内处于31301长壁工作面采空区下，32301工作面中部处于1^{-2}煤70 m的集中煤柱下，靠近机头部位75 m处于1^{-2}煤的旺采面下。也就是说，开采2^{-2}煤的32301工作面，其上部1^{-2}煤部分综采，部分旺采，部分为实体煤（煤柱）。在32301工作面开展过地表沉陷观测工作。

2211工作面是二盘区首采面，开采2^{-2}煤，综采工艺。工作面走向长度1367 m，倾斜长度为185 m，采厚为4 m，倾角为0～3°，煤层埋深为100～130 m，上覆岩层主要为泥岩和砂岩，基岩厚度为80～100 m，松散层厚度为5～50 m，平均为20 m。在该工作面开展过地表沉陷观测工作。

12406工作面开采1^{-2}煤，综采工艺。走向长3592 m，倾斜长300.5 m。平均采厚为4.5 m，煤层埋深为160～220 m，平均约200 m，煤层倾角为1°～3°，上覆基岩的厚度为148～200 m，其中基本顶平均厚度为181.6 m，以粉砂岩为主，夹有砂质泥岩薄层，直接顶平均厚度5 m，上覆松散层厚度为3～30 m。2011年4月至2012年3月回采，平均开采速度为12 m/d。在该工作面开展过地表沉陷观测和“两带”发育高度观测工作。

12511综采工作面位于1^{-2}煤五盘区，工作面推采长度为3139 m，煤层厚度为3.95～9.50 m，平均厚度为7.44 m，倾角为1°～3°，埋深为233～301 m。顶板岩性主要为细粒砂岩、粗砂岩、粉砂岩。基本顶为3.1～9.7 m的粉砂岩；直接顶为砂质泥岩，厚度为2.4～12.7 m；底板为泥质砂岩，厚度为0.95～5.64 m。在工作面布置了两个“两带”发育高度观测钻孔。

补连塔煤矿还在12401、22408工作面开展过地表沉陷观测工作，还在12401工作面开展过“两带”发育高度观测工作。

5. 万利一矿

神东煤炭集团万利一矿地处内蒙古自治区鄂尔多斯市东胜区北部，设计生产能力为1000万t/a，3、4号煤层为主采煤层。

31305工作面开采3号煤层，综采工艺，走向长度为2706 m，倾斜长度为300 m，采高为4.9 m，煤层倾角为1.5°～5°，煤层埋深为100～190 m。31305工作面自地表至煤层依次是松散层10 m、中砾砂岩20 m、含砾粗砂岩60 m、砂质泥岩10 m、粗砂岩10 m、粉砂岩10 m、中砂岩10 m、粗砂岩15 m、细砂岩10 m、泥岩5 m、细砂岩10 m、粉砂岩5 m。31305工作面自2014年1月开始回采，1月份推进230 m，2月份推进180 m，3月份中旬停采，此时推进距离为460 m。推进速度约10 m/d。在该工作面开展过地表沉陷观测工作。

6. 杨家村煤矿

杨家村煤矿地处内蒙古自治区鄂尔多斯市东胜区东部，矿井面积36.84 km^2，地质条件与万利一矿相似。

222201工作面开采2^{-2}煤层，综采工艺，走向长度为1600 m，倾斜长度为240 m，工作面煤层埋深为118～152 m，倾角为1°～4°。上覆岩层主要为砂质泥岩，厚度为100～142 m，松散层厚度约10 m。地表沉陷观测时间2011—2012年。

7. 韩家湾煤矿

陕煤集团韩家湾煤矿位于陕西省神木市最北端的陕蒙边界的韩家湾附近，行政区划隶属于神木市大柳塔镇，面积约12.66 km^2。

2304工作面开采2^{-2}煤层，长壁综采工艺。工作面走向长度为1800 m，倾斜长度为268 m，采高为4.1 m，倾角为2°～4°。工作面埋深为100～130 m。上覆岩层以细粒砂岩和中粒砂岩为主，基岩厚度为50～70 m，地表大部分为第四系黄土和风积沙所覆盖，松散层厚度为50～65 m。观测时间为2009—2010年，工作面推进速度为8 m/d。在该工作面开展过地表沉陷观测和“两带”发育高度观测工作。

8. 布尔台煤矿

神东煤炭集团布尔台煤矿位于内蒙古自治区鄂尔多斯市伊金霍洛旗境内，井田面积为192.8 km^2。设计生产能力为2000万t/a。矿井采用主斜井－副平硐－立（斜）风井综合开拓方式。

22103工作面地表标高为1260～1370 m，开采2^{-2}煤层，综采工艺。工作面走向长4250 m，倾斜长360 m，采厚为3.4 m，倾角为1°～4°。工作面埋深为157～324 m，上覆岩层厚135～302 m，松散层厚度为3.2～34.8 m。地表沉陷观测时间为2010—2012年，工作面推进速度为8.3 m/d。在该工作面开展过地表沉陷观测工作。

42106综放工作面布置在4^{-2}煤一盘区，工作面走向长5074 m，倾斜长309 m，煤层为3^{-1}煤与4^{-2}煤复合区。回采段分叉区煤厚3.46～3.78 m，平均煤厚3.6 m，回采段复合区煤厚6.15～7.05 m，平均6.6 m。煤层倾角为1°～3°。地面标高为1252～1387 m，煤层埋藏深度为277～458 m，平均为384 m。在42106综放工作面布置了两个“两带”发育高度观测钻孔。

布尔台煤矿还在42105、22207、42108工作面开展过地表沉陷观测工作，在23101工作面开展过“两带”发育高度观测工作。

9. 寸草塔煤矿

寸草塔煤矿位于内蒙古自治区鄂尔多斯市伊金霍洛旗境内，地形总体为北高南低，西高东低，一般海拔标高为1180～1250 m。地表多为流动性或半固定波状沙丘所覆盖。

22111工作面是2^{-2}煤一盘区回采的第6个工作面。工作面走向长度为2085 m，西部工作面倾斜长度为224 m，东部工作面倾斜长度为143 m，开采厚度为2.8 m，倾角为1°～3°，采深为140～260 m。上覆岩层主要为砂质泥岩、细砂岩，厚124～244 m，松散层厚度为0～32 m，平均为8 m。综采工艺。2010年7月开始回采，工作面推进速度约9.7 m/d。

地表沉陷观测时间为2010年7月至2011年10月。

寸草塔煤矿还在43115工作面开展过“两带”发育高度观测工作。

10. 寸草塔二矿

寸草塔二矿位于内蒙古自治区鄂尔多斯市伊金霍洛旗境内，矿井东南与寸草塔煤矿相邻，西南与布尔台煤矿相邻，东北邻乌兰木伦河，矿井面积约16.5 km^2。地表大部分为风积沙所覆盖。

22111工作面开采2^{-2}煤层，走向长度为3648 m，倾向长度为300 m，开采厚度为2.90 m，倾角为1°~3°。工作面地表标高为1305~1335 m。采深为284~327 m，上覆岩层主要为砂质泥岩、细砂岩，厚274~317 m，松散层厚0~32 m，平均为10 m。综采工艺。地表沉陷观测时间为2010年7月至2011年10月。工作面推进速度约10 m/d。在该工作面开展过地表沉陷观测工作，并施工了两个“两带”发育高度观测钻孔。

11. 柳塔煤矿

神东煤炭集团柳塔煤矿位于内蒙古自治区鄂尔多斯市伊金霍洛旗境内，东与寸草塔煤矿、寸草塔二矿相邻。矿井采用平硐－斜井混合方式开拓。地表大部分为风积沙所覆盖，最大厚度约60 m。地表一般海拔标高为1240~1280 m。

12106工作面地表为第四系风积沙，开采1^{-2}煤层，走向长633 m，倾斜长246.8 m，采厚为6.9 m，倾角为1°~3°，平均采深为150 m。上覆岩层主要为砂质泥岩、细砂岩，厚274~317 m，松散层厚度为0~60 m，平均为30 m。工作面推进速度约5 m/d。2010年7月至2011年2月开采，地表沉陷观测时间为2010年7月至2011年10月。

12. 察哈素煤矿

神东煤炭集团察哈素煤矿位于内蒙古自治区鄂尔多斯市伊金霍洛旗境内，最高海拔标高为1451.8 m；最低海拔标高为1225.93 m。地面多被风积沙覆盖，形成典型的堆积型地貌。矿井面积为196.65 km^2。矿井采用主斜井－副立井－回风立井的混合开拓方式。

31301工作面位于31采区西部，开采3^{-1}煤层，综采工艺。工作面走向长度为2503 m，倾斜长度为300 m，采厚为4.5 m，倾角工作面埋深为382~455 m。上覆岩层主要为砂质泥岩、细砂岩，厚274~317 m，松散层厚0~28 m，平均为10 m。平均推进速度为8.9 m/d。地表沉陷观测时间为2013—2014年。在地表布置了4个“两带”发育高度观测钻孔。

13. 乌兰木伦煤矿

神东煤炭集团乌兰木伦煤矿位于内蒙古自治区鄂尔多斯市伊金霍洛旗境内，井田面积为44.8 km^2。井田地表被风积沙丘所覆盖，第四系砂层厚约5~30 m，地面标高为1192~1288 m。

2207工作面开采1^{-2}煤层，综采工艺。工作面走向长892 m，倾斜长158 m，平均埋深为102 m，倾角为0~1°，上覆岩层主要是粉砂岩和泥质粉砂岩，厚60~80 m，松散层厚20~40 m，平均厚28 m。工作面推进速度为2.8 m/d。在该工作面开展过地表沉陷观测和“两带”高度观测工作。

乌兰木伦煤矿还在12401工作面开展过地表沉陷观测工作，在12403、31410等工作面开展过“两带”高度观测工作。

14. 哈拉沟煤矿

哈拉沟煤矿是神东煤炭集团下属煤矿，位于陕西省神木市大柳塔镇。矿井面积约72.4 km^2，核定生产能力为1600万t/a。

22407工作面位于井田四盘区中部，开采煤层为2^{-2}煤。22407工作面上方地表起伏不大，地势大体呈北西高、南东低趋势，地表全部被平均厚度为15.7 m的风积沙所覆盖，其中第四纪松散层厚度为55.5 m，占开采深度的42%。采用综采工艺。工作面走向长3224 m，倾斜长284 m，平均开采深度为131.9 m，倾角为1°～3°，设计采高为5.2 m。2014年5月开采结束，推进速度约15 m/d。22407工作面属于典型的厚风积沙下高强度开采。在该工作面开展过地表沉陷观测工作。

哈拉沟煤矿还在22521工作面开展过地表沉陷观测工作。

15. 三道沟煤矿

三道沟煤矿位于榆林市府谷县西北部，井田面积为205 km^2，矿井规模为900万t/a。以主平硐－副平硐－回风斜井开拓全井田。

85201面是八采区首采面，开采5^{-2}煤，综采工艺。地表标高为1197～1347 m。工作面走向长3160 m，倾斜长295 m，平均采厚为6.6 m，倾角为1°～3°。煤层平均采深约200 m，煤层上覆基岩厚80～180 m，岩性以炭质泥岩和泥岩为主。黄土层厚度约70 m。85201工作面属于典型的薄基岩、浅埋深煤层。工作面从2012年5月12日开采，于2013年5月21日结束。推进速度约2.7 m/d。在该工作面开展过地表沉陷观测工作。

16. 上湾煤矿

神东煤炭集团上湾煤矿位于东胜煤田南端补连区南部，属内蒙古自治区鄂尔多斯市伊金霍洛旗补连乡管辖，井田面积为61.6 km^2。

51101工作面开采1^{-2}煤层，是上湾矿第一个综采工作面。工作面走向长4000 m，倾斜长240 m，采厚为5.2 m，倾角为1°～3°，平均开采深度为146 m。工作面地表第四系松散层厚度为10.0～30.8 m，平均为15.6 m，具有典型的薄基岩浅埋深煤层特征。2012年10月30日开始试采，平均推进速度约10 m/d。在该工作面开展过地表沉陷观测工作。

12304工作面位于三盘区，开采1^{-2}煤，煤厚1.6～5.38 m，倾角为1°～5°，地面标高为1244～1334 m，工作面走向长4927 m，倾斜长257 m。工作面煤层直接顶为细粒砂岩，厚度为1.53～11.57 m，抗压强度约（13.3～15.2）MPa；基本顶为粗粒砂岩，厚度为5.42～6.05 m，抗压强度约（16.6～36.6）MPa。松散层厚度为0～25 m，主要是土黄色中、细粒风积沙；上覆基岩厚度为196～308 m。在工作面布置了两个“两带”发育高度观测钻孔。

12401工作面为四盘区首采面，开采1^{-2}煤，工作面走向长5255 m，倾斜长299 m，工作面平均埋深为180 m，煤层厚度为7.95～9.25 m，平均为8.45 m，煤层倾角为1°～3°。地表大部分被风积沙所覆盖，松散层厚度为0～25 m，基岩厚度为52～246 m，综采一次采全高，是世界首个8.8 m大采高工作面。采用“空—天—地”（传统测量＋合成孔径雷达干涉测量＋无人机航测＋GNSS激光扫描技术）一体化技术监测了地表移动变形。

17. 榆家梁煤矿

神东煤炭集团榆家梁矿位于陕西省神木市东北部，行政区划隶属于神木市店塔镇。矿井面积约56.3399 km^2，核定生产能力为1630万t/a。开采标高为1205～1040 m。

52101 工作面位于矿井的东北部，开采 5^{-2}煤层，综采工艺。工作面走向长度 3730 m，倾斜长度 240 m。倾角为 1°~3°，采厚为 3.6 m，采深为 100~180 m，松散层厚度为 35~56 m。2001 年开采，推进速度约 15.2 m/d。在该工作面开展过地表沉陷观测工作。

42101 工作面位于矿井的东北部，开采 4^{-2}煤层，综采工艺。工作面走向长 445 m，倾斜长 285 m，煤层倾角为 1°~3°，采厚为 3.4 m，采深约 91 m，松散层厚度约 38 m。2007 年开采，在该工作面开展过地表沉陷观测工作。

18. 红柳林煤矿

陕煤集团红柳林煤矿位于陕西省神木市中部，面积约 143.34 km^2。矿井 2006 年开工建设，生产能力为 1200 万 t/a，2011 年 10 月正式投产，主采 4^{-2}、5^{-2}煤层。

S1501 工作面开采 5^{-2}煤层，为首采工作面，顺槽长度为 3065 m，工作面倾斜长 305 m，平均采高为 5.87 m。工作面上覆基岩较薄，松散层厚度较大，岩层比较平坦，煤层埋深为 50~170 m，倾角为 0~1°。在该工作面开展过地表沉陷观测工作。

15201 工作面开采 5^{-2}煤层，煤层顶板岩性以细粒砂岩为主，局部为粉砂岩、中粒砂岩。综采工艺。工作面走向长 2330 m，倾斜长 305 m，采厚为 6 m，倾角为 0~2°，平均采深为 149 m，松散层厚度约 85 m。推进速度约 7.2 m/d。在该工作面开展过地表沉陷观测工作。

红柳林煤矿在 15204、25202 工作面开展过“两带”发育高度观测工作。

19. 活鸡兔井

活鸡兔井是大柳塔煤矿的一个井口。

12205 工作面是活鸡兔井首个综采工作面，位于一盘区大巷北翼，开采 2^{-2}煤层。工作面走向长度为 2235 m，倾斜长度为 230 m。采高约 3.6 m，倾角为 0~3°。工作面顶板距地表 35~107 m，煤层平均埋深为 87 m。工作面上部赋存 1^{-2}煤，但由于自燃失去开采价值。2000 年在该工作面开展过地表沉陷观测工作。

活鸡兔井在开采 $1^{-2上}$煤层的 307、308、309 工作面开展过“两带”发育高度观测工作。

20. 锦界煤矿

锦界煤矿位于神木市锦界镇，井田东西宽 12 km，南北长 12.5 km，面积为 141.8 km^2，可采储量为 15.78 亿 t，矿井设计能力为 10.0 Mt/a。

开采 3^{-1}煤的一盘区 93104 综采工作面水文地质条件复杂，工作面涌水量大，故在该工作面开展“两带”发育高度观测工作，施工钻孔 1 个。该工作面覆岩为中硬覆岩，钻孔施工于 2008 年 12 月。锦界煤矿还在其他工作面开展过“两带”发育高度观测工作。

锦界煤矿在开采 3^{-1}煤的 31408 工作面开展过地表移动观测工作。

21. 昌汉沟煤矿

昌汉沟煤矿地处鄂尔多斯市以北约 7 km 处的万利镇，隶属于神东煤炭集团公司。

15106 综采工作面位于昌汉沟煤矿东南部，开采 5^{-1}煤，综采工艺，工作面宽度为 300 m，推进长度为 2800 m，地面高程为 1386~1422 m，煤层底板高程为 1281~1287 m，煤层埋藏深度为 94~136 m，地表起伏较大。基岩厚度为 70~120 m，松散层厚度为 0.5~25 m。在该工作面开展过地表沉陷观测工作和“两带”高度观测工作。

神东矿区地处内蒙古自治区鄂尔多斯市和陕西省神木市、府谷县。著者统计，神东矿区地表沉陷观测站60余个，“两带”发育高度观测钻孔70余个。以上介绍的煤矿和工作面情况只是其中的一部分。

3

神东矿区综采/综放地表移动变形时空特征

3.1　神东矿区工作面地质采矿数据汇总

神东矿区开展了大量的地表移动规律研究，著者收集了 60 余个地表沉陷观测站的资料，汇总于表 3－1。有的工作面除了开展地表移动观测外，还开展了数值模拟等研究，串草圪旦煤矿 6106 工作面、韩家湾煤矿 2304 工作面就是如此，本书分析浅埋煤层覆岩和地表移动规律，全部采用实测数据分析成果，即模拟数据虽收录至本书中，但不参与计算分析。工作面埋深较大煤矿（例如石拉乌素煤矿）、埋深较浅的石炭二叠纪煤系地层煤矿（主要在准格尔旗，例如串草圪旦煤矿等）以及成果信息较少的煤矿（例如冯家塔煤矿等）地表移动观测站数据虽收录至本书中，但不参与计算分析。

在资料收集过程中发现，源自不同文献的同一个工作面的采深、采厚、松散层/基岩厚度、“两带”高度、地表移动参数、覆岩性质（坚硬程度）、开采工艺等信息出现不一致的现象，工作面编号、钻孔编号也存在不一致现象，甚至一篇文献中同一个信息也存在前后不一致现象。对于不一致的信息，著者虽尽力溯本求源，以期追踪到原始信息，但仍难以保证全部信息的准确性，故尽力说明信息出处。为此，本书中引用的实测数据和研究成果均标明出处。为便于读者核实，避免疑惑，省去误解，本书中源自学术专著、毕业论文、研究报告的数据除标注文献编号外，还标注数据所在页码，标注方法为 $\left[\frac{\text{文献编号}}{\text{页码}}\right]$，上标；源自科技期刊论文、会议论文的数据，只标注文献编号，不标注所在页码，标注方法为［文献编号］，上标。后续各章、节亦如此。

表 3－1 中，凡源自文献中的深厚比、基采比、基载比，均标注出处，否则，为著者根据文献记录的相关数据计算而来。表 3－1 中少量工作面的采煤工艺信息未收集到，著者根据工作面开采年代、工作面尺寸、采厚、开采速度等信息及其他信息推测采煤工艺为综采，故未标注出处。后续各章、节亦如此。

表 3-1　神东矿区浅埋煤层综采/综放地表移动观测站信息汇总

序号	煤矿、工作面名称	时间	工作面长×宽/m^2	采深/m	松散层厚度/m	采厚/m	深厚比	基采比	基载比	倾角/(°)	采煤工艺	推进速度/($m \cdot d^{-1}$)	备注
1	大柳塔矿1203工作面	1993-03——1995-01（回采）[61/38]	938×150[61/38]	56~65/61[61/38]	26.5[61/38]	4.03[61/38]	15.2[61/38]	9.1	1.3	1~3[14/109]	综采[61/38]	2.4[38/19]	地表风积沙覆盖[5/40]；回采率64.4%[61/38]
2	大柳塔矿12208工作面	2012-08（沉陷观测）[41/28]	1537×155[41/27]	37.5[62]	7.2[41/27]	7.0[62]	5.8	5.4[62]	4.2	1~3[62]	综采[63/10]	10.0[62]	地表风积沙覆盖[5/40]
3	大柳塔矿52303工作面	2012-12（回采）[120]	4443×301.5[120]	250[120]		6.6[120]	37.9[120]			1~3[120]	综采[120]		INSAR监测，未使用传统测量方法，未取得参数
4	大柳塔矿52304工作面	2012-11——2013-08（沉陷观测）[63/11]	4548×301[63/8]	250[63/8]	50[63/8]	6.45[63/8]	32.3[39/31]	29.2[41/93]	4.0	1~3[39/31]	综采	7.4[39/31]	重复采动，其上部为22306、22307工作面[63/8, 63/10]
5	大柳塔矿52305工作面		2881×281[40/105]	230[40/105]	30[40/105]	6.7[40/105]	34.3	29.9	6.7	1~3[40/105]	综采	12.0[40/105]	地表风积沙覆盖[40/105]；据文献[63]第10页图，为重复采动，上部为22306、22307工作面
6	大柳塔矿52306工作面		12845×281+392×234 m+434×141[83/26]	180[83/26]		7.0[83/26]	25.7			1~3[84]	综采[84]		结合文献[63]第10页图、文献[40]第34页图，为重复采动，上部为22307旺采工作面
7	大柳塔矿52307工作面	2015-09建立观测站，2016-02回采[104/19]	4463×301[104/16]	190[104/30]	11[104/30]	6.7[104/16]	28.4	27.6	16.3	0~3[104/16]	综采[104/16]	4.4~13.5[104/56]	
8	大柳塔矿22201工作面	2012-11——2013-08（沉陷观测）[63/11]	643×349[41/30]	72.5[41/30]	12[41/30]	3.65[63/9]	19.9	15.3[41/93]	5.0	1~3[63/9]	综采	9.6[78]	重复采动，其上部为12208、12210综采采空区[63/10]

表 3-1（续）

序号	煤矿、工作面名称	时 间	工作面长×宽/m²	采深/m	松散层厚度/m	采厚/m	深厚比	基采比	基载比	倾角/(°)	采煤工艺	推进速度/(m·d⁻¹)	备 注
9	大柳塔矿 20601 工作面		220（工作面倾斜长度）[98/13]	80～120/95[98/13]	37.5[98/13]	4.0[98/13]	23.8	14.3	1.5	1.5[98/13]	综采[98/13]		
10	活鸡兔井 12205 工作面		2235×230[85]	87[66/16]	25.5[66/16]	3.6[66/16]	24.2	17.1	2.4	0～3[85]	综采[66/16]		地表风积沙覆盖[66/16]
11	补连塔矿 31401 工作面	2007-08——2007-09（沉陷观测）[59/47]	4629×265.3[59/45]	255[40/105]	5～25[59/45]	4.2[40/105]	60.7	56.0	11.8	1～3[40/105]	综采[16]	13.5[40/105]	地表风积沙覆盖[39/21]；松散层均厚按 20 m 计
12	补连塔矿 12401 工作面	2007-01[14/109]	4578（走向）[14/109]	200～260[14/109]	1.5～34[14/109]	3.6～4.5[14/109]	55～72	53～69	19～25	1～3[14/109]	综采[14/109]	10[14/109	松散层均厚按 10 m计
13	补连塔矿 12406 工作面	2011-04——2012-03（回采）[39/11]	3592×300.5[39/11]	160～220/200[39/11]	3～30[39/11]	4.5[40/105]	44.4	41.1	12.3	1～3[40/105]	综采[39/11]	12.0[40/105]	地表风积沙覆盖[39/21]；松散层均厚按 15 m 计
14	补连塔矿 2211 工作面		1367×185[5/41]	100～130[5/41]	5～50/20[5/41]	4.0[5/41]	30.0	25.0	5.0	0～3[5/41]	综采[5/42]		煤层平均埋深按 120 m 计
15	补连塔矿 32301 工作面	2007-08——2007-10（沉陷观测）[59/51]	5220×301[5/41]	260[5/41]	55[5/44]	6.1[5/44]	42.6	33.6	3.7	1～3[5/44]	综采[59/46]	9.2[5/50]	重复采动[82]
16	补连塔矿 22408 工作面		宽 303[123]	230[123]	20.6[123]	5.79[123]	39.7	36.2	10.2	1～5[123]	综采[123]	13.5[123]	

表3－1（续）

序号	煤矿、工作面名称	时间	工作面长×宽/m^2	采深/m	松散层厚度/m	采厚/m	深厚比	基采比	基载比	倾角/（°）	采煤工艺	推进速度/（$m \cdot d^{-1}$）	备注
17	柳塔矿12106工作面	2010－07——2011－02（回采）[64/13]	633×246.8[64/13]	150[64/13]	30[64/32]	6.9[64/13]	21.7[39/31]	18.0[64/32]	4.0	1～3[64/13]	综放[64/13]	5.0[64/13]	地表风积沙覆盖[64/13]
18	乌兰木伦矿2207工作面	1997－03（开始回采）[130/13]	892×158[5/40]	102[5/40]	20～40/28[5/41]	2.2[5/40]	46.4	33.6	2.6	0～1[5/40]	综采[65]	2.8[65]	地表风积沙覆盖[66]
19	乌兰木伦矿12401工作面			220[124]	15[124]	9[124]	24.4	22.8	13.7	1[124]	综放		
20	上湾矿51101工作面	2012－10－25——2013－04－20（沉陷观测）[67]	4000×240[40/105]	146[40/105]	15.6[40/105]	5.2[40/105]	28.1	25.1	8.4	1～3[40/105]	综采[67]	10.0[40/105]	地表风积沙覆盖[40/103]
21	上湾矿12401工作面	2018－03——2019－08（回采）[118]	5255×299[134]	124～250[134]		8.8[118]				1～5[118]	综采[134]	约14[134]	“空－天－地”一体化监测[118,134]：传统测量＋GNSS＋InSAR＋BDS＋LiDAR
22	柠条塔矿N1201工作面	2010－07（沉陷观测建站）[14]	2740×295[46/114]	50～170[46/112]	70[46/95]	3.9[46/114]	28.2	10.3	0.57[46/95]	＜1[46/112]	综采[46/95]	4～5[14/149]	煤层平均埋深按110 m计
23	柠条塔矿N1114工作面	2013－11——2015－12（沉陷观测）[99/13]		64～156[99/10]	10～90[99/10]	1.85[99/9]					综采		与N1206工作面同时布置观测站联合观测

表3-1（续）

序号	煤矿、工作面名称	时间	工作面长×宽/m^2	采深/m	松散层厚度/m	采厚/m	深厚比	基采比	基载比	倾角/(°)	采煤工艺	推进速度/($m \cdot d^{-1}$)	备注
24	柠条塔矿N1206工作面	2013-11——2015-12（沉陷观测）[99/13]	2020×300[100/12]	165[100/16]	60[100/17]	5.34[100/14]	30.9	19.7	1.75		综采[99/10]		重复采动[99/15]
25	柠条塔矿N1212工作面	2019-01-10——2020-03-20观测	1965×294[108]	140～220/190[108]	95[108]	4.05～5.9/4.8[108]				2[108]	综采	2.4～27.2[108]	N1212工作面开采2^{-2}煤，与开采1^{-2}煤的N1118工作面部分区域重复采动[108]
26	柠条塔矿S1210工作面	2011-05（开始回采）[102]	6000×295[102]	155[102]		5.6[102]				1[102]	综采		推测综采
27	韩家湾矿2304工作面	2009-07-22（开始回采）[37/12]	1800×268[37/9]	130[37/11]	60[37/11]	4.1[37/9]	31.7	17.1	1.2	2～4[37/9]	综采[37/9]	8.0[37/47]	地表风积沙覆盖[40/103]
28	杨家村矿222201工作面	2011—2012年（沉陷观测）[5/40]	1800×240[68]	70～162/133[68]	10[5/40]	5.0[5/40]	15～32[68]	24.6	12.3	1～4[5/40]	综采[68]	5.1[5/50]	
29	布尔台矿22103工作面	2010-07——2012-09（沉陷观测）[5/39]	4250×360[64/36]	157～324[5/39]	20[5/32]	3.0[64/36]	98.3	81.0[64/32]	13.8	1～4[5/39]	综采[5/42]	8.3[64/36]	平均采深295 m[64/32]；有的文献中该工作面编号为22103-1
30	布尔台矿42105工作面	2015-06（开始回采）[81/52]	5231×230[79]	372[80/2]	8～26[81/14]	6.7[79]	55.5	53.7	30.0	1～9[79]	综放[79]	10～20/12.8[79]	重复采动[79]；倾斜方向非充分采动[80/58]；松散层均厚按12 m计

表 3-1（续）

序号	煤矿、工作面名称	时间	工作面长×宽/m²	采深/m	松散层厚度/m	采厚/m	深厚比	基采比	基载比	倾角/(°)	采煤工艺	推进速度/(m·d⁻¹)	备注
31	布尔台矿 22207 工作面		宽 302.8[123]	260[124]	10[124]	3.5[123]	74.3	71.4	25	1～3[123]	综采[123]	7.8[123]	平均采深为 295 m[123]
32	布尔台矿 42108 工作面		4728×313[126]	470[126]	30[126]	6.5[126]	72.3	67.7	14.7		综采	6[126]	倾向非充分采动[126]
33	寸草塔矿 22111 工作面	2010-07——2012-09（沉陷观测）[64/41]	2085×224[64/18]	140～260[64/18]	20[64/32]	2.8[64/18]	89.3[39/31]	82.0[64/32]	11.5	1～3[64/18]	综采[5/42]	9.7[64/18]	平均采深 250 m[64/32]
34	寸草塔二矿 22111 工作面	2010-07——2012-09（沉陷观测）[64/41]	3648×300[64/25]	240～370[64/25]	20[64/32]	2.9[64/25]	106.9	100.0[64/32]	14.5	1～3[5/42]	综采[5/42]	7.2[5/42]	平均采深 310 m[64/32]
35	哈拉沟矿 22407 工作面	2013-11——2014-09（沉陷观测）[69]	3224×284[40/105]	130[40/105]	55.5[66/19]	5.2[40/105]	25.0	22.0	7.3	1～3[40/105]	综采[66/20]	15.0[40/105]	地表风积沙厚度 15.7 m[66/19]
36	哈拉沟煤矿 22521 工作面			57.5[124]	17.5[124]	4.45[124]	12.9	9.0	2.3	1[124]	综采[124]		
37	万利一矿 31305 工作面	2014-01（开始回采）[5/23]	2706×300[70/12]	100～190[5/22]	10[5/22]	4.9[5/22]	34.7	32.7	16.0	1.5～5[70/12]	综采[71]	10.0[71]	回采 2 个月余，推进 460 m 后停采[71]；平均采深 170 m[5/23]

表3-1（续）

序号	煤矿、工作面名称	时间	工作面长×宽/m^2	采深/m	松散层厚度/m	采厚/m	深厚比	基采比	基载比	倾角/(°)	采煤工艺	推进速度/($m \cdot d^{-1}$)	备注
38	察哈素矿 31301 工作面	2013—2014年（沉陷观测）[5/40]	2504×301[5/40]	382~455/418[72/10]	11[72/11]	4.5[72/10]	92.9[72/10]	90.4	37.0	1~3[5/40]	综采[5/42]	8.9[5/42]	有的文献中该工作面编号为3101；倾斜方向非充分采动
39	张家峁矿 15201 工作面	2009—2010年（沉陷观测）[74/26]	1352×260[14/148]	128[74/19]	70[74/19]	6.0[74/1]	21.3	9.7	0.8	1~3[74/1]	综采[74/15]	10.0[14/148]	
40	张家峁矿 14202 工作面	2011-02（建立沉陷观测站）[14/148]	734×295[14/148]	39.5~104[14/148]	58[14/148]	3.7[14/148]	21.1	5.4	0.3	2[14/148]	综采	8.0[14/148]	平均采深按78 m计；煤层厚度变化大，平均为3.34 m[88]
41	三道沟矿 35101 工作面	2009[14/109]	2520(走向)[14/109]	69~188[14/109]	15~129[14/109]	2.1[14/109]	33~89	18~75	1.3~5.3	1~3[14/109]	综采[14/109]	3.7[14/109]	松散层均厚按30 m计
42	三道沟矿 85201 工作面	2012-05——2013-08（沉陷观测）[75/30]	3160×295[75/16]	200[75/48]	70[75/48]	6.6[76]	30.0	19.7	1.9	0~0.5[77/11]	综采[76]		
43	榆家梁矿 52101 工作面	2007（回采）	3730×246[86]	91[66/16]	37.5[66/16]	3.4[66/16]	26.8	15.7	1.4	1.5[86]	综采	15.3[14/109]	地表风积沙覆盖[66/16]；有的文献中该工作面编号为45101，根据开采条件推测为52101
44	龙华矿 20102 工作面	2014-12（建立沉陷观测站）[14/148]	2550（工作面走向长度）[14/148]	108[14/148]	22[14/148]	2.88[14/148]	37.5	29.9	3.9	1[14/148]	综采	7.7[14/148]	覆岩中硬[87/29]

表 3-1（续）

序号	煤矿、工作面名称	时间	工作面长×宽/m^2	采深/m	松散层厚度/m	采厚/m	深厚比	基采比	基载比	倾角/(°)	采煤工艺	推进速度/($m\cdot d^{-1}$)	备注
45	龙华矿 10103 工作面	2014-12（建立沉陷观测站）[14/148]	1198（工作面走向长度）[14/148]	52[14/148]	18.5[14/148]	3.29[14/148]	15.8	10.2	1.78	1[14/148]	综采		覆岩中硬[87/29]
46	红柳林矿 15201 工作面	2009-05（建立沉陷观测站）[14/149]	2330×305[14/149]	149[14/149]	85[14/149]	6.0[14/149]	24.8	10.7	0.8	0~2[14/149]	综采	7.3[14/149]	
47	红柳林矿 S1501 工作面	2009—2010 年（沉陷观测）[89/73]	3065×305[89/50]	50~70[89/50]		5.87[89/50]				0~1[89/50]	综采[89/73]		松散层厚度大，基岩薄[89/50]
48	宏测矿 5102 工作面		1780（工作面走向长度）[14/158]	120[14/158]	65[14/158]	5.2[14/158]	23.1	10.6	0.8	0~3[14/158]	综采[14/158]	5.0[14/158]	鄂尔多斯市准格尔旗
49	炭窑渠矿 6104 工作面	2012-05（建立沉陷观测站）[14/158]	1307×145[14/158]	86[14/158]	43[14/158]	4.6[14/158]	18.7	9.3	1.0	0~3[14/158]	综采	2.2[14/158]	鄂尔多斯市准格尔旗；采煤方法推测综采
50	串草圪旦矿 6207 工作面		约 400×200[90]	206[90]		12.7[90]	16.2			4~44/8[90]	综放[90]		准格尔旗；工作面尺寸根据文献中图示信息推测；倾向非充分采动；石炭二叠纪煤系地层；不参与分析计算

表 3-1（续）

序号	煤矿、工作面名称	时 间	工作面长×宽/m^2	采深/m	松散层厚度/m	采厚/m	深厚比	基采比	基载比	倾角/(°)	采煤工艺	推进速度/($m \cdot d^{-1}$)	备 注
51	串草圪旦矿 6204 工作面	2010-07——2011-01（回采）[91]	475×137[91]	166~251[91]		11.4[91]	18.1			4~35/12[91]	综放		倾斜方向非充分采动石炭二叠纪煤系地层；不参与分析计算
52	串草圪旦矿 6106 工作面	2013-11-13（开始回采）[92]	768×127[93/14]	40~120[93/12]		12.7[93/14]				3~9/5[93/14]	综放[93/14]	4.0[92]	石炭二叠系[92]；浅埋、特厚煤层[93/7]
53	不连沟矿 F6201 工作面	2011-03（建立观测站）[103/48]	766×250[103/21]	336~387/354[103/21]	31.9[103/21]	15.24[103/21]	23.2	21.1	10.1	0~8[103/21]	综放[103/21]		准格尔旗[129/9]；石炭二叠纪煤系地层[129/11]；倾向非充分[129/59]
54	不连沟矿 F6207 工作面	2018-02（开始回采）[119/100]	2000×240[119/83]	400[119/82]	30[119/83]	18.8[119/83]	21.3	19.7	12.3	0~15[119/49]	综放[119/68]		传统测量+InSAR+UVA；石炭二叠系煤系地层[119/22]；不参与分析计算
55	不连沟矿 F6211 工作面	2018-07（开始回采）[119/110]	1000×280[119/83]	300[119/83]	30[119/83]	14.8[119/82]	20.3	18.2	9	0~15[119/49]	综放[119/68]		传统测量+InSAR+UVA；石炭二叠系煤系地层[119/22]；不参与分析计算
56	昌汉沟矿 15106 工作面		2800×300[65]	94~136/112[94]	0~25[94]	5.2[65]	21.5			1~3	综采[94]	17.2[65]	覆岩软弱[94]；中硬覆岩[237]

表 3－1（续）

序号	煤矿、工作面名称	时 间	工作面长×宽/m^2	采深/m	松散层厚度/m	采厚/m	深厚比	基采比	基载比	倾角/(°)	采煤工艺	推进速度/($m \cdot d^{-1}$)	备 注
57	冯家塔矿 1201 工作面		1850×250[65]	147[95]	10[95]	3.3[65]	44.5	38.5	12.7	0～5[95]	综采[95]	8.3[95]	
58	隆德煤矿 205 工作面		3640×300[96/65]	217[96/65]	36[97]	4.0[96/65]	54.3	45.3	5.0	<1[96/65]	综采		神木市大保当镇
59	锦界矿 31408 工作面			90[124]	80[124]	3.5[124]	25.7	2.9	0.125	1[124]	综采[124]		
60	阳湾沟矿 6204 工作面		287×126.5[101]	182[101]	65	7.2[101]	25.3	16.3	1.8	3～5[101]	综放[101]	0.5～4.8/3.6[101]	石炭系上统太原组[101]；位于准格尔旗
61	榆阳矿 2308 工作面	2012－08（建立观测站）	310×150[14/146]	175[14/146]	80[14/146]	3.3[14/146]	53	28.8	1.2	0.28	综采充填[14/146]	1[14/146]	榆林市榆阳区；因充填开采，本书中不参与分析计算
62	小保当一号井 112201 工作面	2018－09——2019－12 回采[105]	4560×350[105]	302[105]	50～90[105]	5.8[105]	52.1	39.7	3.5	>1[105]	综采[105]	12[105]	地表出露第四系风沙和萨拉乌苏组沙土[105]
63	小保当二号井 132201 工作面		4060×300[125]	311[125]		2.2[125]	141.4[125]			0.5[125]	综采[125]		

表 3-1（续）

序号	煤矿、工作面名称	时间	工作面长×宽/m^2	采深/m	松散层厚度/m	采厚/m	深厚比	基采比	基载比	倾角/(°)	采煤工艺	推进速度/($m \cdot d^{-1}$)	备注
64	石拉乌素矿 $2^{-2\text{上}}201$ 工作面	2015-12-20 建立观测站[106]	834×330[106]	660~700[106]		4.4~6.5[106]				0~3[106]	综采[106]		伊金霍洛旗；因采深大，本书中不参与分析计算
65	石拉乌素矿 $221^{\text{上}}17$ 工作面	2016-09-20——2017-05-09 回采[107/10]	835×340[107/10]	690[107/10]	4[107/10]	5.33[107/10]	129.5	128.7	171.5	2[107/10]	综采[107/10]		伊金霍洛旗；因采深大，本书中不参与分析计算
66	石拉乌素矿 $221^{\text{上}}18$ 工作面	2017-06-26——2017-12-13 回采[107/14]	700×310[107/14]	680[107/14]	15[107/14]	5.49[107/14]	123.9	121.1	44.3	2[107/14]	综采[107/10]		伊金霍洛旗；因采深大，本书中不参与分析计算
67	石拉乌素矿 $221^{\text{上}}06A$ 工作面	2017-09-16——2019-10-25 回采[107/17]	1135×300[107/17]	655[107/17]	15[107/17]	9.87[107/17]	66.4	64.8	42.7	2[107/17]	综采[107/10]		伊金霍洛旗；因采深大，本书中不参与分析计算
68	石拉乌素矿 $221^{\text{上}}01$ 工作面	2018-03-26——2020-03-19 回采[107/21]	2335×290[107/21]	684[107/21]	17[107/21]	4.83[107/21]	141.6	138.1	39.2	2[107/21]	综采[107/10]		伊金霍洛旗；因采深大，本书中不参与分析计算
69	泊江海子矿 113101 工作面	2016-12——2017-10 回采[122/17]	2603×200[122/17]	545[121/17]		5.3[122/17]	102.8			1~3[121/19]	综采[122/5]		文献[121]认为属“深部开采”，本书不参与分析计算

注：表中源自学术专著、毕业论文、研究报告的数据以上角标的形式标记为[文献编号/页码]；源自科技期刊论文、会议论文的数据，只以上角标的形式标记文献编号，即[文献编号]。文献编号书后参考文献编号。

3.2 浅埋煤层综采/综放地表移动变形是否符合概率积分法的判定

概率积分法由刘宝琛、廖国华于1965年共同提出。1985年版的“三下”采煤规程正式提出了概率积分法的概念。2000年版的“三下”采煤规程和2017年版的“三下”采煤规范中都推荐了这个方法。概率积分法是在我国应用最广泛的地表移动变形预计计算方法。当工作面双向达到充分采动时，依据概率积分法原理可推导出，最大下沉值 W_{max}、最大水平变形值 ε_{max}、最大倾斜值 i_{max}、最大水平移动值 U_{max}之间存在下面的关系：

$$\frac{W_{max} \cdot \varepsilon_{max}}{i_{max} \cdot U_{max}} = 1.52 \tag{3-1}$$

式（3-1）是基于概率积分法原理得到的变形最大值之间的理论值。

对于浅埋煤层来说，其开采导致的地表变形非常剧烈，非连续变形极其明显，而概率积分法适用于地表连续变形的情形，对于浅埋煤层开采导致的地表变形计算是否适用的问题，通过计算实测变形最大值之间的关系是否等于（或接近）1.52来判定。如果实测变形最大值之间的关系值与理论值1.52相差较大，则说明实测值与理论值的符合性较差，亦即应用概率积分法对具有明显非连续变形特征的浅埋煤层地表沉陷变形进行预计与实际的符合性较差。

达到（或接近）双向充分采动条件的实测地表变形最大值等数据汇总在表3-2中，部分水平移动系数、主要影响半径数据直接源自文献，部分通过概率积分法有关公式计算得到，公式参考文献[9]。表3-2汇总了41组地表移动观测站的实测变形最大值数据。按式（3-1）计算最大下沉值 W_{max}、最大水平变形值 ε_{max}、最大倾斜值 i_{max}、最大水平移动值 U_{max}之间的系数的平均值1.57，接近1.52，这说明浅埋煤层综采/综放条件下，尽管地表变形非常剧烈，表现出强烈的非连续性，但总体上的地表塌陷规律仍符合概率积分法，也就是说，概率积分法大体适用于浅埋煤层综采/综放开采的地表沉陷预计。

但是，就单个工作面来说，实测最大值之间的关系有的与理论值1.52相去甚远。例如，韩家湾煤矿2304工作面B线的系数为4.54，三道沟矿85201工作面A线的系数为3.10，远大于概率积分法的1.52，张家峁煤矿15201工作面B线的系数为0.40，Z线的系数为0.32，远小于概率积分法的1.52，这种远大于和远小于概率积分法系数的现象还有很多。导致实测最大值之间的关系与理论值相去甚远的原因很多，分析认为有以下4个因素。

（1）概率积分法自身局限性。概率积分法的理论源于随机介质理论，理论模型是沙箱模型，大小相同、质量均一的颗粒整齐排列在沙箱内，颗粒体介质各向同性。矿压理论中多将覆岩视为梁或板，由此产生各种矿压理论假说，随着科技水平的不断进步，监测工作面顶板的各种仪器设备真实记录了顶板来压情况，说明来压是真实存在的，这也就证实了将覆岩视为梁或板比将覆岩视为随机介质更合理。那么，覆岩到底是什么类型的介质呢？是连续介质还是非连续介质，抑或是其他什么介质？这是一个无法回避的基础的、核心的问题，也是目前难以准确回答的问题，有学者（赵阳升，2021）认为岩体介质分类理论是“未解之百年问题”。概率积分法是绝对理想化的假设模型理论，在至今岩体属于何种介质尚未完全清楚的情况下，概率积分法认为覆岩运动符合随机介质理论，显然不能

表3-2 神东矿区浅埋煤层综采（综放）地表移动观测站实测变形最大值统计表

序号	煤矿、工作面、测线名称	最大下沉值 W_{max}/mm	最大水平移动值 U_{max}/mm	水平移动系数 b	最大倾斜值 i_{max}/(mm·m^{-1})	主要影响半径 r/m	最大曲率值 K_{max}/(10^{-3}/m)	最大水平变形值 ε_{max}/(mm·m^{-1})	按式(3-1)计算得到的系数	备注
1	大柳塔矿 1203 工作面走向 B 线左侧	2548[61/39]	1291[61/39]	0.51	128.5[61/39]	19.8[61/40]	11.38[61/39]	72.9[61/39]	1.12	r 源自文献 [61]
2	大柳塔矿 1203 工作面走向 B 线右侧	2548[61/39]	718[61/39]	0.28	79.4[61/39]	32.1[61/40]	5.43[61/39]	54.8[61/39]	2.45	
3	大柳塔矿 1203 工作面倾斜 Ⅰ A 线下山	2271[61/39]	684[61/39]	0.30	110.1[61/39]	20.6[61/40]	10.00[61/39]	27.9[61/39]	0.84	
4	大柳塔矿 1203 工作面倾斜 Ⅰ A 线上山	2271[61/39]	714[61/39]	0.31	141.0[61/39]	16.1[61/40]	12.53[61/39]	38.3[61/39]	0.86	
5	大柳塔矿 1203 工作面倾斜 Ⅱ A 线下山	2501[61/39]	700[61/39]	0.28	92.5[61/39]	27.0[61/40]	5.68[61/39]	43.2[61/39]	1.67	
6	大柳塔矿 1203 工作面倾斜 Ⅱ A 线上山	2501[61/39]	733[61/39]	0.29	109.3[61/39]	22.9[61/40]	9.51[61/39]	49.6[61/39]	1.55	
7	大柳塔矿 22201 工作面走向线	2780[41/36]	751[41/36]	0.27	65.6[41/36]	42.4	2.85[41/36]	28.4[41/36]	1.60	r 通过概率积分法原理有关公式计算得到
8	大柳塔矿 22201 工作面倾向线	2833[41/36]	603[41/36]	0.21	57.2[41/36]	49.5	2.18[41/36]	35.5[41/36]	2.92	
9	大柳塔矿 52304 工作面走向线	4403[41/47]	749[41/47]	0.17	59[41/47]	74.6	1.1[41/47]	26.1[41/47]	2.60	
10	大柳塔矿 52304 工作面倾向线	4268[41/47]	1127[41/47]	0.26	52[41/47]	82.1	1.5[41/47]	20.1[41/47]	1.46	
11	补连塔矿 31401 工作面	2320[59/48]	294[59/48]	0.13	44.4[59/48]	52.3	1.74[59/48]	5.32[59/48]	0.95	

表 3-2（续）

序号	煤矿、工作面、测线名称	最大下沉值 W_{max}/mm	最大水平移动值 U_{max}/mm	水平移动系数 b	最大倾斜值 i_{max}/(mm·m^{-1})	主要影响半径 r/m	最大曲率值 K_{max}/(10^{-3}/m)	最大水平变形值 ε_{max}/(mm·m^{-1})	按式(3-1)计算得到的系数	备 注
12	补连塔矿 12406 工作面走向线	2459[39/22]	919[39/26]	0.37	40[39/23]	61.5	1.4[39/25]	18[39/27]	1.20	i_{max}从文献[39]图中量取；r通过概率积分法原理有关公式计算得到
13	补连塔矿 12406 工作面倾向线	2459[39/22]	500[39/26]	0.20	45[39/24]	54.6	1.75[39/25]	13[39/27]	1.42	
14	乌兰木伦矿 2207 工作面	1680[130/7]	724[130/7]	0.43		54.7[130/12]	1.8[130/7]	27.2[130/7]	2.06	r源自文献[130]
15	柳塔矿 12106 工作面走向线	5706[64/47]	2382[64/47]	0.42	88.4[64/47]	64.5	2.68[64/47]	72.4[64/47]	1.96	r通过概率积分法原理有关公式计算得到
16	柳塔矿 12106 工作面倾向线	5887[64/47]	3284[64/47]	0.56	93.7[64/47]	62.8	2.49[64/47]	89.3[64/47]	1.71	
17	布尔台矿 22103 工作面走向线	2093[64/47]	454[64/47]	0.22	17.4[64/47]	120.3	1.13[64/47]	5.4[64/47]	1.43	
18	布尔台矿 22103 工作面倾向线	2181[64/47]	405[64/47]	0.19	63.0[64/47]	34.6	1.56[64/47]	6.2[64/47]	0.53	
19	寸草塔矿 22111 工作面走向线	1671[64/47]	552[64/47]	0.33	20.0[64/47]	83.6	0.64[64/47]	7.8[64/47]	1.18	
20	寸草塔矿 22111 工作面倾向线	1648[64/47]	630[64/47]	0.38	22.2[64/47]	74.2	0.35[64/47]	8.7[64/47]	1.03	
21	寸草塔二矿 22111 工作面走向线	1866[64/47]	694[64/47]	0.37	6.2[64/47]	300.9	0.18[64/47]	4.8[64/47]	2.07	
22	寸草塔二矿 22111 工作面倾向线	1772[64/47]	737[64/47]	0.42	19.6[64/47]	90.4	0.38[64/47]	7.8[64/47]	0.94	

表 3-2（续）

序号	煤矿、工作面、测线名称	最大下沉值 W_{max}/mm	最大水平移动值 U_{max}/mm	水平移动系数 b	最大倾斜值 i_{max}/(mm·m^{-1})	主要影响半径 r/m	最大曲率值 K_{max}/(10^{-3}/m)	最大水平变形值 ε_{max}/(mm·m^{-1})	按式(3-1)计算得到的系数	备　注
23	韩家湾矿 2304 工作面 Z 线	2568[37/28]	799.5[37/28]	0.31	90.47[37/28]	28.3[37/30]	0.3[37/28]	53.1[37/28]	1.88	r 源自文献 [37]
24	韩家湾矿 2304 工作面 B 线	2409[37/28]	600.2[37/28]	0.25	35.13[37/28]	68.6[37/30]	0.1[37/28]	39.7[37/28]	4.54	
25	哈拉沟矿 22407 工作面走向线	3375[131/55]	1100[131/60]	0.33	55[131/59]	61.4	2.2[131/59]	31[131/60]	1.73	i_{max} 从文献 [131] 图中量取；r 通过概率积分法原理有关公式计算得到
26	哈拉沟矿 22407 工作面倾向线	3386[131/56]	1600[131/61]	0.47	46[131/60]	73.6	1.5[131/60]	30[131/61]	1.38	
27	万利一矿 31305 工作面	3614[5/26]	1610[5/26]	0.45	55.01[5/26]	65.7	2.62[5/26]	39.3[5/26]	1.60	r 通过概率积分法原理有关公式计算得到
28	察哈素矿 31301 工作面走向线	2750[72/59]	677[72/59]	0.25	25.38[72/59]	108[72/68]	0.99[72/59]	9.6[72/59]	1.53	r 源自文献 [72]
29	察哈素矿 31301 工作面倾向线	2796[72/61]	1246[72/61]	0.45	31.2[72/61]	89.6[72/68]	0.66[72/61]	9.6[72/61]	0.69	
30	张家峁矿 15201 工作面 A 线	3224[74/26]	1153[74/32]	0.36	73.9[74/28]	43.6	3.4[74/30]	20.5[74/34]	0.78	r 通过概率积分法原理有关公式计算得到
31	张家峁矿 15201 工作面 B 线	4129[74/27]	2990[74/33]	0.72	93.87[74/29]	44.0	7.9[74/30]	26.9[74/34]	0.40	
32	张家峁矿 15201 工作面 Z 线	4250[74/28]	2008[74/33]	0.47	69.46[74/30]	61.2	4.5[74/30]	10.55[74/34]	0.32	

表 3-2（续）

序号	煤矿、工作面、测线名称	最大下沉值 W_{max}/mm	最大水平移动值 U_{max}/mm	水平移动系数 b	最大倾斜值 i_{max}/（mm·m^{-1}）	主要影响半径 r/m	最大曲率值 K_{max}/（10^{-3}/m）	最大水平变形值 ε_{max}/（mm·m^{-1}）	按式(3-1)计算得到的系数	备注
33	三道沟矿 85201 工作面 A 线	3486[75/72]	2131[75/72]	0.61	44.6[75/72]	78.2	2.4[75/72]	84.4[75/72]	3.10	r 通过概率积分法原理有关公式计算得到
34	三道沟矿 85201 工作面 Z 线	4531[75/72]	2725[75/72]	0.60	82.57[75/72]	54.9	4.1[75/72]	29.3[75/72]	0.59	
36	布尔台矿 42105 工作面走向线	2663[80/43]	734.5[80/43]	0.28	23.7[80/43]	112.4	0.4[80/43]	18.4[80/43]	2.81	
37	布尔台矿 42105 工作面倾向线	2778[80/43]	984[80/43]	0.35	16.8[80/43]	165.4	0.3[80/43]	11.2[80/43]	1.88	
38	活鸡兔井 12205 工作面走向线	2360[132/43]	422[132/43]	0.18	42.8[132/43]	55.1	1.33[132/43]	12.2[132/43]	1.59	
39	活鸡兔井 12205 工作面倾向Ⅱ线	2300[132/49]	872[132/49]	0.38	52.2[132/49]	44.1	1.50[132/49]	22[132/49]	1.11	
40	大柳塔矿 52307 工作面 A 线（走向）	3560[104/28]	750.0[104/28]	0.21[104/37]	77.0[104/28]	51.4[104/37]	—	32.4[104/28]	—	未参与平均值计算
41	大柳塔矿 52307 工作面 B 线（倾向）	3445.1[104/28]	562.1[104/28]		59.2[104/28]		—	19.5[104/28]	—	
平均值		—	—	0.35	—	—	—	—	1.57	—

较好地反映煤层开采后的顶板覆岩复杂运动过程，所以是不严密的，结果不具有普适性，且概率积分法本质上是一种数学方法，因而概率积分法自身存在局限性（刘宝琛等，2016；杨伦等，2016）。

（2）采深因素。神东矿区地表起伏变化很大，最大变形值测点的采深往往未知，而以工作面平均采深代替，这对于浅埋煤层来说，很小采深的变化就可能导致参数发生巨变。

（3）覆岩结构和岩性因素。有研究（刘义新，2010）认为，松散层厚度占覆岩总厚度的比例变化对地表下沉范围和地表移动变形曲线有影响。对于浅埋煤层来说，松散层厚度的很小变化可能导致其占覆岩总厚度的比例发生实质性改变，从表 3－1 就可以看出，在数十个工作面中，松散层厚度占覆岩总厚度的比例从 1/2 至 1/10 不等。有研究（许家林等，2005；伊茂森，2008；朱卫兵等，2009；刘兴昌，2018）认为，地表变形受控于覆岩结构，神东矿区存在多种关键层结构类型，风积沙厚度稍有变化，覆岩结构就有可能发生转变，从而影响覆岩破坏和地表移动变形。这些观点在补连塔煤矿 31304 工作面、大柳塔煤矿 1203 工作面等很多工作面得到了证实。

（4）其他因素。观测误差（甚至错误）、计算误差、文献传播过程中的笔误等因素。

总之，浅埋煤层综采/综放开采地表沉陷总体上基本符合概率积分法，但就某具体工作面、具体数据来说，可能与概率积分法预计结果相去甚远。

3.3 浅埋煤层综采/综放地表移动持续时间和下沉量

地表移动持续时间或移动过程总时间，是指在充分采动或接近充分采动情况下，下沉值最大的地表点从移动开始到移动稳定所持续的时间（何国清等，1991）。地表移动持续时间应根据地表最大下沉点确定，因为在下沉盆地内各地表点中，地表最大下沉点的下沉值最大，下沉持续时间最长，因此具有统计学意义和对比作用，下沉盆地内任意点的移动持续时间不具备统计学意义和对比作用。需要说明的是，在下沉盆地内，地表最大下沉点不止一点，而是无数个点。在主断面上布置地表移动观测站，观测到的最大下沉点也可能不止一点。对于神东矿区这样的浅埋煤层综采工作面来说，无论走向长度还是倾斜长度都很大，双向均达到充分或超充分采动，在地表移动观测站观测到的最大下沉点不应只是一点。从收集到的文献上看，有的作者误将非最大下沉点的移动持续时间认为是工作面的地表移动持续时间，也可以说，误将任意点的移动持续时间认为是工作面的地表移动持续时间，显然这是对地表移动持续时间的误解。2017 年颁布的“三下”采煤规范和以往版本的“三下”采煤规程中称为地表移动延续时间，经典教材《矿山开采沉陷学》（何国清等，1991）称为地表移动持续时间，本书中采纳后者。

2017 年颁布的“三下”采煤规范和以往版本的“三下”采煤规程中都提出了关于地表移动时间的划分。地表移动持续时间根据最大下沉点的下沉与时间的关系分为初始期、活跃期、衰退期。活跃期指地表下沉速度大于 1.7 mm/d（50 mm/月）的持续时间，初始期指地表开始移动至活跃期时的持续时间，衰退期指活跃期结束到地表稳定的持续时间。这是对煤层倾角小于 45°的条件而言的，当煤层倾角大于 45°时是以 1 mm/d（30 mm/月）为标准来划分的。地表下沉的标志是地表点下沉达到 10 mm，地表稳定的标志是连续 6 个月观测地表测点的累计下沉值小于 30 mm。

由于地表移动持续时间实测数据偏少，本书中将接近充分采动和接近最大下沉值的点地表移动持续时间视为工作面的地表移动持续时间，不仅弥补实测数据不足的缺憾，而且也基本满足统计学意义并起到对比作用。地表移动持续时间和相应下沉量汇总见表 3－3。地表移动各阶段时长占移动过程总时间的比例大多通过计算得到，当文献只提供比例而未提供具体各阶段时长时，则比例直接源于文献，并标注出处。下沉量亦如此处理。

从表 3－3 的计算中可以看出，对 38 组数据的统计结果表明，平均地表移动持续时间为平均采深的 1.26 倍（采深单位为 m，地表移动持续时间单位为 d），初始期、活跃期、衰退期占地表移动持续时间的比例分别为 9.0%、39.7%、50.6%，3 个阶段下沉量占总下沉量的比例分别为 3.7%、91.4%、6.3%。

3.3.1 浅埋煤层综采/综放地表移动持续时间分析

3.3.1.1 神东矿区综采/综放地表移动持续时间

1. 浅埋煤层综采/综放地表移动持续时间

对于地表移动持续时间，2017 年出版的“三下”采煤指南和此前颁布的各版本“三下”采煤规程中都有比较明确的计算方法，地表持续时间 T 可根据工作面所在矿区实测资料确定，无实测资料时，地表移动持续时间 T 根据平均采深 H_0 估算：

$$T=2.5H_0 \quad (\text{当 } H_0 \leqslant 400\ \text{m 时}) \tag{3-2}$$

$$T=1000\exp\left(1-\frac{400}{H_0}\right) \quad (\text{当 } H_0 > 400\ \text{m 时}) \tag{3-3}$$

式（3－2）和式（3－3）是无数煤炭行业科技人员数十年辛苦工作的总结成果，这一成果被其他行业广为引用，如《煤矿采空区岩土工程勘察规范》（GB 51044—2014）、《土地复垦方案编制规程　第 3 部分：井工煤矿》（TD/T 1031.3—2011）。

表 3－3 汇总了神东矿区浅埋煤层综采/综放条件下的 38 组地表移动持续时间数据，采深最大不足 400 m，平均采深 166.6 m。地表移动持续时间按式（3－2）计算为采深的 2.5 倍。而表 3－3 的统计结果显示，其平均地表移动持续时间约为采深的 1.26 倍，约为式（3－2）的一半，这说明“三下”采煤指南中推荐的地表移动持续时间计算公式不适合浅埋煤层综采/综放条件。

表 3－3 中，地表移动持续时间/采深的中数为 1.24。考虑到可能存在的观测误差、计算误差等因素，著者认为，对于浅埋煤层综采/综放条件说，地表移动持续时间 T 按采深 H_0 的 1.25 倍估算较为适宜，即

$$T=1.25H_0 \tag{3-4}$$

也就是说，浅埋煤层综采/综放条件下地表移动持续时间可按“三下”采煤指南中推荐的计算公式的一半进行估算。

2. 浅埋煤层综采/综放地表移动持续时间影响因素分析

以往的研究成果表明，在有些矿区，地表移动持续时间与采深、工作面推进速度之间存在比较明确的定量关系，采深越大、工作面推进速度越慢，地表移动持续时间越长。为更加深入探究神东矿区浅埋煤层综采/综放条件下地表移动特征，抽取表 3－3 中地表移动

表 3-3 神东矿区浅埋煤层综采/综放地表移动持续时间和相应下沉量实测数据汇总表

序号	煤矿、工作面、测点名称	采深/m	持续时间/d	持续时间/采深	各阶段时长及其所占持续时间比例						各阶段下沉量及其所占总下沉量比例						工作面推进速度/(m·d⁻¹)	备注
					初始期/d	初始期占持续时间比例/%	活跃期/d	活跃期占持续时间比例/%	衰退期/d	衰退期占持续时间比例/%	初始期下沉量/mm	初始期下沉量占总下沉量比例/%	活跃期下沉量/mm	活跃期下沉量占总下沉量比例/%	衰退期下沉量/mm	衰退期下沉量占总下沉量比例/%		
1	大柳塔矿 1203 工作面 B34	61[61/38]	100	1.64	5[61/39]	5.0	69[61/39]	69.0	26[61/39]	26.0	25[61/39]	1.0	2455[61/39]	97.1	49[61/39]	1.9	2.4[38/19]	B34 和 B53 均为最大下沉点[61/39]
2	大柳塔矿 1203 工作面 B53	61[61/38]	112	1.83	7[61/39]	6.3	69[61/39]	61.6	36[61/39]	32.1	20[61/39]	0.9	2276[61/39]	97.5	39[61/39]	1.7	2.4[38/19]	
3	大柳塔矿 52304 工作面	250[63/8]	311[65]	1.24				41.2[40/105]						98[40/105]			9[40/105]	
4	大柳塔矿 52305 工作面	230[40/105]	283	1.23			约 113[40/41]	40[40/105]						98[40/105]			12[40/39]	根据活跃期时长及其所占比例反算持续时间 283 d
5	补连塔矿 12406 工作面	200[39/11]												96[40/105]			12[39/11]	文献[133]中,工作面推进速度 12~15 m/d
6	乌兰木伦矿 2207 工作面	102[5/41]	85	0.83	4[130/6]	4.7	75[130/6]	88.2	6[130/6]	7.1							2.8[65]	
7	柳塔矿 12106 工作面	150[64/57]	354	2.36	27[64/57]	7.6	120[64/57]	33.9	207[64/57]	58.5							5.0[64/57]	
8	布尔台矿 22103 工作面	295[64/57]	420	1.42	25[64/57]	6.0	204[64/57]	48.6	191[64/57]	45.5							8.3[64/57]	
9	寸草塔矿 22111 工作面	250[64/57]	156	0.62	18[64/57]	11.5	73[64/57]	46.8	65[64/57]	41.7							9.7[64/57]	

表 3－3（续）

序号	煤矿、工作面、测点名称	采深/m	持续时间/d	持续时间/采深	各阶段时长及其所占持续时间比例						各阶段下沉量及其所占总下沉量比例						工作面推进速度/(m·d^{-1})	备注
					初始期/d	初始期占持续时间比例/%	活跃期/d	活跃期占持续时间比例/%	衰退期/d	衰退期占持续时间比例/%	初始期下沉量/mm	初始期下沉量占总下沉量比例/%	活跃期下沉量/mm	活跃期下沉量占总下沉量比例/%	衰退期下沉量/mm	衰退期下沉量占总下沉量比例/%		
10	寸草塔二矿 22111 工作面	310[64/57]	253	0.82	20[64/57]	7.9	101[64/57]	39.9	132[64/57]	52.2							7.2[64/57]	
11	上湾矿 51101 工作面 Z20	146[40/105]				2[67]		21.1[67]		76.9[67]		1[67]		95[67]		4[67]	10.0[40/105]	
12	韩家湾矿 2304 工作面 Z13	130[37/11]	147	1.13	5[37/27]	3.4	65[37/27]	44.2	77[37/27]	52.4	4[37/27]	0.2	2540[37/27]	99.1	20[37/27]	0.8	8.0[37/47]	
13	韩家湾矿 2304 工作面 Z14	130[37/11]	147	1.13	5[37/27]	3.4	65[37/27]	44.2	77[37/27]	52.4	17[37/27]	0.7	2379[37/27]	98.5	20[37/27]	0.8	8.0[37/47]	
14	柠条塔矿 N1201 工作面	50～170[46/112]	100～200[14/149]	1.36			40～80[14/149]										4～5[14/149]	平均采深按 110 m 计
15	哈拉沟矿 22407 工作面	130[40/105]	300[65]	2.31	7[69]		150[66/42]	41.4[40/105]						95[40/105]			15.0[40/105]	
16	万利一矿 31305 工作面 D19	170[5/36]	106	0.62	1[5/36]	1.0	55[5/36]	51.9	50[5/36]	47.2							10.0[71]	D19 为最大下沉点[5/35]；D17 为最大下沉速度点[71]
17	张家峁矿 15201 工作面 A9	128[74/19]	164	1.28	28[74/54]	17.1	45[74/54]	27.4	91[74/54]	55.5	68[74/54]	2.3	2640[74/54]	89.9	229[74/54]	7.8		文献［74］第 26～28 页：A12、B8、Z22 为各测线的最大下沉点。A9、A10、B7、B10、Z8、Z12 接近最大下沉值
18	张家峁矿 15201 工作面 A10	128[74/19]	204	1.59	44[74/54]	21.6	76[74/54]	37.3	84[74/54]	41.2	112[74/54]	3.7	2693[74/54]	88.3	246[74/54]	8.1	10.0[14/148]	
19	张家峁矿 15201 工作面 B7	128[74/19]	191	1.49	29[74/54]	15.2	67[74/54]	35.1	95[74/54]	49.7	124[74/54]	3.4	3294[74/54]	90.3	230[74/54]	6.3		

表 3 - 3（续）

序号	煤矿、工作面、测点名称	采深/m	持续时间/d	持续时间/采深	各阶段时长及其所占持续时间比例						各阶段下沉量及其所占总下沉量比例						工作面推进速度/(m·d⁻¹)	备 注
					初始期/d	初始期占持续时间比例/%	活跃期/d	活跃期占持续时间比例/%	衰退期/d	衰退期占持续时间比例/%	初始期下沉量/mm	初始期下沉量占总下沉量比例/%	活跃期下沉量/mm	活跃期下沉量占总下沉量比例/%	衰退期下沉量/mm	衰退期下沉量占总下沉量比例/%		
20	张家峁矿 15201 工作面 B10	128[74/19]	183	1.43	25[74/54]	13.7	55[74/54]	30.1	103[74/54]	56.3	80[74/54]	2.7	2620[74/54]	88.2	270[74/54]	9.1	10.0[14/148]	文献［74］第 26 ~ 28 页：A12、B8、Z22 为各测线的最大下沉点。A9、A10、B7、B10、Z8、Z12 接近最大下沉值
21	张家峁矿 15201 工作面 Z8	128[74/19]	98	0.77	16[74/54]	16.3	23[74/54]	23.5	59[74/54]	60.2	163[74/54]	5.6	2577[74/54]	88.5	172[74/54]	5.9		
22	张家峁矿 15201 工作面 Z12	128[74/19]	170	1.33	27[74/54]	15.9	42[74/54]	24.7	101[74/54]	59.4	167[74/54]	4.3	3459[74/54]	89.3	248[74/54]	6.4		
23	三道沟矿 85201 工作面 A14	200[75/48]	132	0.66	25[75/71]	18.9	37[75/71]	28.0	70[75/71]	53.0	236[75/71]	7.9	2384[75/71]	79.9	364[75/71]	12.2	5.8	倾斜方向非充分采动；开采时间约 18 个月，走向长度 3160 m，据此计算推进速度约 5.8 m/d
24	三道沟矿 85201 工作面 A16	200[75/48]	140	0.70	18[75/71]	12.9	36[75/71]	25.7	86[75/71]	61.4	254[75/71]	7.3	2897[75/71]	83.1	335[75/71]	9.6		
25	三道沟矿 85201 工作面 Z12	200[75/48]	150	0.75	22[75/71]	14.7	40[75/71]	26.7	88[75/71]	58.7	348[75/71]	8.1	3454[75/71]	80.5	489[75/71]	11.4		
26	三道沟矿 85201 工作面 Z17	200[75/48]	125	0.63	19[75/71]	15.2	37[75/71]	29.6	69[75/71]	55.2	201[75/71]	6.5	2613[75/71]	84.7	271[75/71]	8.8		
27	布尔台矿 42105 工作面 A27	372[80/2]	101	0.27	1[80/56]	1.0	68[80/56]	67.3	32[80/56]	31.7							10 ~ 20/12.8[79]	倾斜方向非充分采动
28	布尔台矿 42105 工作面 A33	372[80/2]	134	0.36	2[80/56]	1.5	80[80/56]	59.7	52[80/56]	38.8								
29	活鸡兔井 12205 工作面走向线	87[66/16]	87	1.00	6[132/57]	6.9	25[132/57]	28.7	56[132/57]	64.4								

表 3-3（续）

序号	煤矿、工作面、测点名称	采深/m	持续时间/d	持续时间/采深	各阶段时长及其所占持续时间比例						各阶段下沉量及其所占总下沉量比例						工作面推进速度/(m·d^{-1})	备注
					初始期/d	初始期占持续时间比例/%	活跃期/d	活跃期占持续时间比例/%	衰退期/d	衰退期占持续时间比例/%	初始期下沉量/mm	初始期下沉量占总下沉量比例/%	活跃期下沉量/mm	活跃期下沉量占总下沉量比例/%	衰退期下沉量/mm	衰退期下沉量占总下沉量比例/%		
30	活鸡兔井 12205 工作面倾向Ⅰ线	87[66/16]	85	0.98	8[132/57]	9.4	45[132/57]	52.9	32[132/57]	37.6								
31	活鸡兔井 12205 工作面倾向Ⅱ线	87[66/16]	79	0.91	10[132/57]	12.7	36[132/57]	45.6	33[132/57]	41.8								
32	龙华矿 20102 工作面	108[14/148]	328[14/148]	3.04			102[14/148]											
33	龙华矿 20103 工作面	52[14/148]					72[14/148]											
34	串草圪旦矿 6207 工作面	206[90]	约 329	1.60	18~20[90]	5.8	107~112[90]	33.4	198~202[90]	60.8								3 个阶段分别为 18~20 d、107~112 d 和 198~202 d[90]
35	上湾矿 12401 工作面	215[118]	466[118]	2.2			55[118]	11.8									约 14[134]	
36	大柳塔矿 52307 工作面	190[104/30]	294[104/33]	1.55	3[104/33]	1.0	81[104/33]	27.6	210[104/33]	71.4							4.4~13.5[104/56]	
37	小保当一号井 112201 工作面	302[105]	约 500[105]	1.66	18[105]	3.6	110[105]	22.0	372	74.4							12[105]	地表移动变形持续约 1.5 a[105]，按 500 d 计
38	柠条塔矿 N1212 工作面	190[108]	284[108]				55[108]							97[108]			2.4~27.2[108]	文献注明了煤厚，但未说明采厚，故不参与计算
平均值				1.26		9.0		39.7		50.6		3.7		91.4		6.3		

注：因各阶段数据量不同，故各阶段占比合计不为 100%。

持续时间、采深、工作面推进速度数据，单独组建数据表，研究这数据之间的相关性。为使数据分布均匀，提高分析结果的可信度，凡某工作面某条测线上有多组数据时，只选择其中 1 组数据。这些数据共 25 组，列于表 3－4。

神东矿区浅埋煤层综采/综放条件下地表移动持续时间与采深、工作面推进速度、采深/推进速度的关系散点图见图 3－1～图 3－3，活跃期时长与地表移动持续时间的关系散点图如图 3－4 所示。

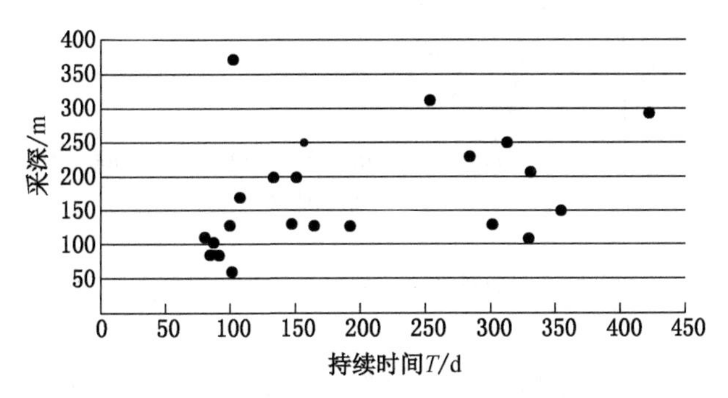

图 3－1　地表移动持续时间与采深散点图

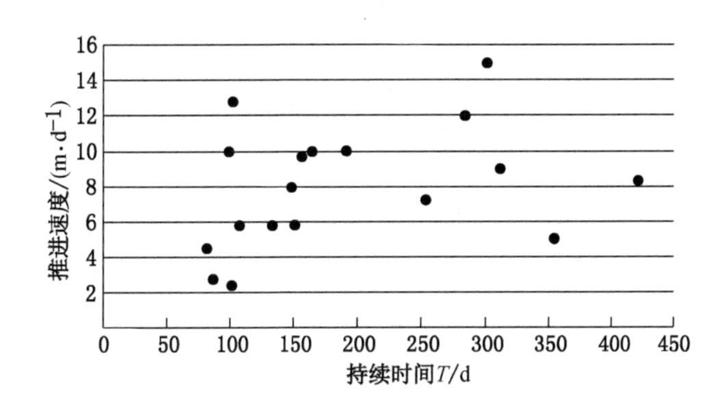

图 3－2　地表移动持续时间与推进速度散点图

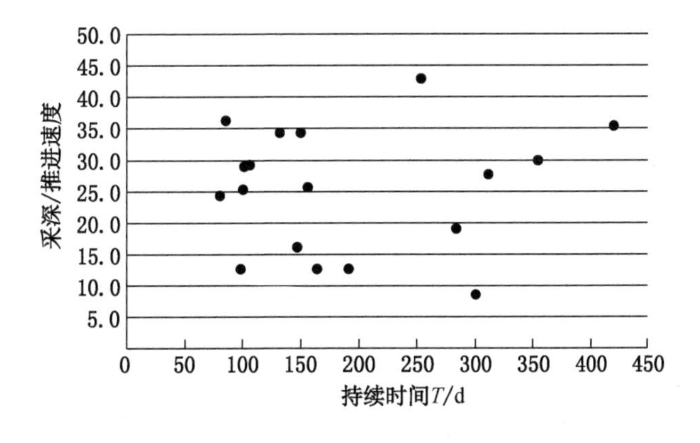

图 3－3　地表移动持续时间与采深/推进速度散点图

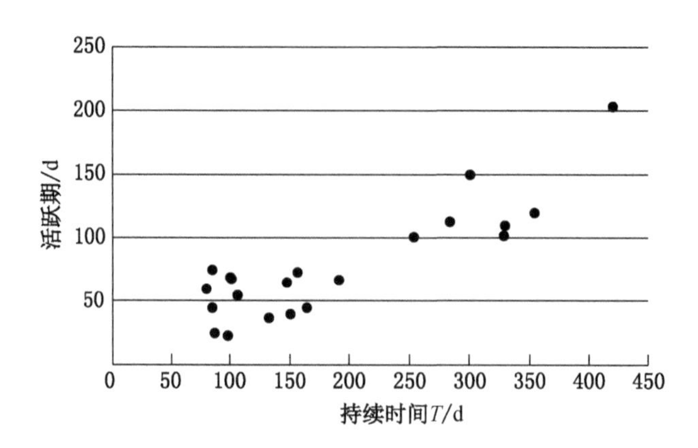

图 3-4　活跃期与地表移动持续时间散点图

表 3-4　神东矿区浅埋煤层综采/综放条件下地表移动时间及其影响因素汇总表

序号	煤矿、工作面、测点名称	采深/m	持续时间/d	持续时间/采深	初始期/d	活跃期/d	衰退期/d	工作面推进速度/(m·d^{-1})
1	大柳塔矿 1203 工作面 B34	61[61/38]	100	1.64	5[61/39]	69[61/39]	26[61/39]	2.4[38/19]
2	大柳塔矿 52304 工作面	250[63/8]	311[65]	1.24				9[40/105]
3	大柳塔矿 52305 工作面	230[40/105]	283	1.23		约 113[40/41]		12[40/39]
4	乌兰木伦矿 2207 工作面	102[5/41]	85	0.83	4[130/6]	75[130/6]	6[130/6]	2.8[65]
5	柳塔矿 12106 工作面	150[64/57]	354	2.36	27[64/57]	120[64/57]	207[64/57]	5.0[64/57]
6	布尔台矿 22103 工作面	295[64/57]	420	1.42	25[64/57]	204[64/57]	191[64/57]	8.3[64/57]
7	寸草塔矿 22111 工作面	250[64/57]	156	0.62	18[64/57]	73[64/57]	65[64/57]	9.7[64/57]
8	寸草塔二矿 22111 工作面	310[64/57]	253	0.82	20[64/57]	101[64/57]	132[64/57]	7.2[64/57]
9	韩家湾矿 2304 工作面 Z13	130[37/11]	147	1.13	5[37/27]	65[37/27]	77[37/27]	8.0[37/47]
10	柠条塔矿 N1201 工作面	110[46/114]	100 ~ 200[14/149]	0.91 ~ 1.82		40 ~ 80[14/149]		4 ~ 5[14/149]

表3-4（续）

序号	煤矿、工作面、测点名称	采深/m	持续时间/d	持续时间/采深	初始期/d	活跃期/d	衰退期/d	工作面推进速度/(m·d^{-1})
11	哈拉沟矿 22407 工作面	130[40/105]	300[65]	2.31		150[66/42]		15.0[40/105]
12	万利一矿 31305 工作面 D19	170[5/36]	106	0.62	1[5/36]	55[5/36]	50[5/36]	5.8
13	张家峁矿 15201 工作面 A9	128[74/19]	164	1.28	28[74/54]	45[74/54]	91[74/54]	10.0[14/148]
14	张家峁矿 15201 工作面 B7	128[74/19]	191	1.49	29[74/54]	67[74/54]	95[74/54]	10.0[14/148]
15	张家峁矿 15201 工作面 Z8	128[74/19]	98	0.77	16[74/54]	23[74/54]	59[74/54]	10.0[14/148]
16	三道沟矿 85201 工作面 A14	200[75/48]	132	0.66	25[75/71]	37[75/71]	70[75/71]	5.8
17	三道沟矿 85201 工作面 Z12	200[75/48]	150	0.75	22[75/71]	40[75/71]	88[75/71]	5.8
18	布尔台矿 42105 工作面 A27	372[80/2]	101	0.27	1[80/56]	68[80/56]	32[80/56]	10~20/12.8[79]
19	活鸡兔井 12205 工作面走向线	87[66/16]	87	1.00	6[132/57]	25[132/57]	56[132/57]	
20	活鸡兔井 12205 工作面倾向 I 线	87[66/16]	85	0.98	8[132/57]	45[132/57]	32[132/57]	
21	龙华矿 20102 工作面	108[14/148]	328[14/148]	3.04		102[14/148]		
22	串草圪旦矿 6207 工作面	206[90]	约 329	1.60	18~20[90]	107~112[90]	198~202[90]	
23	上湾矿 12401 工作面	215[118]	466[118]	2.2		55[118]		约 14[134]
24	大柳塔矿 52307 工作面	190[104/30]	294[104/33]	1.55	3[104/33]	81[104/33]	291[104/33]	4.4~13.5[104/56]
25	小保当一号井 112201 工作面	302[105]	约 500[105]	1.66	18[105]	110[105]	372	12[105]

观察图3-1~图3-3看出，地表移动持续时间与采深、推进速度、采深/推进速度之间的相关性较小。有学者（刘义新等，2018）研究结果表明，浅埋煤层快速开采条件

（工作面开采速度大于2 m/d、工作面采深小于400 m）下，工作面开采速度与地表移动参数相关性较小。从图3－1～图3－3得到的结论与前人的研究结论是一致的。著者也研究了活跃期与采深、推进速度、采深/推进速度之间的关系，发现相关性很小，不再展示散点图。

图3－4显示活跃期时长 $T_{活}$ 与地表移动持续时间 T 存在较强的相关性，回归分析得到的线性经验公式为

$$T_{活}=0.367T+6.483 \tag{3-5}$$

著者也研究了初始期时长与地表移动时间之间、衰退期时长与地表移动时间之间的关系，发现线性相关性也较强。这说明，对于浅埋煤层综采/综放开采，其地表移动的初始期、活跃期、衰退期时长占地表移动时间的比例具有较强的统计学规律，可按经验公式进行估算。

对东胜矿区浅埋深快速开采条件下10个工作面的实测资料回归分析发现，地表移动时长与采深 H_0 和工作面推进速度 v 之间存在下面的经验公式（贾新果等，2019）：

$$T=7.6\left(\frac{H_0}{v}\right)-12 \tag{3-6}$$

$$T_{活}=3.2\left(\frac{H_0}{v}\right) \tag{3-7}$$

式（3－6）和式（3－7）表明在东胜矿区，地表移动持续时间、活跃期时长与采深/推进速度之间存在很强相关性。

神东矿区浅埋煤层综采/综放条件下地表移动持续时间的整体特点是，地表移动持续时间与采深、推进速度、采深/推进速度之间的相关性较小；初始期、活跃期、衰退期占地表移动时间的比例具有较强的规律性；部分区域（东胜矿区）地表移动时长与采深/推进速度之间的相关性较强。

3. 采深、观测频率等因素对地表移动时长影响的进一步分析

（1）神东矿区是典型的黄土梁峁沟壑地貌区，地形起伏大，地表切割破碎，沟壑密度大，这对于浅埋煤层来说，煤层埋深的很小变化可能引起开采深度/工作面推进速度（H/v）巨变，进而造成地表观测点移动持续时间发生巨变。图3－5是三道沟矿85201工作面地表移动观测线剖面图，可以看出，无论是走向线还是倾向线，采深变化巨大，仅从图中就能看出，就倾向观测线采深来说，最低点和最高点相差近10倍，即便同为最大下沉点，但由于采深/工作面推进速度（H/v）相差悬殊，实测得到的地表移动持续时间可能相差巨大。这种现象在神东矿区十分普遍。

（2）浅埋煤层高强度的综采/综放开采条件下，地表变形非常剧烈，这与中东部煤层埋深较大地表变形缓慢截然不同，观测频率低，实测地表移动各阶段时长和总时长将严重失真，存在很大误差。在中东部煤层埋深较大矿区，综采/综放开采条件下，地表最大下沉速度超100 mm/d的比较罕见，而在神东矿区，往往可达数百乃至超1000 mm/d。张家峁煤矿15201工作面倾向观测A线上A11点观测到的最大下沉速度为861 mm/d，倾向观测B线上B8点观测到的最大下沉速度为1051 mm/d，走向观测Z线上Z19点观测到的最大下沉速度为538 mm/d。“第一天测量的时候裂缝处地表无明显变化，等第二天再去的时

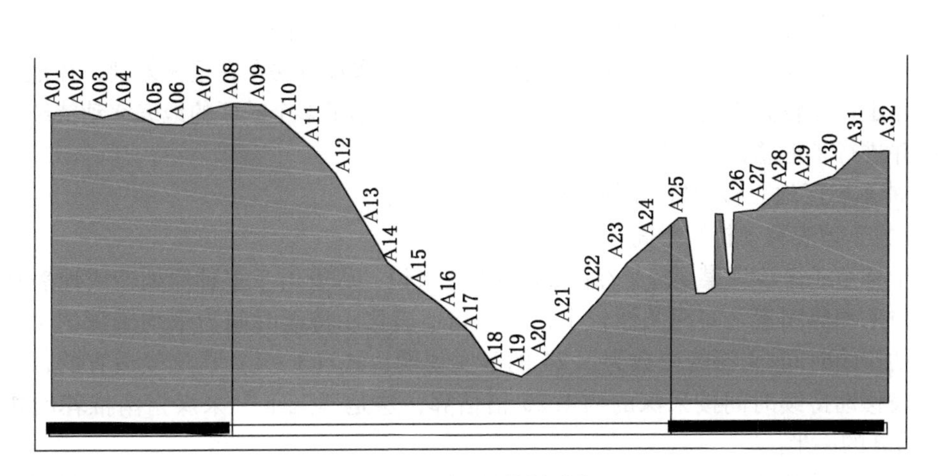

(a) 倾向观测线剖面图

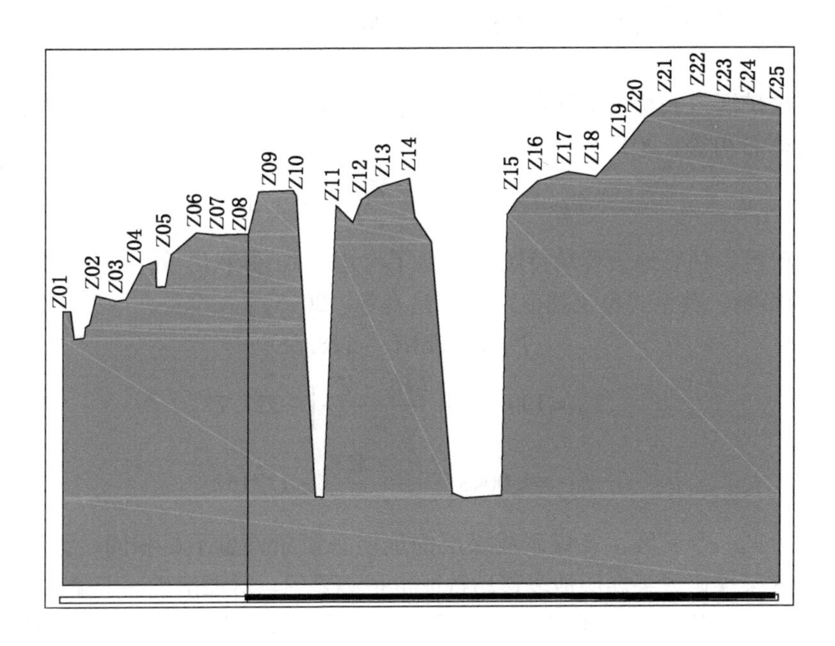

(b) 走线观测线剖面图

图 3-5 三道沟矿 85201 工作面观测线剖面图（据神东煤炭集团公司，2013）

候，裂缝已比较发育，道路破坏，车辆无法通行。”（郭佐宁，2015）地表以这样惊人的剧烈程度变化，由于观测频率低，很难捕捉到最大下沉速度，实际最大下沉速度极有可能更大，这就不可避免地造成地表移动各阶段时长和总时长存在较大误差。

因此，在神东矿区，将某测点的地表移动时长视为该工作面地表移动时长极有可能是不准确的，或者说，不考虑影响因素特点的地表移动持续时间观测数据是“不可信”的。这也就可以很好地理解前文中关于神东矿区地表移动持续时间与采深等影响因素之间相关性很小的结论了。

3.3.1.2 神东矿区地表移动持续时间与其他矿区的对比分析

我国煤矿区众多，由于各个矿区煤层覆存条件和采煤方法存在很大差别，在地表移动时间上必定存在较大差别。为了对比分析，本书中收集了多个矿区的地表移动持续时间实测数据并进行了汇总，见表3-5。

1. 神东矿区地表移动持续时间与其他矿区的对比

1）关于地表移动持续时间

对于神东矿区浅埋煤层综采/综放采煤工艺来说，尽管由于多种原因造成地表移动持续时间与采深等因素之间相关性较小，但平均地表移动持续时间为平均采深的1.26倍、地表移动持续时间/采深的中数为1.24的事实说明，式（3-4）是比较适宜的，也就是说，地表移动持续时间按采深的约1.25倍估算，这是“三下”采煤指南推荐的按采深2.5倍估算的一半。

也有学者总结了某矿区的地表移动持续时间。例如徐州矿区的地表移动持续时间 T 与平均采深 H_0 之间的经验公式（滕永海等，2003）：

$$T = 1.41H_0 + 131 \tag{3-8}$$

又如新汶矿区地表移动活跃期时间 $T_{活}$ 与开采煤层厚度 M、工作面推进速度 v 之间有如下关系（李希勇等，2013）：

$$T_{活} = 286.98322\left(\frac{M}{v}\right) - 78.37349 \tag{3-9}$$

在龙口矿区，估算地表移动持续时间除了考虑平均采深 H_0 外，还考虑了推进速度 v 和采厚 M 的影响，关系式也更加复杂（卜昌森等，2015）：

$$T = 1.4513H_0 - 128.55 \tag{3-10}$$

$$T_{活} = 100.19\ln\left[\frac{(H_0 - M)}{v}\right] - 327.77 \tag{3-11}$$

$$T_{初} = 0.0048\left[\frac{(H_0 - M)}{v}\right] - 1.7162 \tag{3-12}$$

即使处于同一个矿区，各煤矿或煤层的地质采矿条件也不尽相同，甚至存在较大差异，单独研究某煤矿或某煤层地表移动特征也是必要的。对淮南矿区丁集矿的研究结果表明，11^{-2}煤层地表移动持续时间 T 可表示为平均采深 H_0 和推进速度 v 的函数（王帅等，2013）：

$$T = 1.9\left(\frac{H_0}{v}\right) \tag{3-13}$$

地表移动持续时间 T 还与采动程度有关，在非充分采动条件下，地表移动延续时间为式（3-14）（李春意等，2019）：

$$T = 0.96n_1n_3 1000\exp\left(1 - \frac{400}{H_0}\right) \tag{3-14}$$

式（3-14）中，n_1、n_3 分别是倾向和走向方向的采动程度系数。式（3-14）是对式（3-3）的改进，考虑了采深、覆岩性质、开采程度因素。在充分开采条件下，采深为其主导因素，而在非充分开采条件下利用“三下”采煤规范推荐的公式进行估算，估算值与实测值相去甚远，此时有必要考虑工作面采动程度对地表移动延续时间的影响

表 3－5 部分煤矿区地表移动持续时间实测数据汇总表

序号	矿区、煤矿、工作面名称	采深/m	持续时间/d	持续时间/采深	初始期/d	初始期占持续时间比例/%	活跃期/d	活跃期占持续时间比例/%	衰退期/d	衰退期占持续时间比例/%	推进速度/(m·d^{-1})	备注
1	包头矿区昌汉沟矿东翼	90～130[14/108]	390[14/108]	3.55			90[14/108]	23.1			1.5[14/108]	侏罗系、石炭二叠系；根据开采年代、工作面尺寸、采厚、开采速度等推测为炮采、普采工艺
2	包头矿区大磁矿 22111	78～80[14/108]	134[14/108]	1.70			41[14/108]	30.6			1.5[14/108]	
3	包头矿区大磁矿 2331	66～72[14/108]	152[14/108]	2.20			64[14/108]	42.1			1.5[14/108]	
4	包头矿区五当沟矿东一区东翼	185～349[14/108]	950[14/108]	3.56			135[14/108]	14.2			1.5[14/108]	
包头矿区平均值		约 131		2.75				27.5			1.5	
5	阜新矿区平安五坑东一路	25～96[14/110]	180[14/110]	2.95			68[14/110]	37.8			1.5[14/110]	侏罗系；推测为炮采、普采工艺
6	阜新矿区平安八坑东三路	37～78[14/110]	154[14/110]	2.68			67[14/110]	43.5			1.0[14/110]	
7	阜新矿区东梁矿二井	59～76[14/110]	248[14/110]	3.67			87[14/110]	35.1			0.9[14/110]	
8	阜新矿区东梁矿三井	38～53[14/110]	248[14/110]	5.45			73[14/110]	29.4			1.0[14/110]	
9	阜新矿区清河门主井北翼二路	310～327[14/110]	692[14/110]	2.18			187[14/110]	27.0			1.0[14/110]	
10	阜新矿区清河门三坑北三路	76～86[14/110]	147[14/110]	1.81			54[14/110]	36.7			1.6[14/110]	

表 3-5（续）

序号	矿区、煤矿、工作面名称	采深/m	持续时间/d	持续时间/采深	初始期/d	初始期占持续时间比例/%	活跃期/d	活跃期占持续时间比例/%	衰退期/d	衰退期占持续时间比例/%	推进速度/(m·d^{-1})	备注
阜新矿区平均值		约 105		3.12				34.9			1.2	
11	淮南矿区谢桥矿 11118 工作面	500[25/19]	548[14/117]	1.18	57[25/23]	10	262[25/23]	44[25/23]	273	46[25/23]	1.7[14/117]	最大下沉点 Z40[25/23]；综采[25/11]；工作面回采率 92.4%[25/11]；非充分采动[25/15]；根据文献[25]23 页有关数据推测地表移动时间约为 590 d；文献[14]117 页记录活跃期为 280 d
12	淮南矿区谢桥矿 11316 工作面重复采动	640[14/117]	663[14/117]	1.04			265[14/117]	40.0			3.4[14/117]	
13	淮南矿区张集(北区)11418(W)工作面	490~570[14/117]	265[14/117]	0.49			115[14/117]	43.4			6.3[14/117]	二叠系；综采；巨厚松散层。据文献［147］，顾桥矿 1117（1）综采面 2006 年 10 月 1 日—2008 年 2 月 27 日，开采 11-2 煤，1117（3）综采面 2009 年 5 月中旬至 2010 年 7 月，开采 13-1 煤。1117（3）位于 1117（1）上方，垂距约 75 m
14	淮南矿区顾桥矿 1117(1)工作面	723~820[14/118]	637[14/118]	0.83			144[14/118]	22.6			4.8[14/118]	
15	淮南矿区顾桥矿 1111(3)工作面	550~630[14/118]	263[14/118]	0.45			163[14/118]	62.0			6.7[14/118]	
16	淮南矿区顾桥矿 1117(3)工作面重复采动	640~730[14/118]	661[14/118]	0.96			436[14/118]	66.0			6.0[14/118]	

表3-5（续）

序号	矿区、煤矿、工作面名称	采深/m	持续时间/d	持续时间/采深	初始期/d	初始期占持续时间比例/%	活跃期/d	活跃期占持续时间比例/%	衰退期/d	衰退期占持续时间比例/%	推进速度/(m·d^{-1})	备注
17	淮南矿区顾桥矿1414(1)工作面	680~770[14,118]	423[14,118]	0.58			275[14,118]	65.0			6.2[14,118]	二叠系；综采；巨厚松散层。据文献[147]，顾桥矿1117（1）综采面2006年10月1日—2008年2月27日，开采11-2煤，1117（3）综采面2009年中旬至2010年7月，开采13-1煤。1117（3）位于1117（1）上方，垂距约75 m
18	淮南矿区顾北矿1312(1)工作面	528[14,118]	434[14,118]	0.82			114[14,118]	26.3			5.2[14,118]	
19	淮南矿区丁集矿1262(1)工作面	890[148]	416	0.47	48[148]	11.5	235[148]	56.5	133[148]	32.0	4.0[148]	
20	淮南矿区丁集矿1141(3)工作面	674[14,118]	266[14,118]	0.39			132[14,118]	49.6			5.0[14,118]	
21	淮南矿区潘一矿东区1252(1)首采工作面	802[14,119]	534[14,119]	0.67	18[149,62]	3.4	180[149,62]	33.7	336[149,62]	62.9	3.3[14,119]	
22	淮南矿区潘一矿东区1242(1)重复采动	781[14,119]	628[14,119]	0.80			417[14,119]	66.4			3.3[14,119]	
23	淮南矿区潘四东矿1111(3)工作面	477[14,120]	452[14,120]	0.95			328[14,120]	72.6			2.8[14,120]	
24	淮南矿区潘四东矿1113工作面	412[14,120]	431[14,120]	1.05			163[14,120]	37.8			2.9[14,120]	

表3－5（续）

序号	矿区、煤矿、工作面名称	采深/m	持续时间/d	持续时间/采深	初始期/d	初始期占持续时间比例/%	活跃期/d	活跃期占持续时间比例/%	衰退期/d	衰退期占持续时间比例/%	推进速度/(m·d^{-1})	备　注
25	淮南矿区朱集东矿1111(1)工作面	920[14/120]	438[14/120]	0.48			122[14/120]	27.9			4.2[14/120]	二叠系；综采；巨厚松散层。据文献[147]，顾桥矿1117(1)综采面2006年10月1日—2008年2月27日，开采11－2煤，1117(3)综采面2009年中旬至2010年7月，开采13－1煤。1117(3)位于1117(1)上方，垂距约75 m
26	淮南矿区谢一矿5111C13工作面	696[14/120]	359[14/120]	0.52			219[14/120]	61.0			3.3[14/120]	
淮南矿区平均值		约664		0.73				48.4			4.3	
27	淮北矿区袁庄3111工作面	315～338[14/120]	433[14/120]	1.32			320[14/120]	73.9			1.0[14/120]	石炭二叠系；炮采
28	淮北矿区杨庄641工作面	95～137[14/121]	274[14/121]	2.36			142[14/121]	51.8			1.0[14/121]	
29	淮北矿区朔里N311工作面	88～108[14/121]	260[14/121]	2.65			67[14/121]	25.8			1.7[14/121]	
30	淮北矿区百善675工作面	202～215[14/121]	510[14/121]	2.45			318[14/121]	62.4			1.0[14/121]	
31	淮北矿区石太子332工作面	67～75[14/121]	132[14/121]	1.86			74[14/121]	56.1			1.2[14/121]	
32	淮北矿区张庄3131工作面	79～112[14/121]	200[14/121]	2.08			126[14/121]	63.0			1.4[14/121]	
33	淮北矿区刘桥421工作面	176～226[14/121]	400[14/121]	2.00			176[14/121]	44.0			0.8[14/121]	

表 3-5（续）

序号	矿区、煤矿、工作面名称	采深/m	持续时间/d	持续时间/采深	初始期/d	初始期占持续时间比例/%	活跃期/d	活跃期占持续时间比例/%	衰退期/d	衰退期占持续时间比例/%	推进速度/(m·d^{-1})	备注
淮北矿区平均值		约159		2.10				53.8			1.2	
34	邢台矿区邢东矿1100采区	760[14/139]	477[14/139]	0.63			362[14/139]	75.9			2.0[14/139]	二叠系；厚松散层
35	邢台矿区东庞矿2107工作面	264[14/139]	426[14/139]	1.61			158[14/139]	37.1			2.0[14/139]	二叠系；厚松散层 初始期、活跃期、衰退期分别占总移动时间的6%、37%、57%[140]
36	邢台矿区东庞矿2702工作面	372[14/139]	469[14/139]	1.26			199[14/139]	42.4			2.6[14/139]	
37	邢台矿区东庞矿2108工作面	316[14/139]	375[14/139]	1.19			157[14/139]	41.9			1.9[14/139]	二叠系；厚松散层
38	邢台矿区邢台矿22201工作面	440[14/139]	300[14/139]	0.68			120[14/139]	40.0			2.0[14/139]	
39	邢台矿区东庞矿邢东井1122工作面	668～774[141]	>600[141]		219[141]		213[141]				1.5～2.0[141]	综采一次采全高[141]
邢台矿区平均值		约430		1.07				45.7			2.1	
40	开滦矿区马家沟矿小屈庄	180～239[14/138]	540[14/138]	2.57			330[14/138]	61.1			1.5[14/138]	石炭二叠系，推测为炮采
41	开滦矿区林西矿建州营	342～440[14/138]	1260[14/138]	3.22							1.7[14/138]	

表 3-5（续）

序号	矿区、煤矿、工作面名称	采深/m	持续时间/d	持续时间/采深	初始期/d	初始期占持续时间比例/%	活跃期/d	活跃期占持续时间比例/%	衰退期/d	衰退期占持续时间比例/%	推进速度/(m·d⁻¹)	备注
42	开滦矿区林西矿任家套	244~306[14/138]	1188[14/138]	4.32			765[14/138]	64.4			1.4[14/138]	石炭二叠系，推测为炮采
43	开滦矿区林西矿黑鸦子	120~165[14/138]	648[14/138]	4.56			324[14/138]	50.0			1.8[14/138]	
44	开滦矿区林西矿吕家坨	102~289[14/138]					420[14/138]				1.5[14/138]	
45	开滦矿区钱家营矿 2075 工作面(倾向)	682[14/138]	877[14/138]	1.29			60[14/138]	6.8			3.0[14/138]	
开滦矿区平均值		约 340		3.19				45.6			1.8	
46	西山矿区西曲矿 12209 工作面	65~90[14/140]	140[14/140]	1.79			68[14/140]	48.6			3.8[14/140]	石炭三叠系
47	西山矿区西曲矿 22101 工作面	220~255[14/140]	151[14/140]	0.64			41[14/140]	27.2			2.6[14/140]	
48	西山矿区西曲矿 22108 工作面	224~228[14/140]	284[14/140]	1.26			150[14/140]	52.8			2.0[14/140]	
49	西山矿区官地矿 44203 工作面	195~208[14/140]	370[14/140]	1.83			180[14/140]	48.6			1.5[14/140]	

表3－5（续）

序号	矿区、煤矿、工作面名称	采深/m	持续时间/d	持续时间/采深	初始期/d	初始期占持续时间比例/%	活跃期/d	活跃期占持续时间比例/%	衰退期/d	衰退期占持续时间比例/%	推进速度/(m·d^{-1})	备注
50	西山矿区镇城底矿 12101 工作面	104～154[14/140]	220[14/140]	1.71			155[14/140]	70.5			3.0[14/140]	石炭三叠系
51	西山矿区镇城底矿 12105 工作面	125～162[14/140]	248[14/140]	1.73			90[14/140]	36.3			1.5[14/140]	
52	西山矿区西铭矿 32814 工作面	214～238[14/141]	310[14/141]	1.37			120[14/141]	38.7			1.0[14/141]	
53	西山矿区西铭矿 32903 工作面	164～290[14/141]	398[14/141]	1.75			130[14/141]	32.7			1.2[14/141]	
西山矿区平均值		184		1.51				44.4			2.1	
54	潞安矿区王庄6206 工作面	302～330[14/142]	261[14/142]	0.83			114[14/142]	43.7			3.0[14/142]	二叠系；综采/综放
55	潞安矿区高河 E1302 工作面	392～437[14/142]	484[14/142]	1.17			177[14/142]	36.6			1.9[14/142]	
56	潞安矿区常村矿 S1－2 上分层	410[14/143]	450[14/143]	1.10			150[14/143]	33.3			1.5[14/143]	
57	潞安矿区常村矿 S1－2 下分层	410[14/143]	450[14/143]	1.10			140[14/143]	31.1			1.5[14/143]	

表 3－5（续）

序号	矿区、煤矿、工作面名称	采深/m	持续时间/d	持续时间/采深	初始期/d	初始期占持续时间比例/%	活跃期/d	活跃期占持续时间比例/%	衰退期/d	衰退期占持续时间比例/%	推进速度/(m·d⁻¹)	备注
58	潞安矿区常村矿 S6－7 工作面	360[14/143]	450[14/143]	1.25	33[142]	7.3	118[14/143]	26.2	269[142]	59.8	3.66[142]	综放[142]
59	潞安矿区郭庄矿 2309 工作面	390[14/143]	357[14/143]	0.92	33[143]	9.2	203[143]	56.9	121[143]	33.9	2.6[14/143]	综放[143]
60	潞安矿区五阳矿 7503 工作面	315.5[145]			12[145]		120[145]				1.82[145]	综放[145]
61	潞安矿区五阳矿 7511 工作面	270[14/143]	261[14/143]	0.97	7[144/48]	2.7	114[14/143]	43.7	140	53.6	2.2[14/143]	薄表土厚基岩[144/14]；综放[145]；衰退期根据持续时间反算
62	潞安矿区司马矿 1101 工作面	242.7[144/60]	250	1.03	10[144/60]	4.0	60[144/60]	24.0	180[144/60]	72.0	2.67[144/60]	厚表土薄基岩[144/14]；综放[144/53]
63	潞安矿区屯留矿 S2201 工作面	540[144/64]	487[144/72]	1.11								厚表土层厚基岩[144/14]；二叠系下统山西组[144/63]；综放[144/64]
潞安矿区平均值		372		1.05		5.8		36.9		54.8		
64	新汶矿区张庄矿三〇一仓库 06 面、07 面	140～260[150/146]	739[150/146]	3.70	110[150/146]	14.9	320[150/146]	43.3	309[150/146]	41.8	2.1[150/146]	文献［14］第 133 页中，采深为 140～380 m；综采

表 3－5（续）

序号	矿区、煤矿、工作面名称	采深/m	持续时间/d	持续时间/采深	初始期/d	初始期占持续时间比例/%	活跃期/d	活跃期占持续时间比例/%	衰退期/d	衰退期占持续时间比例/%	推进速度/(m·d⁻¹)	备　注
65	新汶矿区良庄矿葛沟河村 5210 面	526～610[150,146]	390[150,146]	0.69	90[150,146]	23.1	190[150,146]	48.7	110[150,146]	28.2	3.0[150,146]	石炭二叠系；综采
66	新汶矿区良庄矿保安庄村六采区	534～610[150,146]	275[150,146]	0.48	85[150,146]	30.9	100[150,146]	36.4	90[150,146]	32.7	3.1[150,146]	
67	新汶矿区协庄矿唐栎沟村二采区	313～420[150,146]	1035[150,146]	2.83	221[150,146]	21.4	489[150,146]	47.2	325[150,146]	31.4	2.4[150,146]	
68	新汶矿区汶南矿－50 m 大巷 11505 面	平均 250[150,146]	287[150,146]	1.15							2.8[150,146]	
69	新汶矿区盛泉（泉沟）矿 5201 面	平均 308[150,146]	326[150,146]	1.06								
70	新汶矿区禹村矿磁莱铁路五采区	178～268[150,146]	538[150,146]	2.41	144[150,146]	26.8	93[150,146]	17.3	301[150,146]	55.9	2.3[150,146]	
71	新汶矿区翟镇矿七采南部七采区	530～635[150,146]	486[150,146]	0.84	69[150,146]	14.2	253[150,146]	52.1	164[150,146]	33.7	3.4[150,146]	
72	新汶矿区鄂庄矿 2401 西	440～468[150,146]	420[150,146]	0.93	36[150,146]	8.6	102[150,146]	24.3	282[150,146]	67.1	2.7[150,146]	

表 3-5（续）

序号	矿区、煤矿、工作面名称	采深/m	持续时间/d	持续时间/采深	初始期/d	初始期占持续时间比例/%	活跃期/d	活跃期占持续时间比例/%	衰退期/d	衰退期占持续时间比例/%	推进速度/(m·d⁻¹)	备注
73	新汶矿区鄂庄泰莱公路路南 250 m `	平均 520[150,146]	680[150,146]	1.31			96[150,146]	14.1			2.3[150,146]	石炭二叠系；综采
74	新汶矿区潘西矿 2901 工作面	67~90[150,147]	610[150,147]	7.82	162[150,147]	26.6	156[150,147]	25.6	292[150,147]	47.9	1.9[150,147]	
75	新汶矿区潘西矿 2902 工作面	90~115[150,147]	610[150,147]	5.92	162[150,147]	26.6	156[150,147]	25.6	292[150,147]	47.9		
76	新汶矿区华丰矿 1405 分层开采	575~642[150,147]	966[150,147]	1.59	190[150,147]	19.7	364[150,147]	37.7	412[150,147]	42.7	2.2[150,147]	
77	新汶矿区华丰矿 1406 注浆充填	646~705[150,147]	893[150,147]	1.32	245[150,147]	27.4	188[150,147]	21.1	460[150,147]	51.5	2.2[150,147]	
78	新汶矿区华丰矿 2406 分层开采	657~708[150,147]	991[150,147]	1.43	232[150,147]	23.4	279[150,147]	28.2	480[150,147]	48.4	2.4[150,147]	
79	新汶矿区华丰矿 1407、1408 注浆充填	712~862[150,147]	1160[150,147]	1.47	282[150,147]	24.3	266[150,147]	22.9	612[150,147]	52.8	1.6[150,147]	

表 3-5（续）

序号	矿区、煤矿、工作面名称	采深/m	持续时间/d	持续时间/采深	初始期/d	初始期占持续时间比例/%	活跃期/d	活跃期占持续时间比例/%	衰退期/d	衰退期占持续时间比例/%	推进速度/(m·d⁻¹)	备注
新汶矿区平均值		约 437		2.18		22.1		31.7		44.8	2.5	
80	龙口矿区北皂矿 1103 工作面	243[151,152]	223[151,152]	0.92	30[151,152]	13.5	83[151,152]	37.2	110[151,152]	49.3	2.73[151,152]	第三系；覆岩类型为软弱型；梁家矿 2610 工作面和洼里矿 1201 工作面的初始期根据文献［151］提供的地表移动时间反算得到
81	龙口矿区北皂矿 1203 工作面	255[151,152]	142[151,152]	0.56	7[151,152]	4.9	73[151,152]	51.4	62[151,152]	43.7	7.19[151,152]	
82	龙口矿区梁家矿 1203 工作面	327[151,152]	455[151,152]	1.39	25[151,152]	5.5	170[151,152]	37.4	260[151,152]	57.1	2.3[151,152]	
83	龙口矿区梁家矿 2201 工作面	311[151,152]	260[151,152]	0.84	8[151,152]	3.1	138[151,152]	53.1	114[151,152]	43.8	2.6[151,152]	
84	龙口矿区梁家矿 2209 工作面	427[151,152]	480[151,152]	1.12	27[151,152]	5.6	153[151,152]	31.9	300[151,152]	62.5	3.0[151,152]	
85	龙口矿区梁家矿 2610 工作面	398[151,152]	440[151,152]	1.11	0[151,152]	0.0	150[151,152]	34.1	290[151,152]	65.9	4.42[151,152]	

表 3－5（续）

序号	矿区、煤矿、工作面名称	采深/m	持续时间/d	持续时间/采深	初始期/d	初始期占持续时间比例/%	活跃期/d	活跃期占持续时间比例/%	衰退期/d	衰退期占持续时间比例/%	推进速度/(m·d^{-1})	备注
86	龙口矿区梁家矿 4108 工作面	387[151,152]	269[151,152]	0.70	13[151,152]	4.8	85[151,152]	31.6	171[151,152]	63.6	6.35[151,152]	
87	龙口矿区洼里矿 10103 工作面	282[151,152]	266[151,152]	0.94	24[151,152]	9.0	172[151,152]	64.7	70[151,152]	26.3	1.56[151,152]	
88	龙口矿区洼里矿 1201 工作面	66.5[151,152]	210[151,152]	3.16	0[151,152]	0.0	120[151,152]	57.1	90[151,152]	42.9	2.03[151,152]	第三系；覆岩类型为软弱型；梁家矿 2610 工作面和洼里矿 1201 工作面的初始期根据文献［151］提供的地表移动时间反算得到
89	龙口矿区洼里矿 4203 工作面	69[151,152]			5[151,152]		70[151,152]				0.7[151,152]	
90	龙口矿区洼里矿 11206 工作面	285[151,152]			12[151,152]		93[151,152]				3.37[151,152]	
龙口矿区平均值		约 277		1.19		5.2		44.3		50.6	3.3	

（李春意等，2019）。

还有研究成果（PENG S，1992）认为，地表移动持续时间 T 与平均采深 H_0 成正比，与工作面推进速度 v 成反比，并与充分采动角 ψ、边界角 δ_0 等参数关系密切，建立经验公式：

$$T = \frac{H_0(\cot\psi + \cot\delta_0)}{v} \tag{3-15}$$

2）关于地表移动持续时间的3个阶段比例

表3-3统计的神东矿区综采/综放浅埋煤层地表移动3个时段的比例为9.0%、39.7%、50.6%，即约为1∶4∶5。数据离散度很大，布尔台煤矿42105工作面和张家峁煤矿15201工作面初始期占总地表移动持续时间的比例分别为1.0%和21.6%，张家峁煤矿15201工作面和乌兰木伦煤矿2207工作面活跃期占总地表移动持续时间的比例分别为23.5%和88.2%，乌兰木伦煤矿2207工作面和活鸡兔井12205工作面衰退期占地表移动持续时间的比例分别为7.1%和64.4%，相差数倍乃至数十倍，这固然有观测频率低等原因，但不可否认，对于浅埋煤层来说，其中一种地质采矿影响因素可能占据主导地位，起到了对地表移动时间有绝对控制的作用，不像中东部埋深较大矿区，各种影响因素相互之间存在“牵制”“中和”的可能，各种影响因素所起的作用只能“恰如其分”。

前人对于地表移动规律的研究，集中在动静态角量参数和下沉系数等方面，对地表移动持续时间特别是3个阶段的关注较少。表3-5中仅收集到新汶矿区和龙口矿区较完整的地表移动时间3个阶段的实测数据。新汶矿区“受到观测数据及相近工作面的影响等因素”，数据存在较大误差，据长期观测数据分析，在新汶矿区，初始期、活跃期、衰退期分别占移动持续时间的3.5%～10%、35%～60%、40%～60%（李希勇等，2013）。龙口矿区初始期、活跃期、衰退期分别占移动持续时间的5.2%、44.3%、50.6%（卜昌森等，2015）。新汶矿区和龙口矿区地表移动3个时段的比例与神东矿区浅埋煤层综采/综放地表移动3个时段的比例不同，各个矿区有各自的特点，但神东矿区数据的离散度远大于新汶矿区和龙口矿区。因此，神东矿区浅埋煤层综采/综放条件下，估算地表移动持续时间及其3个阶段的时长和比例都比中东部矿区精度低。

2. 地表移动持续时间影响因素分析

根据开采沉陷学理论并分析表3-5可知，工作面开采深度、推进速度、覆岩性质是地表移动持续时间的最主要决定因素，其中工作面推进速度取决于开采工艺，综采工艺的推进速度较大，炮采、普遍工艺较慢，在神东矿区，很多综采工作面的推进速度已达10 m/d以上。

1）工作面推进速度的影响

炮采、普采工作面地表移动持续时间长于综采工作面地表移动持续时间。从表3-5中可以看出，以炮采工艺为主的包头矿区和阜新矿区，工作面推进速度不足1.5 m/d，其地表移动持续时间分别为采深的2.75倍和3.12倍；全部为炮采的淮北矿区，工作面推进速度为1.2 m/d，地表移动持续时间分别为采深的2.10倍；而全部为综采工艺的淮南矿区，工作面推进速度为4.3 m/d，其地表移动持续时间仅为采深的0.73倍；尽管龙口矿区部分工作面为炮采和普采，但工作面推进速度仍较快，达3.3 m/d，其地表移动持续时间为采深的1.19倍，也是较小的。工作面推进速度是决定地表移动时间的重要因素，因此，在神东矿区推进很快的条件下，平均地表移动持续时间约为平均采深的1.26倍也就可以理解了。

2）覆岩性质的影响

龙口矿区成煤时代是新生代早第三纪，是典型的软岩矿区——软的顶板岩层、软的主采煤层和软的煤层底板岩层——“三软”煤层。开滦矿区的煤系地层为石炭二叠系，按“三下”采煤规范，覆岩类型总体上为坚硬型。从表3－5中看出，开滦矿区地表移动持续时间约为采深的3.19倍，龙口矿区地表移动持续时间约为采深的1.19倍。这说明覆岩软弱时工作面顶板冒落可以比较迅速地传递至地表，地表移动时间短，而覆岩坚硬时不容易冒落，也就不能短时间地传递至地表，地表移动时间长。西曲矿22101和22108工作面，采深和开采速度几近相同，但22108工作面地表移动持续时间是22101工作面的近2倍，在“三下”采煤指南中可以查阅到，22108工作面覆岩中砂岩的厚度是22101工作面的近2倍，这是覆岩性质对地表移动持续时间有重要影响的又一个实证，而在这两个工作面的比较中，覆岩性质不仅对地表移动时间有影响，而且发挥了主要作用。

松散层是覆岩的一部分，其抗剪能力很小，因而对地表移动有较大影响，有研究（王金庄等，1997；刘义新等，2018）认为，厚松散层下深部采煤地表移动起动距较小，地表移动经过较短初始期很快进入活跃期，活跃期持续时间较长，下沉量较大，衰退期也较长，但下沉量不大。

在华东、华中、华北等地区的兖州、两淮、焦作、开滦、峰峰等矿区普遍存在厚松散层问题，表3－5中的淮南矿区、淮北矿区、开滦矿区、邢台矿区等地表移动时间都不同程度地受到巨厚松散层的影响，但这种影响难以定量分析。有学者（刘义新，2010）在研究淮南矿区地表移动规律时指出，我国淮南等矿区存在巨厚松散层，松散层厚度不同时，对地表沉陷的贡献或作用是不同的，要有所区别地看待松散层到底起载荷作用，还是起缓解地表变形作用，甚至作用不明显，不同情况不同对待。

土岩比是表土层和基岩层的厚度之比，不同的土岩比导致岩层及地表沉陷规律表现不尽相同，地表移动变形量的大小也不同（胡海峰，2012）。这一观点在潞安矿区得到验证。研究表明，基岩厚度决定了地表塌陷的程度及地表破坏的延续时间。基岩层厚度越薄，煤层开采后其顶板冒落就越快，且很快波及地表，地表移动破坏的时间就越短，在地表产生的破坏严重；基岩相对较厚时，地表移动时间增长。

3）开采深度的影响

从表3－5中发现，同样是综采工艺，潞安矿区和新汶矿区的开采速度总体接近，但新汶矿区的煤层埋深大于潞安矿区，新汶矿区的地表移动持续时间为采深的2.18倍，潞安矿区的为1.05倍，而新汶矿区的采深要大于潞安矿区的采深，这说明采深在地表移动持续时间上起到了重要作用，采深越大，地表移动持续时间越长。

4）松散层厚度的影响

虽然松散层是覆岩的一部分，但与覆岩软硬程度对地表破坏形态、程度和移动持续时间长短的影响不尽相同。故有必要专就松散层厚度对地表移动持续时间的影响进行讨论。

有学者（刘义新，2010）在研究淮南矿区巨厚松散层非充分采动条件下采动程度系数时，提出综合影响采深 H_Z 的概念和松散层厚度折减方法：

$$H_Z = H_J + k_s H_S \tag{3-16}$$

式中 H_J——基岩厚度，m；

H_S——松散层厚度，m；

k_s——折减系数，淮南矿区松散层厚度折减系数取值0.1。

从式（3-16）就可以直观地看出，在确定淮南矿区采动充分程度时，松散层所起的作用仅相当于同等厚度基岩所起作用的1/10。在研究邢台矿区东庞煤矿（王金庄等，1997）、兖州矿区鲍店煤矿（张连贵，2009）、开滦矿区钱家营煤矿（殷作如等，2010）工作面采动充分程度的时候，都表达了“在巨厚松散层条件下，用基岩厚度（不包括松散层厚度）作为衡量采动程度标准更加合理，更符合实际”的观点。这就是说，衡量采动程度时，松散层几乎是不起作用的，其厚度甚至可以忽略不计。衡量采动程度时松散层的作用微乎其微，可以推测在地表移动持续时间上，松散层的作用亦不会很大。一个很好的例证就是，在表3-5中，巨厚松散层淮南矿区的平均采深最大，但地表移动持续时间仅为采深的0.73倍，是最小的。

5）其他因素的影响

影响地表移动持续时间的因素还有很多，例如神东矿区广泛存在巷柱式、房柱式、旺格维利采煤法，大量煤柱支撑了上部覆岩，使上部覆岩不易冒落或者随着煤柱的逐渐垮塌而缓慢冒落，地表移动持续时间很长，本章只研究长壁式开采地表移动持续时间，短壁式开采地表移动持续时间特点不过多分析。

影响地表移动持续时间的因素往往相互交织在一起，具有一定的关联性，难于对单一因素定量分析，不同的矿区中影响因素作用大小亦不同。神东矿区煤层埋深浅、开采速度大、中等坚硬覆岩类型为主，这是决定神东矿区综采/综放条件下地表移动持续时间的主要考虑因素，可按式（3-4）、式（3-5）进行估算，部分区域按式(3-6)、式（3-7）估算。

3. 浅埋煤层综采/综放地表移动的剧烈期、主要影响期、主衰退期

1）剧烈期

顾名思义，剧烈期就是地表活动剧烈的时段，因此是活跃期的一部分。

前苏联顿巴斯和西顿巴斯矿区厚松散含水层下采煤地表沉陷观测结果显示（隋旺华，1995），剧烈期时长占总移动期的70%，剧烈期下沉值达最大下沉值的97%；在研究阳泉矿区五阳煤矿综放工作面地表移动规律时（郑志刚等，2009），剧烈期指地表下沉速度大于16.7 mm/d(500 mm/月)的时长，7503和7511综放工作面的剧烈期分别为61 d和74 d；在研究神东矿区哈拉沟煤矿22407工作面地表移动规律时（陈俊杰，2015），剧烈期定义为地表下沉速度达到30 mm/d，观测结果表明，剧烈期仅为9 d，而地表下沉量竟高达2848 mm，占地表总下沉量的84.2%，地表最大下沉速度高达700.5 mm/d，最大下沉速度滞后距为57 m，最大下沉速度滞后角为66.3°；以地表下沉速度超过10 mm/d为标准（陈超，2018），神东矿区大柳塔煤矿52305工作面的剧烈期为20 d，下沉量占总下沉量的

95%。在研究邢台矿区东庞煤矿大采高、厚松散层地表移动特征时（王金庄等，1997）认为，在活跃期内，下沉速度≥10 mm/d 为剧烈活跃期，研究结果表明，工作面推进到距测点 $0.1H_0$ 时，测点下沉速度急剧增加，进入剧烈活跃期，工作面推进到测点的正下方时，测点的下沉速度达到最大下沉速度的 40%，当工作面推过测点 $0.22H_0$ 时，下沉速度达到最大，地表点移动最剧烈，当工作面推过地表点 $0.22H_0$ 时，剧烈活跃期结束，剧烈活跃期占总移动时间的 14%，但下沉量占总下沉量的 81.9%。关于剧烈期及与剧烈期有关的信息汇总于表 3-6。

从有关文献和表 3-6 可以看出，同初始期、活跃期、衰退期一样，剧烈期也是根据下沉速度界定的，但没有统一的标准。由于地质采矿条件的差异，不同矿区、不同矿井、不同工作面的地表最大下沉速度相差很大。在神东矿区，高强度开采条件下地表下沉速度极快，形成了“今天地下采，明日地表陷”的现象（陈俊杰，2015）。张家峁煤矿 15201 综采工作面倾向观测 B 线上最大下沉点 B8 点的下沉值为 4129 mm，观测到的最大下沉速度为 1051 mm/d（郭佐宁，2015），1 天之内的下沉量达到总下沉量的约 25%；大柳塔煤矿 52307 综采工作面走线观测线 A22 点位最大下沉点，下沉量为 3560 mm，该测点最大下沉速度 1114 mm/d（徐飞亚，2019），1 天之内的下沉量达到总下沉量的约 1/3。在中东部矿区，即便综采条件下，地表最大下沉速度也很少超过 100 mm/d，在“三下”采煤指南一书中收录的 408 组地表移动实测数据中，神东矿区以外，地表最大下沉速度为兖州矿区兴隆庄煤矿的 218 mm/d，这是唯一超过 200 mm/d 的，地表最大下沉速度在 100～200 mm/d 的仅 10 个。著者认为，对于像神东矿区这样浅埋煤层来说，综采/综放开采工艺致地表变形非常剧烈，如果观测频率仍像中东部矿区一样，极有可能捕捉不到最大下沉速度，而最大下沉速度是十分重要的参数。因此，浅埋煤层综采/综放开采条件下，有必要增大观测频率。著者认为，不同的地质采矿条件下，剧烈期标准不必相同，可以以不漏测最大下沉速度为目的，以地质采矿条件为依据，根据实际情况适当调整。浅埋煤层综采/综放开采条件下，80% 以上的下沉量发生在 10～20 天内，这一时间段即为剧烈期，观测频率不宜低于 1 次/日。

2）主要影响期

指从地表移动开始，经过活跃期，到地表下沉速度小于 0.5 mm/d 时的移动时间（郑志刚等，2009）。显然主要影响期小于地表移动持续时间。主要影响期 T_0 可用平均采深 H_0 和工作面推进速度 v 进行估算（胡海峰，2012）：

$$T_0 = \frac{jH_0}{\sqrt{v}} \tag{3-17}$$

式中，j 是与覆岩岩性有关的时间系数，在潞安矿区五阳煤矿，时间系数 j 取值 0.74。

3）主衰退期

是指从地表移动活跃期结束，到地表下沉速度小于 0.5 mm/d 时的移动时间（郑志刚等，2009）。显然主衰退期小于衰退期。

神东矿区地表移动变形远比中东部矿区剧烈，故本书介绍有关剧烈期等的研究成果，但目前有关研究成果很少，标准不统一，并且应用范围不广，故此处仅介绍概念，不再深入探讨。

表3-6 关于剧烈期的文献报道汇总表

序号	矿区、矿井、工作面名称	活跃期					剧烈期				最大下沉速度/(mm·d⁻¹)	备注
		活跃期时长/d	活跃期时长占地表移动持续时间的比例/%	活跃期下沉量/mm	活跃期下沉量占总下沉量的比例/%	标准/(mm·d⁻¹)	剧烈期时长/d	剧烈期时长占地表移动持续时间的比例/%	剧烈期下沉量/mm	剧烈期下沉量占总下沉量的比例/%		
1	原苏联顿巴斯和西顿巴斯矿区							70[156]		97[156]		
2	阳泉矿区五阳矿 7511 工作面	129[145]	85.4			16.7[145]	74[145]	49.0			106.7[145]	倾向非充分；地表移动持续时间约 151 d；最大下沉值 4933 mm[146]
3	阳泉矿区五阳矿 7503 工作面	120[145]	77.9			16.7[145]	61[145]	39.6			59.9[145]	倾向非充分；地表移动持续时间约 154 d；最大下沉值 3395 mm[146]
4	神东矿区哈拉沟矿 22407 工作面	150[66/42]		3336	95.3[66/42]	30[66/22]	9[66/35]		2848[66/35]	81.4	700.5[66/44]	最大下沉值 3500 mm[66/44]；初始期 7 d[66/41]；衰退期约 1 年[66/42]；活跃期下沉量按比例估算得到
5	神东矿区大柳塔矿 52305 工作面	113[40/41]		3648	98[40/41]	10[40/42]	20[40/42]		3536	95[40/42]	617[40/41]	最大下沉点为 Z45[40/41]；最大下沉速度点为 Z33，该点下沉值为 3722 mm，最大下沉速度为 617 mm/d[40/39]；衰退期约 160 d[40/41]；Z33 与 Z45 最大下沉值相差很小；活跃期下沉量按比例估算得到

表 3-6（续）

序号	矿区、矿井、工作面名称	活跃期					剧烈期				最大下沉速度/(mm·d^{-1})	备注
		活跃期时长/d	活跃期时长占地表移动持续时间的比例/%	活跃期下沉量/mm	活跃期下沉量占总下沉量的比例/%	标准/(mm·d^{-1})	剧烈期时长/d	剧烈期时长占地表移动持续时间的比例/%	剧烈期下沉量/mm	剧烈期下沉量占总下沉量的比例/%		
6	邢台矿区东庞矿		37[140]		95.3[140]	10[140]		14[140]		81.9[140]		
7	新密矿区超化矿 22001 工作面	210[157/32]	67[157/33]		97[157/33]	30[157/33]	68[157/33]	24[157/33]			95[157/31]	综采[157/10]
8	天祝煤矿 3229 工作面	185[158]			90.7[158]		60[158]				20.6[158]	含煤地层为侏罗纪中统窑街组[158]；Q_2 为最大下沉点[158]；工作面推进到过 Q_2 点 50 ~ 150 m 范围为剧烈期[158]
9	小保当一号井 112201 工作面	110[105]	22.0				47	91.4[105]			267.8[105]	最大下沉值 3841 mm[105]

3.3.2 浅埋煤层综采/综放地表下沉量分析

3.3.2.1 神东矿区综采/综放地表下沉量分析

前人对3个阶段下沉量的关注较少，以往文献报道的实测数据不多。神东矿区关于3个阶段下沉量的实测数据收集到表3-3中，其他矿区3个阶段下沉量的实测数据收集到表3-7中。分析比较表3-3和表3-7中的数据可以得到以下三方面的结论：

（1）采深越大，活跃期下沉量占总下沉量的比例越小。从表3-7中可以看出，徐州矿区的深部开采，活跃期下沉量占总下沉量的比例，最大的不超过50%，最小的小于10%。神东矿区浅埋煤层综采/综放条件下，尽管初始期、活跃期、衰退期占地表移动持续时间比例为9.5%、41.6%、48.8%，但3个阶段的下沉量占总下沉量的比例为3.7%、91.4%、6.3%，时间比例和下沉量比例不对称，下沉量更集中在活跃期。在韩家湾煤矿2304工作面，3个阶段的下沉量比例为0.2%、99.1%、0.8%，可以说，地表下沉在活跃期内“瞬间”完成。

（2）松散层具有推动地表沉陷的作用。表现为，下沉系数随着松散层厚度占煤层埋深比例的增加而增加，但是，松散层在各阶段下沉量占总下沉量的比例中的作用十分微弱。这在淮南矿区表现十分明显。从表3-7中可以看出，尽管淮南矿区开采工艺为综采，采深也较大，但其属于巨厚松散层矿区，松散层占采深的比例很大，而基岩厚度占采深的比例很小，其基岩厚度与神东矿区大致相当，其活跃期下沉量占总下沉量的比例也接近于神东矿区。从表3-7中可以看出，就活跃期下沉量占总下沉量的比例来说，松散层厚度占采深的比例较大的邢台矿区东庞煤矿、宁夏鑫龙煤矿和坡西煤矿的情况也类似于淮南矿区。这就说明，松散层在各阶段下沉量占总下沉量的比例中的作用微乎其微。

（3）基采比越小，采深越小，推进速度越快，地表变形越剧烈，表现为下沉量集中，“瞬间”完成大部分下沉量。这在神东矿区表现极为明显，神东矿区不仅采深小，而且推进速度快，基采比较小，91.4%的下沉量（表3-3中的均值）发生在活跃期，地表变形十分剧烈，出现塌陷坑、地裂缝等不连续变形。这与“基采比较小时地表变形破坏严重，反之当基采比增大时地表变形相应减弱”（樊克松等，2019）的结论是相同的。关于神东矿区地裂缝等不连续变形将在后续章节介绍。

3.3.2.2 神东矿区地表下沉量与其他矿区的对比分析

由于采深、推进速度、松散层厚度占采深的比例等因素的不同，不同的矿区、同一矿区不同矿井之间在地表移动下沉量上的特点不尽相同。

新汶矿区的研究成果（李希勇等，2013）表明，地表移动3个阶段下沉量占总下沉量的比例分别为2%～7%、75%～90%和3%～10%。邢台矿区东庞煤矿巨厚松散层下采煤时，地表移动3个阶段时长占地表移动持续时间的比例分别为6%、37%、57%，下沉量占总下沉量的比例分别为2.7%、95.3%、2.0%，地表移动初始期和活跃期都很短，二者合计不足地表移动持续时间的一半，而下沉量却占98%，衰退期时长超过地表移动持续时间的一半，而下沉量只占总下沉量的2%（王金庄等，1997）。淮南矿区谢桥煤矿11118工作面巨厚松散层下采煤时，初始期占地表移动持续时间的10%，地表下沉量占总

表 3-7　其他矿区地表下沉量及相关信息汇总表

序号	矿区、煤矿、工作面名称	开采工艺	采深/m	总下沉量/mm	初始期下沉量/mm	初始期下沉量占总下沉量的比例/%	活跃期下沉量/mm	活跃期下沉量占总下沉量的比例/%	衰退期下沉量/mm	衰退期下沉量比例/%	推进速度/(m·d^{-1})	备　注
1	邢台矿区东庞矿 2107 工作面	综采[159]	264[14/139]			2.7[140]		95.3[140]		2.0[140]	2.0[14/139]	巨厚松散层[140]
2	邢台矿区东庞矿 2702 工作面	综采[159]	372[14/139]			2.7[140]		95.3[140]		2.0[140]	2.6[14/139]	巨厚松散层[140]
3	淮南矿区谢桥矿 11118 工作面	综采[25/11]	500[25/19]	2088[25/13]		7[25/23]		92[25/23]		1[25/23]	1.7[14/117]	巨厚松散层
4	潞安矿区司马矿 1101 工作面	综放[144/53]	242.7[144/60]	5714[144/56]				95[144/60]			2.67[144/60]	厚表土薄基岩[144/14]
5	淮北矿区孙疃矿 1208 工作面	综采	518.3[160/45]	1980[160/32]				>80[160/45]			4.23[160/45]	根据推进速度 4.23 m/d[160/45]等推测为综采
6	铜川矿区东坡矿 D508 工作面	综采[161/15]	180[161/15]					91[161/15]			3[161/15]	
7	麟游矿区郭家河矿 1303-1305 工作面	综放[26/15]	441~583/512[26/14]	914.4[26/23]	7.5[26/23]	0.8[26/23]	868.3[26/23]	95.0[26/23]	38.6[26/23]	4.2[26/23]		

表3-7（续）

序号	矿区、煤矿、工作面名称	开采工艺	采深/m	总下沉量/mm	初始期下沉量/mm	初始期下沉量占总下沉量的比例/%	活跃期下沉量/mm	活跃期下沉量占总下沉量的比例/%	衰退期下沉量/mm	衰退期下沉量比例/%	推进速度/(m·d⁻¹)	备注
8	新汶矿区张庄矿三〇一仓库06、07面	综采[14/133]	140～260[150/146]	972[150/153]	145.6[150/153]	15[150/153]	741.5[150/153]	76.3[150/153]	84.9[150/153]	8.7[150/153]	2.1[150/146]	文献[14]第133页中，采深为140～380 m
9	新密矿区超化矿22001工作面	综采[157/10]	260[157/11]	5905				97[157/33]			2[157/31]	
10	徐州矿区三河尖矿东四采区			1733[162/33]			763[162/33]	44[162/33]			5.8[162/61]	L28点为最大下沉点[162/33]；深部开采
11	徐州矿区张小楼矿某观测站东西线			2235[162/23]			1104[162/24]	49.4[162/24]				3个煤层开采[162/20]；EW37点[162/23]；深部开采
12	徐州矿区张小楼矿某观测站南北线			1401[162/23]				9.4[162/24]				3个煤层开采[162/20]；NS20点[162/23]；深部开采

表 3-7（续）

序号	矿区、煤矿、工作面名称	开采工艺	采深/m	总下沉量/mm	初始期下沉量/mm	初始期下沉量占总下沉量的比例/%	活跃期下沉量/mm	活跃期下沉量占总下沉量的比例/%	衰退期下沉量/mm	衰退期下沉量比例/%	推进速度/（$m \cdot d^{-1}$）	备注
13	徐州矿区薛湖矿 2102 工作面走向线		672～772[162/36]	445[162/42]			45[162/42]	10[162/42]				表土层厚约 386 m[162/37]；最大下沉点为 Q_{37}[162/42]；深部开采
14	徐州矿区薛湖矿 2102 工作面倾向线		672～772[162/36]	434[162/42]			78[162/42]	32[162/42]				表土层厚约 386 m[162/37]；最大下沉点 Z38 点[162/42]；深部开采
15	朔州矿区东坡矿 914 工作面 A 线	综放[163/14]	265[164]	11127[164]		1.4[164]		97.5[163/37]		1.1	2.77[163/14]	“上硬下软”地层结构[163/14]；衰退期下沉量占总下沉量的比例根据初始期和活跃期推算
16	朔州矿区东坡矿 914 工作面 B 线	综放[163/14]	265[164]	10400[164]		4.5[164]		94.5[164]		1	2.77[163/14]	

表 3-7（续）

序号	矿区、煤矿、工作面名称	开采工艺	采深/m	总下沉量/mm	初始期下沉量/mm	初始期下沉量占总下沉量的比例/%	活跃期下沉量/mm	活跃期下沉量占总下沉量的比例/%	衰退期下沉量/mm	衰退期下沉量比例/%	推进速度/($m \cdot d^{-1}$)	备注
17	宁夏鑫龙矿1501工作面	综放[165]	487[165]	6493[165]		0.4[165]		97.6[165]		2.0[165]	4.6[165]	松散层厚度372 m[165]；最大下沉点为Z76号点[165]；倾向非充分采动[165]
18	宁夏坡西煤矿P1501工作面	综放[166]	538.7[166]	7595[166]		0.9[166]		97.3[166]		1.8[166]	4.3[166]	厚松散层
19	晋煤集团凤凰山矿154309工作面	综采[167]	200[167]			2		96.3[167]		1.7[167]	0.5~6.4/3.9[167]	
20	潞安矿区常村矿S3-13工作面	综放[168]	487[168]	4110[168]		7.8[168]		89.0[168]		2.8[168]	3.2[168]	属厚冲积层覆盖区，第四系厚度为48~95.9 m[168]；最大下沉点为27号点[168]；采厚5.82 m[168]
21	天祝煤矿3229工作面	综采	360[158]	1523			1381	90.7[158]				含煤地层为侏罗纪中统窑街组[158]；开采工艺、总下沉量、活跃期下沉量根据文献信息推测得到

下沉量的7%，活跃期占地表移动持续时间的44%，地表下沉量占总下沉量的92%，衰退期约占地表移动持续时间的46%，下沉量占总下沉量的1%（刘义新，2010），这与邢台矿区东庞煤矿相近。从以往的经验看，活跃期下沉量占总下沉量的80%以上（何国清等，1991）。

比较神东矿区浅埋煤层综采/综放和中东部矿区3个阶段的下沉量看出，神东矿区下沉量更加集中在活跃期，超过总下沉量的90%，初始期和衰退期下沉量合计不足总下沉量的10%。从表3-3中可以看出，神东矿区采深小，推进速度快，松散层厚度占采深的比例小，绝大多数矿井活跃期的地表移动的下沉量占总下沉量的95%以上，所占比例高于中东部矿区。

3.4 浅埋煤层综采/综放地表下沉最大速度

地表最大下沉速度是地表移动规律的重要参数，通过地表下沉速度曲线得到。典型下沉速度曲线如图3-6~图3-9所示。在下沉速度曲线上，可以分析得到最大下沉速度、地表移动持续时间及3个阶段的时长、地表最大下沉量及3个阶段的下沉量、地表最大下沉点至工作面距离等数据。

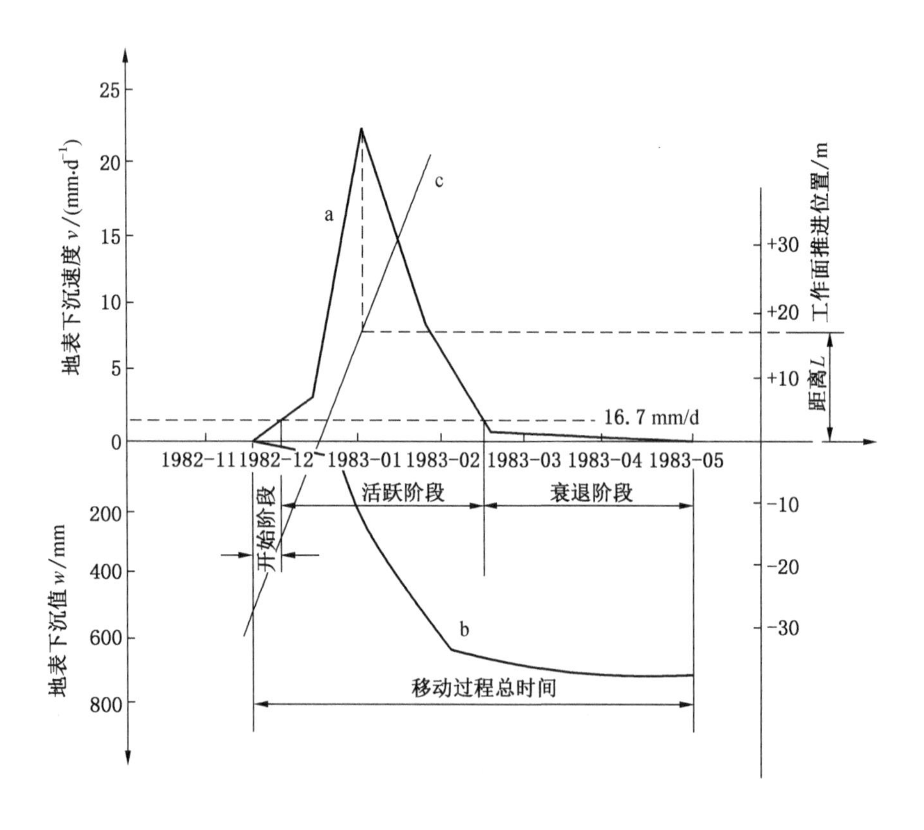

a—下沉速度曲线；b—下沉曲线

图3-6　地表最大下沉点的下沉速度下沉曲线（据何国清等，1991）

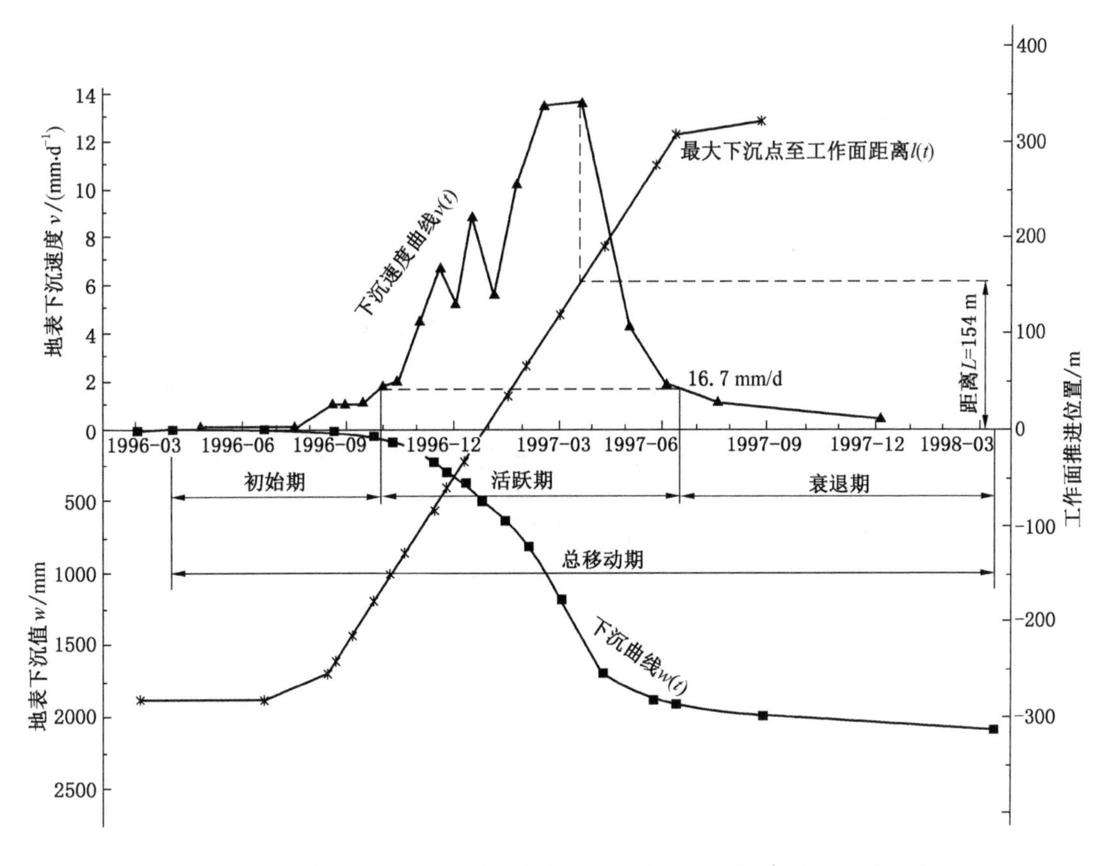

图 3-7 淮南矿区谢桥煤矿 11118 工作面走向线 Z40 号点下沉速度曲线（据刘义新，2010）

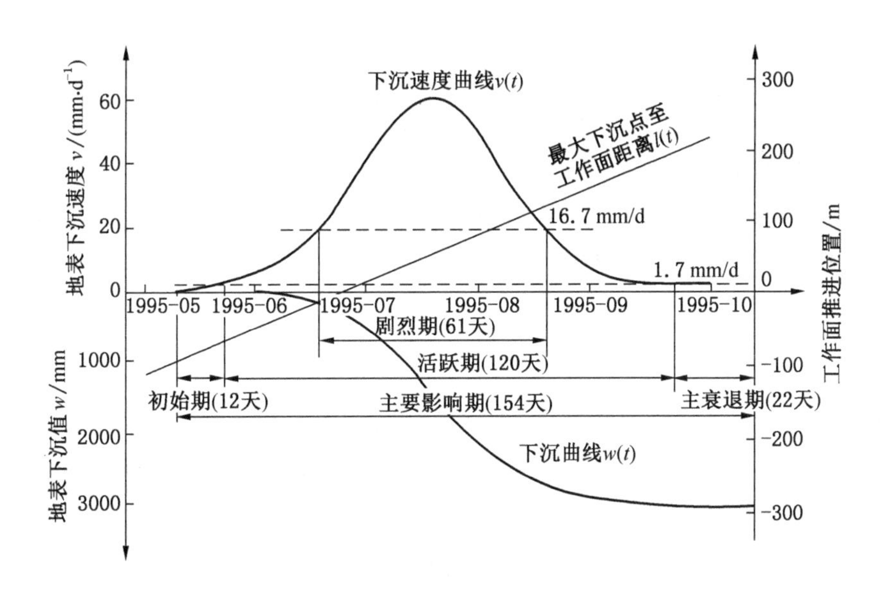

图 3-8 潞安矿区五阳煤矿 7503 综放工作面地表点下沉速度曲线图（据郑志刚等，2009）

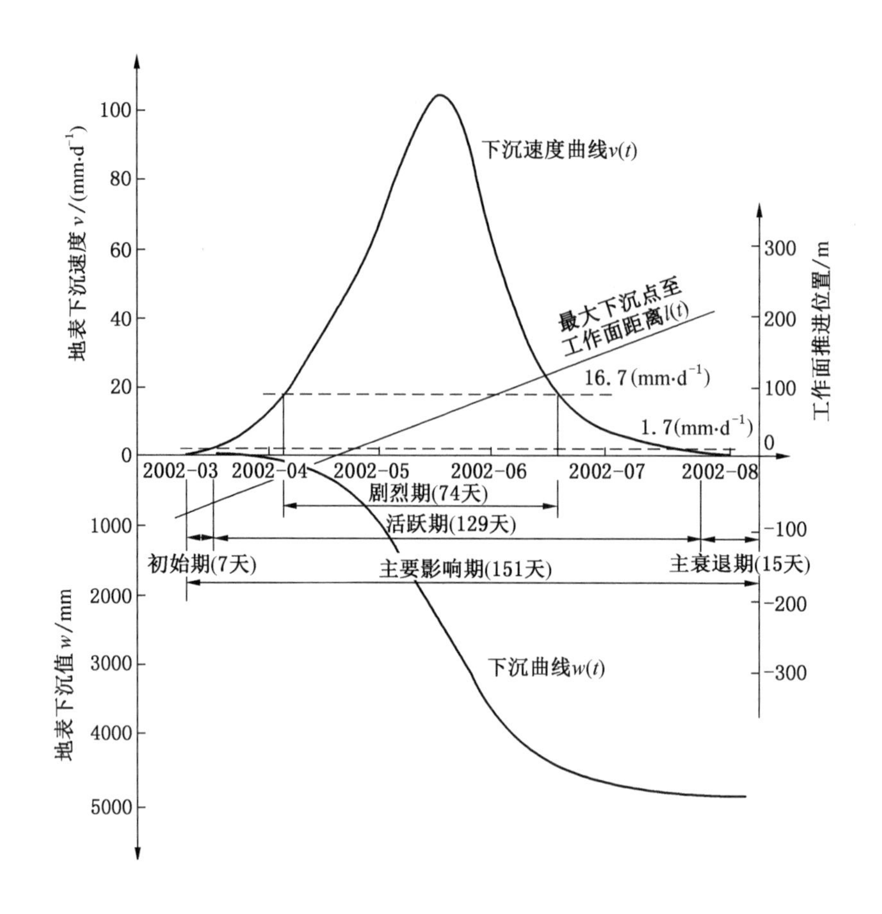

图 3-9　潞安矿区五阳煤矿 7511 综放工作面地表点下沉速度曲线图（据郑志刚等，2009）

3.4.1　神东矿区综采/综放地表最大下沉速度分析

1. 浅埋煤层综采/综放地表最大下沉速度

一般认为，地表下沉最大速度 $V_{\max}$ 与平均采深 H_0、最大下沉量 $W_{\max}$ 和工作面推进速度 v 等因素有关（何国清等，1991；胡炳南等，2017），估算公式为

$$V_{\max}=k\left(\frac{W_{\max}v}{H_0}\right) \tag{3-18}$$

式中，k 为下沉速度系数。

潞安矿区五阳煤矿、王庄煤矿建立的 4 个岩移观测站实测资料（郑志刚，2009）表明，综采放顶煤条件下地表最大下沉速度 $V_{\max}$ 与平均采深 H_0、最大下沉量 $W_{\max}$ 和工作面推进速度 v 等因素有关，估算公式为

$$V_{\max}=k\left(\frac{W_{\max}\sqrt{v}}{H_0}\right) \tag{3-19}$$

式(3-18)和式(3-19)是目前公认的估算地表最大下沉速度的经验公式。其中，

表3-8 神东矿区浅埋煤层综采/综放条件下地表最大下沉速度及影响因素汇总表

序号	矿井、工作面、测线、测点号名称	采深/m	推进速度/(mm·d^{-1})	最大下沉值/mm	开采厚度/m	深厚比	工作面斜长/m	最大下沉速度/(mm·d^{-1})	备注
1	大柳塔矿1203工作面B34	61[61/38]	2.4[38/19]	2529[61/39]	4.03[61/38]	15.2[61/38]	150[61/38]	123.01[61/39]	
2	大柳塔矿1203工作面B53	61[61/38]	2.4[38/19]	2335[61/39]	4.03[61/38]	15.2[61/38]	150[61/38]	131.38[61/39]	
3	大柳塔矿52304工作面	225[40/105]	9[40/105]	4403[63/29]	6.45[63/8]	32.3[39/31]	301[63/8]	439[63/23]	采深250 m[63/8]；推进速度6.8 m/d[78]；推进速度7.4 m/d[39/31]
4	大柳塔矿52305工作面	230[40/105]	12.0[40/39]	3722[40/39]	6.7[40/105]	34.3	281[40/105]	617[40/39]	
5	大柳塔矿22201工作面	75[63/9]	9.6[78]	2833[63/29]	3.65[63/9]	20.5	349[63/9]	606[63/29]	
6	补连塔矿12406工作面	200[39/11]	12[39/11]	2459[39/22]	4.5[40/105]	44.4	300.5[39/11]	268.5[39/22]	文献[133]：推进速度12~15 m/d，最大下沉速度278 mm/d
7	乌兰木伦矿2207工作面	102[5/41]	2.8[65]	1680[65]	2.2[5/40]	46.4	158[5/40]	98[130/9]	
8	柳塔矿12106工作面	150[64/57]	5.0[64/57]	5417[64/56]	6.9[64/13]	21.7[39/31]	246.8[64/13]	231.2[64/57]	
9	布尔台矿22103工作面	295[64/56]	8.3[64/57]	2130[64/56]	3.4[64/56]	98.3	360[64/5]	12.9[64/57]	

表 3-8（续）

序号	矿井、工作面、测线、测点号名称	采深/m	推进速度/（$mm\cdot d^{-1}$）	最大下沉值/mm	开采厚度/m	深厚比	工作面斜长/m	最大下沉速度/（$mm\cdot d^{-1}$）	备　注
10	寸草塔矿 22111 工作面	250[64/56]	9.7[64/57]	1672[64/56]	2.8[64/56]	89.3[39/31]	224[64/5]	42.2[64/57]	
11	寸草塔二矿 22111 工作面	310[64/56]	7.2[64/57]	1865[64/56]	2.9[64/56]	106.9	300[64/5]	28.3[64/57]	
12	上湾矿 51101 工作面 Z20	146[40/105]	10.0[40/105]	2478[67]	5.2[40/105]	28.1	240[40/105]	393[67]	
13	韩家湾矿 2304 工作面 Z13	130[37/11]	8.0[37/47]	2568[37/27]	4.1[37/9]	31.7	268[37/9]	185.3[37/27]	Z13 为最大下沉点[37/21]
14	韩家湾矿 2304 工作面 Z14	130[37/11]	8.0[37/47]	2416[37/27]	4.1[37/9]	31.7	268[37/9]	177.8[37/27]	
15	柠条塔矿 N1201 工作面	110[46/114]	4～5[14/149]	2070[46/121]	3.9[46/114]	28.2	295[46/114]		
16	哈拉沟矿 22407 工作面	130[40/105]	15.0[65]	3500[66/44]	5.2[40/105]	25.0	284[40/105]	700.5[40/105]	最大下沉点位于 B19 附近[66/24]；最大下沉速度点为 A14[66/44]
17	万利一矿 31305 工作面 D19	170[5/36]	10.0[71]	3614[5/26]	4.9[5/22]	34.7	300[70/12]	429[5/35]	D17 为最大下沉速度点，D19 为最大下沉点[5/35]

表 3-8（续）

序号	矿井、工作面、测线、测点号名称	采深/m	推进速度/(mm·d^{-1})	最大下沉值/mm	开采厚度/m	深厚比	工作面斜长/m	最大下沉速度/(mm·d^{-1})	备　注
18	察哈素矿 31301 工作面	418[72/10]	8.9[5/42]	2796[72/61]	4.5[72/10]	92.9[72/10]	301[5/40]	158[73]	
19	张家峁矿 15201 工作面 A 线	128[74/19]	10[14/148]	3224[74/26]	6.0[74/1]	21.3	260[14/148]	861[74/35]	A11 点为 A 线最大下沉速度点[74/35]；A12 点为最大下沉点[74/26]
20	张家峁矿 15201 工作面 B 线	128[74/19]	10[14/148]	4129[74/27]	6.0[74/1]	21.3	260[14/148]	1051[74/36]	B8 点既是 B 线最大下沉点，也是最大下沉速度点[74/36]
21	张家峁矿 15201 工作面 Z 线	128[74/19]	10[14/148]	4250[74/28]	6.0[74/1]	21.3	260[14/148]	538[74/37]	Z19 点既是 Z 线最大下沉点，也是最大下沉速度点[74/37]
22	三道沟矿 85201 工作面 A 线	200[75/48]	5.8	3485[77/19]	6.6[76]	30.3	295[75/16]	321.4[77/19]	A16 是 A 线最大下沉点[75/34]，也是最大下沉速度点[75/47]
23	三道沟矿 85201 工作面 Z 线	200[75/48]	5.8	4531[77/19]	6.6[76]	30.3	295[75/16]	164.3[77/19]	Z14 点为最大下沉速度点[75/46]
24	布尔台矿 42105 工作面 A 线	372[80/2]	10~20/12.8[79]	2778[80/43]	6.7[79]	55.5	230[79]	277[80/55]	文献［79］：A22 点最大下沉速度 521 mm/d

表 3 - 8（续）

序号	矿井、工作面、测线、测点号名称	采深/m	推进速度/(mm·d⁻¹)	最大下沉值/mm	开采厚度/m	深厚比	工作面斜长/m	最大下沉速度/(mm·d⁻¹)	备　注
25	活鸡兔井 12205 工作面	87[66/16]	10（据备注推测）	2360[132/43]	3.6[66/16]	24.2	230[85]	269.9[66/45]	1203 面采煤时，推进速度平均为 2.4 m，仅为 12205 面的推进速度的 1/5[132/13]；快速推进的 12205 在当日和次日两天就推进了一个周期来压步距[132/14]；周期来压取值与采深有关，变化很大[132/10]
26	冯家塔矿 1201 工作面	147[95]	8.3[95]	2740[65]	3.3[65]	44.5	250[65]	93[65]	
27	昌汉沟矿 15106 工作面	112[94]	17.2[95]	3182[95]	5.2[65]	21.5	300[65]		
28	杨家村矿 222201 工作面走向线	133[66]	5.1[5/50]	3500	5.0[5/40]	15～32[66]	240[66]	240[5/50]	根据文献［68］估算最大下沉值
29	上湾矿 12401 工作面	215[118]	约 14[134]	5812～6300[134]	8.8[118]	24.4	299[134]	860[134]	文献［134］、［118］中，实测最大下沉速度分别为 860 mm/d、424 mm/d，相差甚大，故不参与分析
30	大柳塔矿 52307 工作面走向线	190[104/30]	4.4～13.5[104/56]	3560[104/33]	6.7[104/16]	28.4	301[104/16]	1114.0[104/32]	A22 测点为最大下沉点[104/32]
31	小保当一号井 112201 工作面	302[105]	12[105]	3841[105]	5.8[105]	52.1	350[105]	267.8[105]	
32	柠条塔矿 N1212 工作面倾向线 B16	190[108]	2.4～27.2[108]		4.8[108]	39.5	294[108]	187.4[108]	B16 位于走向测线和倾向测线交叉位置点[108]

式(3－18)为“三下”采煤指南推荐的公式，式(3－19)被部分学者认为比较更适合推进速度较快的条件。可以看出，最大下沉速度与最大下沉量、采深和工作面推进速度有关。

表3－8汇总了神东矿区综采/综放条件下地表下沉最大速度及其相关信息。神东矿区煤层埋深小，地质条件简单，适合综采/综放开采工艺，地表最大下沉速度无疑远大于埋深较大、地质条件复杂的中东部矿区。实测数据表明，神东矿区地表最大下沉速度可逾1000 mm/d。

2. 浅埋煤层综采/综放地表最大下沉速度影响因素分析

分析实测资料发现，地表最大下沉速度与覆岩性质、推进速度、深厚比、采动程度等有关。覆岩性质越软弱、推进速度越大、深厚比越小，则下沉速度越大。重复采动时的最大下沉速度比初次采动时大。对神东矿区综采/综放工作面地表最大下沉速度与采深、推进速度、采厚、深厚比的关系散点图如图3－10～图3－13所示。

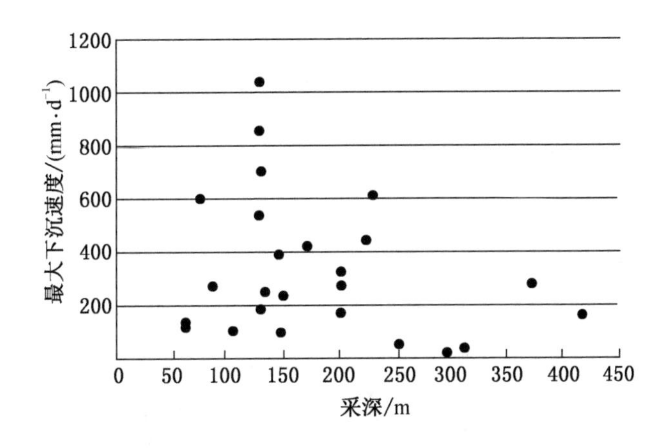

图3－10　最大下沉速度与采深散点图

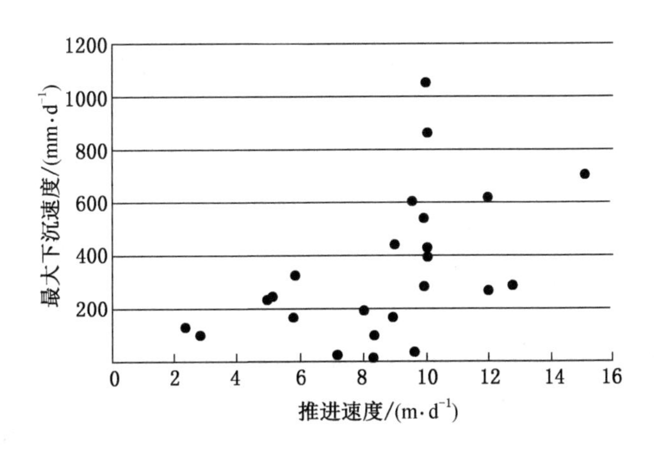

图3－11　最大下沉速度与推进速度散点图

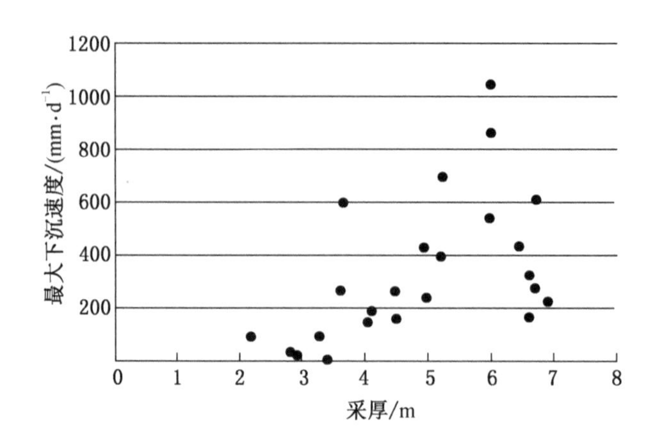

图 3-12　最大下沉速度与采厚散点图

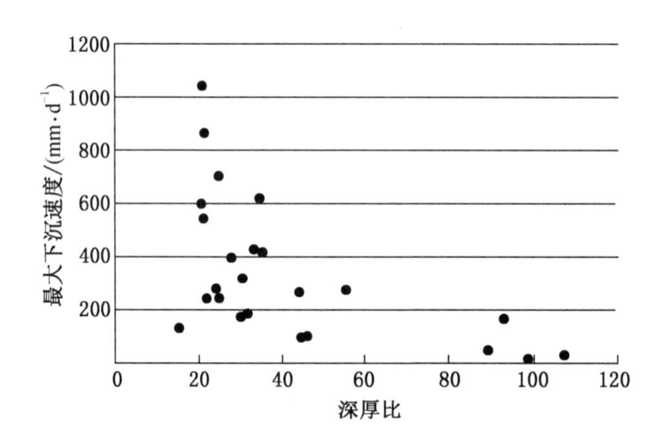

图 3-13　最大下沉速度与深厚比散点图

观察图 3-10～图 3-13 发现，神东矿区综采/综放条件下，地表最大下沉速度与采深、推进速度、采厚、深厚比的相关关系不明显，但总体上仍能看出，最大下沉速度与工作面推进速度、采厚呈正相关关系，与采深、深厚比呈负相关关系，这说明神东矿区浅埋煤层综采/综放条件下的最大下沉速度符合基本规律。相关关系不明显的原因是：①观测频率低，未能准确捕捉到最大下沉速度值；②神东矿区地表起伏变化大，最大下沉速度点的采深往往未知，而以工作面平均采深代替，推进速度、深厚比亦往往如此，导致数据不匹配。

神东矿区浅埋煤层综采/综放条件下不同于中东部矿区的一个非常明显的特点是最大下沉速度值很大，罕见小于 100 mm/d 者，而在中东部矿区，由于采深较大等原因，其最大下沉速度值较小，罕见大于 100 mm/d 者。神东矿区最大下沉速度往往是中东部矿区的数倍乃至 10 余倍。

3.4.2 神东矿区地表最大下沉速度与其他矿区的对比分析

1. 神东矿区地表最大下沉速度与其他矿区的对比

其他矿区地表最大下沉速度及影响因素见表 3－9。神东矿区最大下沉速度明显大于中东部矿区，但仅就地表最大下沉速度受控于覆岩岩性、采深等因素来说，神东矿区与其他矿区无异。不同矿区由于地质采矿条件存在差异，在最大下沉速度估算时也存在差异。

峰峰矿区求得的初次采动和重复采动时的最大下沉速度 V_{max} 与平均采深 H_0、采厚 M、推进速度 v、工作面倾斜长度 D_1、煤层倾角 α 之间的关系式（峰峰矿务局煤研所等，1981）分别为

$$V_{max}=10.3\left(\frac{MvD_1\cos\alpha}{H_0}\right) \tag{3-20}$$

$$V_{max}=11.5\left(\frac{MvD_1\cos\alpha}{H_0}\right) \tag{3-21}$$

山东省是煤炭资源开采大省，在地表移动规律方面开展了大量研究工作，新汶矿区最大下沉速度可以下式拟合获得（李希勇等，2013）：

$$V_{max}=-35.69979^{\frac{0.072Mv}{H_0}} \tag{3-22}$$

龙口矿区最大下沉速度的拟合关系式（卜昌森等，2015）为

$$V_{max}=11.76\left(\frac{Mv}{H_0}\right)-9.799 \tag{3-23}$$

根据实测资料回归分析得到兖州矿区综放开采条件下地表最大下沉速度与采矿条件的关系式（张连贵，2010）为

$$V_{max}=504.24-151.15\ln\left[\frac{H_0}{(Mv)}\right] \tag{3-24}$$

对神东矿区浅埋煤层快速推进条件下 10 个工作面的实测数据分析后发现，地表下沉最大速度与工作面推进速度、地表最大下沉值的平方成正比，与工作面平均采深的平方成反比（贾新果等，2019）：

$$V_{max}=0.0147\left(\frac{W_{max}v}{H_0}\right)^2 \tag{3-25}$$

通过对东胜矿区实测资料的回归分析得到的最大下沉速度经验公式（王汉元等，2023）为

$$V_{max}=0.69479-0.25128\ln\left[\frac{H_0}{(Mv)}\right] \tag{3-26}$$

2. 神东矿区单个测点下沉速度与其他矿区的对比

煤层开采引起的地表移动是一个复杂的随时间和空间变化的过程，地表点随开采活动进行一般要经历从开始移动到剧烈移动，再到最后停止移动的动态全过程。一般认为地表点下沉速度在时间、空间上是连续渐变的，某典型地表点下沉速度曲线如图 3－14 所示，呈现先加速后减速的变化过程，即一开始缓慢下沉，进入活跃期后下沉速度快速增加到最大值，然后逐渐减小至零，因此，很多专家学者致力于用函数描述地表点下沉曲线的形

表3-9　其他矿区、矿井、工作面地表最大下沉速度及影响因素汇总表

序号	矿区、矿井、工作面名称	平均采深	工作面推进速度/(mm·d⁻¹)	最大下沉值/mm	采厚/m	深厚比	最大下沉速度/(mm·d⁻¹)	备　注
1	淮南矿区谢桥矿 11118 工作面	500[25/22]	1.8[25/22]	2088[25/22]	2.5[25/11]	200	13.57[25/22]	巨厚松散层，约400 m[25/11]
2	淮南矿区丁集矿 1262（1）工作面	890[148]	4.0[148]	2350[148]	3.2[148]	278	21.9[148]	综采一次采全高，松散层 455 m[148]
3	淮南矿区顾桥矿 1117（1）工作面	760[147/50]	5.09[147/50]	1897[147/50]	3.5[14/118]	217	32[147/50]	
4	淮南矿区顾桥矿 1117（3）工作面重复采动	693.7[147/29]	6.0[14/118]	3715[147/25]	4.3[14/118]	161	54.6[147/28]	最大下沉点为 ML020[147/25]
5	新密矿区超化矿 22001 工作面	260[157/31]	2[157/31]	5905[157/31]	7.5[157/1]	34.7	95[157/31]	大采高、浅埋深
6	邢台矿区东庞矿 2107 工作面	264[159]	1.96[159]	2580[159]	3.7[159]	71	59.8[159]	巨厚松散层；文献［14］第139页：采厚3.5 m
7	邢台矿区东庞矿 2108 工作面	316[159]	1.84[159]	1551[159]	2.4[159]	131.7	16.0[159]	巨厚松散层
8	邢台矿区东庞矿 2702 工作面	372[159]	2.6[159]	1288[159]	4.2[159]	88.6	30.1[159]	巨厚松散层
9	邢台矿区邢东矿 1100 采区	760[14/139]	2[14/139]	2945[159]	4.65[14/139]	163.4	7.8[159]	巨厚松散层

表 3-9（续）

序号	矿区、矿井、工作面名称	平均采深	工作面推进速度/（mm·d⁻¹）	最大下沉值/mm	采厚/m	深厚比	最大下沉速度/（mm·d⁻¹）	备　注
10	邢台矿区葛泉矿 11912 工作面	140[159]	2.4[14,139]	5166[159]	6.5[14,139]	21.5	266.3[159]	厚松散层；文献［14］中采深 130 m
11	铜川矿区鸭口 905 观测站	182[161,17]	0.7[161,17]	1326[161,17]	1.94[14,149]	93.8	13[161,17]	
12	铜川矿区王石凹矿 2502 观测站	442[161,17]	4.5[161,17]	1501[161,17]	2.8[14,149]	157.9	22[161,17]	文献［14］中采深 422 m
13	铜川矿区王石凹矿 291 观测站	455[161,17]	0.8[161,17]	1262[161,17]	2[14,149]	227.5	2[161,17]	
14	铜川矿区东坡矿 508 观测站	180[161,17]	3[161,17]	1645[161,17]	2.4[14,149]	75	43[161,17]	文献［14］中推进速度 1.4 mm/d
15	宁夏鑫龙矿 1501 工作面	487[165]	4.6[165]	6493[165]	7.55[165]	64.4	514.2[165]	采高 3.5 m，放煤 4.05 m[165]
16	宁夏坡西煤矿 P1501 工作面	538.7[166]	4.3[166]	7595[166]	8.62[166]	62.5	208.3[166]	采高 3.5 m，放煤 5.12 m[166]
17	朔州东坡矿 915 工作面 A 测线 17 号点	265[164]	3.1[164]	13487[164]	14.4[164]	18.4	389.4[164]	割煤高度 3.6 m，放煤高度 10.8 m[164]
18	潞安矿区五阳矿 7503 工作面	315.5[170]	1.82[170]	3258[170]	6.87[170]	45.9	50.9[170]	综放[170]
19	潞安矿区五阳矿 7506 工作面	329[170]	1.12[170]	2858[170]	6.53[170]	50.4	38.1[170]	综放[170]

表 3-9（续）

序号	矿区、矿井、工作面名称	平均采深	工作面推进速度/(mm·d^{-1})	最大下沉值/mm	采厚/m	深厚比	最大下沉速度/(mm·d^{-1})	备注
20	潞安矿区五阳矿 7511 工作面	270[170]	2.10[170]	4933[170]	6.49[170]	41.6	107.7[170]	综放[170]
21	潞安矿区王庄矿 4326 工作面	238[170]	1.92[170]	4902[170]	6.65[170]	35.8	115.3[170]	综放[170]
22	潞安矿区郭庄矿 2309 工作面	362.8[143]	2.6[14,143]		6.1[143]	63.9	44.7[143]	综放[143]；文献［14］中采深 390 m
23	潞安矿区常村矿 S6-7 工作面	358[142]	3.66[142]	4195[142]	6.17[142]	58	76.8[142]	综放[142]；文献［14］中采厚 7 m
24	潞安矿区五阳矿 7305 工作面（上分层）	198~227[14,142]	2.5[14,142]		3[14,142]	66~75.7	61[14,142]	
25	潞安矿区五阳矿 7305 工作面（下分层）	198~227[14,142]	3.2[14,142]		3.8[14,142]	52~59.7	111[14,142]	
26	焦作矿区赵固一矿 11011 工作面	589[171]	4.8[171]	2377[171]	3.5[171]		23.2[172,24]	基岩 49 m，松散层 540 m，松散层占采深的 91%[171]
27	焦作矿区赵固二矿 11010 工作面	633[171]	4.8[171]	3350[171]	3.5[171]			基岩 41 m，松散层 592 m，松散层占采深的 94%[171]
28	晋城矿区赵庄二号井 1309 工作面	428[174]	2.25[174]	3263[174]			12.47[174]	

态。实际上，增加观测频率后制作的下沉曲线呈现出上下波动大小交替的多峰现象，不断加大观测频率，下沉速度曲线变得具有周期性跳跃变化的特征，但仍能保持光滑曲线的形态，再次增加观测频率后，下沉速度曲线则变为不再光滑，而是震荡变化的折线。

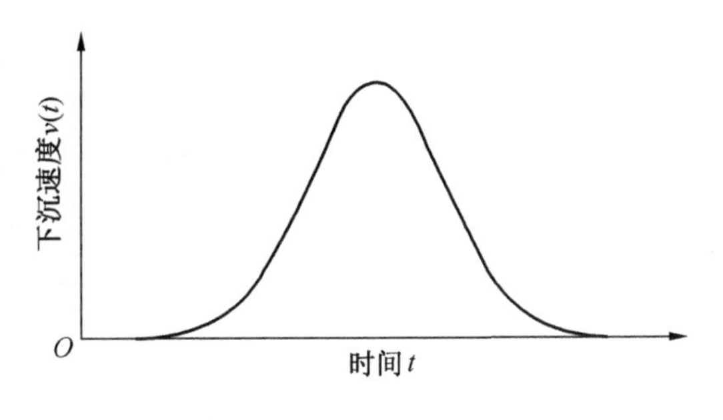

图 3-14 某典型地表测点下沉速度曲线

1）神东矿区实例

对神东矿区补连塔煤矿 31401 工作面、32301 工作面地表单个测点的下沉速度观测后得到的曲线如图 3-15 ~ 图 3-18 所示（伊茂森，2008）。可以发现，当主关键层破断时，工作面迅速来压，同时地表下沉速度迅速增大，地表下沉速度随主关键层的周期破断而跳跃性变化，地表下沉速度峰值间距与对应的工作面周期来压步距长度基本吻合，地表沉陷与工作面来压基本保持一致。多个地表下沉速度峰值中的最大值滞后于工作面位置，31401 工作面滞后约 110 m，32301 工作面滞后约 175 m。

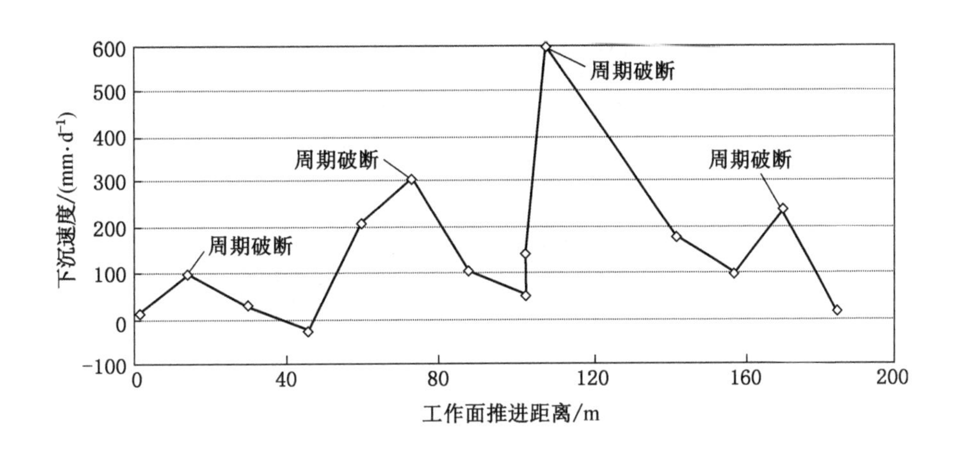

图 3-15 补连塔矿 31401 工作面走向观测线 S9 号测点下沉速度曲线（据伊茂森，2008）

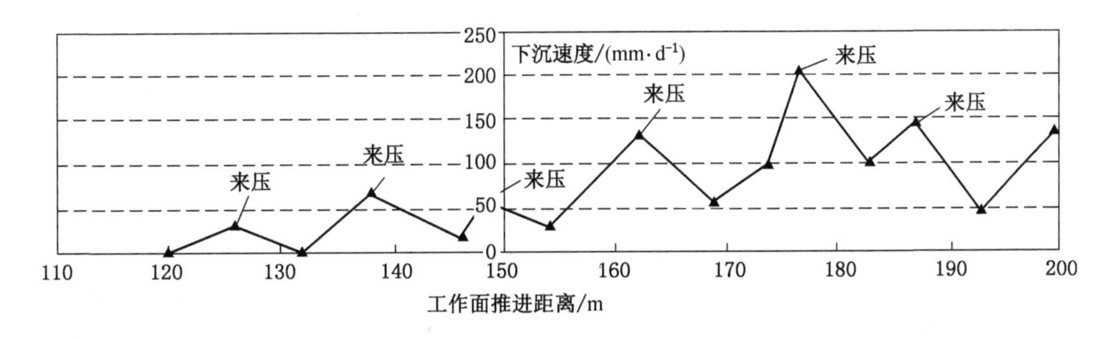

图 3-16 补连塔矿 32301 工作面倾向观测线 A2-8 号测点采动下沉速度曲线（据伊茂森，2008）

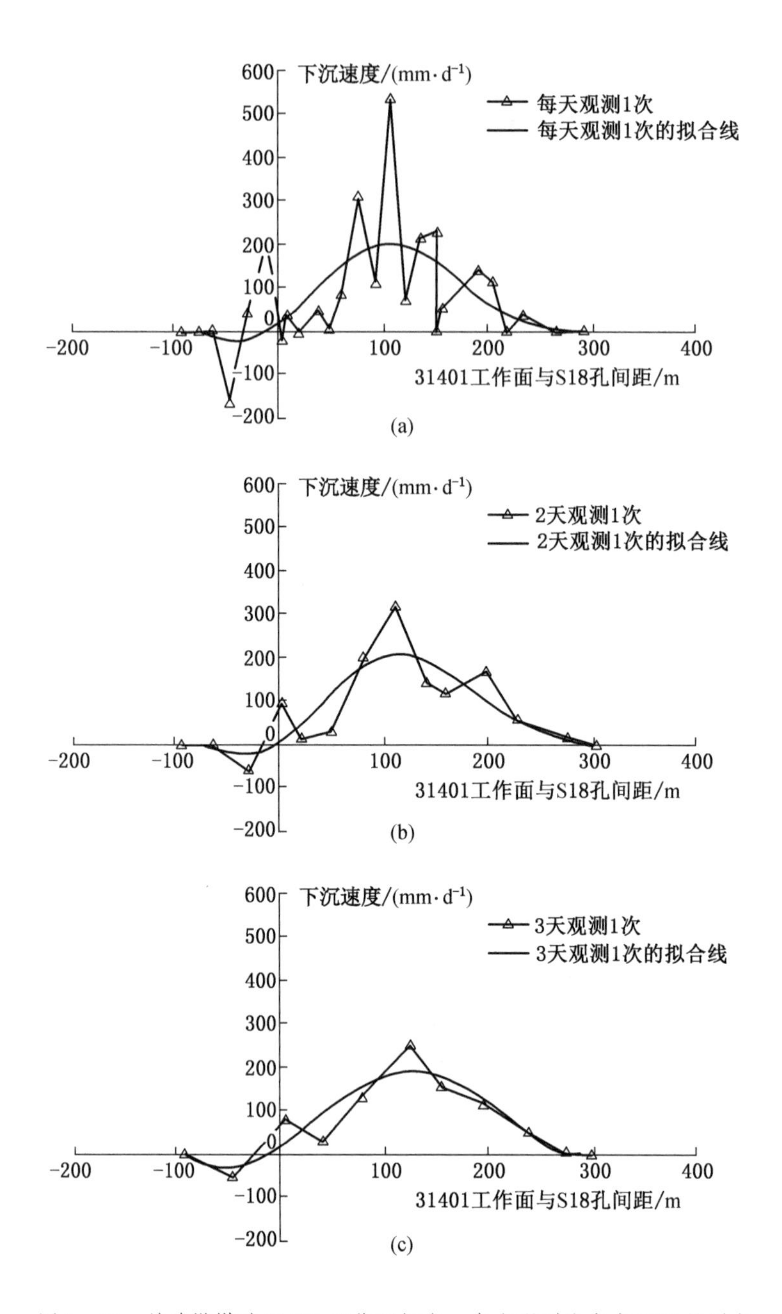

图3-17　补连塔煤矿31401工作面倾向、走向观测线交点N12号测点不同观测频率下沉速度曲线（据伊茂森，2008）

2）其他矿区实例

大同矿区芦子沟煤矿3108工作面为近距离煤层联合综放开采工作面，联合开采的2号、3号、5号煤，煤厚分别为2.52 m、9.52 m、10.06 m，2号煤与3号煤夹矸平均厚1.35 m，3号煤与5号煤夹矸平均厚1.55 m，2号、3号、5号煤及夹矸总厚25 m。采高

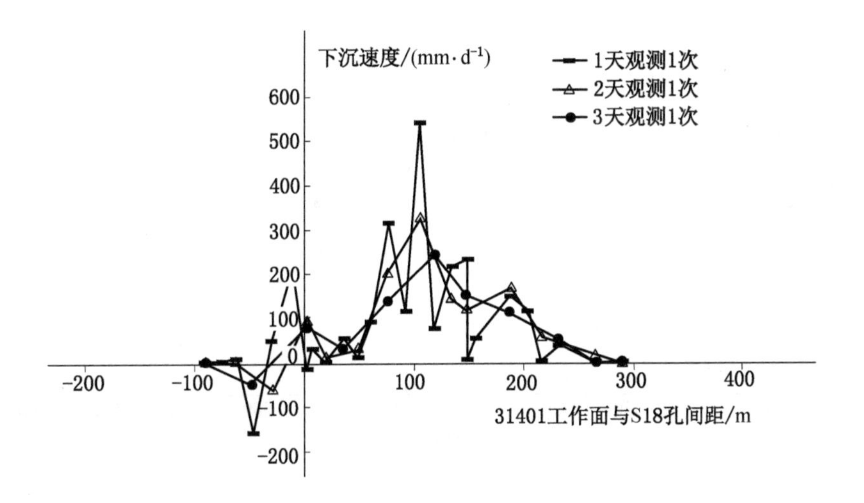

图 3－18　补连塔煤矿 31401 工作面倾向、走向观测线交点 N12 号测点不同观测频率下沉速度曲线对比（据伊茂森，2008）

3 m，放煤高度为 22 m，采放比为 1：7.3，全部垮落法管理顶板。工作面走向长 950 m，倾斜长 150 m，煤层倾角为 1°～5°，工作面平均埋深 348.8 m，基岩层平均厚 275.8 m，以粉砂岩、砂砾岩、砂质泥岩为主，松散层厚 48 m 左右。图 3－19～图 3－21 分别为 3108 工作面地表观测站走向观测线上 Z13 号测点、Z34 号测点，倾向观测线上 Q12 号测点的下沉速度曲线，3 个测点距切眼分别为 30 m、240 m、210 m，据图可知，单点下沉速度随工作面推进呈现上下波动的多峰状特征，不再符合理想的单峰状特征。

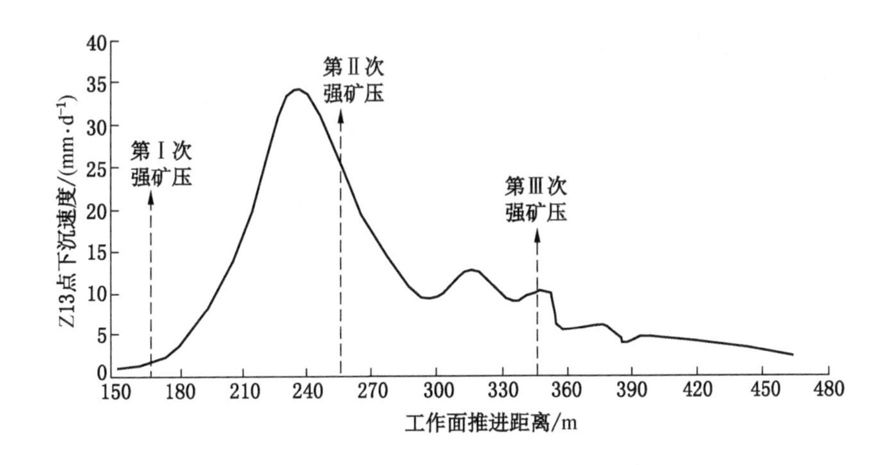

图 3－19　芦子沟煤矿 3108 工作面走向线 Z13 号点下沉速度曲线（据樊克松，2019）

对大同矿区芦子沟煤矿 3108 综放工作面矿压显现与地表下沉速度关系研究表明（樊克松，2019），地表下沉速度具有周期性变化的特征，两次地表下沉速度波谷间距平均为

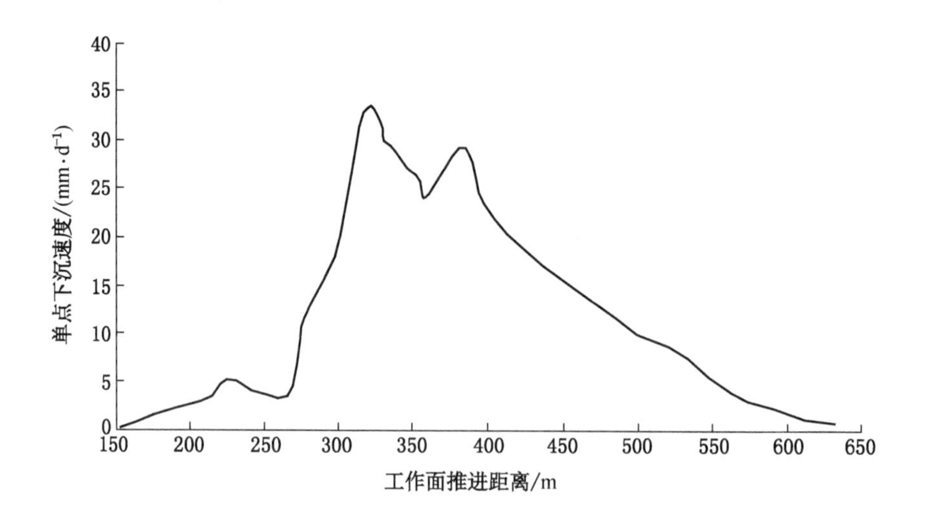

图 3－20　芦子沟煤矿 3108 工作面走向线上 Z34 号点下沉速度曲线（据樊克松，2019）

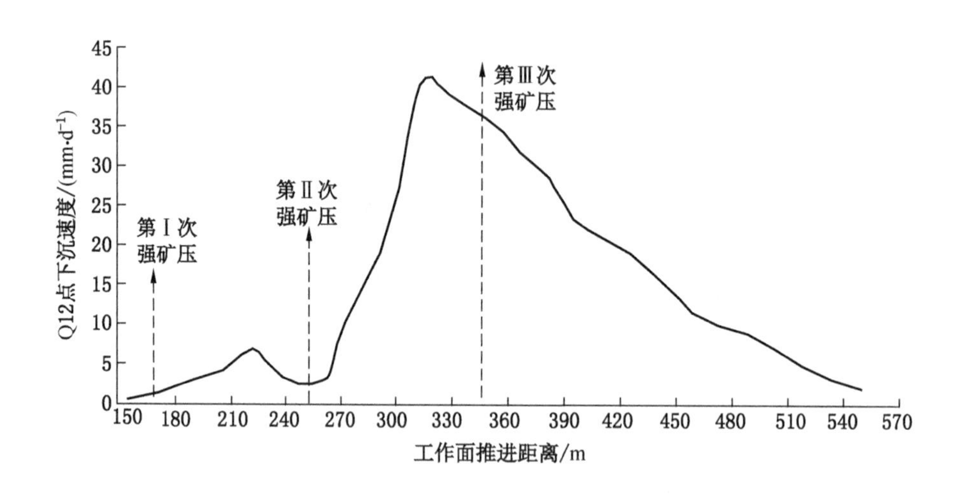

图 3－21　芦子沟煤矿 3108 工作面倾向线 Q12 号点下沉速度曲线（据樊克松，2019）

90.33 m，即地表下沉速度以 90.33 m 步距发生周期性变化，与工作面周期强矿压步距较接近。也就是说，地表最大下沉速度的周期性变化与工作面的周期性强矿压现象存在相互对应的关系。进一步的深入研究表明，工作面周期性强矿压对地表下沉速度有直接影响，表现为，工作面在发生第 1 次强矿压后，再推进 15.2 m 或者再经过 9d 后，地表下沉速度开始快速增加；之后工作面在发生周期强矿压后，平均再推进 6.5 m 或者再经过 4.1d 后地表下沉速度快速增加。需要说明的是，芦子沟煤矿 3108 综放工作面周期性强矿压不是周期来压，周期来压步距为 17.36 m，周期性强矿压步距为 88.7 m，持续 5.5～7.5 m，两次强矿压期间包含着 3～5 个正常周期来压。这表明，芦子沟煤矿 3108 综放工作面矿压显现与地表下沉速度具有“时－空”对应关系。

3）对比分析

下沉速度曲线多峰特征的实例不多，但从仅有的实例中可以发现，单个测点的下沉速度曲线都不是理想中的光滑曲线，而是多峰的折线。下沉速度曲线的形态除了与地质采矿条件有关外，观测频率也是重要的因素。无论是神东矿区还是其他矿区，地表沉陷均受控于覆岩结构和性质，实际的下沉速度曲线形态都与工作面矿压显现特征存在必然的联系。

3.5 地表移动起动距

在走向主断面上，工作面自切眼推进一定距离后，岩层移动开始波及地表，地表开始移动时工作面的推进距离被称为地表移动起动距。地表开始变形以观测到下沉达到 10 mm 为标准。一般来说，初次采动时的起动距为 1/4 ~ 1/2 倍的采深，这与开采深度、覆岩性质、开采速度等因素有关。“三下”采煤规范、“三下”采煤指南和以往版本的“三下”采煤规程没有涉及起动距这个参数。地表移动起动距是衡量采动超前影响的重要参数，有必要给予更多关注。开采引起的地表移动有时不用推进长度来衡量，而用面积衡量，谓之“见方”。见方时，工作面围岩释放能量往往达到极值，矿压显现异常。

3.5.1 神东矿区地表移动起动距特点

基本顶发生初次断裂，这时地表开始具有移动的趋势，地表移动的起动距实质上就是基本顶初次断裂时的工作面推进距离。中东部矿区煤层埋深普遍较大，覆岩破坏由下而上传递至地表的时间较长，很难观测到地表移动起动距与基本顶初次断裂的对应关系数据，因而被人们忽略了这种对应关系。对于浅埋煤层，覆岩破坏由下而上传递至地表的时间很短，例如，大柳塔煤矿 1203 工作面初次来压到地面出现断裂塌陷仅约 14 h（杜善周，2010），柠条塔煤矿 N1201 工作面初次来压约 5 h 后地表开始出现下沉（李金华，2017），因此，观测到地表移动起动距与基本顶初次断裂对应关系数据的可能性大大增加。大量实测资料显示，浅埋煤层开采的一个显著特点是，地表沉陷的发展过程主要受到煤层覆岩移动破坏的控制，地表移动变形的非连续性、非均匀性和突然性显著增加，工作面初次来压与地表变形起动距之间存在较明显的对应关系。

3.5.1.1 浅埋煤层综采/综放工作面初次来压

19 世纪末，国外学者提出早期的采场矿压假说，并结合简单的数学力学模型分析工程实际中的矿山压力显现现象。随着煤炭回采技术的进步，煤矿采场顶板岩层移动变形监测技术的提高，以及回采工作面支护水平的提升，人们重新认识了煤矿采场覆岩移动时的结构形态。20 世纪中后期，煤矿采场顶板结构假说得到了快速发展，为了合理解释采场不同的矿山压力显现现象，研究者对采场顶板在回采过程中存在的结构形式给出了相应的多种假说；进入 21 世纪，研究人员又结合数值模拟、相似性试验等方法对矿压假说做了进一步研究。具有代表性的矿压假说主要有悬臂梁假说、压力拱假说、铰接岩块假说、预成裂隙假说、砌体梁理论、传递梁理论、岩板理论、关键层理论等等。1996 年，由钱鸣高等人首次提出了关键层理论，为深入研究矿山压力与岩层控制理论提供了依据。关键层理论的基本观点为：采场覆岩中存在若干层上下紧邻的岩层，其力学强度不一致，厚度亦不同，关键层由一层或几层较坚硬的岩层组成；其变形较小，不容易断裂，控制着位于其上方的顶板岩层的移动变形。采场基本顶来压步距的计算模型主要有梁结构力学模型和板结构力学模型。由于采场空间体系以及上覆岩层结构的复杂性，煤矿采场顶板岩层来压步距受采高、采深、工作面倾向长度、顶板厚度、上覆荷载及顶板自重、顶板岩层抗拉强度等生产、地质因素的影响。

1. 浅埋煤层综采/综放条件下工作面矿压特点

大量生产实践和研究表明，神东矿区浅埋煤层开采采场矿压非但没有因为采深变浅而减少，反而出现异常强烈的矿压显现，开采过程中顶板来压时压力剧烈，顶板灾害严重，工作面出现台阶下沉，顶板垮落直达地表，形成台阶状切落式破坏。

从关键层理论观点来看，地表下沉是覆岩主关键层与表土层耦合的结果。有学者（许家林等，2005）通过多种方法和手段验证分析了关键层在覆岩破断和传递中的控制作用，覆岩主关键层的破断将引起地表下沉速度和地表下沉影响边界的明显增大和周期性变化。岩体内部移动与地表下沉的对比观测表明，地表最大下沉速度与关键层最大下沉速度同步，覆岩主关键层的初次破断导致了地表的同步快速下沉。有学者（朱卫兵等，2009）认为，地表沉陷特征是工作面推进过程中岩层移动由下往上传递到地表的最终反映，神东矿区补连塔煤矿 31401 工作面内部岩移钻孔的原位观测结果表明，覆岩主关键层与地表下沉量和下沉速度同步。因此，为了准确掌握地表下沉动态过程和最大下沉速度值，应该尽量缩短观测时间间隔。

2. 工作面初次来压的计算

经过不断地发展完善，国内的研究者及煤炭行业从业人员已广泛认可关键层理论，并且把它应用于科学研究以及煤矿开采作业中。本节以神东矿区大柳塔煤矿 1203 工作面为例，介绍基本顶初次来压步距的理论计算方法。

大柳塔煤矿主采煤层典型的赋存特征是埋深浅、上覆厚松散沙层。1203 工作面是大柳塔煤矿正式投产的第一个综采工作面。1993—1995 年开采，开采 1^{-2}煤层，工作面走向长 938 m，倾斜长 150 m。地质构造简单，煤层平均倾角为 1°~3°，平均开采厚 4 m，埋藏深 56~65 m。覆岩上部为 15~30 m 风积沙松散层，其下为约 3 m 的风化基岩。顶板基岩厚度为 15~40 m，在开切眼附近基岩较薄，沿推进方向逐渐变厚。松散层下部有潜水，平均水柱高度为 5.5 m。直接顶为粉砂岩、泥岩和煤线互层，裂隙发育。基本顶主要为砂岩，岩层完整。覆岩结构见表 3-10，基岩内存在 2 层硬岩层，由下往上分别为厚 2.2 m 的粉砂岩、厚 3.9 m 的中砂岩，硬岩层 1 与硬岩层 2 之间产生复合效应并同步破断，形成了组合关键层结构。

表 3-10　大柳塔煤矿 1203 工作面覆岩结构

层　号	厚度/m	埋深/m	岩　性
11	27.0	27.0	风积沙
10	3.0	30.0	风化砂岩

表 3-10（续）

层　号	厚度/m	埋深/m	岩　性
9	2.0	32.0	粉砂岩
8	2.4	34.4	砂岩
7	3.9	38.3	中砂岩
6	2.9	41.2	砂质泥岩
5	2.0	43.2	粉砂岩
4	2.2	45.4	粉砂岩
3	2.0	47.4	砂质泥岩
2	2.6	50.0	砂质泥岩
1	6.3	56.3	1^{-2}煤

有学者（侯忠杰等，2004）对组合关键层进行过系统深入研究。假定工作面上覆岩层中的第 1 层坚硬岩层之上有 m 层岩层，第 1 层、第 $n+1$ 层为坚硬岩层（$n<m$），第 1 层和第 $n+1$ 层岩层形成组合关键层的判别条件是

$$\frac{\sum_{i=1}^{n}\rho_i g h_i \cdot \sum_{i=n+1}^{m}E_i h_i^3}{\left(\sum_{i=n+1}^{m}\rho_i g h_i + q\right)\cdot \sum_{i=1}^{n}E_i h_i^3} \leqslant 1 \tag{3-27}$$

式中　$E_i(i=1,2,3,\cdots,m)$——第 i 层岩层的弹性模量，N/m^2；

$h_i(i=1,2,3,\cdots,m)$——第 i 层岩层的厚度，m；

$\rho_i g(i=1,2,3,\cdots,m)$——第 i 层岩层的容重，kg/m^3；

q——单位面积的荷载，kN/m^2。

组合关键层载荷 q_Z 按下式计算：

$$q_Z = \frac{E_Z H_Z^3\left(\sum_{i=Z}^{m}\rho_i g h_i + q\right)}{\sum_{i=Z}^{m}E_i h_i^3} \tag{3-28}$$

式中，Z 表示组合关键层，E_Z、H_Z 分别是组合关键层的弹性模量和厚度，其他符号意义同式（3-27）。组合关键层弹性模量 E_Z 根据组合关键层中各岩层的弹性模量和厚度计算：

$$\frac{1}{E_Z} = \frac{\frac{h_1}{E_1}+\frac{h_2}{E_2}+\cdots+\frac{h_{n+1}}{E_{n+1}}}{h_1+h_2+\cdots+h_{n+1}} \tag{3-29}$$

基本顶梁式断裂时的极限垮距可以用材料力学方法求得。根据固支梁的计算，最大弯

矩发生在梁的两端。当应力达到该处极限抗拉强度时，岩层将在此处断裂。这样可得到极限垮距，即基本顶初次来压步距 $L_{初压}$ 为

$$L_{初压}=h\sqrt{\frac{2\sigma_t}{q}} \tag{3-30}$$

式中 h——基本顶厚度，m；

σ_t——基本顶抗拉强度，MPa；

q——单位面积的基本顶荷载，kN/m^2。

组合关键层梁两端的最大抗拉强度 σ_{max} 为

$$\sigma_{max}=\frac{q_z L_z^2}{2\eta H_z^2} \tag{3-31}$$

式中 σ_{max}——最大抗拉强度，MPa；

η——与岩梁数目有关的系数，可查表获得；

q_Z——组合关键层载荷，kN/m^2；

L_Z——组合关键层初次破断距，m；

H_Z——组合关键层厚度，m。

组合关键层的初次来压步距 $L_{初压}$ 可通过组合关键层的荷载 q_Z、厚度 H_Z、最大拉应力 σ_{max} 和系数 η 获得：

$$L_{初压}=H_z\sqrt{\frac{2\sigma_{max}\eta}{q_z}} \tag{3-32}$$

岩层数目影响系数 η 按表 3-11 查询取得。

表 3-11　岩层数目影响系数查询表

组合梁岩层数目	系数 η	组合梁岩层数目	系数 η
1	1	3	0.7
2	0.75	≥4	0.65

大柳塔煤矿 1203 工作面组合关键层及载荷层有关参数见表 3-12，相关值计算结果见表 3-13。将有关数据代入式（3-27），可判断出 1203 工作面覆岩中两层坚硬岩层和其间的软岩层形成了组合关键层，所以，其顶板初次来压步距不能依据式（3-30），而应根据式（3-32）计算。组合关键层（1~5 层）的总厚度 h 值为 13.4 m，组合关键层岩层抗拉强度 σ_{max} 取第 4 层、第 5 层岩层的抗拉强度，即 $\sigma_{max}=3.03$ MPa，不考虑中间夹层的抗拉强度是因为最大拉应力在组合关键层第 4、第 5 岩层处，岩层数目影响系数 η 查表为 0.65。

大柳塔煤矿 1203 工作面组合关键层弹性模量通过式(3-29)计算求得，为 29.9 GPa，代入式（3-28），计算得到组合关键层载荷为 0.88 MPa。由此可计算 1203 工作面组合关键层理论计算的初次来压步距为 28.3 m。大柳塔煤矿 1203 工作面实测的初次来压步距为

27.4 m（侯忠杰等，2004），这说明以组合关键层理论计算1203工作面的初次来压步距符合实际。

表3-12 大柳塔煤矿1203工作面组合关键层及载荷层有关参数

序号	岩 性	厚度/m	体积质量/($kg \cdot m^{-3}$)	抗压强度/MPa	抗拉强度/MPa	内聚力/MPa	弹性模量/GPa
8	风积沙	27.0	1.6×10^3				
7	风化砂岩	3.5	2.3×10^3				
6	粉砂岩（局部风化）	2.0	2.3×10^3	21.4		3.8	18.0
5	砂岩	2.4	2.5×10^3	38.5	3.03	7.6	43.4
4	砂岩互层	3.9	2.5×10^3	36.8	3.03	4.1	30.7
3	砂质泥岩	2.9	2.4×10^3	38.5	1.53	3.8	18.0
2	粉砂岩	2.0	2.4×10^3	48.3	3.83	4.1	40.0
1	粉砂岩	2.2	2.4×10^3	46.7	3.83	4.1	40.0

表3-13 大柳塔煤矿1203工作面组合关键层相关计算值

层号	$1\sim n$层		$n+1\sim m$层		q/MPa
	$\sum\rho gh$/MPa	$\sum Eh^3/(m \cdot MN)$	$\sum\rho gh$/MPa	$\sum Eh^3/(m \cdot MN)$	
1	0.0528	42.592×10^4			
2	0.1008	74.592×10^4			
3	0.1704	118.492×10^4			
4			0.0975	182.109×10^4	
5			0.1575	242.105×10^4	
6			0.2035	256.505×10^4	
7			0.716		0.5125

由于浅埋煤层大采高工作面基本顶初次来压在很短时间内传递至地表，煤层上覆岩层沿架后全厚切落，覆岩破坏在纵向上以绝对优势自下而上发展至地表，而在同一时间段内，横向扩散发展几乎为零，上覆岩层破坏不存在“三带”，只存在冒落带和裂隙带“两带”。

需要说明的是，应用不同的矿压理论计算来压步距的结果有所不同。

3.5.1.2 浅埋煤层综采/综放起动距与工作面初次来压的关系

尽管对于浅埋煤层来说，观测到地表移动起动距与初次来压步距存在对应关系的数据的可能性大大增加，但实际上，同时观测工作面地表移动起动距和工作面采场初次来压步距的文献记录却很少。在神东矿区，同时记录工作面初次来压步距和地表移动起动距的工作面有张家峁煤矿 15201 工作面、韩家湾煤矿 2304 工作面、补连塔煤矿 32301 工作面、布尔台煤矿 42105 工作面、哈拉沟煤矿 22407 工作面。有关记录信息汇总于表 3 – 14。实测数据分析、理论分析、地表观测与岩体内部观测对比分析、数值模拟等多种方法证实了一个事实，即工作面矿压显现、覆岩破坏、地表移动是一个整体，是有因果关系的整体力学行为，将三者在统一的框架内整体研究会更有利于揭示深层次的力学行为过程。对于浅埋煤层，覆岩破坏可迅速传递至地表，因而工作面矿压显现与地表移动对应明显。在中东部矿区，由于埋深较大，覆岩破坏传递至地表的时间长，在传递过程中受到其他因素的影响，导致工作面矿压显现与地表移动对应不明显。前文已述，我国中东部部分矿区属于巨厚松散层矿区，在计算充分采动程度时，很多学者都认为松散层作用甚微，甚至可忽略不计，以此类推，覆岩破坏在松散层内的传递作用亦很小，甚至可以忽略。实际上，由于松散层抗剪强度很小，覆岩破坏可以在松散层内迅速传递，这是完全可以理解的，而且实测数据也证实这种推测是正确的。淮南矿区是典型的巨厚松散层矿区，虽然埋深很大，但是基岩厚度不大，很类似于浅埋煤层，覆岩破坏经历基岩后，在巨厚松散层内迅速传递，很快传递至地表，潘集矿西一采区 140_21（3）工作面（张兆江等，2009）的实测结果记录了这一事实。这样的实测结果本书也汇总于表 3 – 14。

表 3 – 14　工作面地表移动起动距与工作面采场初次来压步距记录信息汇总表

序号	矿区、矿井、工作面名称	初次来压步距/m		地表移动起动距/m	备　注
		理论计算值	实际观测值		
1	神东矿区张家峁矿 15201 工作面	57.0[46/82]	55.77[46/84]	57[74/37]	
2	神东矿区韩家湾矿 2304 工作面	40[37/36]	39[37/36]	42[37/19]	数值模拟初次来压步距 40 m[37/36]
3	神东矿区大柳塔矿 1203 工作面	28.3[178]	27.4[178]		覆岩为复合单一关键层（组合关键层）结构
4	神东矿区补连塔矿 32301 工作面		32[180]	65[82]	32301 工作面上部煤层已采。既有长壁采空区，也有旺采采空区，中部为煤柱，详见文献[82]、[180]，此组数据为长壁采空区下，属于重复采动
5	神东矿区补连塔矿 32301 工作面		39[180]	85.8[82]	32301 工作面上部煤层开采情况见文献[82]、[180]，此组数据为 70 m 宽煤柱下，可算作初次采动，但数据不可避免地受到上部长壁采空区和旺采采空区的影响

表3-14（续）

序号	矿区、矿井、工作面名称	初次来压步距/m		地表移动起动距/m	备　注
		理论计算值	实际观测值		
6	神东矿区布尔台矿42105工作面		55[81/43]	80.4[79]	文献［80］第52页记录起动距小于48 m；重复采动
7	神东矿区察哈素矿31301工作面			134.2[72/64]	
8	神东矿区补连塔矿12406工作面			40[133]	
9	神东矿区哈拉沟矿22407工作面		70[66/53]	60~75[135]	文献［131］第33页：实测初次来压步距为61 m；数值模拟起动距为60~75 m[135]
10	淮南矿区潘集矿西一采区$140_{2}1$（3）工作面	24[180]		27[179]	煤层之上的基岩主要为泥岩、砂岩和砂质泥岩，中硬类型，厚66 m。基岩之上为第四纪松散层，厚335 m左右，为黏土、砂层等交互沉积物，平均采高1.9 m[179]；基于关键层理论计算来压步距[179]；重复采动[181]。普采、软弱覆岩[14/173]
11	霍州矿区霍宝干河矿1101工作面		25[182/65]	120[182/62]	煤层平均厚度为4.5 m，近水平煤层，开采深度为460~500 m，第四系黄土平均厚100 m，一次采全高走向长壁综采
12	淮南矿区顾北矿13121工作面	25[183/67]		14[183/18]	相似材料模拟初次来压步距为25 m[183/52]

对于初次采动，从张家峁煤矿15201工作面、韩家湾煤矿2304工作面、哈拉沟煤矿22407工作面数据记录中可以发现，地表移动起动距与工作面初次来压步距对应关系明显，数据基本一致。察哈素煤矿31301工作面仅记录了起动距，未记录初次来压步距，不参与分析。工作面覆岩破坏传递至地表无论多么迅速，都存在延迟现象，此外，下沉前的巡视测量一般间隔几天进行一次，这就造成了人为的时间延迟，所以地表移动起动距均略大于初次来压步距。补连塔煤矿32301工作面属于部分重复采动、部分初次采动，初次采动部分不可避免地受到两侧重复采动影响，故其数据不参与分析。

对于重复采动来说，从补连塔煤矿32301工作面重复采动部分、布尔台煤矿42105工作面的数据记录中可以发现，对应关系不明显，地表移动起动距明显大于工作面初次来压步距。这符合“重复采动时超前影响角比初次采动时小”（何国清等，1991）的结论。补连塔煤矿32301工作面长壁式重复采动部分起动距是初次来压步距的2倍，布尔台煤矿42105工作面重复采动起动距是初次来压步距的1.5倍。

本节内容说明这样一个事实：对于浅埋煤层综采，其地表移动起动距与基本顶初次来压步距之间存在明显的对应关系。可以科学推测，在上覆岩层中仅有一层硬岩、地质采矿条件简单、单一煤层且不受邻区开采影响的典型化和理想化条件下，初次采动的地表移动起动距$L_{初起}$与基本顶初次来压步距$L_{初压}$大致相当。

一般认为，当工作面推进1/4～1/2H_0时，开采影响波及地表，地表开始出现下沉，此时工作面推进距离称为地表移动起动距。以往的研究成果中，地表移动起动距总是与采深联系在一起，而实际上，地表移动起动距是工作面覆岩初次断裂、采场初次来压的反映。因此，著者认为，地表移动起动距更应该与初次来压步距（或覆岩性质结构）联系在一起，这不仅能反映地表移动起动距的本质，而且也能更准确地估计地表移动起动距的数值大小。

3.5.2 神东矿区地表移动起动距与其他矿区的对比分析

由于神东矿区煤层埋深很小，地表变形迅速，加之观测频率不高，实测地表移动起动距的数据很少，观测到地表移动起动距的同时也计算了基本顶初次来压步距的数据更少，因此，不足以用于和其他矿区进行比较，仅做简要分析。

从仅有的几组数据分析看，神东矿区地表移动起动距为0.08～0.44H_0，这与其他矿区没有明显区别。收集到的神东矿区和其他矿区的地表移动起动距及其相关信息汇总于表3－15中。

地表移动起动距随着煤层开采厚度和开采方法的不同存在明显的差异。表3－15中兖州矿区综放、分层综采、薄煤层炮采地表移动起动距的区别充分说明（张连贵，2010），综放开采因其开采强度大、推进速度快、岩层移动剧烈，比其他采煤工艺更快速地引起地表沉陷的发生，综采起动距0.09～0.13H_0只相当于炮采0.19～0.22H_0的一半。重复采动对地表移动起动距也有很大影响，在表3－15中淮南矿区顾桥矿1117工作面（1）分层和（3）分层的比较发现（王建卫，2011），重复采动时地表移动起动距远小于初次采动。潘集矿的实测资料表明（王晋林等，2007），重复采动时起动时间短，起动时间比非重复开采缩短了近一半，移动持续总时间比非重复开采也有所缩短。此外，松散层厚度占采深的比例也对起动距有影响，这从表3－15中就可以看出来，淮南矿区巨厚松散层占采深的比例大多超过75%，邢台矿区约为50%，神东矿区则不足50%，总体上，神东矿区的起动距/采深最大，最大值为0.44H_0（张家峁煤矿15201工作面），邢台矿区次之，最小的为淮南矿区，最小值为0.03H_0（多个工作面均为0.03H_0）。

20世纪60年代在阳泉一矿70310工作面开展了岩体内部移动与地表下沉的对比观测（许家林等，2000；许家林等，2005）和神东矿区补连塔煤矿31401工作面岩体内部观测与地表沉陷观测的对比分析（朱卫兵等，2009）都证实，覆岩主关键层对地表移动的动态过程起控制作用，主关键层的破断导致了上覆所有岩层的同步破断与地表快速下沉。因此可以推断，无论是神东矿区还是其他矿区，地表移动起动距与基本顶初次来压步距之间存在对应关系，只是由于各个矿区地质采矿条件不一，对应关系及其明显程度存在差异。

表 3-15 地表移动起动距及相关信息汇总表

序号	矿区、矿井、工作面名称	起动距/m	采深/m	松散层厚度/m	采厚/m	起动距/采深	起动距/基岩厚度	备注
1	神东矿区张家峁矿 15201 工作面	57[74/37]	128[74/19]	70[74/19]	6.0[74/1]	0.44	0.98	
2	神东矿区韩家湾矿 2304 工作面	42[37/19]	130[37/11]	60[37/11]	4.1[37/9]	0.32	0.60	
3	神东矿区补连塔矿 32301 工作面（初次采动部分）	65[82]	260[82]	55[5/44]	6.1[5/44]	0.25	0.32	
4	神东矿区补连塔矿 32301 工作面（重复采动部分）	85.8[82]	260[82]	55[5/44]	6.1[5/44]	0.33	0.42	
5	神东矿区布尔台矿 42105 工作面	80.4[79]	372[80/2]	8~26[81/14]	6.7[79]	0.22	0.22~0.23	文献［80］第 52 页记录起动距小于 48 m；重复采动
6	神东矿区察哈素矿 31301 工作面	134.2[72/64]	418[72/10]	11[72/11]	4.5[72/10]	0.32	0.33	
7	神东矿区乌兰木伦矿 2207 工作面	43.34[130/7]	102[5/40]	20~40/28[5/41]	2.2[5/40]	0.42	0.59	
8	神东矿区哈拉沟矿 22407 工作面	10~13[66/45]	130[40/105]	15.6[40/105]	5.2[40/105]	0.08~0.12[66/45]		文献［66］报道的起动距未明确具体工作面编号

表 3-15（续）

序号	矿区、矿井、工作面名称	起动距/m	采深/m	松散层厚度/m	采厚/m	起动距/采深	起动距/基岩厚度	备注
9	神东矿区补连塔矿 12406 工作面	40[133]	160～220/200[39,11]	3～30[39,11]	4.5[40,105]	0.2	0.22	松散层均厚按 15 m 计
10	霍州矿区霍宝干河矿 1101 工作面	120[182,62]	460～500[182,62]	100[182,62]	4.5[182,62]	0.24～0.26	0.30～0.33	非充分采动
11	晋城矿区赵庄二号井 1309 工作面	86[174]	408[174]					非充分采动
12	邢台矿区东庞矿 2107 工作面	40[159]	264[159]	140[159]	3.7[159]	0.15	0.32	非充分采动
13	邢台矿区东庞矿 2108 工作面	51[159]	316[159]	166[159]	2.4[159]	0.16	0.34	非充分采动
14	邢台矿区东庞矿 2702 工作面	78[159]	372[159]	169[159]	4.2[159]	0.21	0.38	非充分采动
15	邢台矿区邢东矿 1100 采区	71[159]	760[14,139]	239[14,139]	4.65[14,139]	0.09	0.14	非充分采动
16	邢台矿区邢东矿 2100 采区	134[159]			3.8[159]			非充分采动

表 3－15（续）

序号	矿区、矿井、工作面名称	起动距/m	采深/m	松散层厚度/m	采厚/m	起动距/采深	起动距/基岩厚度	备注
17	淮南矿区潘集矿 140_21（3）工作面	27[179]	401[179]	335[179]	1.9[179]	0.07	0.41	
18	淮南矿区谢桥矿 11118 工作面	小于 17[25/22]	500[25/22]	400[25/12]	2.5[25/12]	0.03	0.17	
19	兖州矿区综放					0.09～0.13[173]		
20	兖州矿区分层综采					0.14～0.15[173]		
21	兖州矿区薄煤层炮采					0.19～0.22[173]		
22	淮南矿区顾北矿 13121 工作面	14[183/18]	500[183/18]	439.7[14/118]	3.6[183/7]	0.03	0.23	
23	淮南矿区潘北矿 11113 工作面	31[186/25]	412[186/25]	343[186/25]	5.25[186/6]	0.08	0.45	
24	淮南矿区顾桥矿 1117（1）工作面	27[147/26]	773.1[147/26]	360～440[14/118]/421.3[147/13]	3.5[14/118]	0.03/0.08		
25	淮南矿区顾桥矿 1117（3）工作面	18.4[147/26]	693.7[147/26]	360～440[14/118]/421.3[147/13]	4.3[14/118]	0.03	0.07	重复采动；层间距约 75 m[147/9]
26	淮南矿区丁集矿 1262（1）工作面	135[148]	890[14/119]	455[14/119]	2.6[14/119]	0.15	0.31	

3.6 超前影响

在工作面推进过程中，工作面走向方向前方地表受采动影响下沉，这种现象就是超前影响，如图3－22所示。在走向主断面上，地表下沉点和工作面的连线与水平线在煤柱一侧的夹角称为超前影响角，常用 ω 来表示，ω 与超前影响距 l 和平均采深 H_0 的关系为

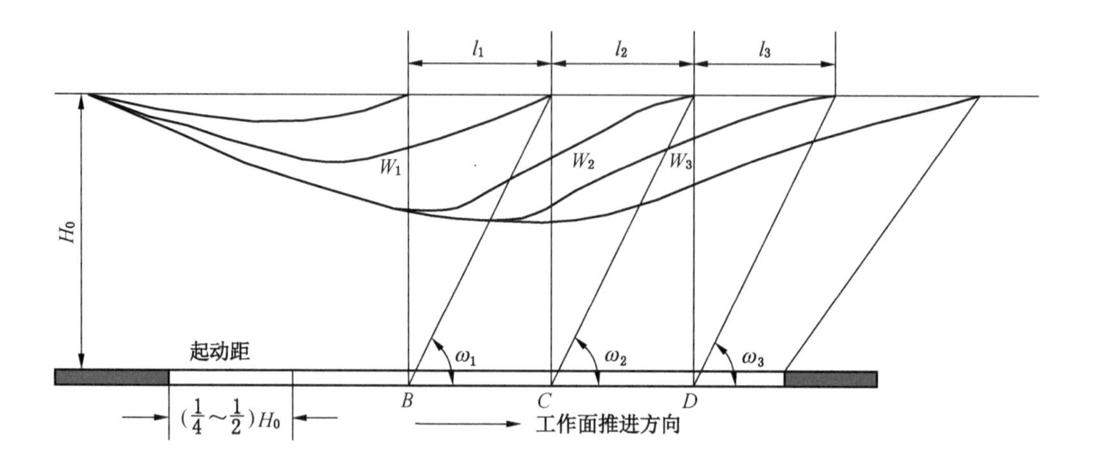

H_0—平均采深，m；W_1、W_2、W_3—工作面推进至B、C、D时刻的地表下沉曲线；l_1、l_2、l_3—工作面推进至B、C、D时刻的超前影响距，m；ω_1、ω_2、ω_3—工作面推进至B、C、D时刻的超前影响角，(°)

图3－22　工作面推进过程中的超前影响（何国清等，1991）

$$\omega = \operatorname{arccot}\left(\frac{l}{H_0}\right) \tag{3-33}$$

前文已述，煤矿开采引起的地表沉陷与采动覆岩内部移动和破坏过程密切相关，地表沉陷特征是工作面推进过程中岩层移动由下往上传递到地表的最终反映，覆岩主关键层对地表移动的动态过程起控制作用，正因为如此，地表移动起动距与工作面初次来压存在对应关系，以此推测，超前影响距应与工作面周期来压步距存在对应关系，事实也是如此。在神东矿区，由于煤层埋深小，这种对应关系比较明显。

3.6.1 神东矿区浅埋煤层综采/综放工作面周期来压特点

基本顶初次来压后，回采工作面继续推进，裂隙带岩层形成的结构将始终经历“稳定—失稳—稳定”的变化，这种变化将呈现周而复始的过程。仍以大柳塔煤矿1203工作面为例说明周期来压步距的计算方法。

与初次来压不同，基本顶周期来压步距 $L_{周压}$ 常常按基本顶的悬臂式折断来确定。周期来压步距 $L_{周压}$ 计算公式为

$$L_{周压} = h\sqrt{\frac{\sigma_t}{3q}} \tag{3-34}$$

式中 $L_{周压}$——基本顶周期来压步距，m；

h——基本顶厚度，m；

σ_t——基本顶抗拉强度，MPa；

q——单位面积的基本顶荷载，MPa。

本章3.5节中，判断1203工作面为组合关键层，此处不再重复。组合关键层的周期来压步距（组合梁周期破断极限跨距）$L_{周压}$为

$$L_{周压}=H_z\cdot\sqrt{\frac{\sigma_{max}\eta}{3q_z}} \tag{3-35}$$

式中 $L_{周压}$——组合关键层周期来压步距，m；

H_z——组合关键层厚度，m；

σ_{max}——组合关键层最大抗拉强度，MPa；

q_z——组合关键层单位面积荷载，MPa；

η——与岩梁数目有关的系数，可查表获得。

本章3.5节中已经计算了有关参数，将这些参数代入式（3－35）中，可以求得以组合关键层理论计算的1203工作面周期来压步距为11.6 m。1203工作面实测周期来压步距为12.0 m（侯忠杰等，2004）。可知，对于1203工作面来说，以组合关键层理论计算的周期来压步距与实测值一致。

人们对超前影响的关注相对较少，且由于观测频率低，很难捕捉到地表微小变形的准确信息，因此，同时观测地表移动超前影响距和周期来压步距的文献记录很少。表3－16中汇总了神东矿区及其他矿区地表移动超前影响距和周期来压步距的信息。从仅有的少量案例中可以看出，如果为初次采动，工作面地表移动超前影响距与周期来压步距大致相当，如张家峁煤矿15201工作面和韩家湾煤矿2304工作面；如果为重复采动，地表移动超前影响距约为工作面周期来压步距的9～15倍，前者远远大于后者。

表3－16　工作面周期来压步距与地表移超前影响距记录信息汇总表

序号	矿区、矿井、工作面名称	周期来压步距/m		地表移动超前影响距/m	备　注
		理论计算值	实际观测值		
1	神东矿区张家峁矿15201工作面	13.0[46/82]	11.87[46/84]	15[74/38]	
2	神东矿区韩家湾矿2304工作面	10[37/36]	9.1[45/65]	10[37/20]	实际观测值为在2303工作面观测得到的。2303工作面与2304工作面地质采矿条件相同
3	神东矿区大柳塔矿1203工作面	11.6[178]	12.0[178]	26.25[38/29]	
4	神东矿区补连塔矿32301工作面		7～27/17[180]	150.8[82]	32301工作面上部煤层已采。既有长壁采空区，也有旺采采空区，中部为煤柱，详见文献[82]、[180]，此组数据为长壁采空区下，属于重复采动

表 3-16（续）

序号	矿区、矿井、工作面名称	周期来压步距/m		地表移动超前影响距/m	备　注
		理论计算值	实际观测值		
5	神东矿区补连塔矿 32301 工作面		7~34/19[180]	174.2[82]	32301 工作面上部煤层开采情况见文献［82］、［180］，此组数据为 70 m 宽煤柱下，可算作初次采动，但数据不可避免地受到上部长壁采空区和旺采采空区的影响
6	神东矿区布尔台矿 42105 工作面	16[81/36]	14.5[81/48]	222.1[80/53]	重复采动；文献［79］记录超前影响距实测为 249 m
7	神东矿区察哈素矿 31301 工作面		21/15[187/26]	104.4[72/65]	工作推进速度由原来的 10 m/d 降为 1.6~2 m/d，周期来压步距随之由原来的 21 m 减小为 15 m[187/26]
8	神东矿区哈拉沟矿 22407 工作面		10[66/54]	82.0[66/42]	文献［131］第 62 页：超前影响距平均 91 m
9	神东矿区补连塔矿 12406 工作面			93[133]	
10	霍州矿区霍宝干河矿 1101 工作面	15[182/91]	10[182/65]		煤层平均厚度为 4.5 m，近水平煤层，开采深度为 460~500 m，第四系黄土平均厚 100 m，一次采全高走向长壁综采
11	淮南矿区顾北矿 13121 工作面	11.9[183/67]		375.9[183/19]	相似材料模拟周期来压步距有一定波动性，平均为 11.9 m[183/90]；巨厚松散层，约 400 m，约占采深的 4/5

"覆岩主关键层对地表移动的动态过程起控制作用，主关键层的破断导致了上覆所有岩层的同步破断与地表快速下沉"（朱卫兵等，2009），岩体内部移动与地表下沉"同步运动"（许家林等，2005），因此，尽管超前影响距与工作面周期来压步距存在对应关系的案例记录不多，但这种对应关系绝非偶然，而是必然。同地表移动起动距一样，本节亦可以科学推测，在上覆岩层中仅有一层硬岩、地质采矿条件简单、单一煤层且不受邻区开采影响的典型化和理想化条件下，初次采动的超前影响距 $L_{初超}$ 与基本顶初次来压步距 $L_{周压}$ 大致相当。

以往的研究成果总是将超前影响距与采深联系在一起，而实际上，超前影响距是工作面周期断裂、采场周期来压的反映。因此，著者认为，超前影响距更应该与周期来压步距（或覆岩性质结构）联系在一起，这既是超前影响的本质反映，也能更加精确地估计超前影响的数值大小。

用初次来压步距（或覆岩性质结构）表达地表移动起动距、用周期来压步距（或覆岩性质结构）表达超前影响，是一个新的技术理念和技术思路。

浅埋煤层地表变形剧烈，很有可能在工作面前方地表产生裂缝。关于超前裂缝的情况，将在下一章专门讨论。

3.6.2 神东矿区地表移动超前影响与其他矿区的对比分析

在开采沉陷研究领域，人们更多使用超前影响角，而较少使用超前影响距。超前影响角一般用 ω 表示，见图 3－22 和式（3－33）。

1. 地表移动超前影响角影响因素

影响超前影响角 ω 角值大小的因素有覆岩岩性、采动程度、采动次数、工作面推进速度等因素。

（1）覆岩破坏在垂直方向向上传递过程中，也在水平方向向四周传递。一般来说，覆岩越坚硬，影响范围越小，ω 角值就越大。浅埋煤层采场基本顶断裂后覆岩移动变形是否立即传至地表，主要取决于覆岩与松散层厚度的比值（基载比）和覆岩力学性质。大量开采实践表明，基载比越小，基本顶破断后传至地表的时间就越短，一般为几个小时至几天不等，如果松散层是风积沙，由于其黏聚力较小，基本顶破断后可直接传至地表，此时的 ω 角值很大。

（2）当地表为非充分采动时，ω 角值随着开采面积的增大而减小，当达到充分采动后，ω 角值基本趋于定值，工作面开采结束、地表移动稳定后，ω 角值等于边界角 δ。

（3）重复采动时的 ω 角值比初次采动时小，这在很多实测资料中得到证实。例如柴里煤矿资料显示，在开采一分层时，$\omega=68°$；开采二分层时，$\omega=53°$；开采三分层时，$\omega=47°$。

（4）ω 角值随着推进速度的增大而增大。例如枣庄煤矿资料显示（何国清等，1991），工作面推进速度为 1 m/d 时，$\omega=62°$；工作面推进速度增大至 1.5 m/d 时，$\omega=71°$；工作面推进速度再增加至 2.1 m/d 时，$\omega=78°$。

本书汇总了神东矿区有关超前影响的实测资料，见表 3－17。对神东矿区综采/综放工作面超前影响距、超前影响角与采深、推进速度、基岩厚度的关系散点图如图 3－23～图 3－28 所示。

由于采深、基岩厚度、推进速度、超前影响等数据较少且存在较大观测误差，观察散点图 3－23～图 3－28 发现，超前影响与采深、基岩厚度、推进速度的相关性不明显，但仍可以从中看出，超前影响距与采深、基岩厚度、推进速度的相关性高于超前影响角与采深、基岩厚度、推进速度的相关性，其中，超前影响距与基岩厚度的相关性是最好的。神东矿区超前影响符合一般规律。

2. 神东矿区地表移动超前影响角研究成果与其他矿区的对比

在对东胜矿区 8 个工作面的统计分析后发现（陈凯，2015），采深越大，ω 角值越大。ω 角值与工作面采深 H 和推进速度 v 之间存在较明显的定量关系：

$$\omega=60.27+0.0034Hv \tag{3-36}$$

研究表明（张连贵，2010），兖州矿区综放开采条件下，超前影响角明显小于分层综采和炮采，综放、分层综采和炮采的最大下沉速度滞后角分别为 64.05°、73.58° 和 68.50°。根据观测数据回归分析得到综放开采条件下超前影响角 ω 与地质采矿条件（采

表3-17　超前影响距/超前影响角及相关因素信息汇总表

序号	矿区、矿井、工作面名称	超前影响距/m	超前影响角/(°)	开采工艺	采深/m	松散层厚度/m	工作面推进速度/(m·d⁻¹)	采厚/m	倾角/(°)	超前影响距/采深	超前影响距/基岩厚度	备　注
1	神东矿区大柳塔矿1203工作面	26.25[38/29]	63.9[38/29]	综采[61/38]	56~65/61[61/38]	26.5[61/38]	2.4[38/19]	4.03[61/38]	1~3[14/109]	0.49[38/29]	0.74	
2	神东矿区布尔台矿42105工作面	222.1[80/53]	59.2[80/53]	综放[79]	372[80/54]	26.5[80/17]	10~20/12.8[79]	6.7[79]	1~9[79]	0.60	0.64	重复采动[79]；倾斜方向非充分采动[80/58]；文献[79]记录超前影响距为249 m，超前影响角为60.4°
3	神东矿区补连塔矿12406工作面		65[39/22]	综采[39/11]	160~220/200[39/11]	3~30[39/11]	12.0[40/105]	4.5[40/105]	1~3[40/105]			
4	神东矿区柳塔矿12106工作面		70.4[64/52]	综放[64/13]	150[64/13]	30[64/32]	5.0[64/13]	6.9[64/13]	1~3[64/13]	0.357[64/52]		
5	神东矿区布尔台矿22103工作面		70.6[64/53]	综采[5/42]	295[64/32]	20[5/32]	8.3[64/36]	3.0[64/36]	1~4[5/39]			
6	神东矿区寸草塔矿22111工作面		63.9[64/53]	综采[5/42]	250[64/32]	20[64/32]	9.7[64/18]	2.8[64/18]	1~3[64/18]			
7	神东矿区寸草塔二矿22111工作面		64.4[64/53]	综采[5/42]	310[64/32]	20[64/32]	7.2[5/42]	2.9[64/25]	1~3[5/42]			

表3-17（续）

序号	矿区、矿井、工作面名称	超前影响距/m	超前影响角/(°)	开采工艺	采深/m	松散层厚度/m	工作面推进速度/(m·d⁻¹)	采厚/m	倾角/(°)	超前影响距/采深	超前影响距/基岩厚度	备注
8	神东矿区张家峁矿15201工作面	15[74/38]	83.3[74/38]	综采[74/15]	128[74/19]	70[74/19]	10.0[14/148]	6.0[74/1]	1~3[74/1]	0.12	0.26	
9	神东矿区韩家湾矿2304工作面	10[37/20]	85.5[37/20]	综采[37/9]	135[37/20]	60[37/11]	8.0[37/47]	4.1[37/9]	2~4[37/9]	0.07	0.13	
10	神东矿区察哈素矿31301工作面	104.4[72/64]	76.1[72/64]	综采[5/42]	413.8[72/64]	11[72/11]	8.9[5/42]	4.5[72/10]	1~3[5/40]	0.25	0.26	非充分采动
11	神东矿区大柳塔矿52305工作面		69.7[40/38]	综采	230[40/105]	30[40/105]	12.0[40/105]	6.7[40/105]	1~3[40/105]			重复采动
12	神东矿区哈拉沟矿22407工作面	82.0[66/42]	58.0[66/43]	综采[66/20]	130[40/105]	15.6[40/105]	15.0[40/105]	5.2[40/105]	1~3[40/105]	0.63[66/45]	0.71	
13	神东矿区乌兰木伦矿2207工作面	14[130/8]	82[130/8]	综采[65]	102[5/40]	20~40/28[5/41]	2.8[65]	2.2[5/40]	0~1[5/40]	0.14	0.19	
14	小保当一号井112201工作面	162.5[105]	61.7[105]	综采[105]	302[105]	50~90/65[105]	12[105]	5.8[105]	>1[105]	0.53	0.71	超前影响距观测4次，分别为45 m、210 m、280 m、115 m，平均为162.5 m[105]

表 3－17（续）

序号	矿区、矿井、工作面名称	超前影响距/m	超前影响角/(°)	开采工艺	采深/m	松散层厚度/m	工作面推进速度/(m·d^{-1})	采厚/m	倾角/(°)	超前影响距/采深	超前影响距/基岩厚度	备注
15	潞安矿区司马矿 1101 工作面	86[144/58]	70.5[144/58]	综放[144/53]	242.4[144/58]	155～186[144/52]	2.67[144/52]	6.5～6.8[144/52]	3～8[144/52]	0.36	1.23	第四纪表土层厚度占煤层上覆地层的 72.2%，地下开采活动产生的影响很快传递到地表[144/59]
16	潞安矿区五阳矿 7503 工作面		73[144/49]	综放[144/49]	315.5[170]	47[14/143]	1.82[170]	6.83[170]	4[14/143]			倾斜方向非充分采动
17	潞安矿区五阳矿 7506 工作面		70[144/49]	综放[144/49]	329[170]	30[14/143]	1.12[170]	6.53[170]	7[14/143]			倾斜方向非充分采动
18	潞安矿区五阳矿 7511 工作面		69[144/49]	综放[144/49]	270[170]	38[14/143]	2.10[170]	6.49[170]	5[170]			倾斜方向非充分采动
19	潞安矿区郭庄矿 2309 工作面	122[143]	71.4[143]	综放[143]	363[143]	45[14/143]	2.6[14/143]	6[14/143]	14[143]	0.34	0.39	
20	潞安矿区常村矿 S6－7 工作面		67[14/143]	综放[142]	360[14/143]	130[14/143]	3.66[142]	6.17[142]	0～5[142]			文献［14］中采厚 7 m
21	邯郸矿区云驾岭矿 12303 工作面	388[154]	56[154]	综采[154]	570[154]	最大 200[154]	2.45[154]	4.2[154]	17[154]	0.68	1.04	倾斜方向非充分采动

表 3-17（续）

序号	矿区、矿井、工作面名称	超前影响距/m	超前影响角/(°)	开采工艺	采深/m	松散层厚度/m	工作面推进速度/(m·d⁻¹)	采厚/m	倾角/(°)	超前影响距/采深	超前影响距/基岩厚度	备注
22	兖州矿区兴隆庄矿 5306 工作面		60.3[188/20]	综放[188/20]	399~442[173]	183.0[173]		6.26[173]	4.0[173]	0.12[188/20]		倾斜方向非充分采动
23	兖州矿区兴隆庄矿 4314 工作面		67.3[188/20]	综放[188/20]	331~319[173]	195~199[173]		8.22[173]	4.3	0.13[188/20]		倾斜方向非充分采动
24	兖州矿区鲍店矿 1308 工作面		64.8[188/20]	综放[188/20]	400~455[173]	194[173]		8.50[173]	4.0[173]	0.09[188/20]		倾斜方向非充分采动
25	兖州矿区鲍店矿 1312 工作面		63.2[188/20]	综放[188/20]	378~440[173]	180[173]		8.70[173]	6.0[173]			倾斜方向非充分采动
26	邢台矿区东庞矿 2107 工作面		83[159]	综采[14/139]	264[159]	140[159]	1.96[159]	3.7[159]	7[159]			非充分采动
27	邢台矿区东庞矿 2108 工作面		81[159]	走向长壁[14/139]	316[159]	166[159]	1.84[159]	2.4[159]	12[159]			非充分采动
28	邢台矿区东庞矿 2702 工作面		76[159]	走向长壁[14/139]	372[159]	169[159]	2.6[159]	4.2[159]	10[159]			非充分采动

表3-17（续）

序号	矿区、矿井、工作面名称	超前影响距/m	超前影响角/(°)	开采工艺	采深/m	松散层厚度/m	工作面推进速度/(m·d⁻¹)	采厚/m	倾角/(°)	超前影响距/采深	超前影响距/基岩厚度	备注
29	邢台矿区邢东矿1100采区		83[159]	综采或综放[159]	760[14/139]	230[14/139]	2[14/139]	4.65[14/139]	9[14/139]			非充分采动
30	邢台矿区邢东矿2100采区		82[159]	综采或综放[159]	977[159]	290[159]	2.1[159]	3.8[159]	11[159]			非充分采动
31	淮南矿区顾北矿13121工作面	375.9[183/19]	53.06	综采	500[183/19]	400[183/54]	10[183/56]	3.6[183/7]	5[183/7]	0.75	3.75	
32	淮南矿区潘北矿11113工作面	268.65[186/26]	56.89[186/26]	长壁[186/6]	412[186/27]	343[186/7]	3.18[186/29]	3[186/32]	9[186/6]	0.65	3.83	推测为综采；受其他工作面开采影响[186/44]
33	淮南矿区顾桥矿1117(1)工作面	315[147/27]	67.45[147/27]	综采[147/2]	760[147/27]	360~440[14/118]	4.8[14/118]	3.5[14/118]	5[14/118]	0.42[147/27]	0.88	
34	淮南矿区顾桥矿1117(3)工作面	417[147/27]	58.97[147/27]	综采[147/2]	680[147/11]	396~456/430[147/11]		4.3[147/11]	3~10/5[147/11]	0.6[147/27]	1.67	重复采动，间距约75 m[147/9]

注：基岩厚度=采深-松散层厚度。

深 H、松散层厚度 H_S、采厚 M、推进速度 v）的基本关系为

$$\omega = 71.008 - 0.679\left[\frac{H - H_S}{Mv}\right] \tag{3-37}$$

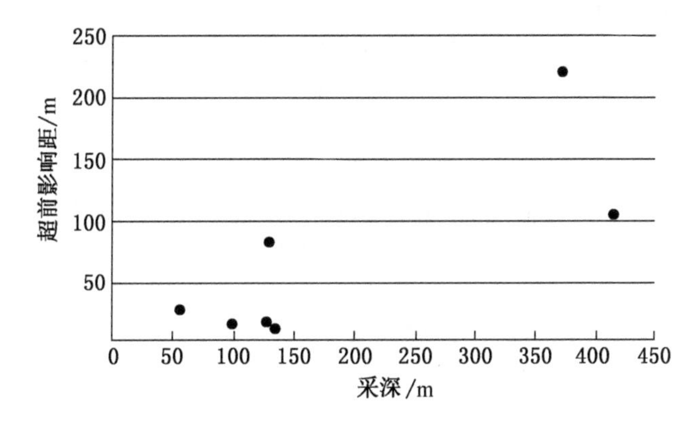

图 3-23　超前影响距与采深的散点图

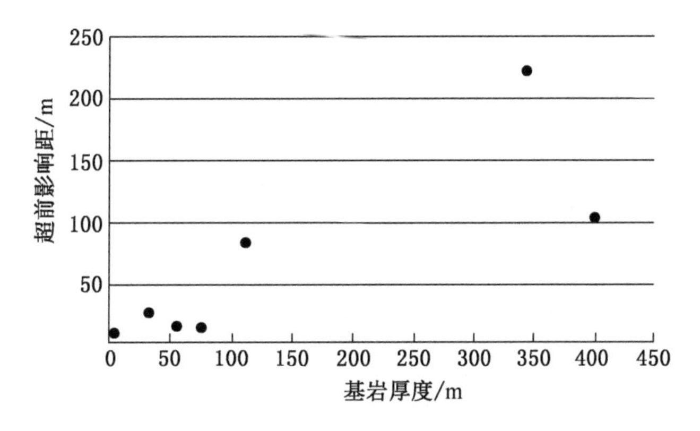

图 3-24　超前影响距与基岩厚度的散点图

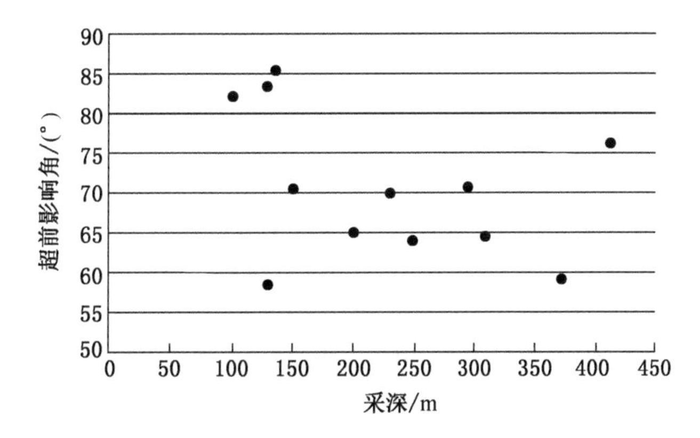

图 3-25　超前影响角与采深的散点图

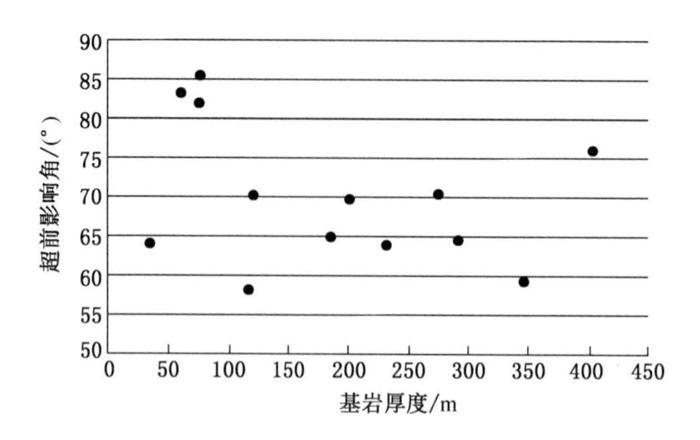

图 3-26　超前影响角与基岩厚度的散点图

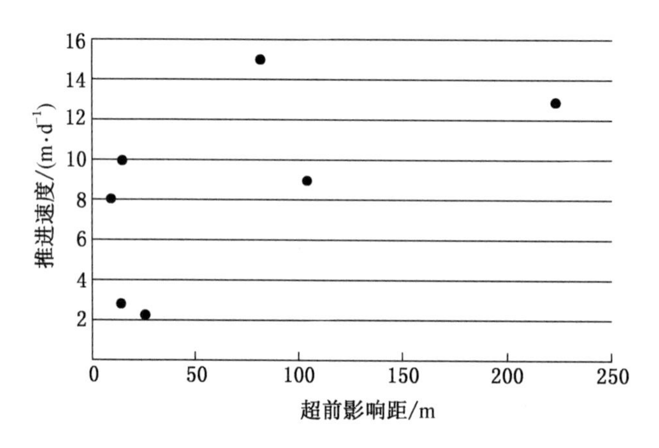

图 3-27　超前影响距与推进速度的散点图

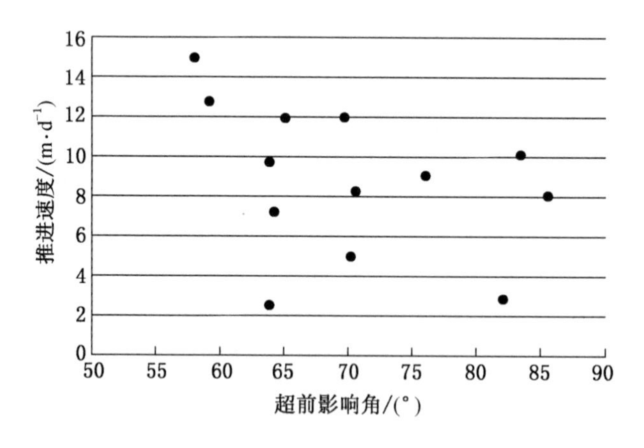

图 3-28　超前影响角与推进速度的散点图

龙口矿区的超前影响角 ω（卜昌森等，2015）为

$$\omega = 0.0227\left(\frac{Hv}{M}\right) + 64.53 \tag{3-38}$$

式（3 - 36）~式(3 - 38）的形式存在差异，这说明在不同的矿区，各种因素对超前影响角所起的作用不尽相同。

为便于比较分析，其他矿区部分超前影响的有关实测资料也汇总在表 3 - 17 中。比较表 3 - 17 中的数据发现，总体上，神东矿区超前影响角与其他矿区没有明显差异，但神东矿区不同煤矿之间的超前影响角变化很大，即离散程度大，哈拉沟煤矿 22407 工作面为 58°，韩家湾煤矿 2304 工作面为 85.5°，相差逾 27°。其他矿区不同煤矿之间的超前影响角变化相对较小，例如兖州矿区整体在 60°到 70°之间，而邢台矿区多在 80°以上，潞安矿区不同煤矿之间的超前影响角变化最小，最大的五阳煤矿 7503 工作面为 73°，最小的常村煤矿 S6 - 7 工作面为 67°，相差仅 6°。也就是说，相对于神东矿区，其他矿区的超前影响角离散度小。

事实上，超前影响距和超前影响角不是一成不变的。当覆岩主关键层破断时，地表几乎同步下沉，此时超前影响距达到最大值，超前影响角为最小值。此后工作面继续推进，但地表几乎不发生下沉，超前影响距慢慢减小，而超前影响角会逐渐增大，覆岩主关键层的下一次周期破断时，在覆岩破坏传递至地表之前，超前影响距和超前影响角分别达到最小值和最大值，覆岩破坏传递至地表之后，此时超前影响距和超前影响角分别达到最大值和最小值（孙庆先等，2023）。这就是超前影响距和超前影响角不是一成不变的原因。而前述也说明另外一个事实，超前影响距和超前影响角在最大值和最小值之间的转换可迅速完成。大柳塔煤矿 52306 工作面的实测结果即为一个实例（徐敬民，2017），超前影响距和超前影响角在最小值和最大值之间不断转换，该工作面超前影响距最小值和最大值分别为 34.8 m 和 62.5 m，对应的超前影响角最大值和最小值分别为 79.1°和 70.8°。小保当一号井 112201 工作面是另一个更明显的实例（谢晓深等，2021），观测到的最大、最小超前影响距分别为 45 m 和 280 m，最大值是最小值的 6.2 倍。对于神东矿区浅埋煤层综采工作面来说，煤层埋深较小，推进速度较大，易于观测到超前影响在最大值与最小值之间的不断变化。而在中东部矿区，由于煤层埋深较大，推进速度较小，地表沉陷平缓，加之观测频率低，难以观测到这种变化，尚无有关文献报道。

3.7 滞后影响

工作面正常推进时，地表最大下沉速度和回采工作面之相对位置基本不变，最大下沉速度点有规律地向前移动。在地表达到充分采动后，可以发现，在地表下沉速度曲线上，最大下沉速度总是滞后于回采工作面一个比较固定的距离，这个距离称为最大下沉速度滞后距，一般用 L 表示，这种现象称为最大下沉速度滞后现象（何国清等，1991），如图 3 - 29 所示。

将地表最大下沉速度点与相应的回采工作面连线，此连线与煤层水平线在采空区一侧

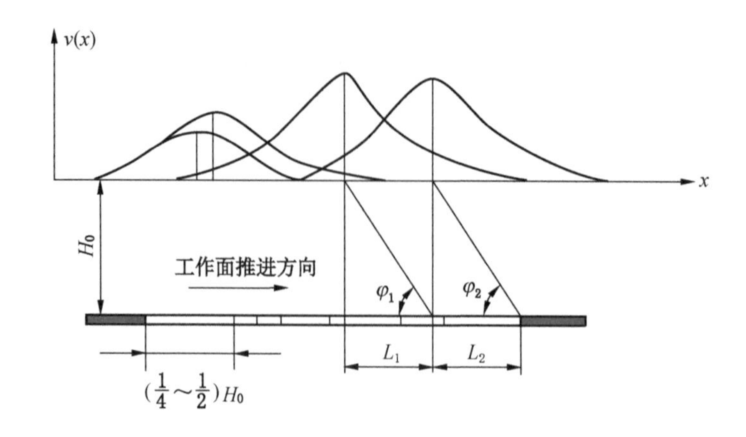

$v(x)$—下沉速度，mm/d；H_0—平均采深，m；L_1、L_2—工作面推进至 A、B 时刻的最大下沉速度滞后距，m；φ_1、φ_2—工作面推进至 A、B 时刻的最大下沉速度滞后角，(°)

图 3－29　工作面推进过程中的下沉速度曲线和滞后影响（何国清等，1991）

之间的夹角称为最大下沉速度滞后角，一般用 φ 表示，φ 与最大下沉速度滞后距 L 和平均深 H_0 的关系为

$$\varphi = \operatorname{arccot}\left(\frac{L}{H_0}\right) \tag{3-39}$$

1985 年版的“三下”采煤规程中所称的最大下沉速度滞后角在以后的很多文献（2000 年版的“三下”采煤规程、2017 年版的“三下”采煤指南等）中简称为最大下沉速度角或滞后角。

3.7.1　神东矿区浅埋煤层综采/综放滞后影响特点

最大下沉速度滞后角主要受覆岩性质、煤层的采深与采厚以及工作面回采速度的影响。一般覆岩越坚硬，滞后角越小；工作面推进速度越快，滞后角越小。神东矿区有关滞后影响的实测数据汇总在表 3－18 中。神东矿区综采/综放工作面最大下沉速度滞后角、滞后距与采深、推进速度、基岩厚度的关系散点图如图 3－30～图 3－35 所示。

观察散点图 3－30～图 3－35 发现，滞后影响与超前影响极为相似，滞后影响与采深、基岩厚度、推进速度的相关性不明显，但仍可以从中看出，最大下沉速度滞后距与采深、基岩厚度、推进速度的相关性高于超前影响角与采深、基岩厚度、推进速度的相关性，其中，最大下沉速度滞后距与基岩厚度的相关性是最好的。神东矿区滞后影响符合一般规律。

3.7.2　神东矿区滞后影响与其他矿区的对比分析

对东胜矿区 10 余个工作面的统计分析发现，采深 H、松散层厚 H_S、采厚 M、推进速度 v 与最大下沉速度滞后角 φ 之间存在较明显的定量关系（陈凯，2015）：

表 3 – 18 最大下沉速度滞后角/滞后距及相关因素信息汇总表

序号	矿区、矿井、工作面名称	滞后距/m	滞后角/(°)	开采工艺	采深/m	松散层厚度/m	工作面推进速度/(m·d^{-1})	采厚/m	倾角/(°)	滞后距/采深	滞后距/基岩	备注
1	神东矿区大柳塔矿 1203 工作面	27.38	62.47[38/29]	综采[61/38]	52.63[38/29]	26.5[61/38]	2.4[38/19]	4.03[61/38]	1~3[14/109]	0.52[38/29]	1.05	
2	神东矿区布尔台矿 42105 工作面	107.8[80/54]	73.8[80/54]	综放[79]	372[80/54]	26.5[80/17]	10~20/12.8[79]	6.7[79]	1~9[79]	0.29	0.31	重复采动[79]；倾斜方向非充分采动[80/58]
3	神东矿区补连塔矿 12406 工作面		64.1[39/22]	综采[39/11]	160~220/200[39/11]	3~30[39/11]	12.0[40/105]	4.5[40/105]	1~3[40/105]			
4	神东矿区柳塔矿 12106 工作面		64.8[64/53]	综放[64/13]	150[64/13]	30[64/32]	5.0[64/13]	6.9[64/13]	1~3[64/13]			
5	神东矿区布尔台矿 22103 工作面		59.6[64/53]	综采[5/42]	295[64/32]	20[5/32]	8.3[64/36]	3.0[64/36]	1~4[5/39]			
6	神东矿区寸草塔矿 22111 工作面		57.3[64/53]	综采[5/42]	250[64/32]	20[64/32]	9.7[64/18]	2.8[64/18]	1~3[64/18]			
7	神东矿区寸草塔二矿 22111 工作面		58.4[64/53]	综采[5/42]	310[64/32]	20[64/32]	7.2[5/42]	2.9[64/25]	1~3[5/42]			
8	神东矿区张家峁矿 15201 工作面	90[74/38]	54.9[74/38]	综采[74/15]	128[74/19]	70[74/19]	10.0[14/148]	6.0[74/1]	1~3[74/1]			
9	神东矿区韩家湾矿 2304 工作面	74[37/21]	50[37/21]	综采[37/9]	135[37/20]	60[37/11]	8.0[37/47]	4.1[37/9]	2~4[37/9]	0.548[37/21]	0.99	
10	神东矿区大柳塔矿 52304 工作面	46.6[63/18]	79.0[63/18]	综采	240[63/18]	50[63/8]	7.4[39/31]	6.45[63/8]	1~3[39/31]	0.19	0.25	重复采动[63/8]

表 3－18（续）

序号	矿区、矿井、工作面名称	滞后距/m	滞后角/(°)	开采工艺	采深/m	松散层厚度/m	工作面推进速度/(m·d^{-1})	采厚/m	倾角/(°)	滞后距/采深	滞后距/基岩	备　注
11	神东矿区大柳塔矿 22201 工作面	42[63/24]	62[63/24]	综采	79[63/24]	12[41/30]	9.6[78]	3.65[63/9]	1～3[63/9]	0.53	0.63	重复采动[63/8]
12	神东矿区大柳塔矿 52305 工作面	94[40/40]	67.8[40/40]	综采	230[40/105]	30[40/105]	12.0[40/105]	6.7[40/105]	1～3[40/105]	0.41	0.47	推测为重复采动
13	神东矿区哈拉沟矿 22407 工作面	57.0[66/44]	66.3[66/44]	综采[66/20]	130[40/105]	15.6[40/105]	15.0[40/105]	5.2[40/105]	1～3[40/105]	0.44[66/45]	0.50	文献[131]第 62 页：最大下沉速度滞后距约为 44 m，最大下沉速度滞后角为 71.30°
14	神东矿区乌兰木伦矿 2207 工作面	35.9[130/9]	71.7[130/9]	综采[65]	102[5/40]	20～40/28[5/41]	2.8[65]	2.2[5/40]	0～1[5/40]	0.35	0.49	
15	神东矿区小保当一号井 112201 工作面	119[105]	68.6[105]	综采[105]	302[105]	50～90/65[105]	12[105]	5.8[105]	>1[105]	0.39	0.52	
16	潞安矿区司马矿 1101 工作面	66[144/60]	74.8[144/60]	综放[144/53]	242.4[144/58]	155～186[144/52]	2.67[144/52]	6.5～6.8[144/52]	3～8[144/52]	0.27	0.92	第四纪表土层厚度占煤层上覆地层的 72.2%，地下开采活动产生的影响很快传递到地表[144/59]
17	潞安矿区五阳矿 7503 工作面		77[145]	综放[144/49]	315.5[170]	47[14/143]	1.82[170]	6.87[170]	4[14/143]			倾向非充分采动
18	潞安矿区五阳矿 7506 工作面		74[145]	综放[144/49]	329[170]	30[14/143]	1.12[170]	6.53[170]	7[14/143]			倾向非充分采动

表 3－18（续）

序号	矿区、矿井、工作面名称	滞后距/m	滞后角/(°)	开采工艺	采深/m	松散层厚度/m	工作面推进速度/(m·d^{-1})	采厚/m	倾角/(°)	滞后距/采深	滞后距/基岩	备注
19	潞安矿区五阳矿7511工作面		78[145]	综放[144/49]	270[170]	38[14/143]	2.10[170]	6.49[170]	5[170]			倾向非充分采动
20	潞安矿区郭庄矿2309工作面	106.8[143]	74.5[143]	综放[143]	363[143]	45[14/143]	2.6[14/143]	6[14/143]	6～14[14/143]	0.29	0.34	
21	潞安矿区常村矿S6－7工作面		73[14/143]	综放[142]	360[14/143]	130[14/143]	3.66[142]	6.17[142]	0～5[142]			
22	邯郸矿区云驾岭矿12303工作面	146[154]	76[154]	综采[154]	570[154]	最大200[154]	2.45[154]	4.2[154]	17[154]	0.26		倾向非充分采动
23	兖州矿区兴隆庄矿5306工作面		77.8[188/20]	综放[188/20]	399～442[173]	183.0[173]		6.26[173]	4.0[173]			倾向非充分采动
24	兖州矿区兴隆庄矿4314工作面		82.6[188/20]	综放[188/20]	331～319[173]	195～199[173]		8.22[173]	4.3			倾向非充分采动
25	兖州矿区鲍店矿1308工作面		81.0[188/20]	综放[188/20]	400～455[173]	194[173]		8.50[173]	4.0[173]			倾向非充分采动
26	兖州矿区鲍店矿1310工作面		83.7[188/20]	综放[188/20]	378～440[173]	180[173]		8.70[173]	6.0[173]			倾向非充分采动
27	邢台矿区东庞矿2107工作面		77[159]	综采[14/139]	264[159]	140[159]	1.96[159]	3.7[159]	7[159]			非充分采动
28	邢台矿区东庞矿2108工作面		75[159]	综采[14/139]	316[159]	166[159]	1.84[159]	2.4[159]	12[159]			非充分采动

表 3-18（续）

序号	矿区、矿井、工作面名称	滞后距/m	滞后角/(°)	开采工艺	采深/m	松散层厚度/m	工作面推进速度/(m·d⁻¹)	采厚/m	倾角/(°)	滞后距/采深	滞后距/基岩	备注
29	邢台矿区东庞矿2702工作面		72[159]	综采[14/139]	372[159]	169[159]	2.6[159]	4.2[159]	10[159]			非充分采动
30	邢台矿区邢东矿1100采区		87[159]	综采或综放[159]	760[14/139]	230[14/139]	2	4.65[14/139]	9[14/139]			非充分采动
31	邢台矿区邢东矿2100采区		78[159]	综采或综放[159]	977[159]	290[159]	2.1[159]	3.8[159]	16[159]			非充分采动
32	邢台矿区葛泉矿11912工作面		59.6[159]	综放[14/139]	140[159]	25[159]	2.4[14/139]	6.5[159]	11[159]			非充分采动
33	淮南矿区顾北矿13121工作面	34[183/22]	86.1[183/22]	综采[14/118]	500[183/19]	400[183/54]	10[183/56]	3.6[183/7]	5[183/7]	0.07	0.34	文献[14]中为1312（1）工作面
34	淮南矿区潘北矿11113工作面	70.7[186/27]	80.3[186/27]	长壁[186/6]	412[186/27]	343[186/7]	3.18[186/29]	3[186/32]	9[186/6]	0.17	1.02	推测为综采；受其他工作面开采影响[186/44]
35	淮南矿区顾桥矿1117（1）工作面	172[147/29]	77.23[147/29]	综采[147/2]	760[147/27]	360～440[14/118]	4.8[14/118]	3.5[14/118]	5[14/118]	0.42[147/27]	0.43	2006年开采
36	淮南矿区顾桥矿1117（3）工作面	162.5[147/29]	76.82[147/29]	综采[147/2]	680[147/11]	396～456/430[147/11]		4.3[147/11]	3～10/5[147/11]	0.6[147/27]	0.38	2007年开采；位于1117（1）正上方，间距约75 m[147/9]
37	淮南矿区丁集矿1262（1）工作面	197[148]	77.3[14/119]	综采[14/119]	890[14/119]	455[14/119]	4[148]	2.6[14/119]	3[148]	0.22	0.45	

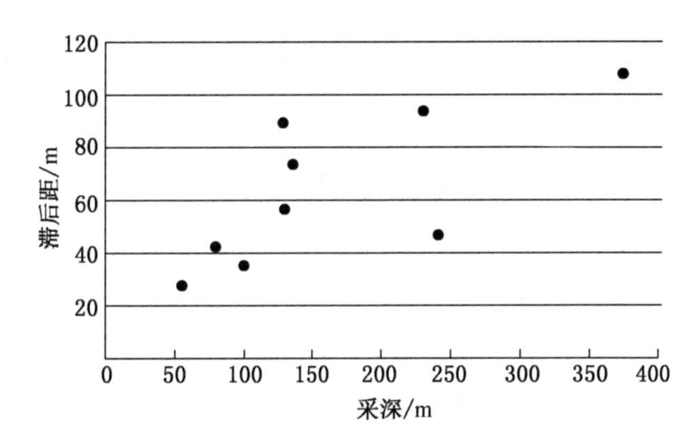

图 3-30　最大速度滞后距与采深散点图

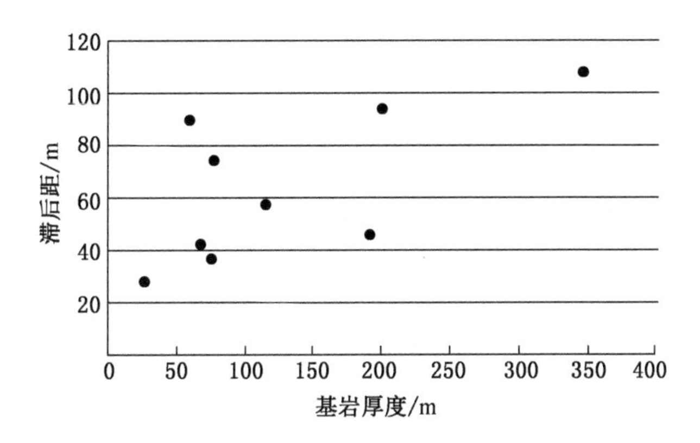

图 3-31　最大下沉速度滞后距与基岩厚度散点图

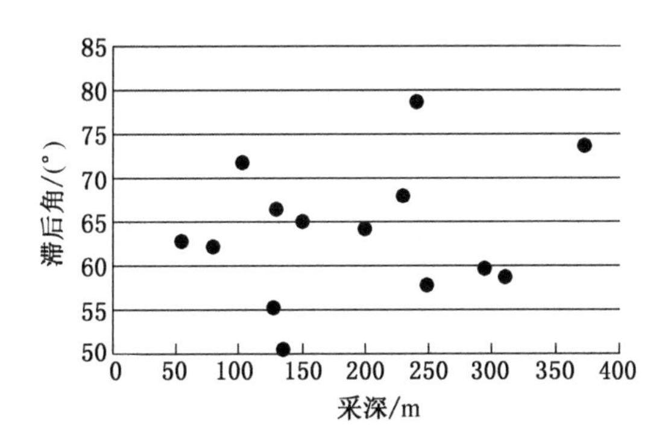

图 3-32　最大速度滞后角与采深散点图

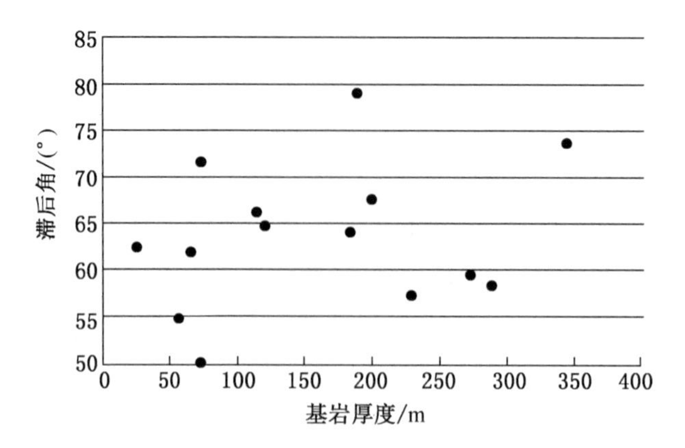

图 3-33　最大下沉速度滞后角与基岩厚度散点图

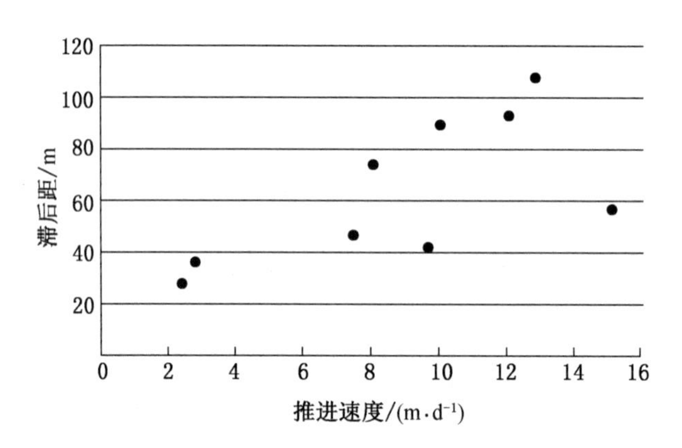

图 3-34　最大速度滞后距与推进速度散点图

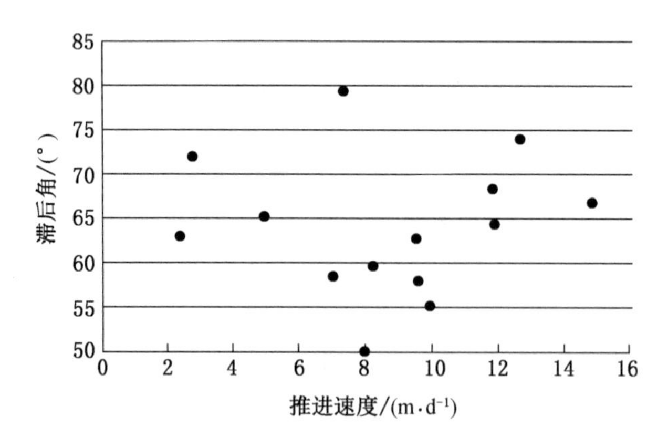

图 3-35　最大下沉速度滞后角与推进速度散点图

$$\varphi = 63.18 - 0.0066\left[\frac{(H-H_S)v}{M}\right] \tag{3-40}$$

其他关于神东矿区浅埋煤层综采的最大下沉速度滞后角经验公式还有类似的研究成果（王新静，2014）：

$$\varphi = 70.95 - 0.016\left[\frac{(H-H_S)v}{M}\right] \tag{3-41}$$

兖州矿区综放开采的最大下沉速度滞后角平均值为 79.50°，比类似条件下分层综采时的最大下沉速度滞后角减小了约 5°，根据观测数据回归分析得到综放开采条件下最大下沉速度滞后角与地质采矿条件的关系（张连贵，2010）为

$$\varphi = 68.384 + 0.141\left[\frac{(H-H_S)v}{M}\right] \tag{3-42}$$

采深对最大下沉速度滞后角的影响随开采工艺不同而有所不同。20 世纪 90 年代前以炮采为主，此前的实测数据表明（何国清等，1991），通常情况下，采深越大，最大下沉速度滞后角越大，采深越小，最大下沉速度滞后角越小。对于浅埋煤层综采来说，采深越大，最大下沉速度滞后角越小；采厚越大，最大下沉速度滞后角越大（王新静，2014）。显然，就最大下沉速度滞后角来说，神东矿区与其他矿区存在差异。不同的地质采矿条件下，各种影响因素对最大下沉速度滞后角的贡献率不尽相同。

为便于比较分析，其他矿区部分滞后影响的有关实测资料也汇总在表 3－18 中。比较表 3－18 中的数据发现，与中东部矿区相比较，神东矿区最大下沉速度滞后角普遍偏小，其主要原因是神东矿区综采/综放工作面推进速度快。在列出的神东矿区 13 个工作面数据中，仅有布尔台煤矿 42105 工作面和大柳塔煤矿 52304 工作面的最大下沉速度滞后角超过了 70°不到 80°，这两个工作面均为重复采动；在列出的中东部矿区 20 个工作面中，只有邢台矿区葛泉煤矿 11912 工作面的最大下沉速度滞后角小于 60°，其余 19 个工作面均超过 70°，这说明神东矿区最大下沉速度滞后角远小于中东部矿区。此外，比较神东矿区和中东部矿区的数据还发现，神东矿区各煤矿之间的最大下沉速度滞后角相差很多，即离散程度大，最小的韩家湾煤矿为 50°，最大的大柳塔煤矿 52304 工作面为 79°，相差近 30°；中东部矿区内部各矿之间相差较小，例如潞安矿区最大的五阳煤矿 7511 工作面为 78°，最小的常村煤矿 S6－7 工作面为 73°，仅相差 5°。

3.8 下沉系数

开采煤层导致的地表下沉是最直观的地表移动变形。当长壁采煤工作面达到充分采动时，用观测到的地表最大下沉值 W_{max} 和煤层倾角 α 计算下沉系数 q：

$$W_{max} = Mq\cos\alpha \tag{3-43}$$

非充分采动条件下要考虑走向采动程度系数 n_3 和倾向采动程度系数 n_1（胡炳南等，2017）：

$$W_{max} = Mq\cos\alpha\sqrt{n_1 n_3} \tag{3-44}$$

对平庄老公营子煤矿实测数据进行回归分析，建立了软弱覆岩条件下地表下沉系数 q

与深厚比 H/M、覆岩平均抗压强度 f 之间的关系式（张广伟，2016）如下：

$$q = 0.76 + \frac{100}{\left(\frac{H}{M}\right)^{0.8945} f^{1.4028}} \tag{3-45}$$

对于下沉系数的求取，除了利用实测数据外，在没有实际观测资料的矿区可以采用覆岩综合评价系数及地质、开采技术条件来确定下沉系数（胡炳南等，2017）：

$$q = 0.5(0.9 + P) \tag{3-46}$$

式中，P 为覆岩综合评价系数，决定于岩性及其厚度。

可以看出，下沉系数与采厚、采深、开采充分程度、覆岩性质、煤层倾角、采煤工艺、顶板管理方法等因素有关。

地表移动变形是煤层开采后岩层移动传播到地表的沉陷现象，是岩层移动的传播方式和移动状况的反映，因此，地表移动变形属于表象，岩层移动才是本质。对岩层内部下沉系数的研究结果（李春意，2010）表明，下沉系数与覆岩岩性、开采尺寸、顶板管理方法等因素相关，覆岩内部下沉系数 $q_{岩}$ 可以表示为

$$q_{岩} = 1 - \left[\frac{(H - z)}{H}\right]^{m} (1 - q) \tag{3-47}$$

式中　H——采深，m；

z——地表至预计水平的深度；m；

q——地表下沉系数；

m——下沉系数影响系数，与覆岩岩性、采动充分程度等有关。

岩层内部下沉系数的研究非本书关注重点，故在此不做深入探讨。此外，关于充填开采和残余变形下沉系数的研究，亦非本书关注重点，本书在此亦不做深入探讨。条带开采和房柱式开采地表移动规律将在第 6 章做简要介绍。

3.8.1　神东矿区浅埋煤层综采/综放下沉系数特点

随着采煤技术装备水平的提高，工作面尺寸不断刷新纪录。神东矿区地质构造简单，煤层开采条件好，倾向长度最大达到 450 m（哈拉沟煤矿 12^{上} 101 综采工作面）。走向长度突破 5000 m、倾向长度突破 300 m 的工作面十分普遍，这对于煤层埋深小的神东矿区来说，走向和倾向均达到了超充分采动。而在中东部矿区，不仅煤层埋深大，而且开采条件限制了工作面尺寸，达到充分采动条件的工作面很少。本书收集了神东矿区地表移动观测数据计算得到的下沉系数，汇总于表 3-19。

从表 3-19 中看出，神东矿区初次采动的下沉系数平均值为 0.656，与中东部矿区相比是偏小的，这是神东矿区煤层覆存特点决定的。煤层埋深小、松散层厚度小是神东矿区煤层覆存特点之一，已开采煤层较少超过 300 m 埋深，此外，神东矿区覆岩以中等硬度为主，这是影响下沉系数最重要的因素，符合地表移动的一般规律。大柳塔煤矿 22201 工作面和 52304 工作面、布尔台煤矿 42105 工作面为重复采动，比较发现，重复采动下沉系数大于初次采动下沉系数，这与中东部矿区的规律是一致的。但无论是初次采动还是重复采动，相对于中东部矿区来说，下沉系数都是偏小的。

表3-19 下沉系数及相关信息汇总表

序号	矿区、矿井、工作面名称	工作面长×宽/m²	采深/m	松散层厚度/m	采厚/m	倾角/(°)	开采工艺	顶板管理方法	下沉系数	备注
1	神东矿区大柳塔矿1203工作面	938×150[61/38]	56~65/61[61/38]	26.5[61/38]	4.03[61/38]	1~3[14/109]	综采[61/38]	全部垮落	0.6[61/40]	
2	神东矿区大柳塔矿22201工作面	643×349[41/30]	72.5[41/30]	12[41/30]	3.65[63/9]	1~3[63/9]	综采	全部垮落	0.76[41/37]	重复采动[63/8]
3	神东矿区大柳塔矿52304工作面	4548×301[63/8]	250[63/8]	50[63/8]	6.45[63/8]	1~3[39/31]	综采	全部垮落	0.67[41/47]	重复采动[63/8]
4	神东矿区补连塔矿31401工作面	4629×265.3[59/45]	255[40/105]	5~25[59/45]	4.2[40/105]	1~3[40/105]	综采[16]	全部垮落	0.55[59/48]	
5	神东矿区补连塔矿12406工作面	3592×300.5[39/11]	160~220/200[39/11]	3~30[39/11]	4.5[40/105]	1~3[40/105]	综采[39/11]	全部垮落	0.55[39/29]	
6	神东矿区柳塔矿12106工作面	633×246.8[64/13]	150[64/13]	30[64/32]	6.9[64/13]	1~3[64/13]	综放[64/13]	全部垮落[64/6]	0.766[64/66]	
7	神东矿区乌兰木伦矿2207工作面	892×158[5/40]	102[5/40]	20~40/28[5/41]	2.2[5/40]	0~1[130/2]	综采[65]	全部垮落[65]	0.78[130/11]	
8	神东矿区寸草塔矿22111工作面	2085×224[64/18]	140~260[64/18]	20[64/32]	2.8[64/18]	1~3[64/18]	综采[5/42]	全部垮落[64/18]	0.68[64/66]	文献［64］中下沉系数分走向和倾向，本表中取均值
9	神东矿区寸草塔二矿22111工作面	3648×300[64/25]	240~370[64/25]	20[64/32]	2.9[64/25]	1~3[5/42]	综采[5/42]	全部垮落[64/25]	0.68[64/66]	文献［64］中下沉系数分走向和倾向，本表中取均值
10	神东矿区布尔台矿22103工作面	4250×360[64/36]	157~324[5/39]	20[5/32]	3.0[64/36]	1~4[5/39]	综采[5/42]	全部垮落	0.64[64/66]	文献［64］中下沉系数分走向和倾向，本表中取均值

表 3－19（续）

序号	矿区、矿井、工作面名称	工作面长×宽/m²	采深/m	松散层厚度/m	采厚/m	倾角/（°）	开采工艺	顶板管理方法	下沉系数	备注
11	神东矿区上湾矿 51101 工作面	4000×240[40/105]	146[40/105]	15.6[40/105]	5.2[40/105]	1～3[40/105]	综采[67]	全部垮落	0.48[67]	观测时间持续 6 个月[67]
12	神东矿区大柳塔矿 52306 工作面	1285×（234～281）[83/26]	180[83/26]		7.0[83/26]	1～3[84]	综采[84]	全部垮落	0.53[83/69]	
13	神东矿区柠条塔矿 N1201 工作面	2740×295[46/114]	50～170[46/112]	70[46/95]	3.9[46/114]	1[14/149]	综采[46/95]	全部垮落[14/149]	0.513[14/149]	
14	神东矿区韩家湾矿 2304 工作面	1800×268[37/9]	130[37/11]	60[37/11]	4.1[37/9]	2～4[37/9]	综采[37/9]	全部垮落[37/9]	0.563[37/29]	
15	神东矿区补连塔矿 2211 工作面	1367×185[5/41]	100～130[5/41]	5～50/20[5/41]	4.0[5/41]	0～3[5/41]	综采[5/42]	全部垮落	0.65[5/54]	
16	神东矿区杨家村矿 222201 工作面	1800×240[66]	70～162/133[66]	10[5/40]	5.0[5/40]	1～4[5/40]	综采[66]	全部垮落[66]	0.70[5/54]	文献［68］中下沉系数为 0.65
17	神东矿区察哈素矿 31301 工作面	2504×301[5/40]	382～455/418[72/10]	11[72/11]	4.5[72/10]	1～3[5/40]	综采[5/42]	全部垮落[73]	0.80[73]	文献［73］中工作面编号为 3101，倾向非充分采动
18	神东矿区张家峁矿 15201 工作面	1352×260[14/148]	128[74/19]	70[74/19]	6.0[74/1]	1～3[74/1]	综采[74/15]	全部垮落[14/148]	0.648[14/148]	
19	神东矿区布尔台矿 42105 工作面	5231×230[79]	372[80/2]	8～26[81/14]	6.7[79]	1～9[79]	综放[79]	全部垮落[79]	0.69[80/57]	倾斜方向非充分采动[80/58]；重复采动
20	神东矿区补连塔矿 32301 工作面	5220×301[5/41]	260[5/41]	55[5/44]	6.1[5/44]	1～3[5/44]	综采[59/46]	全部垮落	0.78[5/54]	
21	神东矿区榆家梁矿 52101 工作面	3730×246[86]	91[66/16]	37.5[66/16]	3.4[66/16]	1.5[86]	综采	全部垮落	0.60[66/31]	

表3-19（续）

序号	矿区、矿井、工作面名称	工作面长×宽/m^2	采深/m	松散层厚度/m	采厚/m	倾角/(°)	开采工艺	顶板管理方法	下沉系数	备　注
22	神东矿区哈拉沟矿22407工作面	3224×284[40/105]	130[40/105]	15.6[40/105]	5.2[40/105]	1～3[40/105]	综采[66/20]	全部垮落[66/21]	0.65[66/31]	
23	神东矿区龙华矿20102工作面	2550（工作面走向长度）[14/148]	108[14/148]	22[14/148]	2.88[14/148]	1[14/148]	综采	全部垮落[14/148]	0.75[14/148]	
24	神东矿区龙华矿10103工作面	1198（工作面走向长度）[14/148]	52[14/148]	18.5[14/148]	3.29[14/148]	1[14/148]	综采	全部垮落[14/148]	0.8[14/148]	
25	神东矿区张家峁矿14202工作面	734×295[14/148]	39.5～104[14/148]	58[14/148]	3.7[14/148]	2[14/148]	综采	全部垮落[14/148]	0.62[14/148]	重复采动[88]
26	神东矿区红柳林矿15201工作面	2330×305[14/149]	149[14/149]	85[14/149]	6.0[14/149]	0～2[14/149]	综采	全部垮落[14/149]	0.71[14/149]	
27	神东矿区大柳塔矿52307工作面	4463×301[104/16]	190[104/30]	11[104/30]	6.7[104/16]	0～3[104/16]	综采[104/16]	全部垮落[104/16]	0.53[104/36]	
28	神东矿区小保当一号井112201工作面	4560×350[105]	302[105]	50～90[105]	5.8[105]	>1[105]	综采[105]	全部垮落[105]	0.66[105]	
神东矿区平均值									0.656	大柳塔矿22201工作面、52304工作面、布尔台矿42105工作面、上湾矿51101工作面未参与平均值计算
29	兖州矿区鲍店矿1308工作面	1270×154[188/11]	400～455[188/11]	194[188/11]	8.9[188/11]	4[138/11]	综放[188/11]	全部垮落[188/11]	0.83[14/124]	实际回采率85%以下[189]
30	兖州矿区鲍店矿1310工作面	1028×198[189]	378～440[188/11]	180[188/11]	8.7[188/11]	6[188/11]	综放[188/11]	全部垮落[188/11]	0.82[190]	设计回采率80%[190]；实际回采率85%以下[189]

表 3-19（续）

序号	矿区、矿井、工作面名称	工作面长×宽/m^2	采深/m	松散层厚度/m	采厚/m	倾角/(°)	开采工艺	顶板管理方法	下沉系数	备　注
31	兖州矿区鲍店矿1312工作面	866×245[188/11]	344~394[188/11]	211[188/11]	8.8[188/11]	8[188/11]	综放[189]	全部垮落[188/11]	1.01[189]	下沉系数明显偏大的原因是采动充分程度大、回采率高(91%)、推进速度快[189]
32	兖州矿区兴隆庄矿4314工作面	1580×160[14/123]	319~331[188/11]	197[14/123]	8.2[14/123]	4.3[14/123]	综放[14/123]	全部垮落[188/11]	0.843[14/123]	回采率85%[189]
33	兖州矿区兴隆庄矿5306工作面	400×164[188/11]	399~442[188/11]	183[188/11]	6.26[188/11]	4[188/11]	综放[14/123]	全部垮落[188/11]	0.807[14/123]	文献[14]记录采厚为7.8 m
兖州矿区平均值									0.862	
34	邢台矿区东庞矿2107工作面	1055×160[159]	264[159]	140[159]	3.7[159]	7[159]	综采[159]	全部垮落[159]	0.94[159]	
35	邢台矿区东庞矿2108工作面	840×165[159]	316[159]	166[159]	2.4[159]	12[159]	综采[159]	全部垮落[159]	0.88[159]	
36	邢台矿区东庞矿2702工作面	510×150[159]	372[159]	169[159]	4.2[159]	10[159]	综采[159]	全部垮落[159]	0.46[159]	
37	邢台矿区邢东矿1100采区		760[14/139]	230[14/139]	4.65[14/139]	9[14/139]	综采或综放[159]	全部垮落[159]	0.66[159]	
38	邢台矿区葛泉矿11912工作面	95×926[159]	140[159]	25[159]	6.5[159]	11[159]	综放[159]	全部垮落[159]	0.83[159]	
邢台矿区平均值									0.75	
39	潞安矿区五阳矿7305工作面（上分层）	770×180[14/142]	198~227[14/142]	22[14/142]	3[14/142]	8[14/142]	综采[14/142]	全部垮落[170]	0.72[170]	采动程度=0.73[170]

表 3－19（续）

序号	矿区、矿井、工作面名称	工作面长×宽/m²	采深/m	松散层厚度/m	采厚/m	倾角/(°)	开采工艺	顶板管理方法	下沉系数	备注
40	潞安矿区五阳矿7305工作面（下分层）	740×166[14/142]	198～227[14/142]	22[14/142]	3.8[14/142]	8[14/142]	综采[14/142]	全部垮落[170]	1.00[170]	采动程度＝0.67[170]；属于重复采动
41	潞安矿区五阳矿7503工作面	716×188[170]	315.5[170]	47[14/143]	6.87[170]	4[14/143]	综放[144/49]	全部垮落[170]	0.86[170]	采动程度＝0.60[170]
42	潞安矿区五阳矿7506工作面	1450×200[170]	329[170]	30[14/143]	6.53[170]	7[14/143]	综放[144/49]	全部垮落[170]	0.82[170]	采动程度＝0.61[170]
43	潞安矿区五阳矿7511工作面	701×200[170]	270[170]	38[14/143]	6.49[170]	5[170]	综放[144/49]	全部垮落[170]	0.86[170]	采动程度＝0.74[170]
44	潞安矿区漳村矿2201工作面	1560×226[144/40]	350[144/40]	30[144/40]	6.18[144/40]	3[144/40]	综放[144/40]	全部垮落[144/40]	0.85[144/45]	采动程度＝0.64[144/45]
45	潞安矿区司马矿1101工作面	960×165[144/52]	242.4[144/58]	155～186[144/52]	6.5～6.8[144/52]	3～8[144/52]	综放[144/53]	全部垮落[144/53]	0.94[144/39]	
46	潞安矿区王庄矿4326工作面	700×274[170]	238[170]		6.65[170]	3[170]	综放[170]	全部垮落[170]	0.84[170]	采动程度＝1.15[170]；文献［144］第139页报道下沉系数为0.74
47	潞安矿区屯留矿2201工作面	1514×190[144/139]	540[144/139]	80[144/64]	6.5[144/139]	1～12[144/139]	综放[144/64]	全部垮落[144/64]	0.80[144/139]	厚表土层厚基岩[144/62]
48	潞安矿区郭庄矿2309工作面	800×208[14/143]	363[143]	45[14/143]	6[14/143]	6～14[143]	综放[143]	全部垮落[143]	0.77[14/143]	
潞安矿区平均值									0.83	五阳矿7305（下）工作面重复采动未参与平均值计算
49	淮南矿区顾北矿13121工作面	629×205[14/118]	500[183/19]	400[183/54]	3.6[183/7]	5[183/7]	综采[14/118]	全部垮落[14/118]	1.1[14/118]	文献［14］中为1312（1）工作面；文献［185］中下沉系数为1.30

表 3－19（续）

序号	矿区、矿井、工作面名称	工作面长×宽/m^2	采深/m	松散层厚度/m	采厚/m	倾角/(°)	开采工艺	顶板管理方法	下沉系数	备注
50	淮南矿区潘北矿11113工作面	440×110[186/6]	412[186/27]	343[186/7]	3[186/32]	9[186/6]	长壁[186/6]	全部垮落[186/6]	0.98[186/33]	推测为综采；受其他工作面开采影响[186/44]
51	淮南矿区顾桥矿1117（1）工作面	2615×245[186/25]	760[147/27]	360～440[14/118]	3.5[14/118]	5[14/118]	综采[147/2]	全部垮落[14/118]	1[14/118]	2006年开采
52	淮南矿区顾桥矿1117（3）工作面	2770×243[147/11]	680[147/11]	396～456/430[147/11]	4.3[147/11]	3～10/5[147/11]	综采[147/2]	全部垮落[14/118]	1.356[147/25]	2007年开采；位于1117（1）工作面正上方，间距约75 m[147/9]
53	淮南矿区谢桥矿11118工作面	620×162[25/11]	500[25/11]	400[25/11]	2.5[25/11]	13[25/11]	综采[25/11]	全部垮落[25/11]	1.06[25/45]	工作面倾斜长度、采厚数据与文献［14］有较大差异
54	淮南矿区潘一矿东区1252（1）工作面	1154×262[149/9]	802[14/119]	165[14/119]	2.7[149/9]	3～7/6[149/9]	综采[14/119]	全部垮落[14/119]	0.75[149/48]	
55	淮南矿区丁集矿1262（1）工作面	1860×253[148]	890[148]	455[148]	2.6[14/119]	0～6[14/119]	综采[14/119]	全部垮落[14/119]	1.16[14/119]	
56	淮南矿区谢桥矿11316工作面	1628×236[14/117]	640[14/117]	382[14/117]	2.6[14/117]	13.5[14/117]	综采[14/117]	全部垮落[14/117]	1.15[14/117]	重复采动[14/117]
57	淮南矿区张集矿1217（1）工作面	1800（工作面走向长度）[14/118]	441～635[14/118]	385[14/118]	3[14/118]	0～10[14/118]	综采[14/118]	全部垮落[14/118]	1.13[14/118]	文献［185］中下沉系数为1.08
淮南矿区平均值									1.03	顾桥矿1117（3）工作面、谢桥矿11316工作面重复采动，未参与平均值计算

3.8.2 神东矿区下沉系数与其他矿区的对比分析

3.8.2.1 相关概念介绍

1. 下沉率

有的学者（王金庄等，1996；康健荣等，2005）将最大下沉值与采厚的比值称为下沉率 q'，即

$$q' = \frac{W_{\max}}{M} \tag{3-48}$$

研究结果表明，下沉率与开采充分程度和开采结束时间密切相关。

有学者（杨伦等，2005）将非充分采动条件下的下沉系数 q' 与充分采动条件下的下沉系数 q 之比（q'/q）称为下沉率，还有学者（张连贵，2009）将非充分采动条件下的下沉系数称为下沉率。

为使读者不产生误解和歧义，无论是否达到充分采动，本书中一律称为下沉系数。

2. 采动程度

地下煤层资源采出后，地表下沉值达到该地质采矿条件下应有的最大值，此时称为充分采动。开采工作面尺寸较小时，地表任意点的下沉值没有达到该地质采矿条件下应有的最大下沉值，称这种采动为非充分采动。开采工作面较大，此后再继续扩大工作面尺寸，也仅仅相应增大地表的影响范围，但地表的最大下沉值不再增加，地表移动盆地出现平底，此时称为超充分采动。刚刚达到充分采动时的开采为临界开采。一般认为（何国清等，1991），工作面走向和倾向长度均达到 $1.2 \sim 1.4H_0$（H_0 为平均开采深度）时，可以达到充分采动，地表下沉达到该地质采矿条件下的最大值。充分采动程度常用工作面宽深比进行判断，更为精确的判断是用采动程度系数 n 来表示：

$$n = \sqrt{n_1 n_3},\ n_1 = k_1\left(\frac{D_1}{H_0}\right), n_3 = k_3\left(\frac{D_3}{H_0}\right) \tag{3-49}$$

以上各式中 n_1，n_3——工作面倾向和走向方向采动程度系数；

D_1，D_3——工作面倾向和走向长度，m；

k_1，k_3——与覆岩岩性有关的系数，坚硬、中硬、软弱覆岩分别取值 0.7、0.8、0.9。

有时可以忽略覆岩岩性，直接将工作面宽深比 D/H 称为采动程度系数。对地表下沉起显著控制作用的工作面宽深比值大约为 1/3，称为临界开采程度系数。采动程度系数小于临界开采程度系数 1/3 的开采称为极不充分采动（杨伦等，2005）。对于厚松散层矿区来说，由于松散层几乎没有结构强度，无承载能力，所以在判断采动程度时不考虑松散层厚度（侯得峰，2016）。很多学者（王金庄等，1996；王金庄等，1997；张连贵，2009；殷作如等，2010）的研究成果都认为，如果基岩厚度远大于松散层厚度，可以用 D/H 评价采动程度，如果松散层厚度增加至与基岩厚度大致相等后，再用 D/H 是不合理的，而用基岩厚度（不包括松散层）更为合理，更符合实际。

我国中东部矿区煤层埋深大，工作面尺寸小，极不充分采动时有出现。虽然极不充分采动也是一种非充分采动，但实测资料表明，极不充分采动过渡到非充分采动与非充分采

动过渡到充分采动的地表移动变形规律存在明显的区别。很多学者早已注意到了这个问题并指出（郭增长等，2000；郭增长等，2004；杨伦等，2005），极不充分采动条件下采用概率积分法预计变形需要对下沉系数等参数做必要的修正，或采用其他函数模型预计变形。

单向达到充分采动不能称为充分采动，只有走向方向和倾斜方向都达到充分采动时才能称为充分采动。

3.8.2.2 神东矿区下沉系数与其他矿区的对比分析情况

下沉系数是地表移动变形最重要的参数之一，因而研究成果也就十分丰富。

1. 东胜矿区综采/综放开采

对东胜矿区 12 个工作面的有关数据进行回归分析，建立了下沉系数 q 与采厚 M、基岩厚度 H_J 的关系式（陈凯，2015）：

$$q=0.018M-\frac{7.646}{H_J}+0.730 \tag{3-50}$$

2. 大屯矿区综采/综放开采

充分开采条件下，大屯矿区综采、综放开采的下沉系数与采深、采厚、松散层厚度关系密切，回归分析得到的函数关系式（任丽艳，2009）分别为

$$q=-11.12\left(\frac{M}{H_J}\right)+0.907\pm0.030(\text{综采}) \tag{3-51}$$

$$q=-13.87\left(\frac{M}{H_J}\right)+0.9309\pm0.0303(\text{综放}) \tag{3-52}$$

3. 徐州矿区

在徐州矿区，下沉系数是松散层厚度 H_S 与基岩厚度 H_J 之比的线性函数（滕永海，2003）：

$$q=0.684+0.1501\left(\frac{H_S}{H_J}\right) \tag{3-53}$$

4. 非充分采动条件下的下沉系数玻兹曼函数表达形式

常用的概率积分法是以水平煤层和充分开采为出发点的预计方法，其原始模型不能完全适应非充分开采状态，尤其是极不充分开采状态。在我国中东部矿区，绝大多数工作面都属于非充分开采。对于非充分采动情况，应用上采用调整下沉系数的办法进行修正。

非充分开采沉陷的特点表明，地表最大下沉值与开采的充分性有直接关系，根据实测资料和理论分析，可以建立两者的函数关系，以便建立预计方法的参数模型。玻兹曼（Boltzmann）函数被认为较为准确地描述了非充分开采地表下沉系数关于采动程度的全程变化规律，如图 3－36 所示。基本形式（戴华阳等，2003）如下式：

$$q_{\text{非}}=A_2+\frac{A_1-A_2}{1+e^{\frac{K_L-A_3}{A_4}}} \tag{3-54}$$

式中 $q_{\text{非}}$——非充分开采的地表下沉系数；

K_L——采动程度系数，为采宽与采深之比；

A_1,A_2,A_3,A_4——玻兹曼系数，主要与岩性有关。

对于不同岩性的上覆岩层，玻兹曼系数为 $A_1 = -0.001$，$A_2 = 0.971$；$A_3 = 0.620$（坚硬），0.394（中硬），0.282（软岩）；$A_4 = 0.099$（坚硬），0.063（中硬），0.045（软岩）。

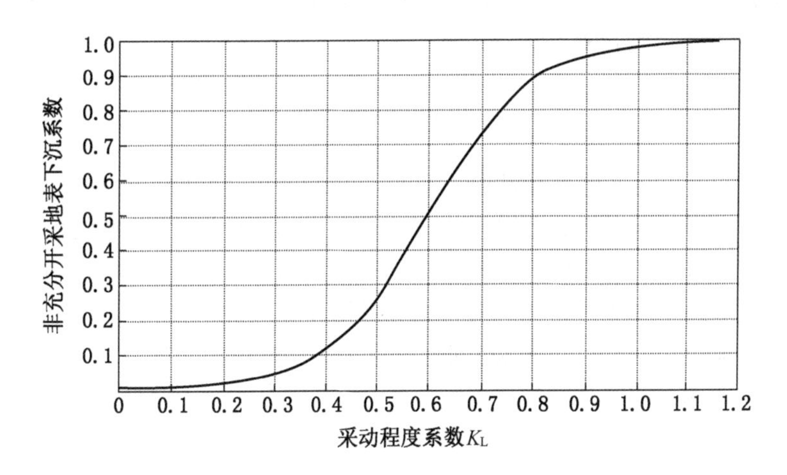

图3－36　下沉系数随宽深比变化的玻兹曼函数曲线

1）兖州矿区厚冲积层非充分采动深部开采地表下沉系数玻兹曼函数表达式

有学者(张连贵，2009)以兖州矿区为背景，研究了厚煤层（8～10 m)、深部（400～600 m 以上）综放开采地表下沉系数的有关问题，得到以下结论：开采沉陷充分程度随着连续开采工作面个数的增加而增大，由非充分变为充分的沉陷状态。对于薄冲积层条件，可采用宽深比评价采动程度；对于厚冲积层条件，应按基岩厚度来判定采动程度。地表下沉系数和采动程度有十分显著的相关关系，采动程度对地表的下沉起着非常显著的控制作用。非充分开采地表下沉系数随采动程度的增加呈现分段变化的规律：即下沉系数 $q_{非}$ 由小到大经历“缓慢增加－急剧增加－缓慢增加－稳定”的变化过程，最终稳定值即该地质条件下的充分开采下沉系数 q。兖州矿区厚冲积层非充分采动条件下深部开采地表下沉系数可用玻兹曼函数表达：

$$q_{非} = q\left(1 - \frac{1}{1 + e^{\frac{K_L - 0.822}{0.244}}}\right) \tag{3-55}$$

式中　$q_{非}$、q——非充分采动条件下和充分采动条件下的下沉系数。

实测数据分析和数值模拟结果还表明，在极不充分采动条件下，地表最大下沉值和下沉系数都很小，且几乎不随采厚的增减而有所变化；在非充分采动条件下，地表最大下沉值随采厚的增加而增大，但非线性关系，下沉系数与采厚无关，基本保持不变；在充分采动条件下，地表最大下沉值与采厚成线性正比关系，地表下沉系数为一个确定值。

2）淮南矿区巨厚松散层非充分采动地表下沉系数采用玻兹曼函数表达式

中东部矿区由于埋深较大，往往为非充分采动。淮南矿区巨厚松散层非充分采动条件下地表下沉系数采用玻兹曼函数拟合，下沉系数随宽深比的变化表达式（刘义新，2010）为

$$q_{非} = q\left(1 - \frac{1}{1 + e^{\frac{K_L - 0.745}{0.184}}}\right) \tag{3-56}$$

对淮南潘谢矿区的实测地表移动数据及相应地质采矿条件的分析，拟合得到的下沉系数用玻兹曼函数表达（廉旭刚，2012）为

$$q_{非} = q\left(1 - \frac{1}{1 + e^{\frac{K_L - 0.599}{0.097}}}\right) \tag{3-57}$$

非充分开采地表下沉系数的曲线是一条斜率分段变化的曲线：初期阶段缓增区，下沉系数随宽深比增大而缓慢增加，此阶段为极不充分采动；中期下沉剧增区，下沉系数随宽深比的增大而急剧增加，此阶段为非充分采动；后期缓增区，下沉系数随宽深比的增大平缓增加，增值速度进一步放慢，标志着开采活动即将进入充分开采。

对于非充分采动，“三下”采煤指南也推荐了采用玻兹曼函数计算下沉系数。

5. 潞安矿区综采

分析五阳煤矿、司马煤矿和屯留煤矿的下沉系数和松散层厚度 H_S 与基岩厚度 H_J 比值之间的函数关系，得到线性关系式（胡海峰，2012）如下：

$$q = 0.046\left(\frac{H_S}{H_J}\right) + 0.74 \tag{3-58}$$

6. 红岭煤矿 1501 工作面

河南煤化集团安阳鑫龙红岭煤矿位于安阳市西北。1501 工作面是红岭煤矿十五采区的首采工作面，开采二$_1$ 煤层。工作面走向长 853 m，倾斜长 120 m。上覆岩层中基岩平均厚度 312 m，古近系、新近系、第四系松散层厚度平均为 100 m。综采放顶煤一次采全厚开采，煤层平均厚度为 6.7 m。有学者（侯得峰，2016）研究了 1501 工作面走向方向采动程度由极不充分过渡到非充分采动时地表移动变化特征，得到了 1501 工作面走向不同采动程度与地表下沉系数的关系曲线，并得到如下经验公式：

$$q = \frac{0.36}{1 + e^{[-0.31(n_3 - 0.9)]}} \tag{3-59}$$

式中，n_3 为工作面走向方向采动程度系数，此处，n_3 = 走向推进距离/基岩厚度。

数值模拟结果显示，在极不充分开采条件下，松散层厚度与地表最大下沉值之间的关系并不明显，且下沉值很小，可以忽略不计；但在非充分采动与充分采动条件下，松散层厚度与地表最大下沉值整体上成反比关系，即松散层厚度越大，其地表下沉值反而越小。

数值模拟结果还表明，在极不充分采动条件下，地表最大下沉值和下沉系数都很小，几近定值，几乎不随采厚的增减而变化；在非充分和充分采动条件下，地表最大下沉值总体上与采厚成正比，但下沉系数与采厚无关，基本保持不变。

7. 鹤壁矿区

下沉系数是充分采动（或换算到充分采动）条件下地表移动稳定后最大下沉值与采厚关系的一个量度，其大小决定于上覆岩层的性质、工作面尺寸、采深、采动次数以及采煤和顶底板管理方法，是诸多地质采矿因素综合影响的结果，多元计算表明，鹤壁矿区的下沉系数可表述为如下采矿因素的函数（李凤明等，1996）：

$$q = 0.662 + \frac{0.03288D_\theta}{H_0} + \frac{0.1035H_S}{H_0} - 0.00009635H_J \pm 0.0209 \quad (3-60)$$

式中，D_θ 为工作面斜长按开采影响传播角 θ 投影到地表的长度；H_0、H_S、H_J 分别为平均采深、松散层厚度、基岩厚度。

8. 淮北矿区

鹤壁矿区和淮北矿区都属于厚松散层矿区，下沉系数与采矿因素之间存在着类似的函数关系，只是系数不同（李凤明等，1996）：

$$q = 0.5905 + \frac{0.117D_\theta}{H_0} + \frac{0.5198H_S}{H_0} - 0.0001H_J \pm 0.104 \quad (3-61)$$

9. 铜川矿区下沉系数

铜川矿区煤系地层为石炭二叠系，松散层为第四系黄土，厚度为 0 ~ 200 m，采厚为 1.3 ~ 5.0 m，煤层倾角为 6° ~ 10°，采深为 150 ~ 500 m，长壁式垮落法开采。地表下沉系数与采深、松散层厚度、基岩厚度存在下面的经验公式（胡炳南等，2017）：

$$q = \frac{H_S + 0.765H_J}{H_0} \text{（初采、重采）} \quad (3-62)$$

10. 岩层内部下沉系数

全部垮落法管理顶板的情况下，煤层覆岩内都有 3 种不同的采动影响带，自下而上为垮落带、导水裂隙带和弯曲带或整体移动带，即所谓“三带”。从下沉系数方面来考虑，当采出煤层的体积一定时，如果采动覆岩整体连续下沉，则覆岩内部及地表的下沉系数均具有相等的值 1。事实上，垮落带内岩层的碎胀、裂缝带岩层产生的离层和由于应力释放而产生的岩层的扩容均“占有”了一定的采出空间，随着覆岩运动不断地向上传递，这种“占有”的空间越来越多，当沉陷传递到地表时，剩余的空间达到了最小，此时的下沉系数也达到了最小。可以这样说，从煤层顶板自下而上直至地表，下沉系数越来越小。

研究认为，岩层内部的移动和变形可用概率积分法进行预计（何国清等，1991）。以淮南矿区某矿为背景，相似材料模拟结果显示，覆岩内部下沉系数确与地表下沉系数、采深等因素有关，存在如下关系式（王少华，2013）：

$$q_{岩} = q\left(\frac{H - z}{H}\right)^m \quad (3-63)$$

式中　$q_{岩}$——岩层内部下沉系数；

q——地表下沉系数；

H——采深，m；

z——地表至预计水平的深度，m；

m——下沉影响系数，对于淮南矿区，m 取值为 −0.25。

11. 地表残余变形下沉系数

从地表移动初始期开始（下沉量 10 mm）到衰退期结束（连续 6 个月下沉量不超过 30 mm 时）的整个时间段称为地表移动持续时间。地表移动变形集中在此时间段内，而实际观测和实践证明，在衰退期结束后，地表还在持续地缓慢地发生变形，且这个过程持续的时间更长。衰退期结束后的地表变形称为残余变形。研究表明，残余变形仍可用概率积

分法进行计算（胡炳南等，2017）。“三下”采煤指南中推荐的残余变形的下沉系数 $q_{残}$ 为

$$q_{残} = (1 - q)k_t[1 - e^{-(\frac{50-t}{t})}] \tag{3-64}$$

式中　q——地表下沉系数；

k_t——调整系数，一般为 0.5～1.0；

t——距开采结束时间，a。

式（3-64）一般适用于长壁式全部垮落法开采。

12. 重复采动的下沉系数

重复采动时，原本已经稳定的岩层可能因为重复扰动而活化，因而地表移动变形过程加剧，还可能使下沉移动盆地的范围增大。一般认为（何国清等，1991），在重复采动时，下沉系数比初次采动增大 10%～20%。

一般可用下式估算重复采动的下沉系数（胡炳南等，2017）：

$$q_{复1} = (1 + a)q_{初} \tag{3-65}$$

$$q_{复2} = (1 + a)q_{复1} \tag{3-66}$$

以上两式中，a 为下沉活化系数，在“三下”采煤指南中可以查到。

对于重复采动，“三下”采煤指南还推荐了另外一种下沉系数的估算方法：

$$q_{复} = 1 - \frac{(H_1^2 - H_2^2)(1 - q_{初})M_2}{H_1 H_2} - K\frac{(1 - q_{初})M_1}{M_2} \tag{3-67}$$

式中，H_1、H_2 分别为第一层煤和第二层煤与基岩面的距离；M_1、M_2 分别为第一层煤和第二层煤的采厚；K 为系数，与岩性、采厚、煤层至基岩面的距离有关，可按“三下”采煤指南中的方法进行计算。

对我国东北多个矿区的实测数据分析整理后发现（刘文生，2001），重复采动时的地表下沉系数均大于初次采动时的地表下沉系数，对于中硬覆岩型，下沉系数增加量随复采次数增加而逐渐减小，一次复采与初采相比下沉系数增加 0.16～0.20，二次复采与一次复采相比下沉系数增加 0.08，三次复采与二次复采相比下沉系数增加 0.03；对于坚硬覆岩型，一次复采与初采相比下沉系数增加 0.10～0.12，二次复采与一次复采相比下沉系数增加 0.17～0.18，即二次复采下沉系数增加量大于一次复采下沉系数增加量。

13. 神东矿区与其他部分矿区概率积分法参数的比较

除下沉系数外，概率积分法其他预计参数一并列出进行对比，见表 3-20。

表 3-20　神东矿区与其他矿区概率积分法参数对比（据陈俊杰，2015）

矿区	下沉系数	主要影响角正切	拐点偏移距	水平移动系数	开采影响传播角	地质采矿条件
神东矿区	0.5～0.7	1.6～2.4	0.21～0.23	0.29～0.44	84.5～89.5	浅埋深、风积沙区、厚松散层、高强度开采
开滦矿区	0.80～0.98	1.6～2.4	0.10～0.01	0.20～0.35	79.0～82.0	厚松散层深部开采

表 3-20（续）

矿区	下沉系数	主要影响角正切	拐点偏移距	水平移动系数	开采影响传播角	地质采矿条件
与神东矿区差值	-0.25～-0.30	基本相等	0.1～0.2	0.1～0.2	5.0～7.0	
潞安矿区	0.75～0.90	2.0～3.5	0.1～0.03	0.20～0.35	82.0～83.0	厚松散层薄基岩浅埋深综放开采
与神东矿区差值	-0.20～0.30	-0.4～-1.0	0.1～0.2	0.1～0.2	1.0～2.0	
新汶矿区	0.50～0.70	2.0～3.0	0.1～0.05	0.25～0.35	80.0～85.0	厚基岩深部综放开采
与神东矿区差值	基本相等	-0.4～-0.6	0.1～0.22	0.05～0.20	4.0～6.0	
平煤矿区	0.70～0.78	1.9～2.7	0.1～0.05	0.20～0.35	75.0～82.0	薄松散层厚基岩普采
与神东矿区差值	-0.20～-0.30	-0.3～-0.5	0.1～0.15	0.1～0.2	6.0～8.0	

由于松散层性质的不同，相同煤层开采所造成的地表移动会表现出不同的规律。神东矿区的松散层部分区域为风积沙，而我国中东部矿区的松散层主要为黄土。比较神东矿区和中东部矿区的实测数据并进行数值模拟分析，结果表明（孙洪星，2008），风积沙下开采地表下沉系数较小，而黄土层下开采地表下沉系数较大。

3.9　主要影响角正切

概率积分法的参数为下沉系数 q、主要影响角正切 $\tan\beta$、水平移动系数 b、拐点偏移距 s、开采影响传播角 θ。下沉系数 q 已在上节进行过探讨，水平移动系数、拐点偏移距、作为角量参数的开采影响传播角 θ 将在后续内容中探讨，本节探讨主要影响角正切 $\tan\beta$。

将主要影响半径 r 端点与煤壁相连，其连线与水平线之间所夹锐角称为主要影响角，一般用 β 表示，如图 3-37 所示。开采深度 H 与主要影响半径 r 之比为主要影响角正切，即

$$\tan\beta = \frac{H}{r} \tag{3-68}$$

主要影响角正切 $\tan\beta$ 不像主要影响半径 r 那样随着开采深度 H 的变化而改变，便于不同观测站实测参数的比较，所以一般将 $\tan\beta$ 用作概率积分法的参数。主要影响角正切是概率积分法开采沉陷预计的必要参数。在开采沉陷学中，下山移动角用 β 表示，它与概率积分法的主要影响角 β 的含义是不同的，不可混淆。

主要影响半径 r 可以从实测下沉曲线中用几何关系得到，参考《开采沉陷学》（何国清等，1991）或者《煤矿科技术语　第 7 部分：开采沉陷与特殊开采》（GB/T 15663.7—2008）（中华人民共和国国家质量监督检验检疫总局等，2008）。除了下沉值外，主要的地

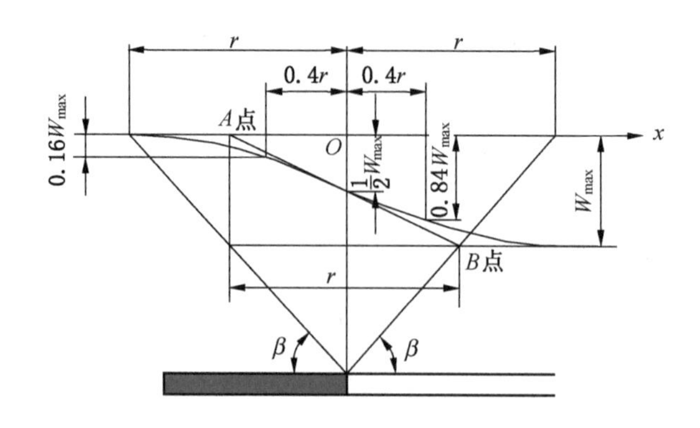

β—主要影响角，(°)；r—主要影响半径，m；W—最大下沉值，m

图 3-37 参数 r 及 tanβ 的几何意义

表移动和变形均发生在 $-r \sim +r$ 的范围内。在 $\pm r$ 之外，下沉值接近 0 或最大值，这也是 r 被称为主要影响半径的原因。

主要影响角正切 $\tan\beta$ 对下沉盆地的形态影响较大，它是表征地表移动变形集中程度及下沉盆地的横向发育情况的参数，与覆岩岩性、采动程度等有关，因此是开采沉陷学重要的研究对象。主要影响角越大，则主要影响角正切 $\tan\beta$ 就越大，这意味着主要影响半径 r 就越小，也即下沉盆地范围（边界）将缩小，而下沉盆地的边缘将显得“陡峭”。

3.9.1 神东矿区浅埋煤层综采/综放主要影响角正切特点

对东胜矿区 10 余个工作面实测数据分析整理后发现主要影响角正切 $\tan\beta$ 与采厚 M 和基岩厚度 H_J 之间存在如下经验公式（陈凯，2015）：

$$\tan\beta = 1.333 + 0.163M + 0.03H_J \tag{3-69}$$

总结万利矿区 4 个工作面的地表移动规律发现（煤炭科学技术研究总院，2012），综放开采条件下初采主要影响角正切为 2.37，综采开采条件下初采主要影响角正切为 1.85（走向）、2.34（倾向）。

根据实测数据分析计算得到的神东矿区主要影响角正切及相关信息汇总于表 3-21。表 3-21 中所罗列的神东矿区 27 个综采/综放工作面主要影响角正切的平均值为 2.42，与其他矿区无明显差别，符合一般规律。

以往的研究结果表明，主要影响角正切与采深、采厚、覆岩性质、基岩与松散层在采深中的占比、采动次数、煤层倾角等因素有关。

3.9.2 神东矿区主要影响角正切与其他矿区的对比分析

表 3-20 中比较了神东矿区和其他部分矿区的概率积分法参数，可知神东矿区主要影响角正切略小于中东部矿区。为便于对比分析，表 3-21 中除汇总了神东矿区的主要影响角正切及其影响因素外，还列举了其他部分矿区的信息，计算可知，与表 3-20 中所得结论大致接近。

表 3-21 神东矿区和其他部分矿区主要影响角正切及相关信息汇总表

序号	矿区、矿井、工作面名称	工作面长×宽/m^2	采深/m	松散层厚度/m	采厚/m	倾角/(°)	主要影响角正切	水平移动系数	拐点偏移距/采深	推进速度/($m \cdot d^{-1}$)	备注
1	神东矿区大柳塔矿 1203 工作面	938×150[61/38]	56~65/61[61/38]	26.5[61/38]	4.03[61/38]	1~3[14/109]	2.65[61/40]	0.29[61/40]	0.34[61/40]	2.4[38/19]	倾斜、走向平均值
2	神东矿区大柳塔矿 22201 工作面	643×349[41/30]	72.5[41/30]	12[41/30]	3.65[63/9]	1~3[63/9]	1.55[63/28]	0.17[63/28]	0.28[63/28]	9.6[78]	重复采动[63/8]；倾斜、走向平均值
3	神东矿区大柳塔矿 52304 工作面	4548×301[63/8]	250[63/8]	50[63/8]	6.45[63/8]	1~3[39/31]	2.44[63/28]	0.20[63/28]	0.21[63/28]	7.4[39/31]	重复采动[63/8]；倾斜、走向平均值
4	神东矿区补连塔矿 31401 工作面	4629×265.3[59/45]	255[40/105]	5~25[59/45]	4.2[40/105]	1~3[40/105]	3.40[40/103]	0.127[59/56]	0.11[40/103]	13.5[40/105]	
5	神东矿区补连塔矿 12406 工作面	3592×300.5[39/11]	160~220/200[39/11]	3~30[39/11]	4.5[40/105]	1~3[40/105]	2.51[40/103]		0.2[40/103]	12.0[40/105]	
6	神东矿区柳塔矿 12106 工作面	633×246.8[64/13]	150[64/13]	30[64/32]	6.9[64/13]	1~3[64/13]	2.37[64/66]	0.43[64/66]	0.05[64/66]	5.0[64/13]	倾斜、走向平均值
7	神东矿区乌兰木伦矿 2207 工作面	892×158[5/40]	102[5/40]	20~40/28[5/41]	2.2[5/40]	0~1[130/2]	1.87[5/54]	0.443[5/54]	0.21[5/54]	2.8[65]	倾斜、走向平均值
8	神东矿区寸草塔矿 22111 工作面	2085×224[64/18]	140~260[64/18]	20[64/32]	2.8[64/18]	1~3[64/18]	2.165[64/66]	0.38[64/66]	0.16[5/54]	9.7[64/18]	倾斜、走向平均值
9	神东矿区寸草塔二矿 22111 工作面	3648×300[64/25]	240~370[64/25]	20[64/32]	2.9[64/25]	1~3[5/42]	2.125[5/54]	0.39[5/54]	0.045[5/54]	7.2[5/42]	倾斜、走向平均值
10	神东矿区布尔台矿 22103 工作面	4250×360[64/36]	157~324[5/39]	20[5/32]	3.0[64/36]	1~4[5/39]	2.0[64/66]	0.21[64/66]	0.095[5/54]	8.3[64/36]	倾斜、走向平均值

表 3－21（续）

序号	矿区、矿井、工作面名称	工作面长×宽/m^2	采深/m	松散层厚度/m	采厚/m	倾角/(°)	主要影响角正切	水平移动系数	拐点偏移距/采深	推进速度/($m \cdot d^{-1}$)	备　注
11	神东矿区上湾矿 51101 工作面	4000×240[40/105]	146[40/105]	15.6[40/105]	5.2[40/105]	1～3[40/105]	3.05[40/103]	0.12[67]		10.0[40/105]	
12	神东矿区大柳塔矿 52305 工作面	2881×281[40/105]	230[40/105]	30[40/105]	6.7[40/105]	1～3[40/105]	2.7[40/103]		0.17[40/103]	12.0[40/105]	
13	神东矿区柠条塔矿 N1201 工作面	2740×295[46/114]	67～158[14/149]	70[46/95]	3.9[46/114]	1[14/149]	1.95[14/149]	0.24[14/149]	0.28～0.67[14/149]	4～5[14/149]	倾斜、走向平均值
14	神东矿区韩家湾矿 2304 工作面	1800×268[37/9]	130[37/11]	60[37/11]	4.1[37/9]	2～4[37/9]	1.97[37/30]	0.28[37/31]	0.07[37/31]	8.0[37/47]	倾斜、走向平均值
15	神东矿区补连塔矿 2211 工作面	1367×185[5/41]	100～130[5/41]	5～50/20[5/41]	4.0[5/41]	0～3[5/41]	2.40[5/54]	0.37[5/54]	0.36[5/54]		
16	神东矿区杨家村矿 222201 工作面	1800×240[68]	70～162/133[68]	10[5/40]	5.0[5/40]	1～4[5/40]	2.40[5/54]	0.47[5/54]	0.30[5/54]	5.1[5/50]	倾斜、走向平均值
17	神东矿区察哈素矿 31301 工作面	2504×301[5/40]	382～455/418[72/10]	11[72/11]	4.5[72/10]	1～3[5/40]	4.215[72/69]	0.346[72/68]	0.135[5/54]	8.9[5/42]	倾斜、走向平均值
18	神东矿区张家峁矿 15201 工作面	1352×260[14/148]	128[74/19]	70[74/19]	6.0[74/1]	1～3[74/1]	2.87[72/56]	0.51[72/57]		10.0[14/148]	倾斜、走向平均值
19	神东矿区布尔台矿 42105 工作面	5231×230[79]	372[80/2]	8～26[81/14]	6.7[79]	1～9[79]	2.58[80/57]	0.3[79]	0.17[80/57]	12.8[79]	重复采动[79]；倾斜方向非充分采动[80/58]

表3－21（续）

序号	矿区、矿井、工作面名称	工作面长×宽/m^2	采深/m	松散层厚度/m	采厚/m	倾角/(°)	主要影响角正切	水平移动系数	拐点偏移距/采深	推进速度/($m \cdot d^{-1}$)	备注
20	神东矿区补连塔矿32301工作面	5220×301[5/41]	260[5/41]	55[5/44]	6.1[5/44]	1～3[5/44]	2.60[5/54]	0.25[5/54]	0.31[5/54]	9.2[5/50]	重复采动[82]
21	神东矿区榆家梁矿52101工作面	3730×246[86]	91[66/16]	37.5[66/16]	3.4[66/16]	1.5[86]	2.0[66/31]	0.30[66/31]	0.39[66/31]	15.3[14/109]	
22	神东矿区哈拉沟矿22407工作面	3224×284[40/105]	130[40/105]	15.6[40/105]	5.2[40/105]	1～3[40/105]	1.6[40/103]	0.22[66/31]	0.41[66/31]	15.0[40/105]	
23	神东矿区龙华矿20102工作面	2550（工作面走向长度）[14/148]	108[14/148]	22[14/148]	2.88[14/148]	1[14/148]	1.6[14/148]	0.3[14/148]	0.35[14/148]	7.7[14/148]	覆岩中硬[87/29]
24	神东矿区龙华矿10103工作面	1198（工作面走向长度）[14/148]	52[14/148]	18.5[14/148]	3.29[14/148]	1[14/148]	1.8[14/148]	0.32[14/148]	0.35[14/148]		
25	神东矿区张家峁矿14202工作面	734×295[14/148]	39.5～104[14/148]	58[14/148]	3.7[14/148]	2[14/148]	2.48[14/148]	0.47[14/148]	0.21～0.55[14/148]	8.0[14/148]	重复采动[88]
26	神东矿区红柳林矿15201工作面	2330×305[14/149]	149[14/149]	85[14/149]	6.0[14/149]	0～2[14/149]	2.35[14/149]	0.64[14/149]	0.20[14/149]	7.3[14/149]	
27	神东矿区大柳塔矿52307工作面	4463×301[104/16]	190[104/30]	11[104/30]	6.7[104/16]	0～3[104/16]	3.69[104/37]	0.21[104/37]		4.4～13.5[104/56]	
神东矿区平均值							2.42	0.31	0.24	8.82	
28	兖州矿区鲍店矿1308工作面	1270×154[188/11]	400～455[188/11]	194[188/11]	8.9[188/11]	4[188/11]	2.53[14/123]	0.24[14/123]	0.08～0.09[14/123]	3.7[14/124]	

表 3-21（续）

序号	矿区、矿井、工作面名称	工作面长×宽/m^2	采深/m	松散层厚度/m	采厚/m	倾角/(°)	主要影响角正切	水平移动系数	拐点偏移距/采深	推进速度/($m \cdot d^{-1}$)	备　注
29	兖州矿区鲍店矿1310工作面	1028×198[189]	378~440[188/11]	180[188/11]	8.7[188/11]	6[188/11]	2.2[190]	0.33[190]	0.066[190]	5[190]	
30	兖州矿区鲍店矿1312工作面	866×245[188/11]	344~394[188/11]	211[188/11]	8.8[188/11]	8[188/11]	2.8[189]	0.3[189]	0.1[189]	5[188/13]	
31	兖州矿区兴隆庄矿4314工作面	1580×160[14/123]	319~331[188/11]	197[14/123]	8.2[14/123]	4.3[14/123]	2.34[14/123]	0.23[14/123]	0.06[14/123]	2~4.4[14/123]	
32	兖州矿区兴隆庄矿5306工作面	400×164[188/11]	399~442[188/11]	183[188/11]	6.26[188/11]	4[188/11]	2.1[14/123]	0.275[14/123]		2.4[188/13]	
兖州矿区平均值							2.39	0.28	0.08	3.82	
33	邢台矿区东庞矿2107工作面	1055×160[159]	264[159]	140[159]	3.7[159]	7[159]	2.27[159]	0.42[159]	0.09[159]	1.96[159]	倾斜、走向平均值
34	邢台矿区东庞矿2108工作面	840×165[159]	316[159]	166[159]	2.4[159]	12[159]	2.27[159]	0.52[159]	0.22[159]	1.84[159]	倾斜、走向平均值
35	邢台矿区东庞矿2702工作面	510×150[159]	372[159]	169[159]	4.2[159]	10[159]	2.27[159]	0.41[159]	0.20[14/139]	2.6[159]	倾斜、走向平均值
36	邢台矿区邢东矿1100采区		760[14/139]	230[14/139]	4.65[14/139]	9[14/139]	1.9[159]	0.34[159]	0.09[14/139]	2.0[14/139]	倾斜、走向平均值
37	邢台矿区葛泉矿11912工作面	95×926[159]	140[159]	25[159]	6.5[159]	11[159]	2.8[159]	0.3[159]	0.11[14/139]	2.4[14/139]	倾斜、走向平均值

表 3-21（续）

序号	矿区、矿井、工作面名称	工作面长×宽/m^2	采深/m	松散层厚度/m	采厚/m	倾角/(°)	主要影响角正切	水平移动系数	拐点偏移距/采深	推进速度/($m \cdot d^{-1}$)	备注
邢台矿区平均值							2.30	0.40	0.14	2.16	
38	潞安矿区五阳矿7305工作面（上分层）	770×180[14/142]	198~227[14/142]	22[14/142]	3[14/142]	8[14/142]	2.5[14/142]	0.26[14/142]	0.15[170]	2.5[14/142]	
39	潞安矿区五阳矿7305工作面（下分层）	740×166[14/142]	198~227[14/142]	22[14/142]	3.8[14/142]	8[14/142]	3.2[14/142]	0.33[14/142]	0.11[170]	3.2[14/142]	属于重复采动
40	潞安矿区五阳矿7503工作面	716×188[170]	315.5[170]	47[14/143]	6.87[170]	4[14/143]	2.71[14/143]	0.33[14/143]	0.13[170]	1.82[145]	
41	潞安矿区五阳矿7506工作面	1450×200[170]	329[170]	30[14/143]	6.53[170]	7[14/143]	2.7[14/143]	0.28[14/143]	0.12[170]	1.12[145]	
42	潞安矿区五阳矿7511工作面	701×200[170]	270[170]	38[14/143]	6.49[170]	5[170]	2.7[170]	0.31[170]	0.14[170]	2.10[145]	
43	潞安矿区漳村矿2201工作面	1560×226[144/40]	350[144/40]	30[144/40]	6.18[144/40]	3[144/40]	3.2[144/45]	0.25[144/45]	0.14[144/45]		
44	潞安矿区司马矿1101工作面	960×165[144/52]	242.4[144/58]	155~186[144/52]	6.5~6.8[144/52]	3~8[144/52]	2.7[144/139]	0.26		2.67[144/54]	
45	潞安矿区王庄矿4326工作面	700×274[170]	238[170]		6.65[170]	3[170]	2.7[144/139]	0.31[144/139]		1.92[170]	
46	潞安矿区屯留矿2201工作面	1514×190[144/139]	540[144/139]	80[144/64]	6.5[144/139]	1~12[144/139]	2.4[144/139]	0.30[144/139]			

表 3-21（续）

序号	矿区、矿井、工作面名称	工作面长×宽/m²	采深/m	松散层厚度/m	采厚/m	倾角/(°)	主要影响角正切	水平移动系数	拐点偏移距/采深	推进速度/(m·d⁻¹)	备注
47	潞安矿区郭庄矿2309工作面	800×208[14/143]	363[143]	45[14/143]	6[14/143]	6~14[144]	2.4[14/143]	0.23[14/143]	0.13[14/143]	2.6[14/143]	
潞安矿区平均值							2.72	0.29	0.13	2.24	
48	淮南矿区顾北矿13121工作面	629×205[14/118]	500[183/19]	400[183/54]	3.6[183/7]	5[183/7]	2.2[14/118]	0.33[14/118]	0.085[183/24]	5.2[14/118]	
49	淮南矿区潘北矿11113工作面	440×110[186/6]	412[186/27]	343[186/7]	3[186/32]	9[186/6]	1.85[186/34]	0.33[186/35]		3.2[186/29]	
50	淮南矿区顾桥矿1117（1）工作面	2615×245[147/25]	760[147/27]	360~440[14/118]	3.5[14/118]	5[14/118]	2.85[147/30]	0.35[14/118]		4.8[14/118]	
51	淮南矿区顾桥矿1117（3）工作面	2770×243[147/11]	680[147/11]	396~456/430[147/11]	4.3[147/11]	3~10/5[147/11]	3.57[147/30]	0.444[147/26]		6.7[14/118]	属于重复采动
52	淮南矿区谢桥矿11118工作面	620×162[25/11]	500[25/11]	400[25/11]	2.5[25/11]	13[25/11]	2.09[14/117]	0.3[14/117]	0.045[25/25]	1.8[25/22]	倾斜、走向平均值
53	淮南矿区潘一矿东区1252（1）工作面	1154×262[149/9]	802[14/119]	165[14/119]	2.7[149/9]	3~7/6[149/9]	1.8[14/119]	0.3[14/119]		3.3[14/119]	
54	淮南矿区丁集矿1262（1）工作面	1860×253[148]	890[148]	455[148]	2.6[14/119]	0~6[14/119]	2.3[148]	0.32[148]	0.01[148]	4.3[14/119]	倾斜、走向平均值
55	淮南矿区谢桥矿11316工作面	1628×236[14/117]	640[14/117]	382[14/117]	2.6[14/117]	13.5[14/117]	1.57[14/117]	0.3[14/117]		3.4[14/117]	
淮南矿区平均值							2.28	0.33	0.05	4.08	

1. “三下”采煤指南中关于主要影响角正切

主要影响角正切为

$$\tan\beta = (D_{岩} - 0.0032H)(1 - 0.0038\alpha) \tag{3-70}$$

式中，$D_{岩}$ 为岩性影响系数，可在“三下”采煤指南中查阅到。

2. 我国东北部矿区主要影响角正切

采深对主要影响角正切有较大影响。

阜新矿区的研究成果表明，在采深 $H\leqslant 50$ m、50 m < $H\leqslant 100$ m、100 m < $H\leqslant 300$ m、360 m < $H\leqslant 550$ m 条件下，主要影响角正切分别取值为 1.2、1.7、2.6、2.74 ~ 3.6（胡炳南等，2017）。

在鸡西矿区，主要影响角正切 $\tan\beta$ 与采深 H 存在如下经验公式（胡炳南等，2017）：

$$\tan\beta = 0.518 + 0.268\ln H \quad (35\ \text{m} \leqslant H \leqslant 365\ \text{m}) \tag{3-71}$$

在双鸭山矿区，主要影响角正切不仅受到采深影响，而且也与覆岩性质有关（胡炳南等，2017）：

$$\tan\beta = 1.56 + 0.005H \quad (中硬) \tag{3-72}$$

$$\tan\beta = 0.93 + 0.005H \quad (中硬偏软) \tag{3-73}$$

3. 徐州矿区主要影响角正切

在徐州矿区，主要影响角正切 $\tan\beta$ 随采深 H 的增加而增大，呈线性关系（滕永海等，2003）：

$$\tan\beta = 1.435 + 0.0011H \tag{3-74}$$

4. 开滦矿区主要影响角正切

在我国部分矿区，下山和上山方向的主要影响角无较大差异，但部分矿区则差异较大。开滦矿区深部开采的下山和上山方向主要影响角正切分别为（殷作如等，2010）：

$$\tan\beta_1 = 4.13\left(\frac{H_J}{M}\right)^{-0.1983} \tag{3-75}$$

$$\tan\beta_2 = 1.4612 + 0.0024\left(\frac{H_J}{M}\right) \tag{3-76}$$

以上两式中，$\tan\beta_1$ 和 $\tan\beta_2$ 分别为下山和上山方向主要影响角正切。可以看出，开滦矿区深部开采的主要影响角正切与深厚比有关。开滦矿区部分煤矿为厚松散层所覆盖，有的区域可达 500 m 以上。厚松散层条件下，开滦矿区下山和上山方向主要影响角正切分别为（殷作如等，2010）：

$$\tan\beta_1 = 2.114 - 0.0126\alpha + 0.0018H_S - 1.3318\left(\frac{H_S}{H}\right) \tag{3-77}$$

$$\tan\beta_2 = 1.9719 - 0.0182\alpha - 0.001H_S + 0.3997\left(\frac{H_S}{H}\right) \tag{3-78}$$

5. 潞安矿区主要影响角正切

松散层的流变特性决定了地表移动范围大，且随冲积层厚度的增大而增大。这是厚冲积层矿区主要影响角正切 $\tan\beta$ 小的主要原因。潞安矿区的实测数据分析结果表明，主要影响角正切随着土岩比的增加而减小（胡海峰，2012）：

$$\tan\beta = -0.1\left(\frac{H_S}{H_J}\right) + 2.2833 \tag{3-79}$$

6. 肥城矿区主要影响角正切

在肥城矿区，主要影响角正切同样与松散层厚度有关，实测数据回归分析得到两个经验公式（卜昌森等，2015）：

$$\tan\beta = 0.2239\ln H_J + 0.6906 \tag{3-80}$$

$$\tan\beta = -0.42211(H_S/H_J) + 2.009 \tag{3-81}$$

7. 重复采动的主要影响角正切

一般来说，重复采动可致主要影响角正切增大。在阜新矿区，主要影响角正切 $\tan\beta$ 与重复采动次数之间存在线性变化的经验公式（胡炳南等，2017）：

$$\tan\beta = 2.48 + 0.325p \tag{3-82}$$

式中，p 为重复采动次数。

在阳泉矿区，初次采动和重复采动时主要影响角正切分别取值为 2.1 和 2.5；在本溪矿区，初次采动和重复采动时主要影响角正切分别取值为 2.0 和 2.6（胡炳南等，2017）。

在典型软岩矿区龙口矿区，主要影响角正切随着重复开采次数的增加而增加（卜昌森等，2015）：

$$\tan\beta = 1.2201\ln p + 2.7002 \tag{3-83}$$

式中，p 为重复采动次数。

8. 非充分采动程度的主要影响角正切

对红岭煤矿的研究结果表明，主要影响角正切 $\tan\beta$ 与倾向采动程度有关（侯得峰，2016），采动程度越大，$\tan\beta$ 越小，如图 3－38 所示。$\tan\beta$ 与倾向采动程度之间的经验关系式为：

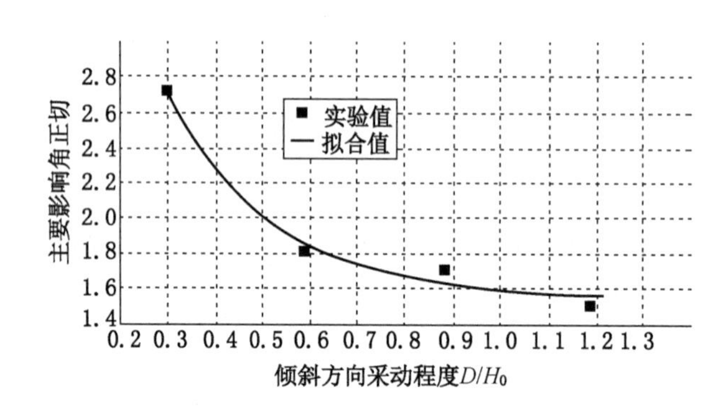

图 3－38　主要影响角正切与倾向采动程度拟合关系曲线（侯得峰等，2016）

$$\tan\beta = 4.5e^{-5n_1} + 1.5 \tag{3-84}$$

式中，n_1 为倾向采动程度系数。

9. 厚松散层矿区主要影响角正切

主要影响角正切决定下沉盆地的横向发育形态。对于厚松散层矿区来说，松散层作为与基岩物性差异较大的一种介质，松散层影响着岩性参数的变化及地表移动盆地的形态。这种变化及盆地的形态决定于冲积层与基岩之间的双重作用，一方面，基岩作为下部岩体，最先受到采动影响，它的移动变形和破坏决定了冲积层的活动特性；另一方面，冲积层作为抗弯能力很低的松散介质覆盖于基岩之上，不仅对基岩起荷载作用，本身也以流动形式充填基岩下沉空间，最终引起地表下沉。表土层的流变特性决定了地表移动范围大，这种趋势随冲积层厚度的增大而增大，这是厚冲积层矿区主要影响角正切值小的主要原因（李凤明等，1996）。

从表3-21中可以发现，虽然神东矿区主要影响角正切平均值与其他矿区无明显差异，但数据的离散程度偏大，个别工作面的数值超过4，主要影响角正切越大，主要影响半径就越小，变形也就越集中在下沉盆地边缘。这就是有学者（王新静，2014；陈俊杰，2015；陈超，2018）认为神东矿区地表下沉盆地边缘更加陡峭的原因。

3.10 水平移动系数和拐点偏移距

1）水平移动系数

在概率积分法中，水平移动最大值和下沉量最大值之比为水平移动系数 b，这是一个衡量水平方向移动量和垂直方向下沉量之间关系大小的参数，与覆岩岩性、煤层倾角、开采深度、采动程度等因素有关。

2）拐点偏移距

下沉曲线的拐点常常不在工作面开采边界的正上方，而向采空区方向偏移，拐点与工作面边界之间的距离称拐点偏移距 s。从概率积分法的理论角度看，在下沉盆地拐点处，其下沉量 W 为最大下沉量 W_{max} 的一半，此处倾斜值 i 达到最大值 i_{max}，曲率 K 为0，即 $W=0.5W_{max}$，$i=i_{max}$，$K=0$。一般拐点偏向采空区一侧，拐点偏移距 s 取正值，如果偏向于煤柱一侧，则取负值。一般地，s_1、s_2、s_3、s_4 分别代表下山方向、上山方向、切眼一侧、终采一侧的拐点偏移距。拐点偏移距 s 主要与覆岩岩性、开采深度等有关。理论上，受倾角影响，沉陷盆地整体向下山方向偏移，下山方向拐点偏移距 s_1 一般略小于其他3个拐点偏移距，比其他3个方向更容易出现负值。实际上，拐点偏移距很容易受到周边工作面采动的影响，因此规律性不强。

3.10.1 神东矿区综采/综放水平移动系数和拐点偏移距的特点

以往对神东矿区水平移动系数、拐点偏移距的研究成果不多。对东胜矿区10余个工作面实测数据分析整理后发现，水平移动系数 b 与岩土比有关（陈凯，2015）：

$$b=-1.1272\left(\frac{H_S}{H_J}\right)^2+1.1056\left(\frac{H_S}{H_J}\right)+0.1947 \tag{3-85}$$

拐点偏移距 s 为

$$s=-0.0005H_J+0.2759 \tag{3-86}$$

对补连塔等10余个风积沙覆盖煤矿的工作面实测数据进行了统计分析，发现在风积沙覆盖区域，由于一定厚度的风积沙具有流变和蠕变特性，造成风积沙自动填充下沉空间与下沉盆地，使水平移动系数随松散层厚度增大而增大（陈俊杰，2015），见表3－20。

根据实测数据分析计算得到的神东矿区水平移动系数和拐点偏移距及相关信息汇总于表3－21。表3－21中罗列的27组神东矿区数据的水平移动系数平均值为0.31。此外，表3－2中也计算了神东矿区部分煤矿工作面的水平移动系数，其中41组数据的水平移动系数平均值为0.35。这符合“开采水平煤层时，水平移动系数b变化不大，一般为0.3”（胡炳南等，2017）的结论，也就是说，神东矿区水平移动系数符合一般规律。

3.10.2 神东矿区水平移动系数和拐点偏移距与其他矿区的对比分析

1）一般情况

开采倾斜煤层时，其水平移动系数按下式计算（胡炳南等，2017）：

$$b_c = b(1 + 0.0086\alpha) \tag{3-87}$$

式中 b_c——倾斜煤层水平移动系数；

b——水平煤层水平移动系数；

α——煤层倾角，以“°”为单位的数值。

也就是说，水平移动系数随倾角的增大而增大，但增速非常缓慢。

有学者（郝延锦等，2000）在对118个工作面或观测线（平均采厚为2.7 m，走向长壁开采，全陷法管理顶板）的实际资料整理和分析的基础上发现，覆岩中硬岩层的比例、采动程度、煤层倾角等因素对水平移动系数没有明显的影响规律，随煤层倾角的增大，水平移动系数增大的幅度也较小，水平移动系数基本稳定在0.29左右。水平移动系数b随采厚M变化而变化的规律较明显，其回归公式为

$$b = 0.0063M + 0.27 \pm 0.12 \tag{3-88}$$

2）阜新矿区

在采深$H \leqslant 100$ m和$H > 100$ m条件下，水平移动系数分别取值为0.25和0.18；在采深$H \leqslant 50$ m和$50\ \text{m} < H \leqslant 300$ m条件下，拐点偏移距分别取值为$0.14H$和$0.3H$（胡炳南等，2017）。

3）鸡西矿区

水平移动系数b随采深的增大而增大，在采深为40 m、80 m、200 m、400 m时，水平移动系数b的取值分别约为0.15、0.20、0.25、0.30（胡炳南等，2017）。

4）本溪矿区

本溪矿区水平移动系数b与砂岩占覆岩的百分比Q有关（胡炳南等，2017）：

$$b = -2.043 + 0.57\ln Q \tag{3-89}$$

5）淮北矿区（包括部分皖北矿区）

在淮北矿区（包括部分皖北矿区），水平移动系数b与煤层倾角α的线性关系较明显，也与松散层占采深的比例有明显的线性关系（胡炳南等，2017）：

$$b = 0.2801 + 0.0037\alpha \tag{3-90}$$

$$b = 0.225 + 0.2116\left(\frac{H_S}{H}\right) \tag{3-91}$$

式(3－90)中，H_S和H分别为松散层厚度和采深。式(3－89)和式(3－90)说明，倾角越大，水平移动系数就越大；松散层厚度占采深的比例越大，水平移动系数就越大。

6）潞安矿区

在潞安矿区地表移动变形主要计算参数均与土岩比有关，水平移动系数 b 与土岩比之间的定量关系式（胡海峰，2012）是

$$b=0.03\left(\frac{H_S}{H_J}\right)+0.3333 \tag{3-92}$$

式中，H_S 和 H_J 分别为松散层厚度和基岩厚度。式（3－90）说明，土岩比越大，水平移动系数越大，这跟式（3－90）表达的观点是一致的。

7）开滦矿区

开滦矿区深部开采的下山方向拐点偏移距 s_1、上山方向拐点偏移距 s_2 都与采深 H、基岩厚度 H_J、采厚 M 有关，经验公式（殷作如等，2010）为

$$\frac{s_1}{H}=0.0135+0.0004\left(\frac{H_J}{M}\right) \tag{3-93}$$

$$\frac{s_2}{H}=0.022+0.0003\left(\frac{H_J}{M}\right) \tag{3-94}$$

在厚松散层条件下，下山方向拐点偏移距 s_1、上山方向拐点偏移距 s_2 都与采深 H、松散层厚度 H_S、工作面倾斜长度 D_1 有关，经验公式（殷作如等，2010）为

$$\frac{s_1}{H}=-0.0443+0.0345\ln\left(\frac{D_1}{H}\right)+0.1626\left(\frac{H_S}{H}\right) \tag{3-95}$$

$$\frac{s_2}{H}=-0.0314+0.0296\ln\left(\frac{D_1}{H}\right)+0.1364\left(\frac{H_S}{H}\right) \tag{3-96}$$

表3－21中除汇总了神东矿区的水平移动系数和拐点偏移距外，还列举了其他部分矿区的信息。计算对比可知，神东矿区的水平移动系数和拐点偏移距与其他矿区无明显差异。但是，无论是主要影响角正切，还是水平移动系数或拐点偏移距，神东矿区与其他矿区相比，数据的离散程度偏大。例如，神东矿区主要影响角正切最大、最小值分别为察哈素煤矿 31301 工作面的4.215 和大柳塔煤矿 22201 工作面的 1.55，极差为 2.665；在兖州矿区，主要影响角正切最大、最小值分别为鲍店煤矿 1312 工作面的 2.8 和兴隆庄煤矿 5306 工作面的 2.1，极差仅为 0.7。又如神东矿区水平移动系数最大、最小值分别为红柳林煤矿 15201 工作面的 0.64 和上湾煤矿 51101 工作面的 0.12，极差为 0.52，而且红柳林煤矿 15201 工作面 0.64 的水平移动系数在“三下”采煤指南中所罗列的 408 个工作面中居于第二（最大值为松藻矿区打通一煤矿 N1713 工作面的 0.74），在邢台矿区，水平移动系数最大、最小值分别为东庞煤矿 2108 工作面的 0.52 和葛泉煤矿 11912 工作面的 0.3，极差仅为 0.22。

3.11　静态角值参数

1）边界角

在充分采动或接近充分采动条件下，地表移动盆地主断面上盆地边界点至采空区边界的连线与水平线在煤柱一侧的夹角称为边界角。若有松散层存在，先从盆地边界点用松散

层移动角划线和基岩与松散层交接面相交，此交点至采空区边界的连线与水平线在煤柱一侧的夹角称为边界角。移动盆地最外边界是以地表移动和变形为零的点所圈定的边界。考虑到观测误差，一般取下沉值为 10 mm 的点为边界点，也就是说，地表移动盆地的边界是以下沉值为 10 mm 的点圈定的。

2）移动角

在充分采动或接近充分采动条件下，地表移动盆地主断面上 3 个临界变形值中最外边的一个临界变形值点至采空区边界的连线与水平线在煤柱一侧的夹角称为移动角。若有松散层存在，从最外边的临界变形值点用松散层移动角划线和基岩与松散层交接面相交，此交点至采空区边界的连线与水平线在煤柱一侧的夹角称为移动角。建（构）筑物虽然受到采动影响，但无须维修仍能正常使用所允许的地表最大变形值称为临界变形值。3 个临界变形值是，地表水平变形 $\varepsilon=2$ mm/m，倾斜 $i=3$ mm/m，曲率 $K=0.2\times10^{-3}$/m。

3）裂缝角

在充分采动或接近充分采动条件下，在地表移动盆地主断面上，移动盆地内最外侧的裂缝至采空区边界的连线与水平线在煤柱一侧的夹角称为裂缝角。

4）最大下沉角

在充分采动或接近充分采动条件下，在倾斜主断面上，由采空区的中点和地表移动盆地的最大下沉点在地表水平的投影点连线与水平线的夹角在煤层下山方向一侧的夹角，称为最大下沉角。

5）开采影响传播角

倾斜煤层开采必须考虑开采影响传播方向的问题。在倾斜方向上，地表下沉不是沿铅垂方向，而是向下山方向偏移一个角度，这个角度就是开采影响传播角。开采影响传播角是倾斜主断面上特有的参数。

6）充分采动角

充分采动的范围用充分采动角来确定。在充分采动条件下，在地表移动盆地的主断面上，移动盆地平底的边缘（在地表水平线上的投影点）和同侧采空区边界连线与煤层在采空区一侧的夹角称为充分采动角。

下山方向边界角、移动角、裂缝角、充分采动角一般用 β、β_0、β''、ψ_1 表示，上山方向边界角、移动角、裂缝角、充分采动角一般用 γ、γ_0、γ''、ψ_2 表示，走向边界角、移动角、裂缝角一般用 δ、δ_0、δ''表示。松散层移动角一般用 φ 表示。最大下沉角和开采影响传播角一般用 θ 表示。

以上角量参数都是静态角量参数，是开采沉陷理论中非常重要的几何参数。其中，开采影响传播角为概率积分法必要参数，其余角量参数不是概率积分法参数。边界角、移动角和裂缝角示意图如图 3－39 所示，最大下沉角如图 3－40 所示，充分采动角如图 3－41 所示。以上角量参数都由实测数据分析得到。

最大下沉角和开采影响传播角不仅一般都用 θ 表示，而且均可按下式估算：

$$\theta=90^\circ-k_{岩}\,\alpha \tag{3-97}$$

式中　$k_{岩}$——与岩性有关的系数；

　　α——煤层倾角，(°)。

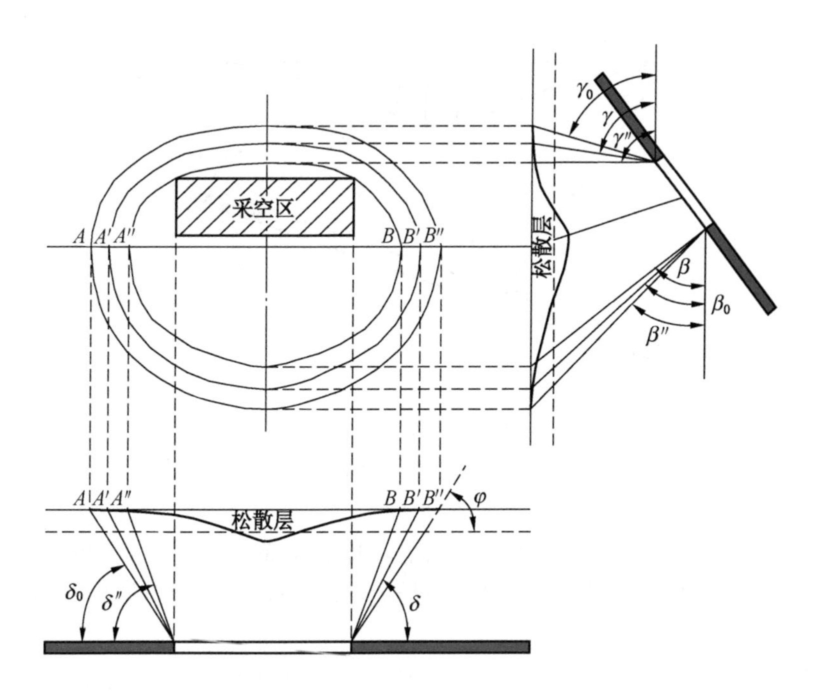

β—下山方向边界角，(°)；β_0—下山方向移动角，(°)；β''—下山方向裂缝角，(°)；γ—上山方向边界角，(°)；γ_0—上山方向移动角，(°)；γ''—上山方向裂缝角，(°)；δ—走向边界角，(°)；δ_0—走向移动角，(°)；δ''—走向裂缝角，(°)；φ—松散层移动角，(°)

图 3-39　边界角、移动角、裂缝角示意图

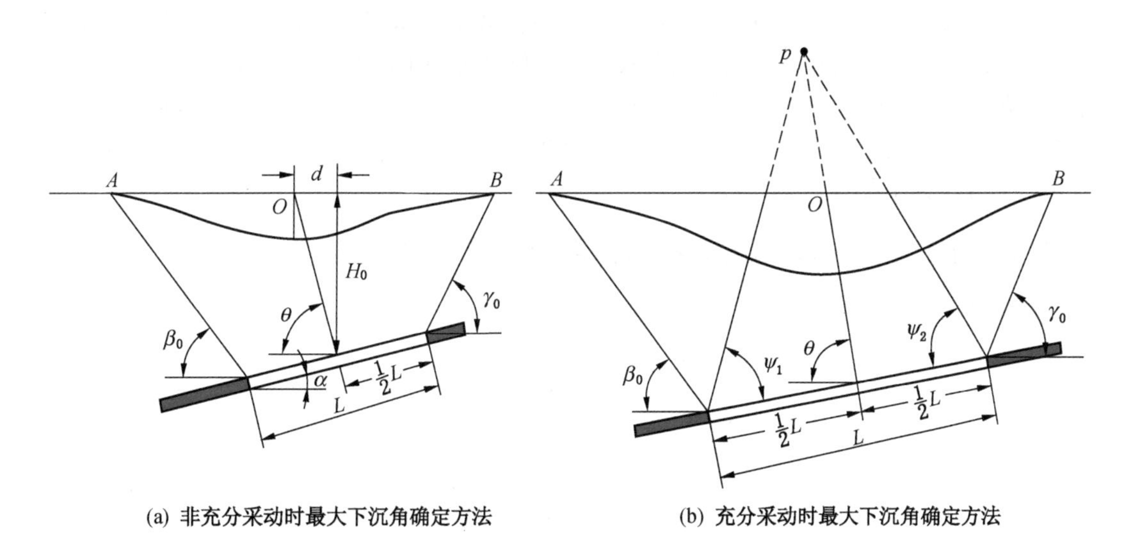

(a) 非充分采动时最大下沉角确定方法

(b) 充分采动时最大下沉角确定方法

φ_1—下山方向充分采动角，(°)；φ_2—上山方向充分采动角，(°)；d—地表最大下沉点与工作面中心之间的水平距离，m；α—煤层倾角，(°)；H_0—平均采深，m；L—工作面倾斜长度，m；θ—最大下沉角，(°)

图 3-40　最大下沉角示意图

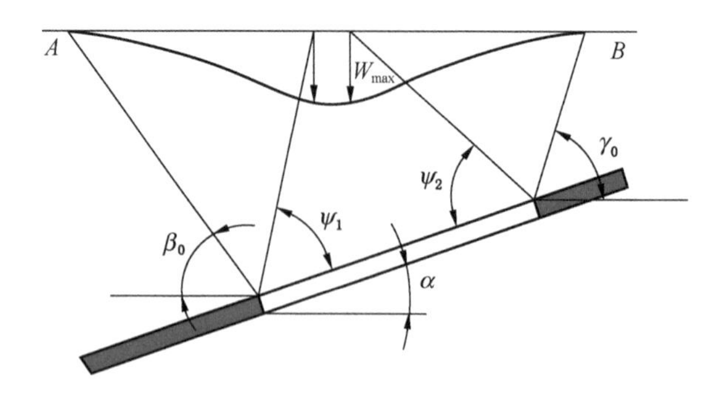

W_{max}—最大下沉值，m

图 3-41　充分采动角确定方法示意图

实际上，最大下沉角和开采影响传播角的物理意义完全不同，且数值大小存在差异。在倾角较小且预计要求精度不高时，可以用最大下沉角代替开采影响传播角进行概率积分法沉陷预计。

水平煤层开采，其最大下沉角和开采影响传播角均为 90°，倾斜煤层开采，无论其走向方向是否达到充分采动，走向方向的最大下沉角和开采影响传播角均为 90°。但是倾斜方向上，最大下沉角和开采影响传播角均小于 90°，前者一般稍大于后者，并且都受到顶底板岩性、开采充分程度和煤层倾角的影响（戴华阳等，2001）。在非充分采动条件下，煤层倾角越大、采动程度越充分，开采影响传播角就越小，最大下沉角与开采影响传播角的差值越大；在超充分采动条件下，煤层倾角是最大下沉角与开采影响传播角的主要影响因素，倾角越大，最大下沉角和开采影响传播角就越小（黄乐亭，1986）。这样的理解更加明了：最大下沉角和开采影响传播角仅是煤层倾斜方向上的参数，在煤层走向方向上不存在这两个角值参数，开采影响传播角属于概率积分法的参数，最大下沉角不属于概率积分法参数。煤层倾角较小时，可以用最大下沉角代替开采影响传播角，其误差约为煤层倾角的 0.1 倍（戴华阳等，2001）。

3.11.1　神东矿区浅埋煤层综采/综放静态角量参数

对东胜矿区 10 余个工作面实测数据分析整理后发现，走向边界角 δ_0、移动角 δ、裂缝角 δ'' 与基岩厚度 H_J 和采厚 M 有关（陈凯，2015）：

$$\delta_0 = -0.0807\left(\frac{H_J}{M}\right) + 60.848 \tag{3-98}$$

$$\delta = 0.117\left(\frac{H_J}{M}\right) + 65.979 \tag{3-99}$$

$$\delta'' = -0.1238\left(\frac{H_J}{M}\right) + 77.11 \tag{3-100}$$

东胜矿区煤层倾角很小，为近水平煤层，在倾斜方向上，认为上山边界角 γ_0 和下山边界角 β_0 相等，上山移动角 γ 和下山移动角 β 相等（陈凯，2015）：

$$\beta_0=\gamma_0=-0.1419\left(\frac{H_J}{M}\right)+64.79 \tag{3-101}$$

$$\beta=\gamma=0.0858\left(\frac{H_J}{M}\right)+68.21 \tag{3-102}$$

根据实测数据分析计算得到的神东矿区静态角量参数汇总于表 3－22。从表 3－22 中可以发现，神东矿区静态角量参数与其他矿区无异，符合一般规律。

3.11.2 神东矿区静态角量参数与其他矿区的对比分析

1. 一般情况

一般认为，开采影响传播角与煤层倾角有关，式（3－96）可以满足多数工程的技术要求，与岩性有关的系数 $k_{岩}$ 为小于 1 的常数，一般取 0.5～0.8。开采影响传播角还可以按下式计算（胡炳南等，2017）：

$$\theta=90°-28.5°(\sin 2\alpha)^2 \quad (0°\leqslant\alpha\leqslant 90°) \tag{3-103}$$

2. 潞安矿区

对潞安矿区实测开采影响传播角进行回归分析，得到其与土岩比 H_S/H_J、煤层倾角 α 的定量关系（胡海峰，2012）为

$$\theta=77.9°-1.407\alpha+0.45\left(\frac{H_S}{H_J}\right) \tag{3-104}$$

3. 峰峰矿区

峰峰矿区下山方向边界角、移动角均受到煤层倾角的影响，其经验公式（胡炳南等，2017）为

$$\beta_0=58°-0.3\alpha \tag{3-105}$$

$$\beta=70°-0.6\alpha \tag{3-106}$$

上山方向移动角 γ 也与煤层倾角之间存在下面的经验公式（胡炳南等，2017）：

$$\gamma=63°+\alpha \tag{3-107}$$

峰峰矿区最大下沉角和开采影响传播角形式与式（3－96）一致，其取值（胡炳南等，2017）为

$$\theta=90°-0.6\alpha \quad （最大下沉角） \tag{3-108}$$

$$\theta=90°-0.8\alpha \quad （开采影响传播角）(50<H\leqslant 300\text{ m}) \tag{3-109}$$

$$\theta=90°-0.97\alpha \quad （开采影响传播角）(300<H<550\text{ m}) \tag{3-110}$$

4. 抚顺矿区

抚顺矿区最大下沉角受煤层倾角影响，它们之间存在如下关系式（胡炳南等，2017）：

$$\theta=90°-0.8\alpha \quad （西部）(15°\leqslant\alpha\leqslant 32°) \tag{3-111}$$

$$\theta=97°-0.8\alpha \quad （东部）(24°\leqslant\alpha\leqslant 47°) \tag{3-112}$$

5. 开滦矿区

除受到煤层倾角、采深等因素影响外，静态角量参数还与采动程度有关。对开滦矿区的研究结果即是如此。例如，开滦矿区深部开采走向边界角与煤层倾角、采深、采厚之间

表 3－22　静态角量参数及相关信息汇总表

序号	矿区、矿井、工作面名称	边界角/(°)				移动角/(°)				裂缝角/(°)				充分采动角/(°)				开采影响传播角/(°)	最大下沉角/(°)
		下山边界角 β_0	上山边界角 γ_0	走向边界角 δ_0	综合	下山移动角 β	上山移动角 γ	走向移动角 δ	综合	下山裂缝角 β''	上山裂缝角 γ''	走向裂缝角 δ''	综合	下山充分采动角 ψ_1	上山充分采动角 ψ_2	走向充分采动角 ψ_3	综合		
1	神东矿区大柳塔矿1203工作面	64.3[14/109]	64.3[14/109]	64.3[14/109]		69.7[14/109]	69.7[14/109]	69.7[14/109]		79[14/109]	79[14/109]	79[14/109]							90[14/109]
2	神东矿区大柳塔矿22201工作面	49.0[63/24]	51.7[63/24]	53.7[63/24]	50.8[63/24]	67.3[63/25]	70.6[63/25]										42.3[63/25]	88.1[63/29]	
3	神东矿区大柳塔矿52304工作面			53.7[63/24]	53.7[63/24]	62.8[63/24]	68.0[63/24]	63.7[63/24]									46.6[63/25]	88.2[63/29]	
4	神东矿区补连塔矿12406工作面	45[39/28]	46.5[39/28]	45[39/28]		80.6[39/28]	85.1[39/28]	81.7[39/28]		93.36[208]	87.60[208]	88.40[208]				>70[40/103]			
5	神东矿区乌兰木伦矿2207工作面	60.5[66/25]	67[66/25]	67[66/25]	67[66/25]	72[66/25]	72[130/11]	70[66/25]	70[130/12]	77.5[66/25]	75[130/11]	77.5[130/10]	77[130/12]	57[66/25]	57[130/11]	57[130/10]		90[130/12]	90[66/25]

表 3-22（续）

序号	矿区、矿井、工作面名称	边界角/(°)				移动角/(°)				裂缝角/(°)				充分采动角/(°)				开采影响传播角/(°)	最大下沉角/(°)
		下山边界角 β_0	上山边界角 γ_0	走向边界角 δ_0	综合	下山移动角 β	上山移动角 γ	走向移动角 δ	综合	下山裂缝角 β''	上山裂缝角 γ''	走向裂缝角 δ''	综合	下山充分采动角 ψ_1	上山充分采动角 ψ_2	走向充分采动角 ψ_3	综合		
6	神东矿区柳塔矿12106工作面	66.2[64/48]	66.2[64/48]	48.3[64/48]		66.3[64/51]	66.3[64/51]	66.5[64/51]											88.54[64/47]
7	神东矿区寸草塔矿22111工作面	52.1[64/48]	52.1[64/48]	48.0[64/48]		77.2[64/51]	77.2[64/51]	76.0[64/51]											88.8[64/47]
8	神东矿区寸草塔二矿22111工作面	54.2[64/48]	54.2[64/48]			76.2[64/51]	76.2[64/51]												88.7[64/47]
9	神东矿区布尔台矿22103工作面	49.1[64/48]	49.1[64/48]			74.0[64/51]	74.0[64/51]												88.4[64/47]
10	神东矿区柠条塔矿N1201工作面	68.5[14/149]	69.5[14/149]	69[14/149]		72.6[14/149]	72.6[14/149]	72[14/149]		77.2[14/149]	77.2[14/149]	83.5[14/149]							61.4[14/149]

表 3-22（续）

序号	矿区、矿井、工作面名称	边界角/(°)				移动角/(°)				裂缝角/(°)				充分采动角/(°)				开采影响传播角/(°)	最大下沉角/(°)
		下山边界角 β_0	上山边界角 γ_0	走向边界角 δ_0	综合	下山移动角 β	上山移动角 γ	走向移动角 δ	综合	下山裂缝角 β''	上山裂缝角 γ''	走向裂缝角 δ''	综合	下山充分采动角 ψ_1	上山充分采动角 ψ_2	走向充分采动角 ψ_3	综合		
11	神东矿区韩家湾矿2304工作面	$57.2\left[\frac{37}{23}\right]$	$58.7\left[\frac{37}{22}\right]$	$58.5\left[\frac{37}{23}\right]$	$58.5\left[\frac{37}{23}\right]$	$62.5\left[\frac{37}{24}\right]$	$62.5\left[\frac{37}{24}\right]$	$62.5\left[\frac{37}{24}\right]$	$62.5\left[\frac{37}{24}\right]$	$86\sim87\left[\frac{37}{24}\right]$	$86\sim87\left[\frac{37}{24}\right]$	$86\sim87\left[\frac{37}{24}\right]$	$86\sim87\left[\frac{37}{24}\right]$	$77.5\left[\frac{37}{24}\right]$	$77.5\left[\frac{37}{24}\right]$	$77.5\left[\frac{37}{24}\right]$	$77.5\left[\frac{37}{24}\right]$		
12	神东矿区补连塔矿2211工作面			$61\left[\frac{5}{44}\right]$															
13	神东矿区杨家村矿222201工作面			$56\left[\frac{5}{44}\right]$				$71\left[\frac{5}{47}\right]$				$74\left[\frac{5}{49}\right]$							$86\left[\frac{5}{43}\right]$
14	神东矿区察哈素矿31301工作面	$53\left[\frac{72}{63}\right]$	$55\left[\frac{72}{63}\right]$	$64\left[\frac{72}{63}\right]$		$64\left[\frac{72}{63}\right]$	$65\left[\frac{72}{63}\right]$	$82\left[\frac{72}{63}\right]$		$70\left[\frac{72}{63}\right]$	$72\left[\frac{72}{63}\right]$	$85.5\left[\frac{72}{63}\right]$				$60\left[\frac{72}{63}\right]$			$69\left[\frac{72}{63}\right]$
15	神东矿区张家峁矿15201工作面	$54\left[\frac{74}{49}\right]$	$54\left[\frac{74}{49}\right]$	$63\left[\frac{74}{49}\right]$		$74\left[\frac{14}{148}\right]$	$74\left[\frac{14}{148}\right]$	$71\left[\frac{74}{50}\right]$		$90\left[\frac{74}{50}\right]$	$90\left[\frac{74}{50}\right]$	$80\left[\frac{74}{50}\right]$					$72.5\left[\frac{74}{51}\right]$		$86.3\left[\frac{14}{148}\right]$

表 3-22（续）

序号	矿区、矿井、工作面名称	边界角/(°)				移动角/(°)				裂缝角/(°)				充分采动角/(°)				开采影响传播角/(°)	最大下沉角/(°)
		下山边界角 β_0	上山边界角 γ_0	走向边界角 δ_0	综合	下山移动角 β	上山移动角 γ	走向移动角 δ	综合	下山裂缝角 β''	上山裂缝角 γ''	走向裂缝角 δ''	综合	下山充分采动角 ψ_1	上山充分采动角 ψ_2	走向充分采动角 ψ_3	综合		
16	神东矿区大柳塔矿22201工作面	$49.0\left[\frac{63}{24}\right]$	$51.7\left[\frac{63}{24}\right]$	$50.8\left[\frac{63}{24}\right]$	$50.8\left[\frac{41}{37}\right]$	$67.3\left[\frac{63}{25}\right]$	$70.6\left[\frac{63}{25}\right]$		$67.3\left[\frac{41}{37}\right]$				$72.1\left[\frac{41}{37}\right]$				$42.3\left[\frac{63}{25}\right]$	$88.1\left[\frac{41}{37}\right]$	
17	神东矿区布尔台矿42105工作面	$53.2\left[\frac{80}{47}\right]$		$57.5\left[\frac{80}{47}\right]$		$55.3\left[\frac{80}{47}\right]$		$64.4\left[\frac{80}{47}\right]$		$84.2\left[\frac{80}{47}\right]$								$86.4\left[\frac{80}{57}\right]$	
18	神东矿区哈拉沟矿22407工作面	$43.9\left[\frac{66}{24}\right]$	$50.6\left[\frac{66}{24}\right]$	$47.3\left[\frac{66}{24}\right]$		$60.0\left[\frac{66}{24}\right]$	$65.5\left[\frac{66}{24}\right]$	$65.3\left[\frac{66}{24}\right]$		$63.1\left[\frac{66}{24}\right]$	$79.0\left[\frac{66}{24}\right]$	$79.0\left[\frac{66}{24}\right]$		$47.2\left[\frac{66}{24}\right]$	$51.7\left[\frac{66}{24}\right]$	$51.0\left[\frac{66}{24}\right]$			$89.4\left[\frac{66}{24}\right]$
19	神东矿区活鸡兔某工作面	$45\left[\frac{66}{24}\right]$	$52\left[\frac{66}{24}\right]$	$50\left[\frac{66}{24}\right]$		$61\left[\frac{66}{24}\right]$	$67\left[\frac{66}{24}\right]$	$67\left[\frac{66}{24}\right]$		$72\left[\frac{66}{24}\right]$	$75\left[\frac{66}{24}\right]$	$72\left[\frac{66}{24}\right]$		$45\left[\frac{66}{24}\right]$	$56\left[\frac{66}{24}\right]$	$54\left[\frac{66}{24}\right]$			$89\left[\frac{66}{24}\right]$
20	神东矿区龙华矿20102工作面	$64\left[\frac{14}{148}\right]$	$64\left[\frac{14}{148}\right]$	$64\left[\frac{14}{148}\right]$	$64\left[\frac{14}{148}\right]$	$70\left[\frac{14}{148}\right]$	$70\left[\frac{14}{148}\right]$	$70\left[\frac{14}{148}\right]$	$70\left[\frac{14}{148}\right]$	$78\left[\frac{14}{148}\right]$	$78\left[\frac{14}{148}\right]$	$78\left[\frac{14}{148}\right]$	$78\left[\frac{14}{148}\right]$						$85\left[\frac{14}{148}\right]$

表3-22（续）

序号	矿区、矿井、工作面名称	边界角/(°)				移动角/(°)				裂缝角/(°)				充分采动角/(°)				开采影响传播角/(°)	最大下沉角/(°)
		下山边界角 β_0	上山边界角 γ_0	走向边界角 δ_0	综合	下山移动角 β	上山移动角 γ	走向移动角 δ	综合	下山裂缝角 β''	上山裂缝角 γ''	走向裂缝角 δ''	综合	下山充分采动角 ψ_1	上山充分采动角 ψ_2	走向充分采动角 ψ_3	综合		
21	神东矿区龙华矿10103工作面	62[14/148]	62[14/148]	62[14/148]	62[14/148]	70[14/148]	70[14/148]	70[14/148]	70[14/148]	76[14/148]	76[14/148]	76[14/148]	76[14/148]						87[14/148]
22	神东矿区张家峁矿14202工作面	52[14/148]	52[14/148]	61[14/148]		72[14/148]	72[14/148]	68[14/148]		90[14/148]	90[14/148]	80[14/148]							84.9[14/148]
23	神东矿区红柳林矿15201工作面	58[14/149]	58[14/149]	58[14/149]	58[14/149]	73[14/149]	73[14/149]	73[14/149]	73[14/149]	86[14/149]	86[14/149]	86[14/149]	86[14/149]						87.6[14/149]
24	神东矿区榆家梁矿52101工作面	65[14/109]	65[14/109]	65[14/109]	65[14/109]	65[14/109]	65[14/109]	65[14/109]	65[14/109]	75[14/109]	75[14/109]	75[14/109]	75[14/109]						
25	神东矿区三道沟矿35101工作面	68[14/109]	68[14/109]	68[14/109]	68[14/109]	72[14/109]	72[14/109]	72[14/109]	72[14/109]	84.7[14/109]	84.7[14/109]	84.7[14/109]	84.7[14/109]						76.3[14/109]

表 3-22（续）

序号	矿区、矿井、工作面名称	边界角/(°)				移动角/(°)				裂缝角/(°)				充分采动角/(°)				开采影响传播角/(°)	最大下沉角/(°)
		下山边界角 β_0	上山边界角 γ_0	走向边界角 δ_0	综合	下山移动角 β	上山移动角 γ	走向移动角 δ	综合	下山裂缝角 β''	上山裂缝角 γ''	走向裂缝角 δ''	综合	下山充分采动角 ψ_1	上山充分采动角 ψ_2	走向充分采动角 ψ_3	综合		
26	神东矿区三道沟矿85201工作面	64[75/52]	64[75/52]	64[75/52]	64[75/52]	76.9[75/53]	70.8[75/53]	80[75/53]		82.1[14/109]	82.1[14/109]	82.1[14/109]	82.1[14/109]				71.4[75/86]		71.4[14/109]
27	神东矿区万利一矿31305工作面				60[5/34]				71[5/34]				70[5/34]						
28	兖州矿区鲍店矿1308工作面	65[14/124]	70[14/124]	68[14/124]		73.5[14/124]	72[14/124]	65.5[14/124]						49.2[14/124]	59.6[14/124]				86[14/124]
29	兖州矿区鲍店矿1310工作面		60[190]				73.5[190]												80[190]
30	兖州矿区鲍店矿1312工作面	53.1[189]	54.8[189]	54[189]															89[189]

表 3-22（续）

序号	矿区、矿井、工作面名称	边界角/(°)				移动角/(°)				裂缝角/(°)				充分采动角/(°)				开采影响传播角/(°)	最大下沉角/(°)
		下山边界角 β_0	上山边界角 γ_0	走向边界角 δ_0	综合	下山移动角 β	上山移动角 γ	走向移动角 δ	综合	下山裂缝角 β''	上山裂缝角 γ''	走向裂缝角 δ''	综合	下山充分采动角 ψ_1	上山充分采动角 ψ_2	走向充分采动角 ψ_3	综合		
31	兖州矿区兴隆庄矿4314工作面	51.7[14/123]		59[14/123]		69.2[14/123]		72.1[14/123]				76.4[14/123]							85.1[14/123]
32	邢台矿区东庞矿2107工作面	54[159]	60[159]	60[159]		68[159]	73[159]	73[159]		71[14/139]	71[14/139]	76[14/139]							83[14/139]
33	邢台矿区东庞矿2108工作面	51[159]	60[159]	60[159]		70[159]	74[159]	75[159]		80[14/139]	80[14/139]	78[14/139]							81[14/139]
34	邢台矿区东庞矿2702工作面	43[159]	59[159]	60[159]		70[159]		82[159]		71[14/139]		83[14/139]							76[159]
35	邢台矿区邢东矿1100采区	63[159]	61[159]	52[159]		68[159]	82[159]	71[159]				42[14/139]							83.3[14/139]

表 3-22（续）

序号	矿区、矿井、工作面名称	边界角/(°)				移动角/(°)				裂缝角/(°)				充分采动角/(°)				开采影响传播角/(°)	最大下沉角/(°)
		下山边界角 β_0	上山边界角 γ_0	走向边界角 δ_0	综合	下山移动角 β	上山移动角 γ	走向移动角 δ	综合	下山裂缝角 β''	上山裂缝角 γ''	走向裂缝角 δ''	综合	下山充分采动角 ψ_1	上山充分采动角 ψ_2	走向充分采动角 ψ_3	综合		
36	邢台矿区葛泉矿 11912 工作面	65[159]	76[159]	71[159]		69[159]	77[159]	74[159]											
37	潞安矿区五阳矿 7305 工作面（上分层）	64[14/142]	68[14/142]	67[14/142]		68[14/142]	84[14/142]	80[14/142]		73[14/142]	80[14/142]	81[14/142]							82[14/142]
38	潞安矿区五阳矿 7305 工作面（下分层）	59[14/142]	82[14/142]	62[14/142]		70[14/142]	86[14/142]			73[14/142]	86[14/142]	87[14/142]							82[14/142]
39	潞安矿区五阳矿 7503 工作面	64[170]	63[170]	66[170]		68[170]	71[170]	74[170]		79[170]	82[170]	80[170]							86[14/143]
40	潞安矿区五阳矿 7506 工作面	62[146]	66[146]			69[146]	74[146]			80[146]	81[146]								84.4[14/143]

表3-22（续）

序号	矿区、矿井、工作面名称	边界角/(°)				移动角/(°)				裂缝角/(°)				充分采动角/(°)				开采影响传播角/(°)	最大下沉角/(°)
		下山边界角 β_0	上山边界角 γ_0	走向边界角 δ_0	综合	下山移动角 β	上山移动角 γ	走向移动角 δ	综合	下山裂缝角 β''	上山裂缝角 γ''	走向裂缝角 δ''	综合	下山充分采动角 ψ_1	上山充分采动角 ψ_2	走向充分采动角 ψ_3	综合		
41	潞安矿区五阳矿7511工作面	63[146]	67[146]	67[146]		68[146]	73[146]	73[146]		79[146]	81[146]	79[146]							87[14,143]
42	潞安矿区司马矿1101工作面	59[144,58]	62[144,58]	62[144,58]		68[144,58]	71[144,58]	71[144,58]		79[144,58]	79[144,58]	77[144,58]							
43	潞安矿区王庄矿4326工作面	64[170]	63[170]	63[170]		68[170]	70[170]	69[170]		77[170]	79[170]								
44	潞安矿区王庄矿6206工作面	59[14,142]	63[14,142]	66[14,142]		72[14,142]	74[14,142]	75[14,142]		77[14,142]	81[14,142]	80[14,142]							89[14,142]
45	潞安矿区高河矿E1302工作面	59[14,142]	60[14,142]	68[14,142]		70[14,142]	69[14,142]	71[14,142]		79[14,142]	81[14,142]	80[14,142]							87[14,142]

表3-22（续）

序号	矿区、矿井、工作面名称	边界角/(°)				移动角/(°)				裂缝角/(°)				充分采动角/(°)				开采影响传播角/(°)	最大下沉角/(°)
		下山边界角 β_0	上山边界角 γ_0	走向边界角 δ_0	综合	下山移动角 β	上山移动角 γ	走向移动角 δ	综合	下山裂缝角 β''	上山裂缝角 γ''	走向裂缝角 δ''	综合	下山充分采动角 ψ_1	上山充分采动角 ψ_2	走向充分采动角 ψ_3	综合		
46	潞安矿区郭庄矿2309工作面	64[143]	58[143]	65[143]		71[143]	68[143]	70[143]		81[143]	79[143]	82[143]							85[14/143]
47	潞安矿区常村矿S6-7工作面	60[142]	62[14/143]	62[142]		68[142]	70[14/143]	70		77[142]	79[14/143]	79[142]							85[14/143]
48	淮南矿区顾北矿13121工作面	42.8[14/118]	42.8[14/118]	46.2[14/118]		66.6[14/118]	66.6[14/118]	78.4[14/118]										87[183/24]	89[14/118]
49	淮南矿区潘北矿11113工作面		46.2[186/27]	46.4[186/27]			66.8[186/28]	70.8[186/28]										88.2[186/35]	87.8[186/28]
50	淮南矿区顾桥矿1117(1)工作面	48.9[14/118]	46.7[14/118]	57[14/118]		77.1[14/118]	75.3[14/118]	77.7[14/118]											90[14/118]

表 3-22（续）

序号	矿区、矿井、工作面名称	边界角/(°)				移动角/(°)				裂缝角/(°)				充分采动角/(°)				开采影响传播角/(°)	最大下沉角/(°)
		下山边界角 β_0	上山边界角 γ_0	走向边界角 δ_0	综合	下山移动角 β	上山移动角 γ	走向移动角 δ	综合	下山裂缝角 β''	上山裂缝角 γ''	走向裂缝角 δ''	综合	下山充分采动角 ψ_1	上山充分采动角 ψ_2	走向充分采动角 ψ_3	综合		
51	淮南矿区顾桥矿 1117(3)工作面			56.8[147/30]				59.4[147/30]										89[147/31]	
52	淮南矿区谢桥矿 11118 工作面	35[25/20]	35[25/20]	35[25/20]	35[25/20]	69[25/20]	72[25/20]	64[25/20]		70.6[25/20]	76.9[25/20]			83[25/20]	79[25/20]	65[25/20]		89.5[25/25]	82[25/20]
53	淮南矿区潘一矿东区 1252(1)工作面	51.3[149/53]	50.8[149/53]	55.5[149/53]		55.7[14/119]	55[149/53]	59.1[149/53]										86.2[149/54]	87.1[149/54]
54	淮南矿区丁集矿 1262(1)工作面	49.3[14/119]	51.8[14/119]	54.3[14/119]		67.3[148]	69.6[148]	70.7[148]										89.2[148]	87.7[148]

存在的经验公式（殷作如等，2010）为

$$\delta_0 = 51.821 + 0.0382\left(\frac{H_J}{M}\right) \tag{3-113}$$

开滦矿区深部开采走向边界角与采动程度之间存在的经验公式（殷作如等，2010）为

$$\delta_0 = 46.528 - 9.6597\ln\left(\frac{D_1}{H}\right) \tag{3-114}$$

又如，开滦矿区厚松散层条件下，走向、下山、上山方向的移动角分别可按下面的公式计算（殷作如等，2010）：

$$\delta = 95.1909 - 1035.8\left(\frac{M}{H}\right) - 20.3924\left(\frac{H_S}{H}\right) \tag{3-115}$$

$$\beta = 74.1299 - 232.8534\left(\frac{M}{H}\right) - 12.1454\left(\frac{H_S}{H}\right) \tag{3-116}$$

$$\gamma = 86.6336 - 480.5372\left(\frac{M}{H}\right) - 28.6939\left(\frac{H_S}{H}\right) \tag{3-117}$$

6. 徐州矿区

对徐州矿区边界角与采深的实测数据进行分析后发现，走向边界角与采深之间的存在定量关系呈双曲线型（滕永海等，2003）：

$$\delta_0 = \frac{1}{0.0135 + \frac{0.4736}{H}} \tag{3-118}$$

7. 软弱覆岩矿区

对软弱覆岩的老公营子煤矿多个工作面的边界角和采深的实测数据进行分析整理，回归分析得到了边界角与采深之间的经验公式（张广伟，2016）为

$$\delta_0 = (59.5\ln H - 284) \pm 5° \tag{3-119}$$

8. 神东矿区与其他部分矿区静态角量参数的比较

本书收集了神东矿区和中东部矿区实测数据分析得到的角量参数列于表 3－22 中，便于读者进行比较分析。此外，有学者（陈俊杰，2015）将神东矿区与开滦、新汶等矿区不同地质采矿条件下的静态角量参数进行了比较，见表 3－23。

表 3－23　神东矿区与其他矿区静态角量参数对比（据陈俊杰，2015）

矿　区	边界角/(°)	移动角/(°)	裂缝角/(°)	充分采动角/(°)	最大下沉角/(°)	地质采矿条件
神东矿区	47～57	60～75	72～90	51～60	89～90	浅埋深、风积沙区、高强度开采
开滦矿区	43～50	61～77	62～85	45～52	82～84	厚松散层深部开采
与神东矿区差值	3～7	－1～－2	10～15	5～8	5～7	
潞安矿区	45～55	63～79	67～85	47～54	86～88	厚松散层薄基岩浅埋深综放开采

表3－23（续）

矿　区	边界角/(°)	移动角/(°)	裂缝角/(°)	充分采动角/(°)	最大下沉角/(°)	地质采矿条件
与神东矿区差值	2～3	-3～-4	5～6	4～6	2～3	
新汶矿区	52～67	58～72	68～82	48～55	82～85	厚基岩深部综放开采
与神东矿区差值	-5～-10	2～3	4～8	3～5	4～8	
平煤矿区	53～70	58～68	62～80	47～50	80～85	薄松散层厚基岩普采
与神东矿区差值	-6～-12	2～7	8～10	5～10	6～8	

3.12　神东矿区浅埋煤层综采/综放地表移动变形总体特点

（1）地表移动持续时间明显小于中东部矿区，下沉量更加集中在活跃期；下沉速度明显高于中东部矿区，下沉系数略小于中东部矿区。

（2）地表移动起动距、超前影响、滞后影响、下沉速度明显受控于覆岩结构。相对于中东部矿区，地表沉陷变形与采场来压存在较明显的时空对应关系。观测频率低，明显不适合剧烈的地表变形条件，降低了参数的准确度。

（3）除下沉系数略小于中东部矿区外，其他概率积分法参数、动静态参数与中东部矿区无明显差异，但数据离散程度均偏大。相对于中东部矿区，各种参数与其影响因素之间的相关性下降。这增加了参数选择的难度，降低了计算结果的精度。

（4）地表沉陷变形是煤层开采后覆岩移动由下往上逐步发展到地表的结果，是关键层与表土层耦合作用的结果，覆岩岩性对地表沉陷的特征有显著影响。有研究表明（许家林等，2000；许家林等，2005；朱卫兵等，2009），主关键层对地表移动的动态过程起控制作用，地表的快速下沉是与主关键层破断的“同步运动”，“目前地表沉陷预计方法中将覆岩分为坚硬、中硬、软弱来选取相关系数，这种考虑过于笼统和均化。”“表土层起着消化关键层非均匀下沉的作用，表土层越薄，地表下沉的非均匀、非正态特征越显著”，“对于表土层很厚，或覆岩无典型关键层的条件下，地表下沉的预计仍可按目前常用的概率积分法进行，其预计的精度较高。但对于表土层较薄或覆岩中有典型的关键层（即其破断块度很大）的情况，地表下沉的预计必须考虑表土层与关键层的耦合关系，应根据关键层破断后下沉曲线特征来预计地表下沉曲线，才能保持其预计的准确性。”因此，对于中东部表土层较厚的矿区来说，地表沉陷的预计计算采用概率积分法比较可行，但是对于神东矿区这样无表土层或表土层很薄且关键层结构类型较多的矿区来说，应用概率积分法进行地表沉陷预计计算，其结果的精度较低。

4 神东矿区综采/综放地表非连续变形发育时空特征

我国西部矿区一般煤层埋深小、基岩薄，开采厚度大，煤炭开采引发的地裂缝、塌陷坑等造成水资源渗漏严重，造成水位下降，植被遭到破坏，加大了区域内景观破碎度及土壤侵蚀度，加剧了土壤水分和养分的散失，荒漠化加剧。地裂缝、塌陷坑等地质灾害已成为一个新的、独立的地质灾害灾种。因此，总结综采/综放条件下非连续变形的发生和发展的条件、过程、特征十分必要，而且也有必要与普采、炮采条件下的非连续变形进行对比分析，探讨并明确不同地质采矿条件因素对非连续变形的影响。

“在采深和采厚比值较大时，地表的移动和变形在空间和时间上是连续的、渐变的，具有明显的规律性。当采深和采厚的比值较小（一般小于30）或具有较大构造时，地表的移动和变形在空间和时间上将是不连续的，移动和变形的分布没有严格的规律性，地表可能出现较大的裂缝和塌陷坑”（何国清等，1991）。深厚比值30常常作为一个与采空区有关的重要的指标。在《煤矿采空区岩土工程勘察规范》（GB 51044—2014，2017年版）中，深厚比值30既是浅层采空区和中深层采空区的划分指标，也是采空区场地工程建设适宜性评价的指标之一。《工程建设岩土工程勘察规范》（DB33/T 1065—2009）规定，对深厚比小于30的采空区地段，应对场地建设适宜性进行评价。

此处所说的深厚比值30是指长壁式采煤法的深厚比。对于不规则柱式采煤法形成的采空区，深厚比仍是场地工程建设稳定性评价的重要指标（中华人民共和国交通运输部，2011），但不以30作为划分界线。

本章以研究地裂缝为主，也涉及塌陷坑、漏斗等非连续变形。此外，以浅埋煤层研究综采/综放工作面为主，也涉及煤层埋深较大的长壁工作面和短壁开采工作面及掘进工作面。

4.1 地表裂缝描述汇总

大量实测资料表明，综采/综放条件下，地表变形更加剧烈，当深厚比较小时，地表出现地裂缝等非连续变形，这在以神东矿区为代表的浅埋煤层开采中极为普遍。本节收集以神东矿区为主的综采/综放条件下地裂缝有关的基础数据和主要文字描述列于表4-1。

表 4-1　地表非连续变形（裂缝）工作面信息与主要文字表述汇总表

序号	矿区、煤矿、工作面名称	采深/m	松散层厚度/m	采厚/m	深厚比	采煤方法	工作面推进速度/(m·d^{-1})	实测初次来压步距/m	实测周期来压步距/m	关于非连续变形的主要文字描述
1	神东矿区 大柳塔矿 12208 工作面	40.4[41/27]	7.2[41/27]	7.0[62]	5.8	综采[63/10]	10.0[62]	29[62]	12~15[62]	工作面初次来压，地表形成椭圆形塌陷坑，形态与基本顶的“O”形圈破断相似。 1. 裂缝均发育为塌陷型裂缝，平均宽度为0.25 m，平均落差为0.38 m，平面分布呈倒“C”字形，与基本顶“O”形圈破断形态相同； 2. 同一条裂缝在工作面中央位置宽度和落差最大，至工作面边界逐渐减小，并最终在边界处发育为拉伸型裂缝，台阶消失； 3. 在工作面中间位置，裂缝平均间距为13.7 m，与周期破断步距吻合； 4. 随工作面的推进，后方裂缝宽度和落差逐渐减小，并在地表沉陷稳定后一段时期内愈合； 5. 裂缝平均滞后距为0.23 m[62]
2	神东矿区 大柳塔矿 22201 工作面	72.5[41/30]	12[41/30]	3.65[63/9]	19.9	综采	9.6[78]			1. 工作面正上方的裂缝整体呈倒“C”字形，与顶板的“O”形圈破断形态相似； 2. 地裂缝主要呈现为隆起状裂缝、张开状裂缝两种； 3. 地裂缝形状为楔形，地表开口大，随深度的增大而减小，到一定深度尖灭； 4. 地裂缝呈动态性规律，一般超前于工作面发育，随着工作面的推进，宽度、深度、落差先增大后减小，并在一定时期内最终闭合[41/41]

表 4-1（续）

序号	矿区、煤矿、工作面名称	采深/m	松散层厚度/m	采厚/m	深厚比	采煤方法	工作面推进速度/(m·d^{-1})	实测初次来压步距/m	实测周期来压步距/m	关于非连续变形的主要文字描述
3	神东矿区 大柳塔矿 52304 工作面	235[41/42]	30[41/42]	6.45[63/8]	36.4	综采	7.4[39/31]			1. 地裂缝整体发育形态呈“C”字形，与基本顶的周期破断形态相似[41/49]，这种裂缝随工作面的推进逐渐变宽、变深，工作面推过后，又会有所闭合； 2. 地裂缝经历了“开裂－扩展－闭合”完整发育过程，裂缝发育宽度、落差和深度要素均呈现先增大后减小的规律[78]； 3. 动态裂缝发育周期为 15 d，扩展期和闭合期经历时间基本上相等[78]； 4. 在两侧位置形成永久性裂缝，最终在工作面两侧正上方形成略平行于工作面边界的裂缝[63/50]； 5. 隆起裂缝的隆起高度最高约 30 cm，略平行于煤柱[63/52]； 6. 52304 工作面的开采引起了旺采区煤柱失稳，从而使地表产生漏斗状裂缝[63/53]； 7. 根据形态可以将裂缝划分为一般拉伸裂缝、台阶裂缝、塌陷槽、塌陷坑、隆起裂缝 5 大类[63/48]
4	神东矿区 大柳塔矿 52305 工作面	234[208]	30[208]	6.7[40/105]	34.9	综采	9[208]			1. 边缘裂缝以椭圆形出现在地表，逐渐向外扩展，平面分布形态大致经历了“椭圆－圆形－O 形”的发展历程[39/50]； 2. 边缘地裂缝以“带状”形式平行分布于开采边界，发生位置通常滞后于回采工作面位置，滞后距约 50 m[39/52]； 3. 边缘裂缝带宽为 40～50 m，边缘裂缝角近似垂直角[39/53]

表 4-1（续）

序号	矿区、煤矿、工作面名称	采深/m	松散层厚度/m	采厚/m	深厚比	采煤方法	工作面推进速度/(m·d^{-1})	实测初次来压步距/m	实测周期来压步距/m	关于非连续变形的主要文字描述
5	神东矿区 大柳塔矿 52307 工作面	190[104/30]	11[104/30]	6.7[104/16]	28.4	综采[104/16]	4.4～13.5[104/56]			大柳塔 52307 工作面在推进过程中，超前煤层开采的地表拉伸变形区的变形值并未超过表土层的极限变形值，没有出现超前地裂缝[104/130]。拉伸型裂缝伴随工作面的推进周期性出现[104/54]，并且滞后工作面位置[104/57]。当关键层周期破断时，地裂缝间距与关键层周期破断步距相同[104/133]
6	神东矿区 大柳塔矿 1203 工作面	61[61/38]	26.5[61/38]	4.03[61/38]	15.2[61/38]	综采[61/38]	2.4[38/19]	27.4[178]	12.0[178]	1. 工作面首次来压冒顶到地面出现断裂塌陷约 14 小时[38/21]； 2. 工作面前方裂缝以圆弧形超前发展，一般超前工作面 5～20 m，平均为 10 m[38/23]； 3. 充分下沉区域裂缝有闭合之势[38/23]
7	神东矿区 补连塔矿 12406 工作面	160～220/200[39/11]	3～30[39/11]	4.5[40/105]	44.4	综采[39/11]	12[39/11]		12[39/43]	1. 动态地裂缝以“带状”形态分布，超前于工作面位置向前发展，刚产生的地裂缝处于不连续状态，呈现出断裂的“一”字形状，处于同一延长线上的动态裂缝易贯通，形成较大的裂缝，并向外发展，在开采边界附近与边缘裂缝相连，在水平分布形态上表现为倒“C”形，动态地裂缝最终会逐渐闭合[39/40]； 2. 周期来压步距与地裂缝的间距基本一致[39/43]； 3. 动态地裂缝的发育全周期约为 18 天，包含两个时长相等的“开裂－闭合”过程[39/45]； 4. 边缘裂缝宽度和深度没有明显的相关性，不符合以往研究的经验公式[39/55]

表4-1（续）

序号	矿区、煤矿、工作面名称	采深/m	松散层厚度/m	采厚/m	深厚比	采煤方法	工作面推进速度/(m·d⁻¹)	实测初次来压步距/m	实测周期来压步距/m	关于非连续变形的主要文字描述
8	神东矿区 韩家湾矿 2304 工作面	130[37/11]	60[37/11]	4.1[37/9]	31.7	综采[37/9]	8.0[37/47]	39[37/36]	数值模拟 10[37/37]	1. 地裂缝表现为两种形式：超前并平行于开采工作面的动态裂缝和位于下沉盆地拉伸区的永久裂缝。前者超前工作面按一定步距出现，随工作面推进逐渐变宽，当工作面推过地表裂缝位置时，裂缝达到最宽，此后逐渐有所闭合；后者沿采空区边界略偏外的区域滞后工作面位置出现，随时间延续持续发展扩大。有时永久裂缝与动态裂缝连接在一起，有时并无直接联系[37/12]； 2. 平行于工作面倾斜方向的地表裂缝步距与基本顶周期来压步距基本一致[37/48]
9	神东矿区 张家峁矿 15201 工作面	128[74/19]	70[74/19]	6.0[74/1]	21.3	综采[74/15]	10.0[14/148]	55.77[46/84]	13[46/35]	1. 出现两类形式的裂缝：第一类为动态裂缝，超前工作面出现，随工作面推进裂缝越来越宽，工作面位于裂缝下方时宽度达到最大值，随后有逐步闭合趋势，因此又被称为闭合裂缝；第二类裂缝位于下沉盆地的拉伸区，即采空区边界稍微偏外区域，为永久裂缝[74/38]； 2. 裂缝发生时间上具有突然性[74/43]； 3. 裂缝间距相差不大[74/43]； 4. 裂缝出现与地形地貌有密切联系，多发育在地形地貌不连续处[74/43]

表4-1（续）

序号	矿区、煤矿、工作面名称	采深/m	松散层厚度/m	采厚/m	深厚比	采煤方法	工作面推进速度/(m·d⁻¹)	实测初次来压步距/m	实测周期来压步距/m	关于非连续变形的主要文字描述
10	神东矿区 柳塔矿 12106工作面	150[64/13]	30[64/32]	6.9[64/13]	21.7[39/31]	综放[64/13]	5.0[64/13]			1. 工作面前方地表每隔2～6 m出现一条和回采线大致平行的弧状裂缝，宽度一般为20～40 mm。裂缝形成之后60天左右闭合消失或残留裂口、裂痕，台阶不能完全消失。在工作面开采边界的外侧，出现宽度大于100 mm的永久性地表裂缝，这些裂缝一般不会自然消失，大多数裂缝伴随有台阶落差[64/49]。 2. 工作面推进速度越快，裂缝闭合消失时间越短[64/49]。 3. 厚风积砂地表，风积砂塑性较小，当地表拉伸变形达到2～3 mm/m时即发生裂缝[64/49]
11	神东矿区 串草圪旦矿 6106工作面	40～120[93/12]		12.7[93/14]	3.1～9.4	综放[93/14]	4.0[92]			拉伸变形达到4 mm/m时，开始出现裂隙。裂隙的间距为8～15 m，大致与周期来压步距相当。裂隙中间出现间断性小裂缝，小裂缝属于大裂隙的伴生裂缝，其出现无规律性。大裂隙的产生是地下开采引起的上覆岩层周期性垮落在地表的反应[92]。工作面边界两侧的裂隙滞后工作面位置20～25 m，呈倒梯形台阶[92]
12	神东矿区 瓷窑湾矿 某巷道									1990年4月19日，发生冒顶事故。20日10时，冒顶处发生特大突水溃砂事故。21日6时，冒顶处地表形成圆锥形塌陷坑，直径约28 m，深13 m，塌方约40000 m^3[211/17]

表 4－1（续）

序号	矿区、煤矿、工作面名称	采深/m	松散层厚度/m	采厚/m	深厚比	采煤方法	工作面推进速度/(m·d^{-1})	实测初次来压步距/m	实测周期来压步距/m	关于非连续变形的主要文字描述
13	神东矿区 察哈素矿 31301 工作面	382～455/418[72/10]	11[72/11]	4.5[72/10]	92.9[72/10]	综采[5/42]	8.9[5/42]			工作面回采过程中，出现平行于倾向和走向的裂缝。前者多在工作面回采后闭合，后者为工作面边缘的永久裂缝，无台阶下沉[72/69]。表土层为砂质黏土，裂缝深度约为 3.2～8.9 m[72/72]
14	神东矿区 万利一矿 31305 工作面	100～190[5/22]	10[5/22]	4.9[5/22]	34.7	综采[71]	10.0[71]			盆地边缘出现台阶状永久裂缝，宽度为 300～500 mm，落差最大为 1500 mm。盆地平底位置裂缝发育平缓，没有出现大台阶状裂缝，工作面推过后，部分裂缝闭合，宽度减小[5/30]
15	神东矿区 杨家村矿 222201 工作面	70～162/133[68]	10[5/40]	5.0[5/40]	15～32[68]	综采[68]	5.1[5/50]			裂缝多平行于工作面，间距为 4～20 m，裂缝最大宽度为 2.5 m。推进速度大时，裂缝宽度小。煤层开采边缘裂缝有陡坎，有较多塌陷漏斗[5/32]
16	神东矿区 哈拉沟矿 22407 工作面	130[40/105]	松散层 55.5 m，风积沙 15.7 m[66/19]	5.2[40/105]	25.0	综采[66/20]	15.0[40/105]	70[66/53]	10[66/53]	1. 裂缝呈弧线型； 2. 裂缝以拉伸型、滑动型为主，少数裂缝属于塌陷型裂缝，裂缝两侧存在 200～300 mm 的落差； 3. 裂缝发育多而小； 4. 具有流动性和松散性的厚的风积沙层为裂缝的自动修复提供了条件[66/53]； 5. 周期来压步距（10 m）与台阶型裂缝间距（8～11 m）基本一致，说明台阶型裂缝的发生发育与周期来压步距具有一定的联系[66/54]

表 4－1（续）

序号	矿区、煤矿、工作面名称	采深/m	松散层厚度/m	采厚/m	深厚比	采煤方法	工作面推进速度/(m·d^{-1})	实测初次来压步距/m	实测周期来压步距/m	关于非连续变形的主要文字描述
17	神东矿区 冯家塔矿 1201 工作面	147[95]	10[95]	3.3[65]	44.5	综采[95]	8.3[95]			台阶状裂缝宽度大、落差大，形成于地表活跃期[95]
18	神东矿区 昌汉沟矿 15106 工作面	94～136/ 112[94]	0～25[94]	5.2[65]	21.5	综采[94]	17.2[65]			沿平行和垂直工作面推进方向出现裂缝，为张开形裂缝，无明显的台阶下沉[94]
19	神东矿区 活鸡兔井 21306 工作面			4.3[212/11]		综采[212/11]				地堑式的台阶下沉，裂缝宽度为 3～4 m，局部还有塌陷小漏斗出现[212/11]
20	神东矿区 三道沟矿 85201 工作面	200[75/48]	70[75/48]	6.6[76]	30.0	综采[76]		96[213/80]	25[213/80]	地表台阶状裂缝发育明显。存在动态裂缝和固定裂缝两种形式裂缝。动态裂缝呈弧状，主要位于工作面前方动态拉伸区，与回采线大致平行，一般 10 天左右发育成熟，之后逐渐闭合消失或残留一定的台状痕迹。固定裂缝位于采空区边界附近[52/30]
21	神东矿区 柠条塔矿 N1201 工作面	50～ 170[46/112]	70[46/95]	3.9[46/114]	28.2	综采[46/95]	4～ 5[14/149]			工作面初次来压后大约 5 h，地表开始出现下沉，在工作面靠近切眼外侧地表开始出现裂缝。初次来压后，随着开采面积逐渐扩大，工作面周期来压显现，地表也相继出现间距为 15 m 左右的裂缝[46/95]

表 4-1（续）

序号	矿区、煤矿、工作面名称	采深/m	松散层厚度/m	采厚/m	深厚比	采煤方法	工作面推进速度/（$m \cdot d^{-1}$）	实测初次来压步距/m	实测周期来压步距/m	关于非连续变形的主要文字描述
22	神东矿区 上湾矿 12401 工作面	124 ~ 250[134]	0 ~ 27[214]	设计 8.6[134]	21.4	综采[134]	约 14[134]			观测区地表裂缝有拉伸裂缝、压缩裂缝、台阶裂缝、塌陷裂缝（塌陷坑）4 种基本类型；裂缝密度为 92 条/hm^2，沿推进方向密度为 1 条/10 m；在工作面推进过程中，垂直于推进方向的地表主裂缝主要分布在采空区中部，每隔 104 ~ 135 m，平均 129 m 出现一组，每个主裂缝组可能发育 1 条或 2 条主裂缝，每组范围为 25 ~ 35 m，平均为 28 m，主裂缝（组）的产生具有周期性；主裂缝有“产生—扩展—收缩—稳定”发育规律；发育周期为 14 d[214]
23	神东矿区									文献［65］：①非连续变形以裂缝与台阶为主；②采动裂缝以裂缝带形式发育；③主裂缝间距与工作面周期来压步距基本一致；④最前裂缝带内主裂缝滞后角约 79.8°，地表最宽裂缝滞后角为 58.2°；⑤裂缝发育条数及宽度与表土性质密切相关，风积沙区裂缝宽度一般小于 30 mm，黏性表土区一般大于 50 mm；⑥裂缝宽、深近似线性相关。 文献［215］：不同地貌区，地裂缝显现不一样。黄土地貌区地裂缝显现明显，不易被掩埋；风沙地貌区地裂缝不明显，极易被沙蚀而掩埋。房柱式开采地表易形成小型塌陷坑。根据地面塌陷的形态特征，将研究区地面塌陷划分为裂缝、塌陷坑（包括漏斗）、塌陷槽、塌陷盆地 4 种类型。垂向上呈“V”字形，上宽下窄，逐渐尖灭[215]

表 4-1（续）

序号	矿区、煤矿、工作面名称	采深/m	松散层厚度/m	采厚/m	深厚比	采煤方法	工作面推进速度/(m·d⁻¹)	实测初次来压步距/m	实测周期来压步距/m	关于非连续变形的主要文字描述
24	纳林河矿区 巴彦高勒矿 311101 工作面	606～630[216/12]		5.3[216/12]	117[216/57]	综采[216/57]				地表出现比较明显的裂缝，与回采线大致平行。裂缝形成之后，经过 50 d 左右裂缝闭合消失。厚风积砂地表。随着工作面的推进，每隔一定距离形成一条新裂缝。在采空区边界外侧上方产生裂缝[216/45]
25	霍州矿区 霍宝干河矿 1101 工作面	460～500[182/62]	100[182/62]	4.5[182/62]	102～111	综采[182/62]	2.6～5.8/4.5[182/62]			1. 工作面上顺槽外侧裂缝明显，出现了落差为 5～20 cm 的台阶状裂缝，随着距顺槽距离的增大，裂缝宽度逐渐变小，且大约每隔 10 m 出现一条裂缝。 2. 工作面前方一定距离范围内出现地裂缝，裂缝宽度为 1～10 cm 不等，距离工作面越近，裂缝宽度越大，裂缝间距为 20 m。随着工作面的前移，采空区上方地表裂缝已逐渐闭合[182/63]。黄土结构疏松，当基岩上表面水平变形超过 4～5 mm/m 时，黄土层内产生裂缝[182/64]
26	淮南矿区 潘集矿西 一采区 $140_2$1(3) 工作面	400[181]	335[181]	1.9[181]	210.5[181]	长壁炮采[181]	2.6[181]			所有裂缝大致与切眼平行，裂缝距切眼最近 144 m，最远 181.7 m[181]

表 4-1（续）

序号	矿区、煤矿、工作面名称	采深/m	松散层厚度/m	采厚/m	深厚比	采煤方法	工作面推进速度/(m·d⁻¹)	实测初次来压步距/m	实测周期来压步距/m	关于非连续变形的主要文字描述
27	潞安矿区 屯留矿 S2201 工作面	540[144/139]	80[144/64]	6.5[144/139]	83	综放[144/64]				裂缝有两类[144/72]：一类是沿采空区边界平行于工作面推进方向的永久裂缝，发育在采空区边界部位；另一类是出现在回采工作面前方的动态裂缝，基本平行于回采工作面，此动态裂缝受开采的影响，先受拉伸变形的影响，工作面推过后又受到压缩变形的影响，因而形成裂缝也是先张开后闭合。沉陷盆地的中心部位出现了路面隆起现象，隆起高度约 10 cm[144/73]
28	潞安矿区 五阳矿 7503 工作面、 7506 工作面、 4402 工作面、 7511 工作面 （所列为 7511 工作面信息）	270[170]	38[14/143]	6.49[170]	41	综放[170]	2.1[170]			地裂缝一般分两种情况。一种是随工作面推进，在工作面前方动态拉伸区出现的与回采线大致平行的弧状动态裂缝，每隔 6～10 m 出现一条，宽度一般为 10～30 mm。裂缝从开裂到发育成熟一般需 20 天左右，之后再经过 60 天左右裂缝闭合消失或残留裂口、裂痕，塌陷台阶处台阶不能完全消失。另一种是盆地边缘、工作面边界外侧的固定永久裂缝，宽度大于 100 mm，在下山方向较为发育，出现了明显的裂缝带，这些裂缝一般不会自然消失，大多数裂缝伴随有台阶落差[145/46]。7511 工作面地表裂缝最大宽度达 300 mm，台阶落差达 300 mm[147]。工作面前方动态拉伸出现步距与周期来压相当[144/46]

表 4-1（续）

序号	矿区、煤矿、工作面名称	采深/m	松散层厚度/m	采厚/m	深厚比	采煤方法	工作面推进速度/($m \cdot d^{-1}$)	实测初次来压步距/m	实测周期来压步距/m	关于非连续变形的主要文字描述
29	潞安矿区 五阳矿 7305 工作面 （上分层）	198 ~ 227[14/142]	22[14/142]	3[14/142]	66.7	综采[14/142]	2.5[14/142]			1. 分层综采初次采动地裂缝较轻。工作面推进过程中，在走向方向上每隔 5 ~ 6 m 出现一条和回采线大致平行的弧状裂缝，出现步距与周期来压相当，裂缝宽度为 10 mm 左右，每隔 2 ~ 3 条小裂缝便有一条较大裂缝出现，小裂缝长度较短，时显时灭，大裂缝则是贯穿整个工作面上方的一条弧线，经过一段时间后裂缝基本闭合。工作面边界附近的永久裂缝，在下山方向较发育，裂缝最大宽度为 40 ~ 50 mm，最大台阶落差为 100 mm。 2. 分层综采重复采动地裂缝要严重得多。在开采下分层后地表出现裂缝陷落带，其中下山方向地表陷落带的宽度达 20 ~ 30 m，出现了两级甚至三级塌陷槽，台阶落差为 600 mm，裂缝宽度为 400 mm，深度为 12 m。 3. 综采放顶煤开采与一般开采相比，地表沉陷变形值大，地裂缝比较严重，但与分层综采重复采动（下分层开采）相比，地裂缝相对较轻[145/46]
30	潞安矿区 五阳矿 7305 工作面 （下分层）	198 ~ 227[14/142]	22[14/142]	3.8[14/142]	52.6	综采[14/142]	3.2[14/142]			
31	潞安矿区 司马矿 1101 工作面	242.4[144/58]	155 ~ 186[144/52]	6.5 ~ 6.8[144/52]	36.7	综放[144/53]				工作面两侧平行于工作面走向方向出现明显的台阶状裂缝，并随工作面的推进不断向前延伸[144/55]

表 4-1（续）

序号	矿区、煤矿、工作面名称	采深/m	松散层厚度/m	采厚/m	深厚比	采煤方法	工作面推进速度/(m·d^{-1})	实测初次来压步距/m	实测周期来压步距/m	关于非连续变形的主要文字描述
32	潞安矿区									裂缝大致可分为两组：一组为位于开采边界周围拉伸区的裂缝，规模较大，呈环状；另一组为出现在工作面前方拉伸区的动态裂缝，裂缝宽度和落差较小，一般呈弧形分布，裂缝方向大致与开采工作面平行，长度大致与工作面的采宽相似。 裂缝一般为上宽下窄的“V”形，也有的为槽形或漏斗形。产生裂缝的拉伸变形临界值在田地约为 3~4 mm/m。下山比上山边界要严重得多，上山边界仅出现一级塌陷槽，下山的地堑则出现了两级甚至三级塌陷槽[217]。 平面形态分类：直线型、弧线型、曲线型、分叉型、平行型、交错型。剖面形态分类：拉伸型、滑动型。形成模式分类：盆地边缘拉张裂缝带、地堑式裂缝群带[217]
33	淮南矿区 潘北矿 11113 工作面	412[186/27]	343[186/7]	3[186/32]	137	长壁[186/6]				在观测期间对地表破坏调查中没有发现地表裂缝[186/18]
34	铜川矿区 东坡矿 D508 工作面	180[161/15]	103[161/15]	2.4[161/15]	75	综采[161/15]				地表先后出现 5 条大体上呈等间距展布的弧形裂缝，形成台阶状断裂塌陷。其中最大的裂缝出现于坡度很大的山梁东侧沟边，裂缝宽 400~1000 mm，落差为 900 mm[161/15]

表4-1（续）

序号	矿区、煤矿、工作面名称	采深/m	松散层厚度/m	采厚/m	深厚比	采煤方法	工作面推进速度/(m·d^{-1})	实测初次来压步距/m	实测周期来压步距/m	关于非连续变形的主要文字描述
35	新密矿区 超化矿 22001 工作面	260[157/12]	55[157/17]	<7.5	>34.7	综采[157/10]				1. 工作面上方裂缝密度大，裂缝延伸方向大致平行于工作面走向方向。 2. 裂缝宽度小，无台阶型裂缝。受邻近采空区影响，下山方向的裂缝明显多于上山方向。 3. 压缩变形区域较小，压缩强度较大[157/36]
36	印度 PV 矿	59~65[47]		3[47]	19.7~21.7[47]	综采[47]		47[47]	8[47]	浅埋煤层；大周期来压步距与地表裂缝间距一致[47]
37	彬长矿区 大佛寺矿 40108 工作面	490[77/33]	122.5[218/14]	9.5[77/33]	51.6	综采	4.5[77/33]			弧线型裂缝与工作面的夹角在南北方向上变化范围约为29°~49°，整体上夹角大约为38°。地表裂缝的分布较为密集，其间距约为35~45 m
38	朔州矿区 东坡矿 914 工作面	265[219]	45[219]	14.4[219]	18.4	综放[219]	2.77[219]	直接顶初次垮落步距12 m左右[220]	直接顶周期垮落步距4~7 m[220]	工作面中部地表每隔2~10 m出现一条和回采工作面大致平行的裂缝，宽度为60~80 mm，工作面推过一定距离后，裂缝宽度有减小趋势；切眼附近，沿工作面推进方向出现平行于工作面的裂缝，宽度为100~150 mm。工作面回采结束、地表稳定后，部分地表裂缝没有自然消失[219]。按照受力破坏的成因分为拉应力引起的裂缝和剪应力引起的裂缝2种类型。地表裂缝集中发育区域的裂缝间距与直接顶的周期性垮落步距基本一致[220]

表 4-1（续）

序号	矿区、煤矿、工作面名称	采深/m	松散层厚度/m	采厚/m	深厚比	采煤方法	工作面推进速度/（m·d⁻¹）	实测初次来压步距/m	实测周期来压步距/m	关于非连续变形的主要文字描述
39	大同矿区 塔山矿 8104 工作面	450[221/40] 400[14/144]	10[221/24]	13[221/40] 13.2[14/144]	34.6	综放[221/40]	4[221/15]			分为张开裂缝和闭合裂缝。在停采线内侧，主要为闭合裂缝，裂缝宽度较小，无台阶。工作面上顺槽正上方存在倾斜滑坡，受斜坡影响，台阶下沉落差在上顺槽正上方最大[221/25]
40	兖州矿区 鲍店矿、 兴隆庄矿					综放[188/11]				开采引起的裂缝分为两类，一类为永久裂缝，一类为可（部分）还原的裂缝。永久裂缝位于开切眼、停采线、上山边界和下山边界外侧，可（部分）还原的裂缝位于工作面正上方，工作面上方出现的动态裂缝是大致平行推进位置的直线形裂缝[188/35]
41	大同矿区 芦子沟煤矿 3108 工作面	348.8[176/20]	48[176/20]	25[176/19]	14.0	综放[176/19]		57.3～62[176/27]	6.1～24.5/17.36[176/27]	1. 切眼附近各裂缝的发育程度不相同，归纳起来可分为张开式裂缝、台阶式裂缝、地堑式裂缝、塌陷式裂缝等[176/47]。 2. 表现出一定的周期性，周期裂缝中心间距平均为 90.2 m。工作面内裂缝分为两种，一种是临时性裂缝，随工作面推进，裂缝呈现“张开—扩展—闭合”的规律；另一种是永久性裂缝，随工作面推进，裂缝宽度、深度和落差都不断增加，并最终趋于稳定[176/47]

表 4-1（续）

序号	矿区、煤矿、工作面名称	采深/m	松散层厚度/m	采厚/m	深厚比	采煤方法	工作面推进速度/（m·d⁻¹）	实测初次来压步距/m	实测周期来压步距/m	关于非连续变形的主要文字描述
41	大同矿区 芦子沟煤矿 3108 工作面	348.8[176/20]	48[176/20]	25[176/19]	14.0	综放[176/19]		57.3～62[176/27]	6.1～24.5/17.36[176/27]	3. 工作面以平均 88.7 m 步距发生动载明显、持续时间长的周期性强矿压，上方地表同时以平均 90.2 m 步距周期性出现分布密集、发育明显的永久裂缝，工作面周期性强矿压与地表周期性分布裂缝有一一对应的关系，地表周期裂缝位置平均滞后来压位置 65 m，裂缝滞后角为 79.5°，工作面在发生周期强矿压后 3.5 d（期间工作面推进 5 m），裂缝开始快速发育，裂缝的宽度和落差均迅速增加[176/158]。 4. 临时性裂缝或超前[176/48]或滞后[176/52]工作面位置，地表开始出现裂缝[176/52]
42	灵武矿区 羊场湾煤矿									裂缝发育程度会随着开采深度的增加逐渐减弱；地表裂缝发育范围可以简化为 2 个半椭圆和 1 个矩形的组合形状，并能通过地表移动变形参数和煤层埋深计算出地表裂缝发育范围；地表裂缝最大发育宽度与采深采厚比、煤层平均埋深、煤层上覆基岩厚度有明显的增加－递减关系，而与该区的松散层厚度无明显数学关系。采深采厚比是影响羊场湾煤矿地表裂缝最大发育宽度的主要因素[222]

4.2　综采/综放条件下地裂缝形态与分类

1. 按地裂缝发育的位置分类

按地裂缝发育的位置分类，可将地裂缝分为超前裂缝和边缘裂缝两类，这是应用最广的一种分类。

超前裂缝出现在工作面前方地表，随着工作面的不断推进，这种裂缝超前工作面周期性地出现，裂缝间距大体与来压步距一致，大裂缝之间可能出现更加细小的裂缝，裂缝大致与工作面平行，个别情况可能出现与工作面斜交的情况。如图4－1～图4－3。超前裂缝是动态裂缝，与工作面位置有关，工作面接近或处于裂缝正下方时，裂缝宽度达到最大值，工作面推进过后，裂缝宽度逐渐减小，有闭合消失的趋势。超前裂缝与工作面平行还是斜交与煤层走向有关。

图4－1　与工作面大致平行的动态裂缝
（大柳塔矿12208工作面，据刘辉等，2013）

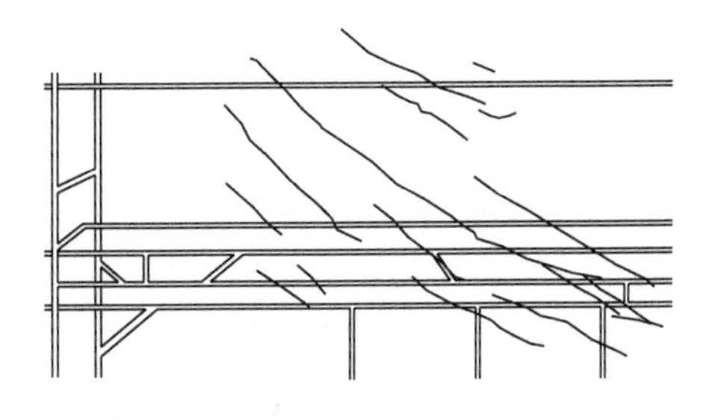

图4－2　与工作面斜交的动态裂缝
（大佛寺矿40108工作面，据姬文斌，2017）

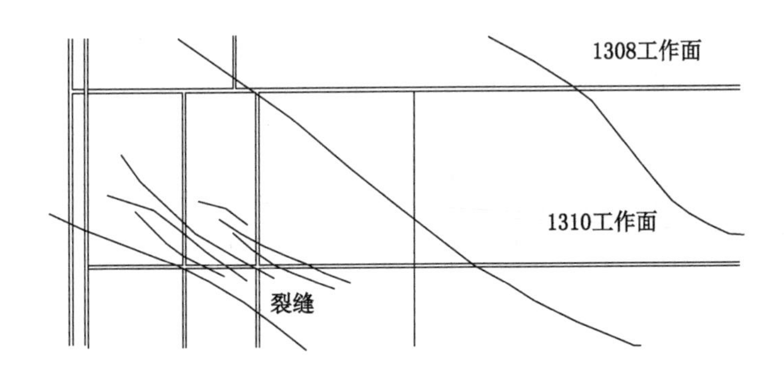

图4－3　与工作面斜交的动态裂缝
（鲍店矿1310综放工作面，据李亮，2010）

边缘裂缝出现在采空区边界附近，这种裂缝一般滞后工作面发育，因为工作面边界附近为地表拉伸区，因而这种裂缝往往难以自行闭合消失。如图4－4所示。

图4-4 边缘裂缝

2. 根据发育时段分类

可分为采动过程中的临时性裂缝和地表稳沉后的永久性裂缝两种（刘辉，2014）。

采动过程中的临时性裂缝一般发生在工作面上方，随着工作面的推进，覆岩破断直至地表开裂而形成，工作面推过裂缝后，地表受到压缩变形，位于下沉盆地中的大部分裂缝将逐步闭合。如图4-5所示。其主要特点：与工作面同步发育，形成速度快，具有动态性、临时性、自愈性。

地表稳沉后的永久性裂缝一般发生在工作面的边界附近，即地表拉伸变形最大的区域，自初始开采直至地表稳定，裂缝逐步加大且永久存在。如图4-6所示。其主要特点：宽度大，发育深，难自愈。

图4-5 临时性裂缝（据刘辉，2014）

图4-6 永久性裂缝

3. 按地裂缝的形成机制分类

按地裂缝的形成机制，开采地表裂缝可以划分为拉伸型裂缝、挤压型裂缝、塌陷型裂缝和滑动型裂缝等4种类型（刘辉，2014）。

拉伸型裂缝是由于地表水平拉伸变形超过表土的极限抗拉伸应变而将表土直接拉裂形成的，因此一般在地表拉伸变形区内密集发育。采动过程中随着地表拉伸变形超过表土极限拉伸变形而形成，一般超前工作面一定距离，发育较浅，宽度较小，台阶落差较小或无台阶。如图4－7所示。

挤压型裂缝是由于地表压缩变形超过表土的抗压缩能力时，表土受到挤压而形成的隆起，在地表压缩变形区内发育。在采动过程中，随着地表的压缩变形而呈动态发育，随着工作面的推进，逐渐愈合，地表凸起，裂缝宽度小，有一定的自愈能力。如图4－8所示。

图4－7　拉伸型裂缝

图4－8　挤压型（隆起）裂缝
（据王业显，2014）

塌陷型裂缝是由于采动引起覆岩破断直至地表塌陷而形成的，一般在工作面正上方随着工作面的推进而同时发育。采动过程中随着覆岩的整体垮落而动态发育，一般滞后于开采工作面，随着工作面的推进，逐渐愈合，宽度大，发育深，台阶落差大。如图4－9所示。

当工作面位于沟谷地形下时，采动容易引起地表坡体的滑移且发生局部破断，不同于覆岩整体破断的塌陷型裂缝和地表拉伸变形的拉伸型裂缝，滑动型地裂缝是由于采动引起地表拉伸和坡体滑移的耦合影响而形成的，受到地质采矿环境及地形地貌条件的影响较大，一般而言，基岩采厚比越小，地表坡度越大，发育越明显。坡体局部破断而形成台阶，横向宽度大，竖向落差大，较难愈合。如图4－10所示。

图4-9 塌陷型裂缝（据刘辉，2014）

图4-10 滑动型裂缝（据刘辉，2014）

4. 按地裂缝分布延伸的平面几何形态分类

按地裂缝分布延伸的平面几何形态，可将地裂缝分为"一"字形、"C"字形、"S"字形、"Y"字形。"一"字形裂缝往往发生在裂缝初期、尚未发育至最大规模时，超前裂缝即为如此；超前裂缝发育至最大规模时，则呈倒"C"字形的圆弧状。"S"字形裂缝既与受力状态有关，也受到地形的影响，在地形变化处，裂缝延伸方向往往发生变化，发展成为曲线。多条间距不大的裂缝，时分时合，即为"Y"字形裂缝。如图4-11～图4-14。裂缝的平面几何形态是表土层及其受力性质和地形的共同作用结果。

图4-11 "一"字形裂缝

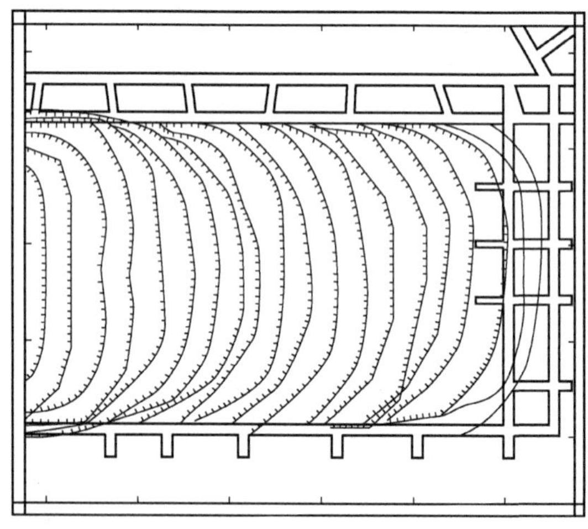

图4-12 "C"字形裂缝
（大柳塔矿12208工作面局部，据刘辉，2014）

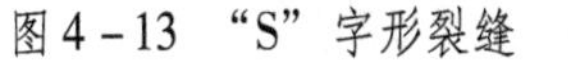

图4－13　“S”字形裂缝

图4－14　“Y”字形裂缝（据王业显，2014）

有学者（张占兵，2010）按分布延伸的平面几何形态，将地裂缝分为直线延伸型、弧线延伸型、曲线型和分叉型，实际上分别与“一”字形、“C”、“S”字形、“Y”字形对应。

5. 按力学性质分类

按力学性质分类，可将地裂缝分为压性地裂缝、张性地裂缝和扭性地裂缝（张占兵，2010）。

压性地裂缝：主要由于压应力作用引起，这种压应力大都产生在沉陷盆地，可能形成隆起，如图4－15所示。该类型地裂缝延伸比较短，宽度比较窄，总体比较细小。

张性地裂缝：此类地裂缝主要出现在沉陷盆地的边缘地带，地裂缝的走向与压应力的作用方向平行。这种地裂缝的宽度较大，裂缝面粗糙不平整，裂缝呈锯齿状，线形延伸较差，有时会出现小的分叉和转折，但整条地裂缝的总体延伸方向较稳定。如图4－16所示。

图4－15　压性裂缝（隆起）

（大柳塔矿22201工作面，据刘辉，2014）

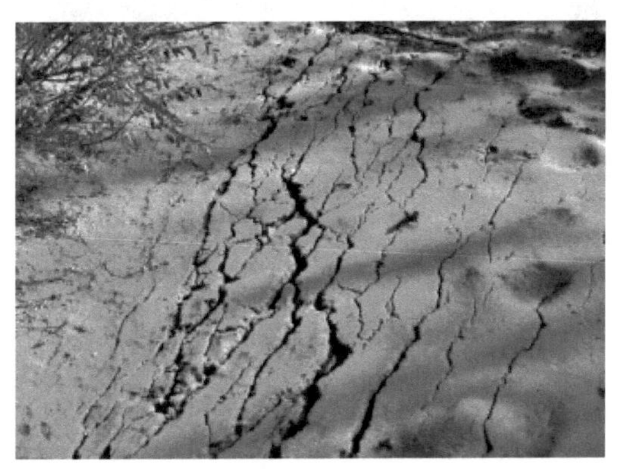

图4－16　张性裂缝

（据陈超，2018）

扭性地裂缝：主要由于剪应力作用引起，地裂缝延伸方向与最大剪应力方向平行。此类地裂缝规律性较好，延伸平直，有时如刀切一样平直，产状稳定，如果多组扭性地裂缝都很发育，可以将地面切割成格子状、条状或菱块状。如图4－17所示。

图4－17　扭性裂缝

6. 按裂缝形态分类

按裂缝形态，可分为一般拉伸裂缝、隆起裂缝、台阶裂缝、塌陷槽、塌陷坑、地堑、漏斗。如图4－18～图4－33所示。

图4－18　一般拉伸裂缝

图4－19　隆起裂缝
（屯留矿S2202工作面，据胡海峰，2012）

图 4-20 台阶裂缝

图 4-21 两条平行台阶裂缝

图 4-22 地堑式裂缝
（大柳塔矿，据王业显，2014）

图 4-23 地堑式裂缝
（大柳塔矿 12208 工作路面，据刘辉，2014）

图 4-24 小型塌陷坑（据范立民，2015）

图 4-25 公路下方较大塌陷坑

图4-26 塌陷槽
（据李金华，2017）

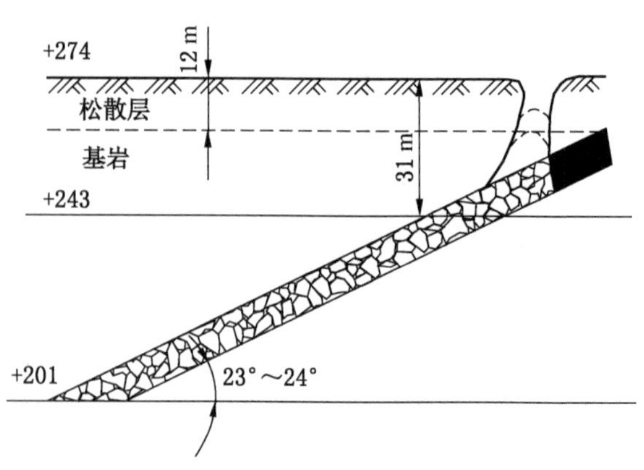

图4-27 富力矿浅部开采引起的漏斗状塌陷坑
（据何国清等，1991）

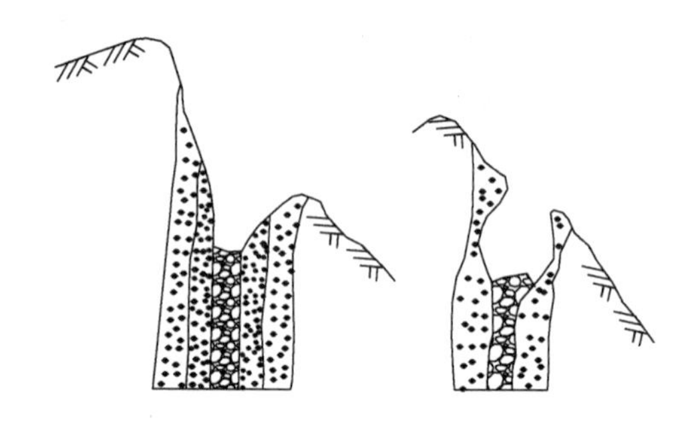

图4-28 大台矿塌陷漏斗
（据何国清等，1991）

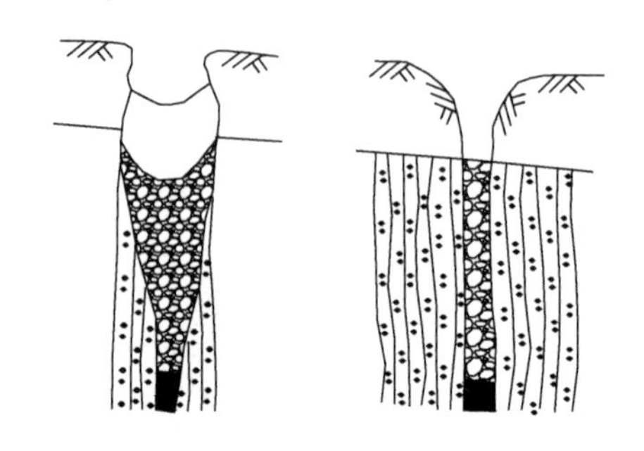

图4-29 北票矿区塌陷漏斗
（据何国清等，1991）

图4-30 漏斗状塌陷坑
（大柳塔矿，据王业显，2014）

图4-31 漏斗状塌陷坑
（不连沟矿F6201工作面，据田成东，2016）

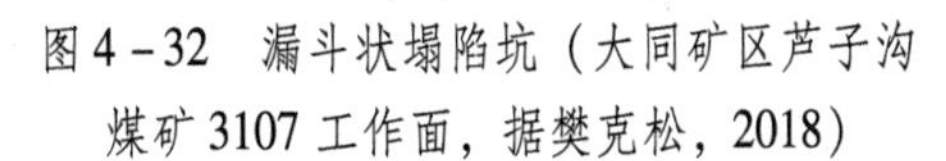

图 4-32　漏斗状塌陷坑（大同矿区芦子沟煤矿 3107 工作面，据樊克松，2018）

图 4-33　漏斗状塌陷坑（内蒙古自治区宝日希勒镇）

拉伸裂缝即前述拉伸型裂缝，地表所受实际拉力大于极限抗拉强度而形成的裂缝。

隆起裂缝是地表所受实际压力大于极限抗压强度而形成的裂缝，表现为线状隆起。

当深厚比较小时，地表变形十分剧烈，裂缝在空间形态上易表现为台阶状，地表塌陷区还易出现塌陷槽、塌陷坑、地堑和漏斗。急倾斜煤层开采、旺采区或者房柱式开采区的煤柱失稳、硐室式水力采煤采厚不一致也容易导致地表出现漏斗状塌陷坑（何国清等，1991；王业显，2014）。

在神东矿区，除了旺采区、房采区地表易出现漏斗状塌陷坑外，在综采区的切眼附近地表，也易出现漏斗状塌陷坑，而工作面往往伴随着突水溃砂事故。1993 年 3 月 24 日，大柳塔煤矿一开采工作面的顶板沿着煤壁中部切断，携带着泥沙的涌水流量高达 0.68 m^3/min，地表沉陷区的南部出现漏斗，工作面的上方断面裂缝形成纺锤形状的沉陷坑，直至到达顺槽位置后才逐渐稳定下来，最终形成了 4 个倒锥形漏斗。2001 年 5 月 31 日，上湾煤矿 2^{-2}煤辅助运输巷道发生冒顶涌水溃沙事故，地表出现一直径约 26 m、深约 16 m 的倒锥形沙漏斗塌陷区（王国立，2015）。工作面突水溃砂事故导致的地表漏斗深度往往为采厚的数倍。在不连沟煤矿的 F6201 综放工作面切眼附近，开采过后出现一边长约为 70 m、深度约为 60 m 的近似方形塌陷坑，随着时间的推移，塌陷坑直径逐渐发展至约 250 m，深度增加至约 70 m（田成东，2016）。

7. 按裂缝岩土性质分类

对于拉伸型裂缝，当水平变形超过岩土抗拉强度时，岩土内就出现裂缝。神东矿区地貌以梁峁沟壑地貌为主，地表覆盖一定厚度的松散层，松散层主要有风积沙和黄土两种，冲沟两侧和底部、梁峁顶部多有基岩出露。高强度开采导致地表变形剧烈，裂缝不仅出现在松散层地表，也出现在抗拉强度很大的裸露基岩地表。在风积沙、黄土、岩石中的裂缝依次如图 4-34 ~ 图 4-36 所示。

风积沙中的地裂缝不明显，极易被沙蚀而掩埋。黄土和岩石中的地裂缝十分明显，不易被掩埋。

图 4-34　风积沙裂缝

图 4-35　黄土裂缝

图 4-36　岩石裂缝

8. 按裂缝剖面形态分类

从已有的文献资料看，在垂向剖面上，所有裂缝均呈上宽下窄的“V”字形而逐渐尖灭，部分文献记录为楔形。这与理论分析结果是一致的（王来贵等，2010）。受地形影响，滑动裂缝向下山方向滑动，裂缝上部可能宽窄一致；受雨水冲刷影响，有的裂缝地表出露部分小于其下部，但无论哪种情况，垂向剖面上裂缝的最初形态均为“V”字形，即便后来受到各种外力影响形态有所变化，但其整体上仍是“V”字形。

还有一些其他分类方法，如按裂缝规模（张占兵，2010）、是否重复采动影响（王业显，2014）等，这些方法更适用于某些煤矿或某些煤层，普适性不大，本书不再赘述。

4.3　地裂缝发生、发育的时空定量规律

本章 4.2 节所总结的关于地裂缝形态分类内容可认为是关于地裂缝的定性规律。实际上，裂缝的发生、发育与地质采矿条件参数之间存在定量关系，图 4-37 显示了大同矿区

芦子沟煤矿 3108 工作面地表裂缝与工作面周期强矿压之间的一一对应关系。本节将探讨裂缝与地质采矿条件参数之间的时空定量关系。

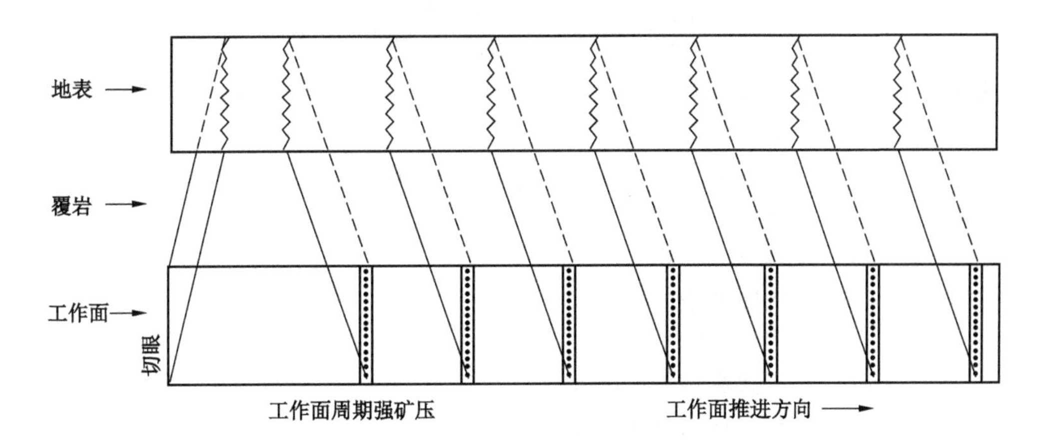

图 4-37 工作面周期强矿压与地表裂缝的一一对应关系
（芦子沟煤矿 3108 工作面，据樊克松，2019）

4.3.1 裂缝宽度、深度、台阶落差的定量关系

裂缝深度 h 与宽度 s 关系的经验公式（赵勤正等，2003）是

$$h = A\sqrt{s} \tag{4-1}$$

式中，A 为系数，黄土耕地取 8，风化基岩取 15。

式（4-1）是一个普遍认可的经验公式，在煤矿区灾害治理中常常用于估算裂缝充填工程量，系数 A 的取值在不同矿区有不同取值。

浅埋煤层综采地表往往出现台阶裂缝。在对大柳塔煤矿 22201 和 52304 两个综采工作面地表裂缝动态监测数据回归分析后发现，裂缝宽度 s、深度 h 和落差 d 存在经验公式（刘辉等，2017）：

$$h = 13.081s + 0.7197 \tag{4-2}$$

$$h = 1.451\ln d + 5.576 \tag{4-3}$$

实验证明，裂缝的深度与土壤的性质和含水率、岩性等有关。裂缝深度与浅层地表含水率成正比函数（赵勤正等，2003）：

$$\rho = b \cdot h \tag{4-4}$$

式中，ρ 表示浅层地表含水率；b 为待定系数，与土壤和岩性有关，一般情况土壤质地越密，岩性密度越大，系数越大；h 为裂缝深度，单位为 m。

基岩直接出露于地表的情况下，裂缝深度可达数十米（何国清等，1991）。

实测数据分析受限于数据量，理论分析可以很好地弥补实测数据量少的缺陷。地裂缝是采动附加应力突破天然土体极限平衡状态的反映，应用莫尔-库仑准则研究地表裂缝发育机理，推导出的裂缝深度和宽度计算公式（高超等，2016）如下：

$$h_{max}=\frac{2c\cdot\tan(45°-\varphi/2)-\sigma_{xm}}{\gamma\cdot\tan^2(45°-\varphi/2)} \tag{4-5}$$

$$s_{max}=\left(1+1.52\times\frac{W_{max}\cdot\tan^2\beta}{H^2}h_{max}\right)\cdot l\cdot\bar{\varepsilon} \tag{4-6}$$

以上两式中 h_{max}——裂缝深度，m；

s_{max}——最大宽度，m；

σ_{xm}——土体单元处于极限平衡状态时的极限拉应力（近似等于土体的抗拉强度），MPa；

c——内聚力，MPa；

φ——内摩擦角，(°)；

γ——容重，kN/m^3；

$\tan\beta$——主要影响角正切值；

l——相邻地表裂缝间的距离，m；

H——采深，m；

W_{max}——最大下沉值，m；

$\bar{\varepsilon}$——地表裂缝发生时的拉伸水平变形值，mm/m。

可见，黄土层的抗拉强度越大，裂缝深度越浅。根据公式计算的结果与实际值比较接近。

一般来说，超前裂缝的深度与宽度间存在比较明显的定量关系，但边缘裂缝的深度与宽度无明显的定量关系。有学者（王新静，2014）在对补连塔煤矿 12406 工作面 40 条张性永久裂缝统计后发现，数据分布相对凌乱，其宽度和深度没有明显的相关性，不符合以往研究的经验公式，如图 4-38 所示。

依据调查数据，对工作面煤层平均埋深数据进行分析处理发现，灵武矿区羊场湾煤矿的地表裂缝最大发育宽度 s_{max} 和采深采厚比（H/M）符合负指数关系（侯恩科等，2020，图 4-39）：

$$s_{max}=267.86e^{(-H/33.73M)} \tag{4-7}$$

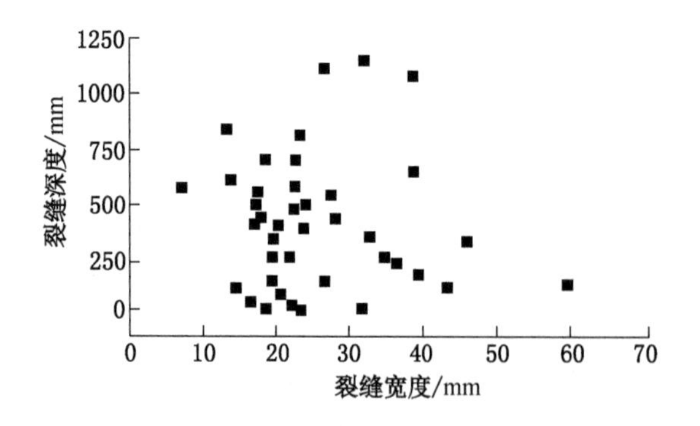

图 4-38 补连塔矿 12406 工作面边缘裂缝宽度与深度信息（据胡振琪等，2014）

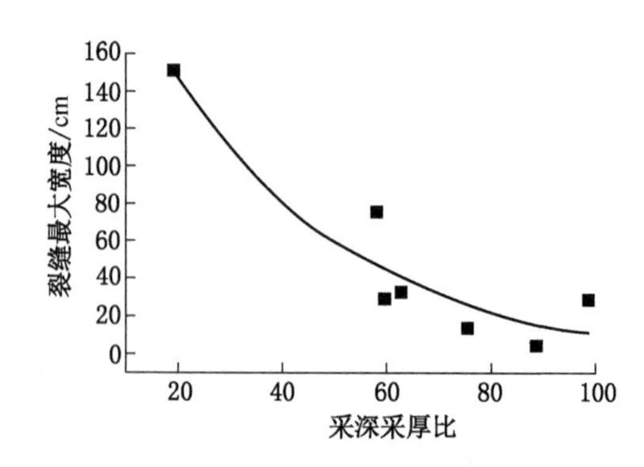

图 4-39 羊场湾矿裂缝最大宽度与煤层深厚比的关系（据侯恩科等，2020）

无论是超前动态裂缝还是边缘永久裂缝，其宽度、深度、台阶落差都要经历由小变大、再由大变小的过程，只不过超前动态裂缝最终闭合消失或留有痕迹，而边缘永久裂缝则仅减小不消失。图4-40和图4-41分别为大柳塔煤矿22201工作面中心和边缘裂缝宽度、深度、台阶落差发育曲线。

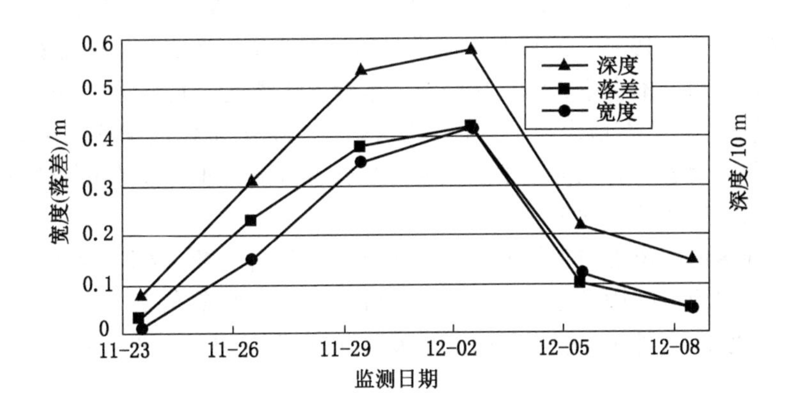

图4-40　大柳塔矿22201工作面中心裂缝动态发育曲线（据刘辉，2014）

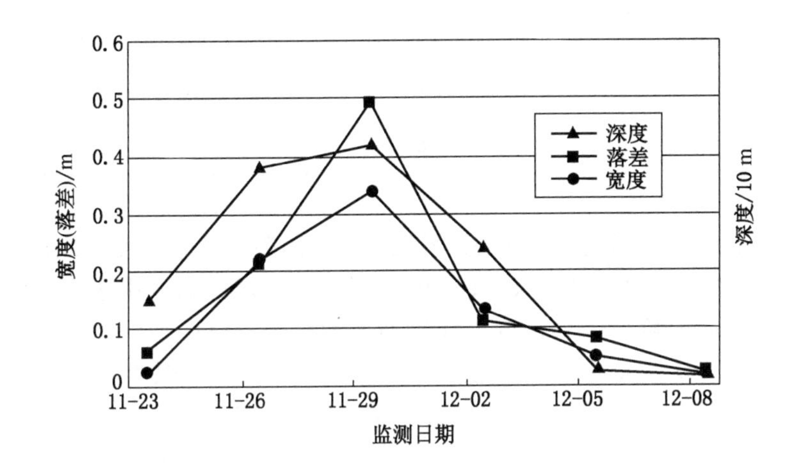

图4-41　大柳塔矿22201工作面边缘裂缝动态发育曲线（据刘辉，2014）

从图4-40和图4-41可以看出，裂缝宽度、落差和深度3个基本要素均呈现先增大后减小的规律；从时间尺度看，动态裂缝发育周期为15 d，扩展期和闭合期经历时间基本相等。

4.3.2 地裂缝发育位置与周期

首先说明，无论是现场开挖还是数值模拟抑或是理论计算（吴侃等，1997；高超等，2016），其结果都显示，开采引起的裂缝都是从地表开始发育的，之后逐渐向深部扩展。

1. 动态超前闭合裂缝发育位置

动态超前闭合裂缝的初始位置是工作面覆岩应力以及裂隙场的分布特征的反映，其发生、发育、发展与采动岩体破坏及其应力分布特征密切相关。实测数据证实，动态超前闭合裂缝的发生位置受控于硬岩层的周期性垮落步距，且二者数值基本相当。这在补连塔煤矿 12406 工作面（王新静，2014）、韩家湾煤矿 2304 工作面（王鹏，2012）、大柳塔煤矿 1203 工作面（杜善周，2010）、补连塔煤矿 31401 工作面（伊茂森，2008）、大柳塔煤矿 12208 工作面（刘辉，2014）、哈拉沟煤矿 22407 工作面（陈俊杰，2015）、印度 PV 矿某综采工作面（赵宏珠，1996）的周期来压步距和地裂缝位置实测数据中都有记录证实。

关于超前裂缝角，本书第 3 章已做介绍，本章不再赘述。实测结果表明，综采条件下超前裂缝角一般较大，“在地表拉伸变形的影响下，22201 工作面和 52304 工作面在超前于工作面开采前方地表均有拉伸型裂缝发育。受到各自不同地质采矿条件的影响，超前角分别为 85.19°和 88.71°”（刘辉等，2017）。

无疑，超前裂缝的位置与工作面开采速度有关。统计分析大柳塔煤矿 12208 工作面、22201 工作面和 52304 工作面地表拉伸型裂缝超前距 d_L、超前角 δ_L 和裂缝发育当日的开采速度 v 发现，它们之间存在较明显的定量关系（刘辉，2014），见表 4－2。

表 4－2　大柳塔矿地表超前裂缝定量关系

工作面编号	d_L 与 v 的定量关系	δ_L 与 v 的定量关系	备注
大柳塔煤矿 12208 工作面	$d_L=-1.5329v+25.084$	$\delta_L=1.8426v+58.88$	1^{-2}煤
大柳塔煤矿 22201 工作面	$d_L=-0.4885v+10.775$	$\delta_L=0.3824v+81.535$	2^{-2}煤
大柳塔煤矿 52304 工作面	$d_L=-0.5407v+6.7764$	$\delta_L=-0.0418v+88.963$	5^{-2}煤

可以看出，拉伸型裂缝超前于煤层开采发育，超前距与开采速度呈线性减小的关系，煤层埋深越小，趋势越明显，1^{-2}煤、2^{-2}煤、5^{-2}煤 3 个煤层的减小速率分别为 1.5329、0.4885、0.5407；超前角与开采速度呈线性增大的关系，煤层埋深越小，趋势越明显，1^{-2}煤、2^{-2}煤 2 个煤层增大的速率分别为 1.8462、0.3824，5^{-2}煤为 −0.0418，即超前角受开采速度影响微弱。将 3 个不同煤层的基岩采厚比 H_J/M、开采速度 v 的系数，与拉伸型裂缝超前距 d_L、超前角 δ_L 分别进行回归分析，可得出以下关系（刘辉，2014）：

$$d_L=-5.731\ln(vH_J/M)+33.989 \tag{4-8}$$

$$\delta_L=8.1896\ln(vH_J/M)+44.188 \tag{4-9}$$

从以上关系可以看出，随着开采速度与基岩采厚比乘积的增大，拉伸型裂缝超前距、超前角分别呈非线性对数减小、增大的趋势，拉伸型裂缝与煤层开采同步发育。

裂缝的发育是煤层埋藏条件和采矿条件共同作用的结果。对大柳塔煤矿 12208 工作面、22201 工作面和 52304 工作面拉伸型地裂缝进行统计整理，经回归分析，分别得到了各煤层开采拉伸型裂缝超前距 d_L、超前角 δ_L 与基岩采厚比 H_J/M 之间的关系（刘辉，2014）：

$$d_L=65.352(H_J/M)^{-0.8663} \tag{4-10}$$

$$\delta_L=53.152(H_J/M)^{0.1591} \tag{4-11}$$

超前裂缝超前于工作面的距离 S_c 随着工作面推进速度 v 的增大而增大。对补连塔煤矿 12406 工作面地裂缝超前距 S_c 与推进速度 v 的相关性分析显示，二者呈现明显的线性正相关，线性回归模型（胡振琪等，2014）为

$$S_c = 0.637v + 2.715 \tag{4-12}$$

并非所有浅埋煤层开采前方地表都能产生拉伸型裂缝，即使在同一个矿井的同一个煤层都可能如此。例如大柳塔矿 52307 工作面在推进过程中，超前煤层开采的地表拉伸变形区的变形值并未超过表土层的极限变形值，没有出现超前地裂缝[104/130]，而是产生了拉伸型[104/56]和台阶型[104/131]滞后裂缝。拉伸型裂缝滞后距 d_L、滞后角 δ 与工作面推进速度的关系[104/56]是

$$d_L = 2.2638v - 33.989 \tag{4-13}$$

$$\delta = -0.6749v + 90.16 \tag{4-14}$$

台阶型裂缝滞后距 d_L 与工作面推进速度的关系[104/131]是

$$d_L = 5.2706v - 18.234 \tag{4-15}$$

2. 挤压型裂缝发育位置

挤压型裂缝是由于地表压缩变形而形成的，一般滞后于工作面。对大柳塔煤矿 22201 工作面 6 条挤压型裂缝的滞后距 d_J、滞后角 δ_J 以及裂缝发育当日的开采速度 v 进行统计分析发现，它们之间存在较明显的定量关系（刘辉，2014）：

$$d_J = 1.9746v + 2.4938 \tag{4-16}$$

$$\delta_J = -1.437v + 87.709 \tag{4-17}$$

3. 塌陷型裂缝发育位置

由于受到覆岩关键层及岩层破断角的影响，塌陷型裂缝一般滞后于工作面。对大柳塔煤矿 12208 工作面 8 条塌陷型裂缝的滞后距 d_T、滞后角 δ_T 以及裂缝发育当日的开采速度 v 进行统计分析发现，它们之间存在较明显的定量关系（刘辉，2014）：

$$d_T = 0.8534v - 3.6104 \tag{4-18}$$

$$\delta_T = 1.4015v - 5.9325 \tag{4-19}$$

滑动型地裂缝的发育分为累积期、形成期、动态发展期、稳定期 4 个发育阶段（刘辉等，2016）。

4. 动态超前闭合裂缝发育周期

现场调研表明，动态超前裂缝大多能够自然闭合（王新静，2014；王鹏，2012；伊茂森，2008）。自最初开裂至最终闭合为发育周期，地表经历反复拉伸和压缩变形过程。一般认为，动态超前闭合裂缝随着工作面推进先张开而后逐渐闭合，即“开裂－扩展－闭合”完整发育过程（刘辉等，2017）。

据文献记载，大柳塔煤矿 22201 工作面动态裂缝发育周期为 15 d（刘辉等，2017），大柳塔煤矿 52304 工作面动态裂缝发育周期亦为 15 d（刘辉等，2017）；柳塔煤矿 12106 工作面动态裂缝发育周期为 60 d（煤炭科学研究总院，2012）；三道沟煤矿 85201 工作面动态裂缝发育成熟约 10 d（蒋军，2014），如果按“扩展期和闭合期经历时间基本上相等”（刘辉等，2017）或按“开裂－闭合”过程时长大致相等（胡振琪等，2014）推算，85201 工作面动态裂缝发育周期约为 20 d；巴彦高勒煤矿 311101 工作面动态裂缝发育周期约为 50 d（煤炭科学技术研究院有限公司，2018）。图 4－40 和图 4－41 显示的是大柳塔

煤矿 22201 工作面超前裂缝发育动态曲线，可以计算出其发育周期大约为 15 d。

不是所有工作面“开裂－闭合”的时长都大致相等。在潞安矿区五阳煤矿（郑志刚，2009）多个工作面裂缝从开裂到发育成熟一般需 20 d 左右，而消失闭合或残留裂口、裂痕则需要 60 d 左右。

有学者（王新静，2014）在对神东矿区补连塔煤矿 12406 工作面超前裂缝观测后发现，这类裂缝经历两个“开裂－闭合”过程。第一次开裂时，裂缝超前工作面一定距离，裂缝宽度随地表下沉速度的增大而增大，当工作面推进至裂缝下方时，裂缝逐渐闭合，工作面继续推进后，先前断裂处重新断开，并再次逐步增大，后又逐渐闭合，地表周而复始地出现大小、长短不一的这类裂缝。前后出现的两组裂缝间距约等于周期来压步距。两个“开裂－闭合”过程的时长大致相等。当裂缝出现第一次“开裂－闭合”过程，裂缝处的地表下沉速度增大并趋于最大值。在此过程中，工作面的持续推进量由裂缝的超前距 S_c 和最大下沉速度滞后距 L 二者之和组成。故此，裂缝发育周期与地质采矿条件的关系可近似抽象为图 4－42。图 4－42 中，φ 为最大下沉速度滞后角，(°)；δ 为动态裂缝超前角，(°)；H 为煤层埋深，m；A、B、C 和 A'、B'、C' 分别代表裂缝开裂、初次闭合和完全闭合的 3 个阶段以及对应的工作面推进位置。

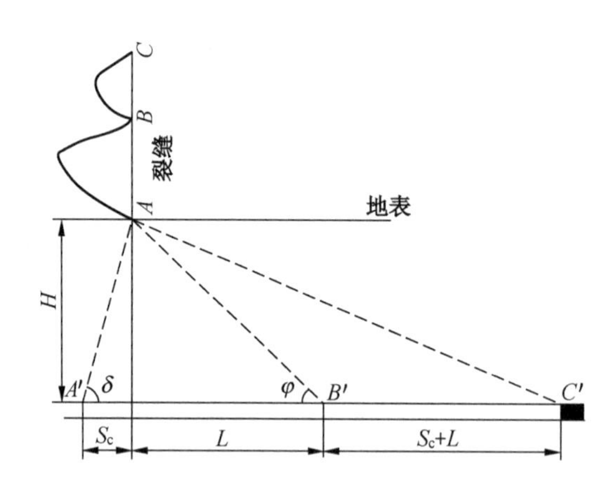

图 4－42　裂缝发育周期与地质采矿条件的近似关系示意图（据王新静，2014）

根据几何关系，可以计算出裂缝的发育周期 T（王新静，2014）为

$$T=2(S_C+L)/v \tag{4-20}$$

式中，v 为平均开采速度，单位为 m/d。而 $T=H/\tan\delta$，$L=H/\tan\varphi$，故此，动态拉伸型裂缝发育周期模型为

$$T=\frac{2H(1/\tan\delta+1/\tan\varphi)}{v} \tag{4-21}$$

最大下沉速度滞后角 φ 主要受覆岩性质、煤层的采深与采厚以及工作面回采速度的影响。对神东矿区多个工作面地表裂缝观测数据统计回归，得到综采条件下最大下沉速度滞后角与采矿地质条件的关系（王新静，2014）为

$$\varphi=70.95-(0.016H_J v/M) \tag{4-22}$$

式中 H_J——基岩厚度，m；

M——采厚，m。

据此，拉伸型动态地裂缝的发育周期可表述为

$$T=\frac{2H}{v}\times\left\{\frac{1}{\tan\delta}+\frac{1}{\tan[70.95-0.016(H_Jv/M)]}\right\} \tag{4-23}$$

至目前为止，在补连塔煤矿12406工作面发现的“M”型双峰拉伸型超前裂缝属于首次发现，也是唯一的发现。其他工作面观测到的结果显示，工作面推进至裂缝下方时，裂缝宽度接近最大值。而12406工作面观测结果显示，当工作面推进至裂缝下方时，裂缝逐渐闭合。有学者（陈超，2018）就拉伸型超前裂缝是经历一个还是两个“开裂－闭合”过程在大柳塔煤矿52305工作面进行过专门监测，但未监测到动态地裂缝双峰发育特征。分析认为，这是工作面所处地质条件差异造成的，不同的覆岩岩性及其结构组合，可能导致地表非连续变形发生发育具有时空差异性；并且认为，动态地裂缝的发育可能不仅仅只呈现出双峰特征，有可能呈现出多峰发育特征，但由于观测频率、观测方法等原因，可能存在漏测，而未观测到多峰发育特征。图4－43（王新静，2014）显示了补连塔煤矿

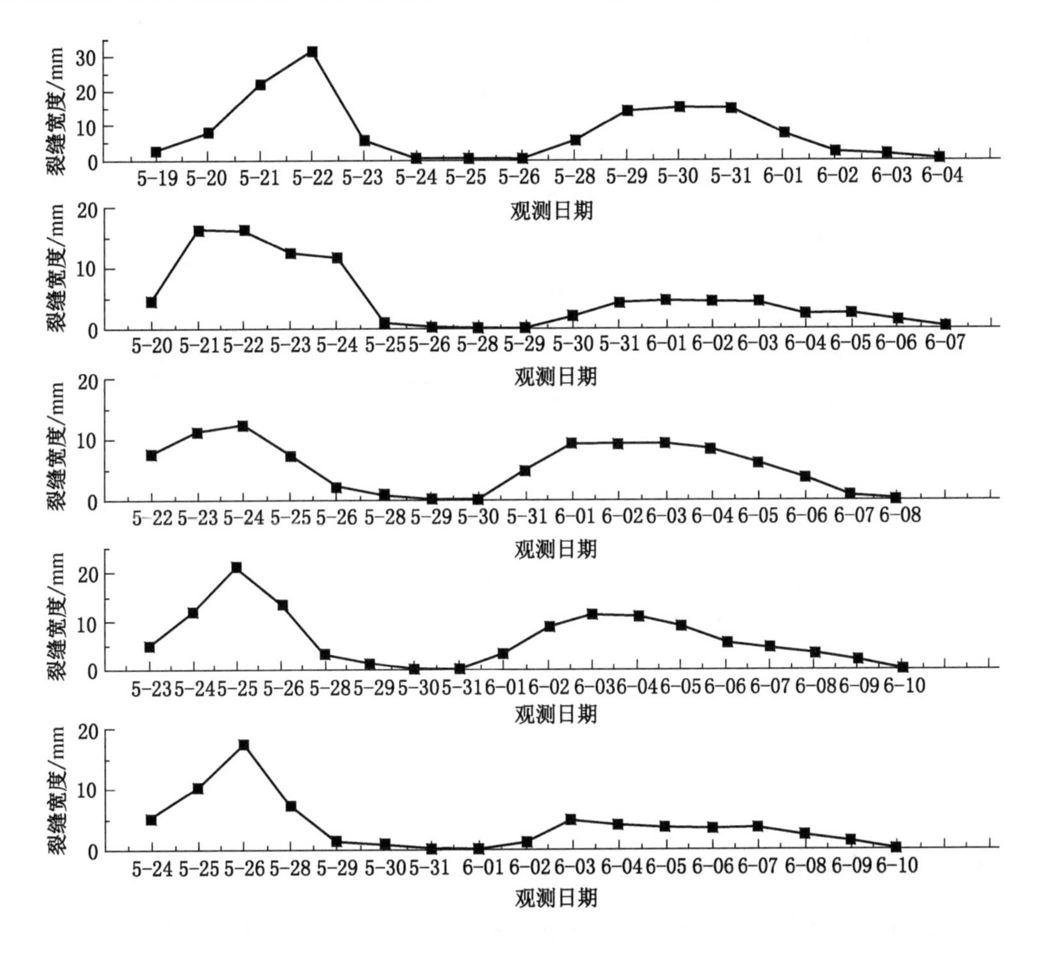

图4－43　补连塔矿12406工作面动态裂缝发育周期分布图（据王新静，2014）

12406 工作面 5 条拉伸型超前裂缝的完整发育周期，可以看到，虽然这 5 条拉伸型超前裂缝宽度存在较大差异，但均表现出“M”型双峰特征，平均发育周期为 18. 2 d。

动态地裂缝的发育周期与覆岩岩性、煤层埋深以及工作面推进速度等密切相关，其反映在地表的是移动变形的变化与迁移。图 4 - 44 反映了补连塔煤矿 12406 工作面动态地裂缝的发育过程与地表沉陷规律的关系。当工作面推进至 431 m 时，该裂缝在超前工作面约 9 m 的位置出现。裂缝发育的初始阶段，随着地表下沉量以及下沉速度的增加，地裂缝的宽度也逐渐增大，当下沉速度增至 209. 7 mm/d 时，该地裂缝的宽度达到最大值；地表下沉速度达到最大值 268. 5 mm/d 时（此时工作面开采位置为 538 m），该裂缝第一次闭合，经历了第一个“开裂 - 闭合”的过程；此后地表的下沉速度开始迅速减小，裂缝在先前位置重新开裂，当地表下沉值趋于稳定、接近最大值（此时地表移动步入衰退期）时，此裂缝最终完全闭合，经历第二个“开裂 - 闭合”的过程。该裂缝发育周期为 17 d，工作面持续推进长度为 209 m，接近平均采深。

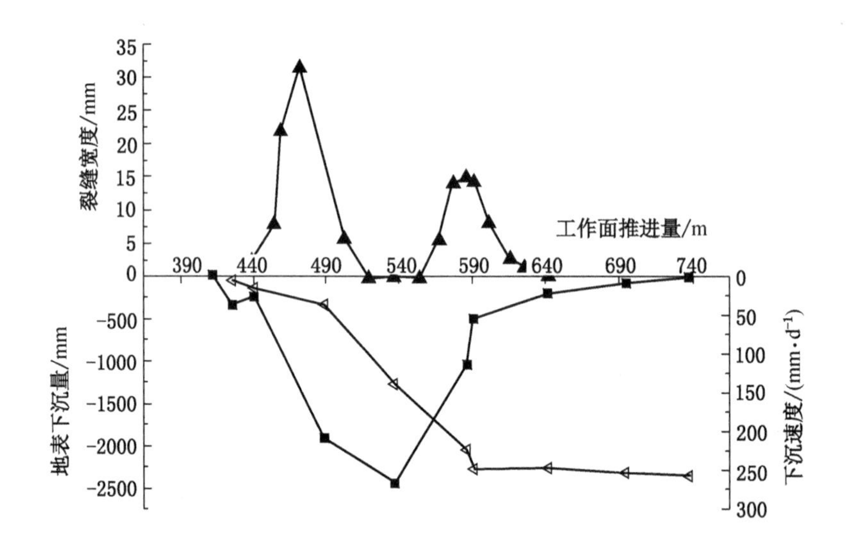

图 4 - 44　补连塔矿 12406 工作面动态裂缝发育过程与地表下沉关系图（据王新静，2014）

对徐淮矿区的研究结果也显示，裂缝的发育周期与开采速度存在定量关系（张登宏，2009）：

$$T = 2s_{max}/v \tag{4-24}$$

式中　T——裂缝发育周期，d；

s_{max}——工作面上方裂缝区最大宽度，m；

v——工作面推进速度，m/d。

4. 3. 3　滑动型裂缝与沟谷坡度的定量关系

所谓滑动型地裂缝，是指在沟谷条件下开采时，受到薄基岩浅埋煤层地质采矿条件及黄土沟壑地貌双重胁迫作用，采动引起两侧坡体向沟谷中心滑移且发生局部断裂而造成的一种地裂缝。与平坦地区开采引起的常规地裂缝灾害不同，滑动型裂缝不仅受到覆岩整体破断的影响，而且也受到采动坡体的滑移影响，其发育位置、发育形态、扩展深度等均受到沟谷的影响较大（刘辉等，2016）。滑动型裂缝一般规模较大，易形成台阶，不易自愈。

在地表裂缝处 P 点，设开采深度为 H，裂缝距为 d，裂缝角为 θ，沟谷坡度为 β，如图 4-45 所示。存在如下几何关系：

$$\tan\theta = H/d \tag{4-25}$$

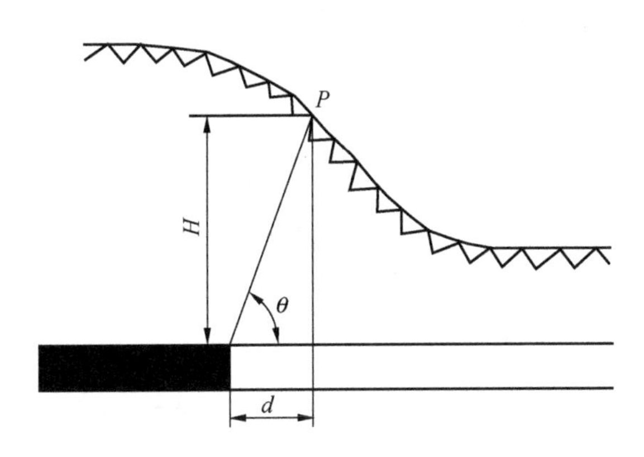

图 4-45　滑动型地裂缝示意图（据刘辉等，2016）

采用不同的方案进行数值模拟，对模拟结果数据进行相关性分析并回归计算，得到沟谷坡度对滑动型裂缝的影响定量关系（刘辉等，2016）：

$$d = -0.0315\beta^2 + 2.037\beta - 4.74 \tag{4-26}$$

$$\theta = -0.0196\beta^2 - 1.0976\beta + 89.84 \tag{4-27}$$

由以上两式可知，当 $\beta = 0$ 时，裂缝角 $\theta = 89.84°$，裂缝距趋近于 0。即当工作面地表为平地时，采动引起的坡体滑移分量消失，地表发育为台阶式塌陷型裂缝，其发育位置接近采空区边界。

同样可以得到沟谷位置对滑动型裂缝的影响定量关系（刘辉等，2016）：

$$d = 121.4R/D - 32.04 \tag{4-28}$$

$$\theta = -64.3R/D + 107.47 \tag{4-29}$$

两式中，R 和 D 分别为沟谷中心距采空区边界的水平距离和工作面尺寸。

分析以上两式可知，当 $R/D = 0$ 时，$d = -32.04$ m，$\theta = 107.47°$，即当沟谷中心位于采空区边界正上方时，地裂缝发育位置在煤柱一侧，距采空区边界的距离为 32.04 m；随着沟谷中心逐渐偏移至采空区中心，地裂缝发育位置逐渐由煤柱一侧转至采空区一侧。若令裂缝距 $d = 0$ 或裂缝角 $\theta = 90°$，可得 $R = 0.27D$。即当沟谷中心距采空区边界的水平距离为 0.27 倍的工作面尺寸时，滑动型地裂缝发育位置位于采空区边界正上方；当 $R > 0.27D$ 时，裂缝距 $d > 0$，裂缝角 $\theta < 90°$，即滑动型裂缝发育位置偏向采空区一侧；当 $R < 0.27D$ 时，$d < 0$，$\theta > 90°$，即滑动型裂缝发育位置偏向煤柱一侧。

4.3.4　拉伸型裂缝宽度与水平变形之间的关系

对大柳塔煤矿22201工作面和52304工作面走向线主断面上发育的拉伸型地裂缝的宽度s以及裂缝处的水平变形值ε进行统计分析，发现拉伸型裂缝宽度与水平变形值之间存在较强的线性关系，统计分析结果（刘辉，2014）为

$$s = 0.217\varepsilon + 0.0323 \tag{4-30}$$

根据式（4-30）可知，水平变形值越大，裂缝宽度越大。根据图4-46可知，拉伸变形超过0.16 mm/m时，拉伸型裂缝开始发育。

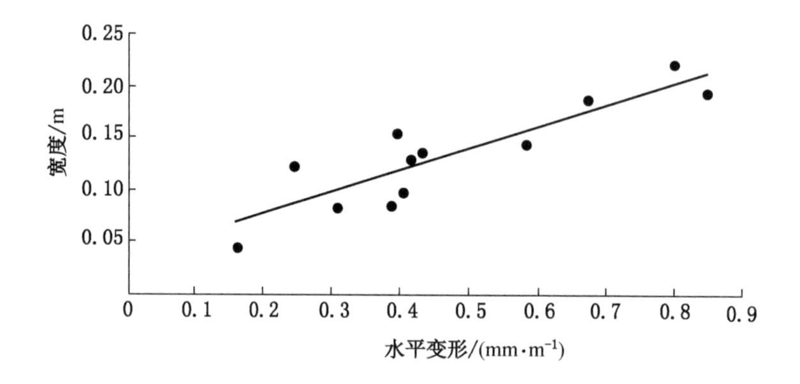

图4-46　拉伸型裂缝宽度与水平变形之间的关系（据刘辉，2014）

裂缝的发育与土壤的性质和含水率关系密切，对兖州矿区鲍店煤矿5305工作面地表裂缝的统计分析发现，最大裂缝宽度约是最大水平变形值的6.7倍，工作面走向方向上裂缝的累计宽度与累计水平变形值之比为53.2%，工作面倾向方向上裂缝的累计宽度与累计水平变形值之比为33.8%。这说明，水平变形没有全部通过裂缝反映出来，一部分变形被地表土体所吸收（李亮，2010）。

4.3.5　挤压型裂缝隆起高度与压缩变形之间的关系

对大柳塔煤矿22201工作面6条挤压型裂缝的隆起高度h_J及裂缝处的压缩变形值ε（取正值）进行了统计分析，发现隆起高度与压缩变形值之间存在较强的非线性自然对数关系（图4-47，刘辉，2014）：

$$h_J = 0.1605\ln\varepsilon - 0.2302 \tag{4-31}$$

压缩变形大于5 mm/m时，挤压型裂缝开始发育，随着压缩变形值的增大，裂缝高度逐渐增大，压缩变形在5～15 mm/m时，裂缝高度增加显著，压缩变形超过15 mm/m时，裂缝高度基本稳定，一般不超过0.3 m。

4.3.6　裂缝发育条件

1. 深厚比条件

本章4.1节中已述，一般认为，深厚比值30常常作为地表移动和变形在空间和时间

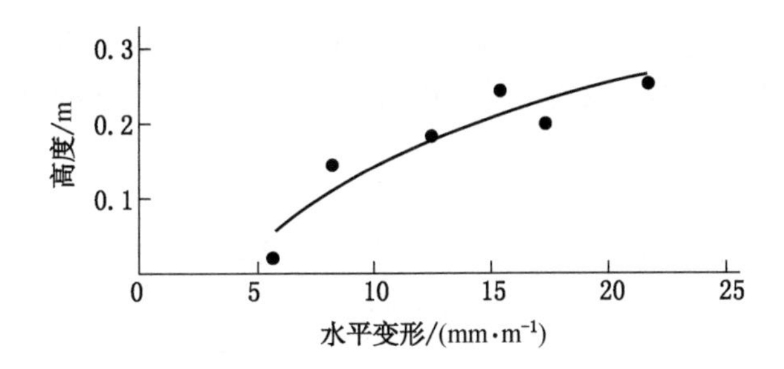

图4-47　挤压型裂缝高度与水平变形之间的关系（据刘辉，2014）

上连续与否的指标。这一结论是在炮采和普采工艺基础上实测资料的分析结果。与炮采和普采相比，综采（综放）工作面推进速度快数倍甚至10余倍，而且开采厚度一般也较大，这就导致地表移动剧烈程度明显增加，即使深厚比很大时也极易出现地裂缝形式的非连续性变形。

在兖州矿区（李亮，2010），鲍店煤矿52305工作面（深厚比为40～45）、52306工作面（深厚比为63.7～70.6）、1310工作面（深厚比为43～50.6）、兴隆庄煤矿4314工作面（深厚比为39～40）综放工作面地表均出现地裂缝，深厚比较小的兴隆庄煤矿4314工作面地表裂缝最大宽度约300 mm，最大长度约100 m，部分裂缝有0.5～0.6 m的台阶落差。

在东胜矿区（陈凯，2015），布尔台煤矿22103工作面（深厚比为98）、寸草塔煤矿22111工作面（深厚比为89）、寸草塔二矿22111工作面（深厚比为106.9），地表出现了裂缝。

在纳林河矿区巴彦高勒煤矿311101综采工作面（煤炭科学技术研究院有限公司，2018），深厚比为117，地表也出现了裂缝。

裂缝的发生、发育与覆岩性质关系极为密切，淮南矿区潘集煤矿西一采区$140_2 1(3)$工作面采深约400 m，松散层厚度约335 m，采厚为1.91 m（王晋林等，2007），尽管深厚比高达210.5，地表仍出现了裂缝，该工作面的基岩采厚比约为34。

综上所述可以认为，综采/综放条件下，地表变形剧烈程度远大于普采和炮采，深厚比120以下都可能在地表产生裂缝。当松散层厚度占采深的比例较大时，深厚比不宜作为地表裂缝发生、发育的判据，基岩采厚比更适合作为判据。

2. 基采比条件

基岩采厚比简称基采比。煤层采出后，上覆岩层垮落充填采空区。由于岩石具有碎胀性，破碎的覆岩充满采空区，基岩与松散层交界面呈现连续变形，地表不会产生塌陷破坏。

设塌陷型裂缝处的地表下沉值为W，采动引起裂缝处的总离层高度为h'，工作面上方基岩平均厚度为H_J，覆岩碎胀系数为K，采厚为M。当塌陷型地裂缝消失时，采厚可认为由基岩厚度增加值、离层高度和地表下沉值3部分组成（刘辉，2014），即

$$M = (K-1)H_J + h' + W \tag{4-32}$$

地表下沉值 W 与采厚 M、下沉系数 q 和倾角 α 的关系式为 $W = Mq\cos\alpha$，代入到式（4－32）中，离层高度很小，忽略不计，则可通过式（4－32）得到地表塌陷型裂缝的基岩采厚比（H_J/M）的极大值 λ_{max}：

$$\lambda_{max} = (1 - q\cos\alpha)/(K-1) \tag{4-33}$$

式（4－33）为采动引起的塌陷型裂缝的基岩采厚比极大值，该式仅适用于塌陷型裂缝，不适用于由地表变形造成的拉伸型、挤压型裂缝。

据神东矿区地质采矿条件（刘辉，2014），产生塌陷型裂缝的基岩采厚比极大值约为10。大柳塔煤矿 12208 工作面、22201 工作面和 52304 工作面分别开采 1^{-2}煤、2^{-2}煤和 5^{-2}煤，3 个煤层工作面的基岩采厚比分别为 4.5、15.3 和 29.2。现场监测发现，基岩采厚比小于 10 的 12208 工作面地表大量发育塌陷型裂缝；基岩采厚比为 15.3 的 22201 工作面地表裂缝以拉伸型、挤压型为主，仅在部分区域有少量塌陷型裂缝发育；基岩采厚比更大的 52304 工作面位于沟谷下方，以滑动型裂缝为主，未见典型塌陷型裂缝。这说明，通过式（4－33）计算基采比作为地表是否出现塌陷型裂缝的判据具有一定的适用性。

3. 临界水平变形值

应用摩尔－库仑强度理论，可以推导出土体破坏（地表产生裂缝）时的临界水平变形值。

在不考虑土体的滑移和地下水渗流的影响时，未受采动影响土体仅受自重应力作用。在受到采动影响时，根据莫尔－库仑破坏准则，如果最大主应力、最小主应力和黏聚力影响达到极限强度，土体变形将达到极限平衡状态，采动土体单元则趋于破坏。取土体中某一深度的一个土体单元，将土体单元处于极限平衡状态时的水平拉伸变形临界值记为 ε_{xm}。σ_{xm}为土体单元处于极限平衡状态时的水平方向极限拉应力（正值），单位为 MPa；σ_y 为水平方向压应力（负值），MPa；σ_z 为竖直方向压应力（负值），MPa。则能得到以下形变与位移关系方程式（高超等，2016）：

$$\begin{cases} \varepsilon_{xm} = \dfrac{\sigma_{xm}}{E} + \dfrac{\mu\sigma_z}{E} + \dfrac{\mu\sigma_y}{E} \\ \sigma_{xm} = \sigma_z \cdot \tan^2(45° - \varphi/2) + 2c \cdot \tan(45° - \varphi/2) \end{cases} \tag{4-34}$$

《矿山开采沉陷学》中规定水平拉伸变形为正，则土体单元的极限水平拉伸变形临界值可表述为

$$\varepsilon_{xm} = \frac{\gamma h}{E} + \left[\frac{\mu}{1-\mu} - \tan^2(45° - \varphi/2)\right] + \frac{2c}{E} \cdot \tan(45° - \varphi/2) \tag{4-35}$$

式（4－34）和式（4－35）中　E——弹性模量，MPa；

c——内聚力，MPa；

φ——内摩擦角，(°)；

γ——容重，kN/m^3；

h——裂缝深度，m；

μ——泊松比。

式（4－35）说明，表土层中土体单元埋深越大，其极限水平拉伸变形临界值也越

大，地表处的极限水平拉伸变形临界值最小；同时也说明了开采沉陷引起的表土层中裂缝首先在地表开始发育，继而随着开采沉陷引起的附加应力的增加，裂缝逐渐向深部扩展。在某一深度，附加应力引起的水平变形值小于土体单元的极限水平拉伸变形临界值时，地表裂缝停止向下发育，裂缝发育止于该处，即裂缝自地表发育至此深度，往下不再发展。

令式（4－35）中 $h=0$，可得到地表产生裂缝的临界水平变形值 ε_{xm0}：

$$\varepsilon_{xm0}=\frac{2c}{E}\tan(45°-\varphi/2) \tag{4-36}$$

式（4－36）中　E——弹性模量，MPa。

式（4－36）即为土体产生裂缝的临界水平变形值。开采沉陷计算软件可计算出地表某位置的水平变形值，如果该位置的水平变形值大于临界水平变形值，该位置将出现裂缝。

4. 统一强度理论

摩尔－库仑强度理论用于解决地基变形、边坡失稳等问题时一般可以满足工程要求，因为这些情况土体经常发生的破坏属于剪切破坏，而摩尔－库仑强度理论认为材料的破坏即为剪切破坏。但是研究表明，在井下开采的影响下，导致地表出现裂缝的主要是正曲率变形和拉伸变形，即拉应力导致地表出现裂缝。而摩尔－库仑理论对拉应力区段进行了过度简化，因此摩尔－库仑理论对拉伸破坏不适用。开采引起土体裂缝破坏的特性，在进行强度计算时宜采用统一强度理论（吴侃等，1997）。统一强度理论计算较复杂，本书在此不作介绍，有兴趣的读者可参阅有关文献。

4.4　塌陷坑发生、发育时空规律

4.4.1　塌陷坑描述汇总

塌陷坑可视为裂缝的一种形式，也可视为一种独立的非连续变形形态。有些塌陷坑是由工作面顶板突然垮塌而诱发的，严重威胁生产安全，但是，塌陷坑的发育具有突然性，难以掌控。因此，虽然人们重视塌陷坑带来的安全问题，但由于其规律性差，因而专门研究塌陷坑的成果报道甚少。

2022 年，煤炭科学技术研究院有限公司技术人员对不连沟煤矿塌陷坑情况进行了一次全面调查，收集了 10 余个塌陷坑实例见表 4－3，部分现场图片见图 4－48。不连沟煤矿含煤地层为石炭系上统太原组及二叠系下统山西组。表 4－3 涉及的工作面开采石炭系上统太原组的 6 号煤，煤厚 5.66～25.51 m，大多为 10～20 m，煤层埋深 166～478 m，大多为 300～400 m，松散层厚 10～70 m，大多为 30～50 m。煤层倾角为 0°～15°，平均为 5°。顶板覆岩类型为软－中硬。综采放顶煤回采工艺，全部垮落法管理顶板。塌陷坑在平面上大体呈椭圆形或半月形、梨形，受煤层倾斜方向和地形双重影响，塌陷坑长轴方向规律性不明显。分析表 4－3 数据可知，发育位置均为切眼内侧。不连沟煤矿观测数据显示，初次来压步距约为 51 m，周期来压步距约为 14 m，半数以上塌陷坑发生在初次来压之后的前几次周期来压之时。

表4-3　不连沟煤矿塌陷坑实测特征统计表（据煤炭科学技术研究院有限公司，2022）

序号	矿井、工作面名称	工作面回采时间	深厚比	松散层厚度/m	塌陷坑特征				备注
					长半轴/m	短半轴/m	最大深度/m	塌陷坑中心位置	
1	F6103 工作面	2011-06—2012-02	15~25	15~30	87.5	81.2	6.8	切眼里侧101 m，工作面走向中心线南10 m	不连沟煤矿地形复杂，沟壑纵横，树枝状冲沟十分发育。 工作面倾斜长度约240 m
2	F6104 工作面	2012-02—2013-02			74.5	56.8	18	切眼里侧65 m，工作面走向中心线北20 m	
3	F6105 工作面	2013-03—2014-04			33.5	23.3	28	切眼里侧153.5 m，工作面走向中心线南79 m	
4	F6106 工作面	2014-03—2015-07			32.3	19.2	13	切眼里侧32.3 m，工作面走向中心线北23 m	
5	F6201 工作面	2010-11—2011-07			220	143	8	切眼里侧85 m，工作面走向中心线	
6	F6202 工作面	2011-08—2012-10			239	163	13	切眼里侧63 m，工作面走向中心线北17.8 m	
7	F6203 工作面	2012-11—2013-12			234	178	16	切眼里侧6 m，工作面走向中心线北43 m	
8	F6204 工作面	2014-09—2015-11			237	193	85	切眼里侧100.8 m，工作面走向中心线北58 m。该塌陷坑初形成时直径为76 m，深度为76 m	
9	F6205 工作面	2015-11—2017-03			243	174	12.6	切眼里侧129 m，工作面走向中心线北22 m	
10	F6206 工作面	2017-05—2019-01			193	117	10.7	切眼里侧120 m，工作面走向中心线	
11	F6209 工作面	2016-12—2018-08			87.6	47.8	19	切眼里侧34.9 m，工作面走向中心线北3 m	

(a) F6204工作面塌陷坑边缘正在劈裂、滑落状态

(b) F6204工作面塌陷坑初步稳定状态

(c) F6209工作面塌陷坑稳定状态

图4-48　不连沟煤矿工作面塌陷坑（据煤炭科学技术研究院有限公司，2022）

塌陷坑（沙漏斗）的发育往往对工作面安全造成威胁。大柳塔煤矿1203工作面推进20 m后，顶板断裂长达90 m，随后顶板垮落，大量的水顺煤壁飞泻而下，并有少量松散沙溃入工作面，煤机全部被淹，地表出现断裂塌陷坑。塌陷坑平面成枣核状，长轴长53 m且与工作面平行，短轴长22 m，工作面再次推进约10 m后，塌陷坑平面形状变为纺锤形，长轴增加至93 m，同时地表出现多个塌陷漏斗，直径为10～15 m，其中一个深24 m，还有一个深6.49 m（黄森林，2006；杜善周，2010）。本书收集到的其他塌陷坑（漏斗）的情况见表4-4。

4.4.2　塌陷坑发生、发育规律总结

（1）浅埋煤层深厚比较小，深厚比一般小于30。

（2）覆岩中松散层占一定比例，风积沙比黄土更易发育塌陷坑。

（3）无论是短壁开采还是长壁开采，或是掘进工作面，都可能发育塌陷坑。对于长壁开采，塌陷坑发生在切眼内侧，一般在初次来压之后的前几次周期来压之前。短壁开采地表易形成小型塌陷坑。

（4）平面形态不规则，多近似圆形、椭圆形、半月形、梨形。长壁开采形成的较

表 4-4　塌陷坑实测特征统计表

序号	矿井、工作面名称	工作面回采（掘进）时间	深厚比	松散层厚度/m	塌陷坑特征				备　注
					长轴/m	短轴/m	深度/m	塌陷坑中心位置	
1	大柳塔矿 1203 工作面	1993-03—1995-01[61/38]	15[38/21]	26.5[38/17]	93[38/22]	22[38/22]		切眼里侧	1. 塌陷坑不断扩大，长半轴长初为 53 m，与工作面推进方向平行[38/22]； 2. 工作面突水溃砂[38/21]； 3. 该工作面切眼里侧出现多个塌陷坑（沙漏斗），直径为 10～15 m，其中一个深度为 24 m，另一个深度为 6.49 m[38/22, 211/17]
2	串草圪旦矿 6207 工作面		16		50[90]	50[90]	9[90]	切眼附近	据文献［90］，采深为 206 m，采厚为 12.7 m，据此计算深厚比
3	瓷窑湾矿一采区皮带巷	1990-04-19[211/17]			28[211/17]	28[211/17]	13[211/17]	掘进巷道地表	突水溃砂事故[211/17]
4	瓷窑湾矿大巷北侧 2 号切眼								顶板涌水溃砂，地表出现小漏斗[211/17]
5	大砭窑矿	1992-05-05[211/18]			200[211/18]	60[211/18]	0.7[211/18]		煤厚 4～6 m，埋深 90～100 m[211/18]
6	水井渠矿	1995[211/18]			直径 25～78		0.5～18		煤层厚 6～8 m，埋深 45 m，巷道式开采，地表出现 4 个塌陷坑[211/18]。大量烟雾自坑中冒出[211/18]
7	李家畔矿	1996[211/18]			35	35	5.5～7		煤层厚 8～9 m，埋深 50 m，巷道式开采[211/18]
8	哈拉沟矿 22402 工作面	2010-07-28[41/2] 2010-07-30[41/2]			直径 47[41/2] 直径 23[41/2]		12[41/2] 9[41/2]		

大的塌陷坑最大深度多与采厚大体一致。短壁开采形成的塌陷坑，面积和深度均无规律。

（5）塌陷坑的发生对工作面的生产安全存在威胁。

4.5　地表非连续变形发生机理

地表非连续变形是采动引起覆岩的破坏直至地表塌陷而形成。不同类型的地表非连续变形形成的机理有所不同，本节探讨塌陷型裂缝和塌陷坑的形成机理，其他类型的非连续变形机理在此不作探讨。

4.5.1　弹性薄板理论与顶板破断原理

在弹性力学中，当平板的平面宽度远大于板的厚度时，可视为弹性薄板。对于煤矿采场顶板来说，采场上覆岩层可视为由均质各向同性的弹性材料组成的顶板结构，单一岩层的厚度一般远小于水平方向的尺寸，因此，采场工作面顶板岩层在几何形状上满足薄板的条件要求。也就是说，采场顶板岩层力学问题可按照弹性薄板问题来解决。

薄板结构计算模型把采场顶板视为一个弹性板，对于弹性板力学模型，其边界支撑条件有 4 种形式，如图 4－49 所示。

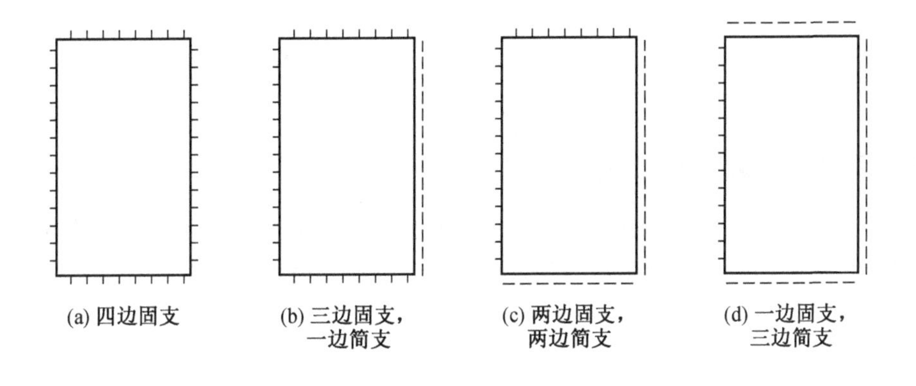

图 4－49　采场基本顶的 4 种薄板模型

对某单一工作面来说，计算顶板初次破断（初次来压步距）时，基本顶视为四边固支条件的薄板。顶板初次破断后，随着工作面不断推进，不断周期性破断。在计算周期性破断（周期来压步距）时，顶板后方视为简支条件，其余三边仍为固支条件的薄板。

对于四边固支条件的薄板，一般首先在薄板长边中点处超过极限弯矩而发生破断，而后在短边中点处破断，随后四周裂缝贯通，在薄板边界处形成“O”形圈破断，“O”形圈中心形成“X”形破坏，即“O－X”形破断，如图 4－50 所示。

三边固支、一边简支条件的顶板周期性破断，其破坏形式为倒“C”字形，如图 4－51 所示。

顶板初次破断（初次来压步距）和周期破断（周期来压步距）的计算见本书第 3 章。

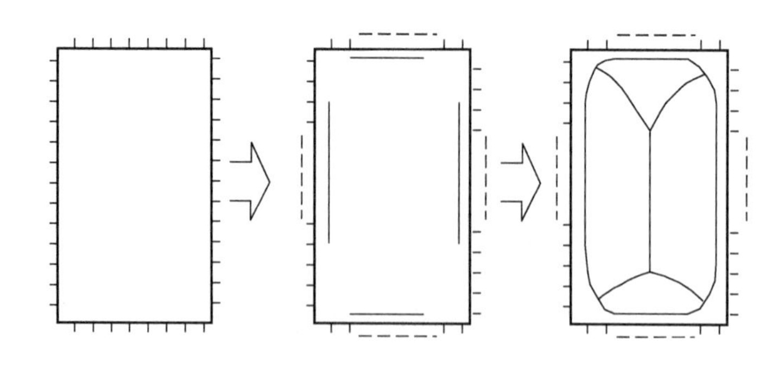

图4－50　采场基本顶四边固支条件及破断形式

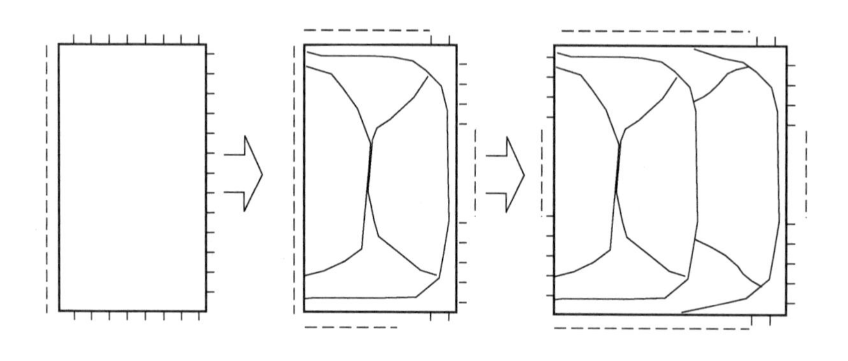

图4－51　采场基本顶三边固支、一边简支条件及破断形式

4.5.2　塌陷型裂缝发生机理

如图4－52所示，设煤层埋深为 H，基本顶至关键层的高度为 h_1，当工作面推进距离 a 达到关键层破断距时，导致关键层的首次破断，上覆岩层垮落，此时地表将出现首条塌陷型裂缝。

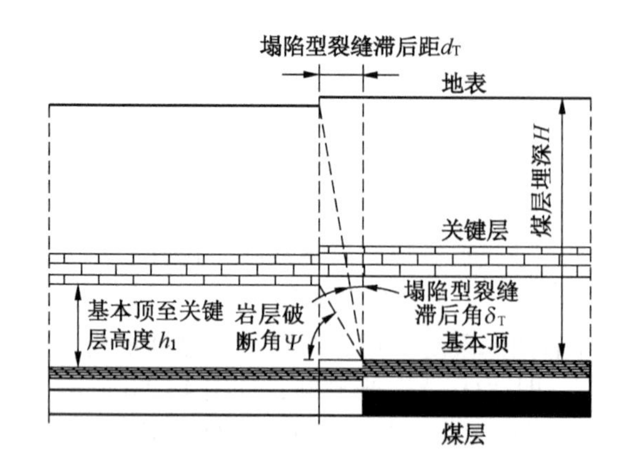

图4－52　塌陷型裂缝井上下对照图（据刘辉，2014）

受岩层破断角 Ψ 的影响，地表塌陷型裂缝的位置滞后于工作面一段距离，称为塌陷型裂缝滞后距 d_T。地表塌陷型裂缝位置与工作面开采位置之间的连线在竖直方向的夹角称为塌陷型裂缝滞后角 δ_T。关键层至基本顶的高度为 h_1。由几何关系可知

$$d_T = h_1/\tan\Psi \tag{4-37}$$

塌陷型裂缝滞后角 δ_T 由下式计算：

$$\delta_T = \tan^{-1}(d_T/H) = \tan^{-1}\left(\frac{h_1}{H\tan\Psi}\right) \tag{4-38}$$

塌陷型裂缝滞后距与关键层到基本顶的距离成正比；滞后角之正切与关键层到基本顶的高度和基本顶到地表的高度之比成正比。

地表首条塌陷型裂缝距切眼的距离与顶板初次来压步距 $L_{初压}$（初次破断距）有关，为（$L_{初压} - h\tan\delta_T$）；随着工作面的推进，顶板周期性破断，地表呈现周期性塌陷型裂缝，裂缝间距为顶板的周期来压步距 $L_{周压}$（周期破断步距）。不同的顶板控制理论有不同的初次来压步距和周期来压步距的计算方法，同一种理论对于不同的顶板结构类型亦有不同的计算方法，此内容非本书重点，在此不作介绍。

需要说明的是，本书第 3 章曾说明，地表移动起动距与顶板初次来压步距、地表移动超前距与周期来压步距之间存在明显的对应关系。本章分析结果表明，塌陷型裂缝与顶板初次来压步距、周期来压步距亦存在定量关系。

4.5.3　塌陷坑发生机理

有学者（许家林等，2005；许家林等，2009；朱卫兵等，2009；王晓振等，2012）在对覆岩破断特征方面进行研究后，提出了一种基于覆岩主关键层计算导水裂隙带发育高度的新方法，指出当覆岩主关键层位置与开采煤层间距小于临界距离 7 ~ 10 倍采高时，主关键层破断后导水裂隙带的高度可直接发育至基岩顶部，同时，覆岩主关键层对地表移动过程起控制作用，覆岩主关键层的破断将引起显著的地表变形，覆岩运动将引起地表非连续性破坏。

在前人研究成果的基础上，有学者（樊克松，2019）研究认为，当深厚比较小时，高位关键层结构及其以上岩层处于裂缝带内，且关键层结构整体或部分块体发生失稳，既对采场矿压显现造成影响，又控制着地表动态变形，此时，关键层演化为“裂缝带主控层”，采场矿压显现与地表变形之间直接相关。裂缝带主控层以弹性薄板形式断裂后的形态为横向“O－X”形，可划分为 A、B“梯形断块”和 C、D“扇形断块”，如图 4－53 所示。梯形断块位于工作面的上下两端，扇形断块位于采场内工作面的正上方。梯形断块区域上表面的面积占裂缝带主控层薄板结构初次破断时悬露面积的 80%，而扇形断块仅占到 20%，因此梯形断块结构的破断失稳规律对上覆岩层至地表的变形破坏起主导作用。如果裂缝带主控层断裂后形成的梯形断块结构满足“S－R”稳定理论，则梯形断块将以稳定的裂隙体梁式铰接平衡结构存在，此时在裂缝带主控层下方将形成一定的水平方向的离层裂缝空间。若裂缝带主控层破断后形成的梯形断块结构不能满足“S－R”稳定理论，一定条件下将发生滑落失稳或回转变形失稳。梯形断块失稳前大面积悬露，下部存在较大的可压缩空间，失稳后引起上覆岩层发生大面积切冒，传递至地表则产生严重的非连续性

破坏，出现漏斗状塌陷坑，见图 4－54。

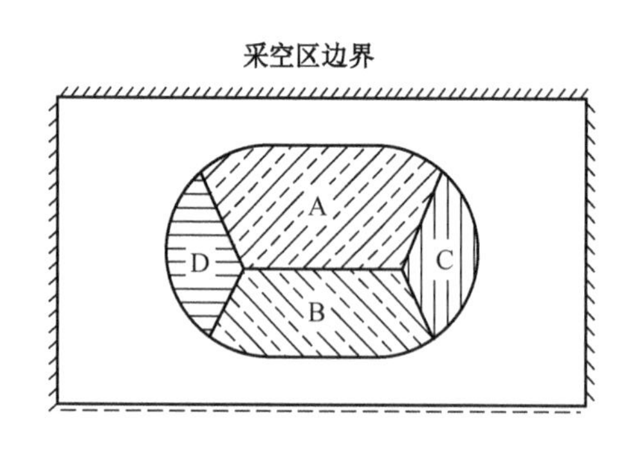

图 4－53　横向“O－X”断裂后块体结构形态（据樊克松，2018）

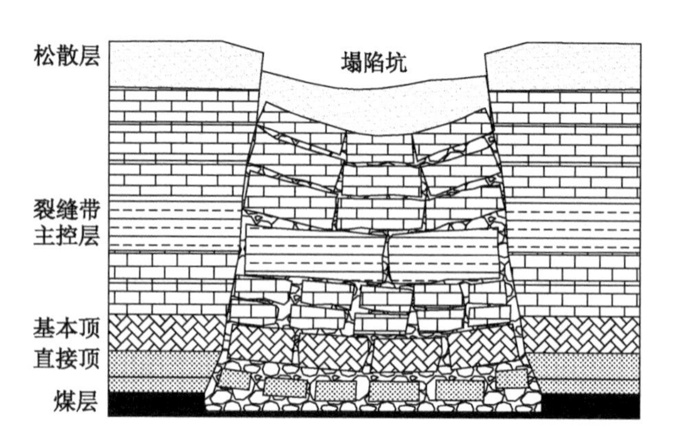

图 4－54　断块失稳后的覆岩结构特征（据樊克松，2018）

本节对地表非连续机理的探讨充分说明了这样一个事实：覆岩破坏、工作面矿压显现、地表形变是统一的力学行为，是存在因果关系的必然过程，只有将三者纳入到统一的框架内全过程整体分析，才能更加深入地研究并更好地解决岩层活动中更为广泛的问题。

4.6　地裂缝影响因素与特征

采煤导致的地表裂缝是地质采矿环境和地形地貌条件双重影响的结果。地裂缝发育规律主要受到开采速度、基岩采厚比（深厚比）、地表移动、地形地貌、开采强度等因素的影响。

1. 开采速度

煤层开采引起覆岩破断从而影响到地表形成裂缝是一个由下而上的动态过程。一般来说，地表变形超前于工作面开采，当地表变形值超过表土的抗变形强度时，表土出现裂缝。工作面推进速度越大，超前距越小。理论上，当开采速度较大时，地裂缝发育滞后于煤层开采一段距离；当开采速度较小时，地裂缝发育超前于煤层开采。本章第 3 节介绍了开采速度对地裂缝的影响。

2. 基岩采厚比

黄土的力学强度较低，对于黄土沟壑区而言，煤层埋深浅，基岩薄，松散层厚，基岩的破断会引起地表的拉伸、挤压、塌陷、滑坡等各种变形，从而形成各种类型的采动地裂缝。当基岩采厚比较大时，地表变形减小且连续；当基岩采厚比较小时，地表变形相对较大，出现大量裂缝。基岩采厚比不仅决定地表连续变形与否，而且对裂缝类型造成一定的影响。本章第 3 节已经介绍，根据神东矿区地质采矿条件（刘辉等，2017），产生塌陷型裂缝的基岩采厚比极大值约为 10；大于 10 后，地表产生的裂缝主要为拉伸型、挤压型、滑动型。

3. 地表移动变形大小

当地表移动变形大于岩土体极限变形强度时，岩土体将被破坏，产生拉伸、挤压、塌陷等各种裂缝。在地表移动的拉伸变形区容易产生拉伸型地裂缝，在压缩变形区，易产生挤压型地裂缝，地表变形不连续的整体切断则会产生塌陷型裂缝。本章第 3 节介绍了拉伸型裂缝宽度与水平变形之间、挤压型裂缝高度与水平变形之间的定量关系。岩土体抗变形能力与岩性组成和含水率有关。若第四系松散层为塑性较大的黏土，当地表拉伸变形值超过 6 ~ 8 mm/m 时地表才出现裂缝，若为塑性较小的砂质黏土、黏土质沙，地表拉伸变形值达到 2 ~ 3 mm/m 时地表即可出现裂缝（何国清等，1991）。在岩石中，拉伸变形值超过 3 ~ 7 mm/m 时发生裂缝（王鹏，2012）。在神东矿区风积沙覆盖区，拉伸变形超过 0. 16 mm/m 时，拉伸型裂缝就开始发育（刘辉，2014）。

4. 地形地貌

当在沟谷下开采时，采动地裂缝受到覆岩地表变形及坡体滑移的耦合影响，除受到自身重力的影响，采动坡体还受到采动附加应力的影响，从而产生滑坡。在坡体滑移的作用下，采动地裂缝必然改变其发育位置及其形态。其影响因素包括沟谷大小、坡度、工作面与沟谷相对位置等。

黄土沟壑地貌区地裂缝显现明显，不易被掩埋。风沙地貌区，地裂缝不明显，极易被沙蚀而掩埋。

5. 开采强度

地裂缝发育与开采强度关系密切（范立民等，2015），依据单位面积范围内开采区（采空区）占比，将榆神府矿区划分为高强度开采区（采区面积占矿区面积比例 > 0. 3）、中强度开采区（0. 1 < 采区面积占矿区面积比例 < 0. 3）和低强度开采区（采区面积占矿区面积比例 < 0. 1），调查结果显示，不同开采强度区地裂缝发育有明显的差异。在大柳塔、活鸡兔、大昌汗、庙沟门、老高川、榆家梁、大砭窑、麻家塔、麻黄梁等高强度开采区，地裂缝发育密集，裂缝宽、规模大、数量多，成椭圆状展布。以榆家梁煤矿为例，2011 年前后的高分影像进行解译结果显示，开采形成地裂缝 808 条（组）、塌陷区 12 处，面积为 37. 02 km^2；在锦界、凉水井、榆阳等煤矿中强度开采区，地裂缝发育，但发育密度、数量较高强度开采区明显小，地裂缝的规模也小一些；在榆阳区地方煤矿开采区，榆树湾煤矿等虽然属于高强度开采区，但采用了保水采煤技术，煤层顶板基岩稳定性较好，地表拉张裂缝也不发育，榆树湾煤矿采用限高保水开采技术，萨拉乌苏组含水层结构未受到破坏，只发现了 2 条沉降盆地边缘的拉张裂缝，而且裂缝规模小。

在高强度开采区，裂缝长度最大可达几千米，多条成群（组）出现，单条裂缝宽度最大可达 3 m，台阶落差高度最大近 3 m。

6. 开采工艺

综采/综放开采工艺的开采强度远大于炮采和普采，地表变形极为剧烈，易发生地裂缝等不连续变形，深厚比值 30 作为连续变形与否的界限对于综采/综放开采工艺来说是不适用的。本章第 3 节已经介绍，深厚比近 120 的巴彦高勒煤矿 311101 综采工作面地表出现了裂缝。

神东矿区早期大量采用房柱式开采工艺，地表不仅可能出现地裂缝，还有可能出现塌陷坑等。在约20世纪50年代开始开采的杨桃峁变形区，开采方式为房柱式开采，最早变形塌陷的时间为2001年，该区变电站旁有1条裂缝，一直延伸到庙圪垯的山顶龙王庙旁，整体呈弧形，走向为30°~100°，长度约2 km，最宽处约2 m，深度约5 m，部分区域可见2 m×2 m的小型塌陷坑（范立民等，2015）。

覆岩结构、松散层物理力学特性（如含水率）等对采动地裂缝发育也会产生一定的影响。

4.7 神东矿区浅埋煤层开采地表非连续变形总体特征

（1）神东矿区煤层埋深浅，深厚比小，地表易发生各种非连续变形，包括裂缝（隆起）、台阶裂缝、塌陷槽、塌陷坑（漏斗）等形式。

（2）相对于中东部矿区来说，神东矿区浅埋煤层开采导致的地表无论是裂缝的长度还是宽度、台阶落差高度，均远大于中东部矿区；地表非连续变形表现形式多样化；地表非连续变形剧烈程度与开采强度、开采厚度、开采深度、地形地貌等因素密切相关。

（3）神东矿区综采/综放条件下，地表裂缝大致分为超前裂缝和边缘裂缝两类。前者存在自愈性，大多可自行闭合或减小；后者为永久性，大多不能闭合或减小。

（4）神东矿区地表裂缝的发生位置、发育周期、发育形态具有一定的规律性；超前裂缝的发育与采场来压存在较明显的时空对应关系，其长度、宽度、台阶落差高度之间存在较明显的定量关系。

（5）无论是综采/综放还是短壁开采（房柱式、巷柱式等开采工艺），神东矿区都可能出现塌陷坑；综采/综放条件下的塌陷坑易发生在切眼内侧附近区域，一般在初次来压之后的前几次周期来压之前。塌陷坑平面形态不规则，多近似圆形、椭圆形、半月形、梨形。

5 神东矿区综采/综放“两带”高度发育时空特征

“三下”采煤中的“三下”指的是建筑物下、水体下、铁路下。煤层采出后，覆岩破坏自下而上不断发展，不仅给上部建筑物、水体、铁路埋下安全隐患，而且也威胁井下安全生产。因此，在建筑物下、水体下、铁路下采煤前，应完成必要的安全评价。需要说明的是，煤层开采除了受到地表水的威胁外，还受到覆岩中含水层的威胁，因此，“水体下”既包括海洋、湖泊、河流、水库等地表水，也包括岩石圈中积聚在岩石孔隙中的地下水。地下水比地表水距离煤层更近一些，而且赋存情况不易搞清，因此常对其下方开采安全构成威胁。在处理水体下采煤问题时，主要考虑开采引起的覆岩中的裂缝是否互相连通及连通的裂缝是否波及水体。因此，研究覆岩破坏规律，特别是能够导水的冒落带和裂隙带的高度及其分布形态至关重要。

神东矿区地处毛乌素沙漠边缘，地表水及地下水资源匮乏，高强度的地下煤炭资源开采对当地生态环境造成严重危害，含水层水量几近枯竭，泉水流量急剧下降，水土流失加剧，水环境问题逐渐成为研究的热点问题之一。1992 年范立民等提出了保水采煤的思路和方法，1995 年首次使用“保水采煤”一词（范立民，2017）。目前很多文献更倾向于使用“保水开采”一词。保水开采的实现途径是以岩层控制理论和技术为基础，研发具有抑制导水裂隙发育的采煤技术，保持含水层结构稳定，保护水资源环境。尽管神东矿区处于干旱半干旱地区，地下水资源匮乏，但同中东部矿区一样，覆岩含水层威胁着煤矿安全生产。大柳塔煤矿第一个综采工作面 1203 工作面，其地表覆盖的风积沙中含丰富的潜水，顶板初次垮落后，丰富的地下水“顺煤壁飞泻而下”（杜善周，2010），最大涌水量达 500 m^3/h（师本强，2012），工作面被淹没，同时少量泥沙溃入工作面，幸未造成人员伤亡，但严重影响了生产。大柳塔煤矿 1203 工作面切眼处覆岩厚 52 m，其中松散层厚 30 m，采高为 3.5 m，深厚比仅为 14.8，覆岩冒落带超过地表（杜善周，2010），这就是这次水害事故的原因。大柳塔煤矿 1203 工作面顶板突水溃砂事故并非个例，神东矿区的上湾煤矿、瓷窑湾煤矿、宋新庄煤矿、隆德煤矿等都发生过突水溃砂事故（王国立，2015）。不同于中东部矿区的是，神东矿区顶板突水往往夹带泥沙，这是神东矿区地质采矿条件决定的，所以突水溃砂被认为是煤矿的新灾种。

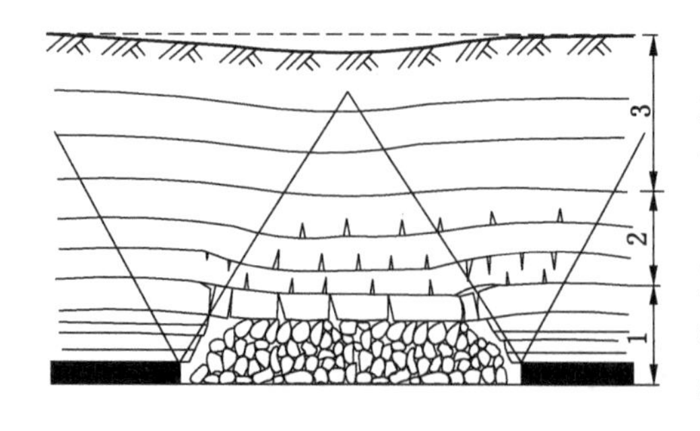

1—冒落带；2—裂隙带；3—弯曲带

图5－1　采空区上覆岩层破坏分带

可见神东矿区既面临保护水环境问题，又存在矿井顶板水害问题。研究探讨覆岩裂隙发育规律是必要的。

根据矿山开采沉陷理论，用全部垮落法管理顶板时，采场上方会产生冒落带（垮落带）、裂隙带（裂缝带、断裂带）和弯曲下沉带（整体移动带），如图5－1所示。这是根据岩层破坏程度划分的开采影响带，不同文献有不同称谓，但所含意义相同，合称“三带”，其中，冒落带和裂隙带又合称为导水裂隙带，即“两带”。导水裂隙带高度的预先判定对水体下采煤和开采有突出危险煤层时确定解放层作用具有十分重要的意义。本书仅就“两带”发育高度和形态进行探讨。此外，我国学者还有岩移“四带”模型的提法。本书仅就对顶板水造成破坏的覆岩发育规律开展讨论，对覆岩受开采破坏而如何划分影响带不作讨论。

图5－2和图5－3是彩色钻孔电视观测钻孔孔壁的图片，分别为典型的冒落带和导水裂隙带岩层破坏情况。

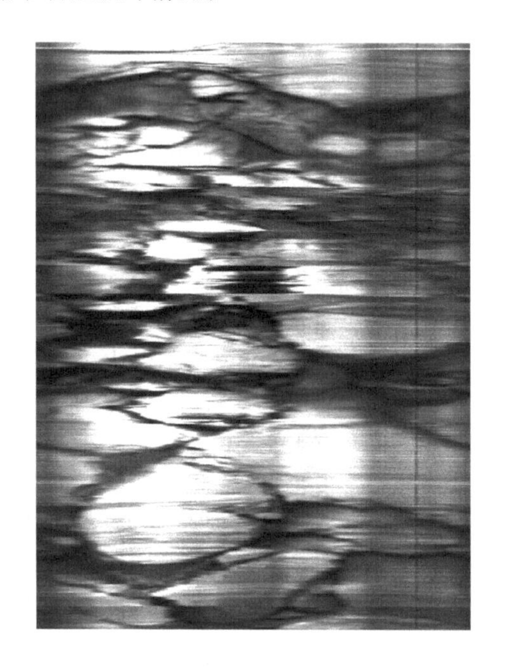

图5－2　典型冒落带岩层破坏情况

图5－3　典型导水裂隙带岩层破坏情况

5.1　神东矿区“两带”高度基础数据汇总

为归纳总结浅埋煤层综采/综放条件下两带发育高度，本节全部采用神东矿区的数据，绝大部分为实测数据，少部分为数值模拟数据，见表5－1。

表 5-1 神东矿区“两带”高度及相关信息汇总表

序号	煤矿、工作面名称	钻孔编号	采深/m	采厚/m	松散层厚度/m	深厚比（采深/采厚）	开采工艺	冒落带高度/m	导水裂隙带高度/m	覆岩岩性	冒采比（冒落带高度/采厚）	裂采比（导水裂隙带高度/采厚）	观测方法	备注
1	上湾矿 12304 工作面	SD-SW-1[27/16]	300[27/16]	3.8[27/16]	0～25[27/16]	78.94	综采一次采全高[27/16]	24.22[27/286]	55.72[27/286]	神东矿区覆岩中硬偏软[27/268]	6.72[27/286]	15.22[27/286]	冲洗液漏失量+钻孔电视[27]	
2	上湾矿 12304 工作面	SD-SW-2[27/16]	300[27/16]	3.8[27/16]	0～25[27/16]	78.94	综采一次采全高[27/16]	25.42[27/286]	53.92[27/286]		7.06[27/286]	14.98[27/286]	冲洗液漏失量+钻孔电视[27]	
3	补连塔矿 12511 工作面	SD-BLT-1[27/18]	242[27/18]	5.8[27/18]	0～27[233/58]	41.72	综采一次采全高[27/18]	36.52[27/286]	93.12[27/286]		6.21[27/286]	16.63[27/286]	冲洗液漏失量+钻孔电视[27]	
4	补连塔矿 12511 工作面	SD-BLT-2[27/18]	271[27/18]	7.4[27/18]	0～27[233/58]	36.62	综采一次采全高[27/18]	45.95[27/286]	124.42[27/286]		5.21[27/286]	15.94[27/286]	冲洗液漏失量+钻孔电视[27]	
5	布尔台矿 42106 工作面	SD-BET-1[27/20]	426[27/20]	6.6[27/286]	2.5～25.9[27/20]	64.55	综放[27/19]	34.72[27/286]	158.52[27/286]		5.26	24.02	冲洗液漏失量+钻孔电视[27]	重复采动[27/286]
6	布尔台矿 42106 工作面	SD-BET-2[27/20]	422[27/20]	6.6[27/286]	2.5～25.9[27/20]	64.55	综放[27/19]	28.82[27/286]	154.4[27/286]		4.43	23.39	冲洗液漏失量+钻孔电视[27]	重复采动[27/286]
7	大柳塔矿 52306 工作面	DS2[84]	173.2[27/13]	7.3[27/13]	14[40/179]	23.73	综采[84]	19.82[27/13]	137.32[27/13]	中硬岩类[84]	2.72[27/13]	19.81[27/13]	冲洗液漏失量[84]	导水裂隙带高度为 117.5 m[14/179]
8	大柳塔矿 52304 工作面	D1[84]	132.8[27/13]	6.44[84]	7.6[84]	20.62	综采[84]	24.49[84]	68.76[84]	中硬岩类[84]	3.80	10.68	冲洗液漏失量[84]	文献［27］中钻孔编号为 DS1
9	韩家湾矿 2304 工作面		125[14/178]	4.1[14/178]	63[14/178]	30.49	综采[37/9]	1～1.5[14/178]	104.58[14/178]	中等坚硬[37/14]		25.51	GPS 快速静态相对定位[14/178]	冒落带高度存疑

表 5-1（续）

序号	煤矿、工作面名称	钻孔编号	采深/m	采厚/m	松散层厚度/m	深厚比（采深/采厚）	开采工艺	冒落带高度/m	导水裂隙带高度/m	覆岩岩性	冒采比（冒落带高度/采厚）	裂采比（导水裂隙带高度/采厚）	观测方法	备注
10	韩家湾矿 2305 工作面	G1[234]		4.43[234]					110.11[234]			24.86	冲洗液漏失量[234]	
11	张家峁矿 14202 工作面		39.5～104[14/178]	4[14/178]	58[14/178]	9.88～26	一次采全高[14/178]	9～12.4[14/178]	32.36～72[14/178]	中硬[14/178]	2.25～3.10	8.09～18.00	静态 GPS 测量技术[14/178]	
12	张家峁矿 15201 工作面		88.6～133[14/178]	6.2[14/178]	88.74[14/178]	14.3～21.5	一次采全高[14/178]	10.5～14.9[14/178]	72.5～89.6[14/178]	中硬[14/178]	1.69～2.40	11.69～14.45	静态 GPS 测量技术[14/178]	
13	活鸡兔井 12上 308 工作面与 309 工作面煤柱	S1[27/13]	128.9[27/13]	3.9[27/13]		33.05	一次采全高[14/179]		33.89[27/13]	中硬[14/179]		8.69	地表实测[14/179]	
14	活鸡兔井 12上 307 工作面	S2[27/13]	125[14/179]	3.7[14/179]	1.6[14/179]	33.78	一次采全高[14/179]		48.1[14/179]	中硬[14/179]		13.00	地表实测[14/179]	
15	活鸡兔井 12上 308 与 309 工作面煤柱	S3[27/13]	129.77[27/13]	3.9[27/13]		33.27	一次采全高[14/179]		36.13[27/13]	中硬[14/179]		9.26	地表实测[14/179]	
16	补连塔矿 12406 工作面	BM1[27/286]	181.7[27/286]	4.41[27/286]	8～27[14/179]	41.2	一次采全高[14/179]		74[27/286]	中硬[14/179]		16.78[27/286]	钻探＋抽水试验[14/179]	

表 5－1（续）

序号	煤矿、工作面名称	钻孔编号	采深/m	采厚/m	松散层厚度/m	深厚比（采深/采厚）	开采工艺	冒落带高度/m	导水裂隙带高度/m	覆岩岩性	冒采比（冒落带高度/采厚）	裂采比（导水裂隙带高度/采厚）	观测方法	备注
17	补连塔矿 12406 工作面	BM2[27/286]	180[27/286]	4.38[27/286]	8～27[14/179]	41.1	一次采全高[14/179]	45[27/286]	89.5[27/286]	中硬[14/179]	10.27[27/286]	20.43[27/286]	钻探＋抽水试验[14/179]	
18	补连塔矿 12401 工作面		200～260[14/179]	3.6～6.0[14/179]	1.5～34[14/179]		一次采全高[14/179]	17.0～19.7[14/179]	120～161[14/179]	坚硬[14/179]	约3.81	约29.17	钻探＋抽水试验[14/179]	
19	锦界矿 93104 工作面	冒1[27/13]	114[27/13]	3[27/13]		38	综采[27/277]	13.2[27/13]	45.7[27/13]	中硬[27/277]	4.2	15.2		
20	锦界矿 31104 工作面		105[14/179]	3.3[14/179]	44[14/179]	31.82	一次采全高[14/179]	12.1[14/179]	43.6[14/179]	中硬－坚硬[14/179]	3.67	13.21	实测[14/179]	
21	沙吉海矿 B1003W01 工作面		285[14/179]	6.8[14/179]	25[14/179]	41.91	综放[14/179]	19.7[14/179]	82.3[14/179]		2.90	12.10	冲洗液漏失量＋钻孔电视[14/179]	
22	寸草塔矿 43115 工作面	寸探03[235/20]	101.6[235/16]	2.3[235/16]	25.7～32.7[235/9]	44.17	综采[235/11]	8.8[235/26]	25.2[235/27]	中硬－坚硬，裂隙不发育[235/16]	3.82	10.9	冲洗液漏失量观测	
23	布尔台矿 23101 工作面	布探01[235/21]	327[235/16]	3[235/16]	11.3[235/11]	109	综采[235/10]	9.5[235/27]	146[235/28]	软弱－较坚硬，节理裂隙发育[235/16]	3.17	48.7[235/28]	冲洗液漏失量观测	23101 工作面基岩裂隙较发育，层状结构岩相变化明显，基岩下部岩层结构相对破碎，这就可能是导水裂隙带超高的主要影响因素[235/30]。文献［27］中，23101 工作面编号为 22101
24	布尔台矿 23101 工作面	2[27/13]	327[27/13]	3[27/13]		109	综采[27/278]	13.16[27/13]	140[27/13]	中硬[27/278]	4.39[27/13]	46.67[27/13]		

表 5-1（续）

序号	煤矿、工作面名称	钻孔编号	采深/m	采厚/m	松散层厚度/m	深厚比（采深/采厚）	开采工艺	冒落带高度/m	导水裂隙带高度/m	覆岩岩性	冒采比（冒落带高度/采厚）	裂采比（导水裂隙带高度/采厚）	观测方法	备注
25	补连塔矿 31401 工作面	S19[235/21]	255[40/105]	4.4[235/16]	5~25[59/45]	60.7	综采[235/14]	21.72[235/27]	142.5[235/28]	软弱－较坚硬，裂隙发育[235/16]	4.94[235/27]	32.39[235/28]	冲洗液漏失量观测	文献［17］认为与主关键层的位置有关
26	补连塔矿 31401 工作面	S21[235/21]	247[235/28]	4.4[235/16]	5~25[59/45]	60.7	综采[235/14]	19.08[235/27]	155.95[235/28]	软弱－较坚硬，裂隙发育[235/16]	4.34[235/27]	35.44[235/28]	冲洗液漏失量观测	
27	上湾矿 51201 工作面	SW1[27/13]	70[27/13]	5.8[27/13]		12.07	综采[27/277]	35.35[27/13]	53[27/13]	中硬[27/277]	6.09	9.14		
28	乌兰木伦矿		98[66/58]	3.0[66/58]	31[66/58]	32.67		10.0[66/58]	65.0[66/58]		3.33	21.67	实测[66/58]	高强度开采[66/61]
29	乌兰木伦矿 2207 工作面		101[130/2]	2.2[130/13]	28.3[130/13]	45.91	综采[65]	9.2[130/16]	63.2[130/20]	中硬[130/2]	4.18	28.73	冲洗液漏失量观测	
30	乌兰木伦矿 12403 工作面	WM1[27/13]	116.84[27/13]	2.47[27/13]		47.30	综采[27/277]		62.89[27/13]	中硬[27/277]		15.24		
31	乌兰木伦矿 12403 工作面	WM2[27/13]	110.94[27/13]	2.04[27/13]		54.38	综采[27/277]		35.74[27/13]	中硬[27/277]		25.46		
32	乌兰木伦矿 31410 工作面	WM3[110]	147[110]	4.0[110]		36.75	综采[109]	26.79[109]	83.4[109]	中硬[109]	6.7	20.85	冲洗液漏失量＋钻孔电视[109]	
33	乌兰木伦矿 31410 工作面	WM4[110]	147[110]	4.0[110]		36.75	综采[109]	19.29[109]	99.1[109]	中硬[109]	4.8	24.8		

表 5-1（续）

序号	煤矿、工作面名称	钻孔编号	采深/m	采厚/m	松散层厚度/m	深厚比（采深/采厚）	开采工艺	冒落带高度/m	导水裂隙带高度/m	覆岩岩性	冒采比（冒落带高度/采厚）	裂采比（导水裂隙带高度/采厚）	观测方法	备注
34	黄麻梁矿			9.09[236]			综放[236]			上软下硬[236]		<10[236]	工作面涌水量[236]	厚黄土层、薄基岩，泥盖效应[236]
35	寸草塔二矿 22111 工作面中部	D1[27/277]	311.5[27/277]	2.8[27/277]		111.25	综采[27/277]	16.06[27/277]	41.06[27/277]	中硬[27/277]	5.74	14.66		
36	寸草塔二矿 22111 工作面运顺	D2[27/277]	299[27/277]	2.8[27/277]		106.79	综采[27/277]	16.56[27/277]	39.16[27/277]	中硬[27/277]	5.91	13.99		
37	察哈素矿 31301 工作面	D1[27/13]	429[27/13]	4.75[27/13]		90.32	综采[27/278]	31.8[27/13]	67.1[27/13]	中硬[27/278]	6.7[27/13]	14.12[27/13]		
38	察哈素矿 31301 工作面	D2[27/13]	379.1[27/13]	5.1[27/13]		74.33	综采[27/278]	25.6[27/13]	70.1[27/13]	中硬[27/278]	5.01[27/13]	13.15[27/13]		
39	察哈素矿 31303 工作面	D3[27/13]	389.6[27/13]	4.7[27/13]		82.77	综采[27/278]	27.5[27/13]	103.3[27/13]	中硬[27/278]	5.85[27/13]	22[27/13]		
40	察哈素矿 31303 工作面	D4[27/13]	388.5[27/13]	4.5[27/13]		86.33	综采[27/278]	27.9[27/13]	109.2[27/13]	中硬[27/278]	6.2[27/13]	24.27[27/13]		
41	大柳塔矿 1203 工作面		49.0[238]	4.0[238]		12.25	综采[238]	9.1[66/61]	45[238]	软弱－软弱[238]	2.28	11.25		文献［66］第60页采厚为6.0 m，本书未采纳

表 5-1（续）

序号	煤矿、工作面名称	钻孔编号	采深/m	采厚/m	松散层厚度/m	深厚比（采深/采厚）	开采工艺	冒落带高度/m	导水裂隙带高度/m	覆岩岩性	冒采比（冒落带高度/采厚）	裂采比（导水裂隙带高度/采厚）	观测方法	备注
42	大柳塔矿 201 工作面		88[27/286]	3.95[27/286]		22.28	综采[27/277]	13.49[27/286]	42.78[27/286]	中硬[27/277]	3.42[27/286]	10.83[27/286]		
43	补连塔矿 12407 工作面			4.8[239]					92[239]			19.2[239]		数值模拟结果
44	哈拉沟矿		130[66/58]	5.3[66/58]	57[66/58]	24.53		9.8[66/58]	>73[66/58]		1.85	>13.77	实测[66/58]	高强度开采[66/61]
45	大柳塔矿 20601 工作面		95[98/13]	4.0[98/13]	37.5[98/13]	23.8	综采[98/13]	7.5[66/58]	>33[66/58]	坚硬[51/60]	1.88	>8.25	实测[66/58]	高强度开采[66/61]
46	活鸡兔井		85[66/60]	3.5[66/58]	19[66/60]	17		6.0[66/58]	75.0[66/58]		1.71	21.43	实测[66/58]	高强度开采[66/61]
47	大砭窑矿		95[66/58]	5.0[66/58]	57[66/58]	19		5.0[66/58]	>38[66/58]		1	>7.6	实测[66/58]	高强度开采[66/61]；冒落带高度等于采厚，存疑
48	海湾矿 3号井			3.3[66/58]				5.0[66/58]	70.0[66/58]		1.52	21.21	实测[66/58]	高强度开采[66/61]
49	昌汉沟矿 15106 工作面		94~136[94]	5.2[94]	0.5~25[94]		综采[94]		51.3[94]	软弱[94]		9.87		文献［237］认为覆岩为中硬类型
50	大柳塔矿 12610 工作面								45~50 m[240]				实测[240]	

表 5-1（续）

序号	煤矿、工作面名称	钻孔编号	采深/m	采厚/m	松散层厚度/m	深厚比（采深/采厚）	开采工艺	冒落带高度/m	导水裂隙带高度/m	覆岩岩性	冒采比（冒落带高度/采厚）	裂采比（导水裂隙带高度/采厚）	观测方法	备注
51	凉水井矿 42103 工作面			3~4				24[241]	84[241]	中等坚硬[241]			数值模拟[241]	据其他资料推测煤厚为 3~4 m
52	榆树湾矿 20102上 工作面		220[242]	5[242]	102.6[242]	44	综采[51/118]		90[242]	中硬[242]		18	实测[242]	煤厚 11 m，分层开采[242]
53	乌兰木伦矿 61203 工作面		80~85[243/28]	5[243/29]	3.3~4[243/28]	16~17	综采[243/29]	24[243/41]	71.2[243/41]		4.8[243/42]	14.2[243/42]		相似材料模拟[243/42]
54	补连塔矿 12520 工作面			4.5[233/69]				27.9[233/69]	71[233/69]		6.2	15.8		
55	红柳林矿 15204 工作面		166.6[14/178]	6.5[14/178]	100.3[14/178]	25.6	一次采全高[14/178]	34.5[14/178]	70.5[14/178]		5.3	10.8	冲洗液漏失量+钻孔电视[14/178]	
56	红柳林矿 25202 工作面		151.4[14/178]	5.8[14/178]	68.1[14/178]	26.1	一次采全高[14/178]	30.5[14/178]	60.5[14/178]		5.3	10.4	冲洗液漏失量+钻孔电视[14/178]	
57	万利一矿 42102 工作面		79.2[110]	4.8[110]		16.5			66.2[110]			13.8[110]	冲洗液漏失量+孔内水位[110]	
58	万利一矿 31301 工作面		118.6[110]	5.1[110]		23.25			116.6[110]			22.9	冲洗液漏失量+孔内水位[110]	

表5-1（续）

序号	煤矿、工作面名称	钻孔编号	采深/m	采厚/m	松散层厚度/m	深厚比（采深/采厚）	开采工艺	冒落带高度/m	导水裂隙带高度/m	覆岩岩性	冒采比（冒落带高度/采厚）	裂采比（导水裂隙带高度/采厚）	观测方法	备注
59	高头窑矿 G2-3101 工作面	LD121	100[110]			31.25			57.1[111]			17.84[111]		
60	高头窑矿 G2-3101 工作面	LD122		3.2[110]			综采[111]		54.1[111]	中硬[111]		16.93[111]	钻孔冲洗液漏失量观测	
61	高头窑矿 G2-3101 工作面	LD123							50.5[111]			15.4[111]		
62	霍洛湾矿 22101 工作面		139[112]	2.4[112]		57.92		9.6[112]	34.98[112]		4.0	14.6[112]	简易水文观测[112]	
63	色连矿 8108 工作面		150[113]	4.0[113]		37.5	综采[113]		73[113]	软弱-坚硬[113]		18.2	井下双端封堵注水测漏法[113]	
64	转龙湾矿 23103 工作面		160[114]	4.6[114]		34.8	综采[114]		92[114]			20[114]	井下双端封堵注水测漏法[114]	
65	武家塔矿 2606 工作面		206.2[115,20]	2.2[115,20]		93.7			64.6[115,20]	硬岩岩性比系数 0.43[115,20]		29.4	实测[115,20]	
66	石圪台矿 $12^{上}105$ 工作面		85.5[115,20]	2.5[115,20]		38.7			78[115,20]	硬岩岩性比系数 0.69[115,20]		31.2	实测[115,20]	

表 5-1（续）

序号	煤矿、工作面名称	钻孔编号	采深/m	采厚/m	松散层厚度/m	深厚比（采深/采厚）	开采工艺	冒落带高度/m	导水裂隙带高度/m	覆岩岩性	冒采比（冒落带高度/采厚）	裂采比（导水裂隙带高度/采厚）	观测方法	备注
67	王家塔矿 3101 工作面	CH01	208[116]	5.0[116]		41.6	综放[116]	19.9[116]	68.4[116]	上软下硬[116]	3.98	13.7	冲洗液漏失量+钻孔电视[116]	
68	王家塔矿 3101 工作面	CH02	212[116]	5.0[116]		42.4	综放[116]	23.45[116]	71.0[116]		4.69	14.2		
69	李家壕矿 31108 工作面	D1	229[110]	3.2[110]		71.6		22.54	63.01[117/17]		7.0	19.7[110]	实测[117/17]	
70	李家壕矿 31108 工作面	D2	229[110]	3.2[110]		71.6		25.91	65.85[117/17]		8.1	20.6[110]	实测[117/17]	
71	李家壕矿 31108 工作面	D3	229	3.2		71.6		21.32	57.74[117/17]		6.7	18.0	实测[117/17]	
72	李家壕矿 31108 工作面	D4	229	3.2		71.6		12.41	53.28[117/17]		3.9	16.7	实测[117/17]	
73	榆阳矿 2301 工作面		143.5[115/20]	3.6[115/20]		39.9			70[115/20]			19.4		

注：本表中个别工作面覆岩岩性采用了硬岩岩性比系数。根据文献 [115]，硬岩岩性比系数 $\eta=\dfrac{\sum h}{(15\sim20)M}$，$M$ 为采高，m；$\sum h$ 为估算的导水裂隙带高度范围内的硬岩厚度（硬岩厚度通常取 15~20 倍的采高），m。η 介于 0 和 1 之间，当 $\eta=0$ 时，为软弱顶板；当 $\eta=1$ 时，顶板是坚硬类型；当 $0<\eta<1$ 时，顶板类型介于软弱、坚硬之间。

5.2 神东矿区以往“两带”高度研究成果介绍

1. 神东煤炭集团公司研究成果

通过现场实践经验积累，神东煤炭集团公司统计分析多年来的实测数据，总结出了适合神东矿区大部分矿井的经验公式，冒落带高度 H_m 和导水裂隙带高度 H_{li} 与采厚 M 之间关系的经验公式（初艳鹏，2011；杨俊哲，2016）为

$$H_m = \frac{100M}{4.7M + 19} \pm 2.2 \tag{5-1}$$

$$H_{li} = \frac{100M}{1.6M + 2.2} \pm 5.6 \tag{5-2}$$

2. 煤炭科学技术研究院有限公司研究成果

煤炭科学技术研究院有限公司对神东矿区数十个两带高度钻孔的资料分析后认为（煤炭科学技术研究院有限公司，2019），在无地质构造影响下，将煤层顶板类型、开采方法、开采深度、开采厚度、工作面宽度、工作面走向长、工作面作面不同部位视为影响顶板破坏高度的因素，将冒落带和导水裂隙带高度视为目标，运用灰色关联分析理论，找出影响冒落带和导水裂隙带发育高度的主控因素。研究表明，各种因素在影响覆岩破坏高度中的贡献大小排序为：开采厚度＞顶板类型＞工作面不同部位＞开采方法＞开采深度＞工作面宽度＞工作面长度。顶板类型分为坚硬、中硬 2 种，开采方法分综采、综放 2 种，工作面不同部位分顺槽附近、工作面中部、切眼附近 3 种。根据统计资料进行回归分析，得到如下经验公式：

$$H_m = \frac{100M}{-1.56M + 26} \pm 4.75 \quad （当 M < 5\ \text{m} 时） \tag{5-3}$$

$$H_m = 10.194M^2 - 133.16M + 464.11 \pm 3.5 \quad （当 M \geqslant 5\ \text{m} 时） \tag{5-4}$$

$$H_{li} = 1.193M^2 + 1.0942M + 21.166 \pm 6.96 \quad （当 M < 5\ \text{m} 时） \tag{5-5}$$

$$H_{li} = \frac{100M}{-0.16M + 8.15} \pm 14.23 \quad （当 M \geqslant 5\ \text{m} 时） \tag{5-6}$$

3. 学者研究成果

神东矿区很多煤矿企业都开展过两带高度的研究工作，积累了大量的数据。有学者收集了有效导水裂隙带高度观测数据 30 组、有效冒落带高度观测数据 24 组，对这些数据进行回归分析，得到冒落带高度 H_m、导水裂隙带高度 H_{li} 与采厚 M 关系的预计经验公式（赵立钦，2018）：

$$H_m = 4.32M + 1.41 \pm 3.95 \tag{5-7}$$

$$H_{li} = \frac{100M}{0.43M + 5.71} \pm 7.21 \tag{5-8}$$

有学者（付玉平等，2010）以神东矿区大柳塔煤矿和上湾煤矿地质采矿条件为背景，运用数值模拟的方法研究了采厚和工作面长度对顶板冒落带高度的影响。研究表明，顶板冒落带高度 H_m 与采厚 M 和工作面倾斜长度 D_1 均成指数函数关系：

$$H_m = 2.6097e^{0.3217M} \tag{5-9}$$

$$H_m = 7.5524e^{0.0031D_1} \quad (5-10)$$

对数据进行分析回归，得到顶板冒落带高度 H_m 与采厚 M 和工作面倾斜长度 D_1 的函数关系为

$$H_m = 6.34171M + 0.06153D_1 - 38.20057 \quad (5-11)$$

4. 高强度开采条件下冒落带、导水裂隙带高度预计公式

一般认为，开采煤层厚度较大、工作面尺寸较大、开采面积较大，且开采速度较大时，称为高强度开采。在神东矿区，综采采高最大达 8.8 m（上湾煤矿），工作面倾斜长度一般大于 200 m，多数为 300 ~ 450 m，推进长度一般为 2000 ~ 7500 m，开采速度可达 10 m/d 以上。就目前整体煤炭开采条件和趋势来说，神东矿区主力矿井无疑均为高强度开采矿井。

总结哈拉沟、大柳塔等煤矿高强度开采条件下两带高度的实测数据，通过计算与综合分析，得到了高强度开采条件下的计算冒落带高度、导水裂隙带高度的计算公式（陈俊杰，2015）。高强度开采条件下冒落带最大高度 H_m 与采厚 M 和基岩厚度 H_J 关系的统计经验计算公式为

$$H_m = 0.1H_J + \frac{10M}{4.7M + 5.6} \pm 2.0 \quad (5-12)$$

高强度开采条件下导水裂隙带最大高度 H_{li} 与采厚 M 和基岩厚度 H_J 关系的统计经验计算公式为

$$H_{li} = 0.9H_J + \frac{10M}{5.2M + 1.9} \pm 20.0 \quad (5-13)$$

或

$$H_{li} = 40\sqrt{\sum M} \pm 5.0 \quad (5-14)$$

5.3 其他矿区关于“两带”高度的研究成果介绍

1. “三下”采煤指南中两带高度计算公式

在数十年的开采实践中，我国总结出了关于两带高度的计算公式。1985 年版、2000 年版的“三下”采煤规程和 2017 年版的“三下”采煤指南中都予以采纳，见表 5-2。

表 5-2 两带高度经验公式（“三下”采煤指南）

覆岩硬度	冒落带高度计算公式	导水裂隙带高度计算公式	
		经验公式一	经验公式二
坚硬	$H_m = \frac{100\sum M}{2.1\sum M + 16} \pm 2.5$ (5-15)	$H_{li} = \frac{100\sum M}{1.2\sum M + 2.0} \pm 8.9$ (5-16)	$H_{li} = 30\sqrt{\sum M} + 10$ (5-17)
中硬	$H_m = \frac{100\sum M}{4.7\sum M + 19} \pm 2.2$ (5-18)	$H_{li} = \frac{100\sum M}{1.6\sum M + 3.6} \pm 5.6$ (5-19)	$H_{li} = 20\sqrt{\sum M} + 10$ (5-20)

表 5－2（续）

覆岩硬度	冒落带高度计算公式	导水裂隙带高度计算公式	
		经验公式一	经验公式二
软弱	$H_m=\frac{100\sum M}{6.2\sum M+32}\pm1.5$　(5－21)	$H_{li}=\frac{100\sum M}{3.1\sum M+5.0}\pm4.0$　(5－22)	$H_{li}=10\sqrt{\sum M}+5$　(5－23)
极软弱	$H_m=\frac{100\sum M}{7.0\sum M+63}\pm1.2$　(5－24)	$H_{li}=\frac{100\sum M}{5.0\sum M+8.0}\pm3.0$　(5－25)	

注：公式适用范围，单层采厚为 1～3 m，累计采厚不超过 15 m。

“三下”采煤指南中所列公式主要适用于炮采和普采工艺以及分层综采，单层厚度不大于 3 m 的情况，且累计采厚不超过 15 m。

2. 综放开采两带高度计算公式

根据潞安、兖州、淮南、铁法、铜川等矿区的实测资料，综放条件下，导水裂隙带发育高度要比普采条件下、分层综采条件下大得多。“例如在潞安矿区，在同样采厚条件下，综放导水裂隙带高度比分层综采增大 1.37 倍，比普采增大 2.31 倍（滕永海等，2009）。”因此，总结综放开采条件下的导水裂隙带发育高度十分必要。

有学者（许延春等，2011）收集了苏、鲁、皖、晋、蒙等矿区的综放开采两带高度实测数据，经过回归分析，总结了适用于综放工作面上覆岩层两带高度计算经验公式，见表 5－3。覆岩硬度分别为中硬和软弱类型，坚硬覆岩两带高度数据较少，未进行公式总结。

表 5－3　两带高度经验公式（据许延春等，2011）

覆岩硬度	冒落带高度计算公式	导水裂隙带高度计算公式
中硬	$H_m=\frac{100M}{0.49M+19.12}\pm4.71$　(5－26)	$H_{li}=\frac{100M}{0.26M+6.88}\pm11.49$　(5－27)
软弱	$H_m=\frac{100M}{-1.19M+28.57}\pm4.76$　(5－28)	$H_{li}=\frac{100M}{-0.33M+10.81}\pm6.99$　(5－29)

也有学者（丁鑫品等，2012）收集了中硬和软弱覆岩综放开采两带高度实测数据，回归分析得到了综放工作面两带高度计算公式，见表 5－4。

表 5－4　两带高度经验公式（据丁鑫品等，2012）

覆岩硬度	冒落带高度计算公式	导水裂隙带高度计算公式
中硬	$H_m=\frac{100M}{0.20M+20.87}\pm6.43$　(5－30)	$H_{li}=\frac{100M}{0.19M+7.74}\pm13.26$　(5－31)

表 5－4（续）

覆岩硬度	冒落带高度计算公式	导水裂隙带高度计算公式
软弱	$H_m=\frac{100M}{-0.93M+38.86}\pm 12.87$（$M>3.5$）（5－32）	$H_{li}=\frac{100M}{-0.39M+13.46}\pm 15.96$（$M>3.5$）（5－33）

对 25 组坚硬覆岩、80 组中硬覆岩和 47 组软弱覆岩综放数据进行整理后，回归分析得到了综放开采条件下两带高度计算公式（刘世奇，2016），见表 5－5。

表 5－5　两带高度经验公式（据刘世奇，2016）

覆岩硬度	冒落带高度计算公式	导水裂隙带高度计算公式
坚硬	$H_m=(6\sim8)M$　M 值越大，取大值　（5－34）	$H_{li}=\frac{100M}{0.15M+3.12}\pm 11.18$　（5－35）
中硬	$H_m=4.73M+4.40$　（5－36）	$H_{li}=\frac{100M}{0.23M+6.1}\pm 10.42$　（5－37）
软弱	$H_m=4.54M+7.10$　（5－38）	$H_{li}=\frac{100M}{0.31M+8.81}\pm 8.21$　（5－39）

3. 综采一次采全高中硬覆岩导水裂隙带发育高度计算公式

对 10 组中硬覆岩导水裂隙带发育高度实测数据进行一元线性回归，得到中硬覆岩综采一次采全高导水裂隙带发育高度 H_{li} 与采厚 M 关系的计算公式（白利民等，2013）：

$$H_{li}=\frac{100M}{0.71M+4.82} \tag{5-40}$$

4. 潘谢矿区两带高度计算公式

对潘谢矿区 30 余个导水裂隙带高度实测数据整理分析后发现（李洋等，2005），对于软弱覆岩和中硬覆岩，其导水裂隙带高度 H_{li} 与采厚 M 之间符合指数函数形式：

$$H_{li}=117.62(1-0.886^{M}) \tag{5-41}$$

$$H_{li}=145.67(1-0.881^{M}) \tag{5-42}$$

5. 综采/综放导水裂隙带高度计算公式

研究认为（胡小娟等，2012），导水裂隙带高度的影响因素包括采厚、顶板岩性及结构、工作面斜长、采深、工作面推进速度、硬岩岩性比例等因素。以鲁西南、安徽等矿区 39 例综采导水裂隙带实测数据为基础，采用多元回归分析，得到综采导水裂隙带高度 H_{li} 与采高 M、硬岩岩性系数 Q、工作面斜长 D_1、采深 H、开采推进速度 v 多因素之间的非线性统计关系式为

$$H_{li}=3.41M+27.12Q+1.85\ln D_1+0.11\exp(5.346-426.243/H)+0.64v+6.11 \tag{5-43}$$

本节将部分其他矿区两带高度的相关信息进行汇总，见表 5－6。为了便于与神东矿区进行比较，大部分数据为综采/综放条件下的实测数据。

表5-6　部分矿区、煤矿的两带高度及相关信息汇总表

序号	矿区、矿井、工作面	采厚/m	采深/m	倾角/(°)	冒落带高度/m	导水裂隙带高度/m	采煤工艺	覆岩类型	备　注
1	彬长矿区下沟矿 ZF2801 工作面	9.9[246]	316~347[246]	2[246]		111.81[246]	综放[246]	中硬[246]	
2	彬长矿区下沟矿 ZF2801 工作面	9.9[246]	316~347[246]	2[246]		125.81[246]	综放[246]	中硬[246]	
3	大屯矿区孔庄矿	5.29[246]	83[246]	25[246]		61[246]	综放[246]	中硬[246]	
4	兖州矿区南屯矿 63上 10 工作面	5.77[246]	约 400[246]	2~8[246]	25[246]	70.7[246]	综放[246]	中硬[246]	采深 342~394 m[14/176]；采深 320 m，导水裂隙带高度 67.7 m[251]
5	兖州矿区南屯矿 93上 01 工作面	5.65[246]	487~607[14/176]	12~19[246]	28[246]	67.5[246]	综放[246]	中硬[246]	EH4 物探[14/176]；导水裂隙带高度 62.7 m[251]
6	兖州矿区鲍店矿 1310 工作面	8.7[247]	418.6[247]	6[247]	30[247]	65.5[247]	综放[247]	中硬[247]	
7	兖州矿区鲍店矿 1316 工作面	8.61[247]	288[247]	6.5[247]		65.5[247]	综放[247]	中硬[247]	
8	兖州矿区鲍店矿 1303 工作面	8.7[246]	352~517[246]	4~15[246]		71[246]	综放[246]	中硬[246]	
9	兖州矿区鲍店矿 6305 工作面	7.5[14/176]	367[14/176]			61.8[14/176]	综放[14/176]	软弱[14/176]	
10	兖州矿区鲍店矿 5306(2)工作面	6.9[14/176]	335~398[14/176]	5[14/176]		69.7[14/176]	综放[14/176]	中硬[14/176]	
11	兖州矿区兴隆庄矿 4320 工作面	8[246]	300~400[246]	8[246]	36.8[246]	86.8[246]	综放[246]	中硬[246]	
12	兖州矿区兴隆庄矿 5306 工作面	7.83[247]	392~433[247]	6~13[247]	17.56[247]	74.4[247]	综放[247]	中硬[247]	采厚 7.1 m[14/177]
13	兖州矿区兴隆庄矿 1301 工作面	8.13[247]	409[247]	9[247]		72.9[247]	综放[247]	中硬[247]	采厚 6.4 m[14/177]
14	兖州矿区兴隆庄矿 6302 工作面	4.2[14/177]				53.4[14/177]	综放[14/177]	中硬[14/177]	
15	兖州矿区兴隆庄矿 2303(2)工作面	7.8[14/177]	255~318[14/177]	8[14/177]	27.6[14/177]	44.2[14/177]	综放[14/177]	中硬[14/177]	
16	兖州矿区济宁三号矿 1301 工作面	6.6[247]	479[247]	4[247]		66.6[247]	综放[247]	中硬[247]	采厚 6.3 m，导水裂隙带高度 68.6 m[14/177]

表 5-6（续）

序号	矿区、矿井、工作面	采厚/m	采深/m	倾角/(°)	冒落带高度/m	导水裂隙带高度/m	采煤工艺	覆岩类型	备　　注
17	兖州矿区济宁三号矿 1034 工作面	3.7[247]		0～10[247]		42.28[247]	综放[247]	中硬[247]	覆岩岩性软弱[14/177]
18	兖州矿区济宁三号矿 $43_{下}$03 工作面	6.67[247]	445～515[247]	0～11[247]	27[247]		综放[247]	中硬[247]	
19	兖州矿区济宁三号矿 1031 工作面	6.4[14/177]				80.2[14/177]	综放[14/177]	中硬[14/177]	
20	兖州矿区杨村矿 301 工作面	6.4[246]	69～130[246]		34[246]	62[246]	综放[246]	中硬[246]	
21	兖州矿区东滩矿 1305 工作面	8.7[14/177]	560～640[14/177]	6[14/177]	29.4[14/177]	78.8[14/177]	综放[14/177]	中硬[14/177]	
22	铜川矿区下石节矿 213 工作面、214 工作面	16[247]		4～8[247]	62.43[247]		综放[246]	中硬[246]	
23	枣庄矿区柴里矿	4[247]		6～8[247]		31[247]	综放[247]	中硬[247]	
24	枣庄矿区付村矿 3401 工作面	5.4[14/177]	420[14/177]	15[14/177]		61.5[14/177]	综放[14/177]	中硬[14/177]	
25	枣庄矿区高庄矿 3509 工作面	5.2[14/177]	370[14/177]	19[14/177]		49.4[14/177]	综放[14/177]	软弱[14/177]	
26	淮南矿区张集矿 1212 工作面	3.9[247]		近水平[247]		49.05[247]	综放[247]	中硬[247]	巨厚松散层[250]
27	淮南矿区张集矿 1221 工作面	4.5[247]		近水平[247]		57.45[247]	综放[247]	中硬[247]	巨厚松散层[250]
28	淮南矿区谢桥矿 1221 工作面	5[247]		缓倾斜[247]		73.28[247]	综放[247]	中硬[247]	巨厚松散层[250]
29	淮北矿区朱仙庄矿Ⅱ865 工作面	9.9[247]	480[247]	15[247]	55.57[247]	130.78[247]	综放[247]	中硬[247]	文献［246］和［14］中采厚为 13.4 m
30	晋城矿区王坡矿 3202 工作面	5.82[247]	552～615[247]		22.87[247]	94[247]	综放[247]	中硬[247]	覆岩岩性坚硬[14/179]。工作面编号为 3302[14/179]，疑有误
31	晋城矿区王坡矿 3202 工作面	5.82[247]	552～615[247]		22.87[247]	104.2[247]	综放[247]	中硬[247]	
32	西山矿区镇城底矿 28103 工作面	4.5[249]	308[249]	11[249]	16.7[14/179]	57.98[249]	综采一次采全高[249]	中硬[249]	

5.4 以往研究成果的适用性分析

5.4.1 “三下”采煤指南中推荐公式的适用性分析

2017年版本的“三下”采煤指南中推荐的两带高度计算公式是沿用2000年版本的“三下”采煤规程中的公式，而2000年版本的“三下”采煤规程中推荐的公式是沿用1985年版本“三下”采煤规程中的公式。学者普遍认为，“三下”采煤指南中推荐的两带高度计算公式适用于炮采、普采和分层综采，由于采高的增大和综采工艺造成覆岩破坏剧烈程度的增加，综采/综放开采两带发育高度比炮采、普采和分层综采明显增大，“三下”采煤指南中推荐的两带高度计算公式不再完全适用。

以中硬覆岩的导水裂隙带高度为例，将“三下”采煤指南中推荐的公式之一与以往综采/综放开采得到的经验公式进行比较，如图5-4所示。从图5-4中可以看出，无论是“三下”采煤指南中推荐的公式还是文献[246]、文献[247]、文献[249]中的经验公式，计算所得导水裂隙带高度均随着采厚的增大而增加，这符合一般规律，文献[246]、文献[247]、文献[249]中经验公式计算得到的数值比较接近，且明显大于“三下”采煤指南中推荐的公式计算结果。文献[246]、文献[247]、文献[249]中均采纳了孔庄、南屯、张集3座煤矿的实测数据，实测数据与公式计算所得对比见表5-7。从表5-7中可以看出，应用“三下”采煤指南中公式计算所得的数值与实测数据相差最大，而应用文献[246]、文献[247]、文献[249]中公式计算所得的数值与实测数据相差不大。

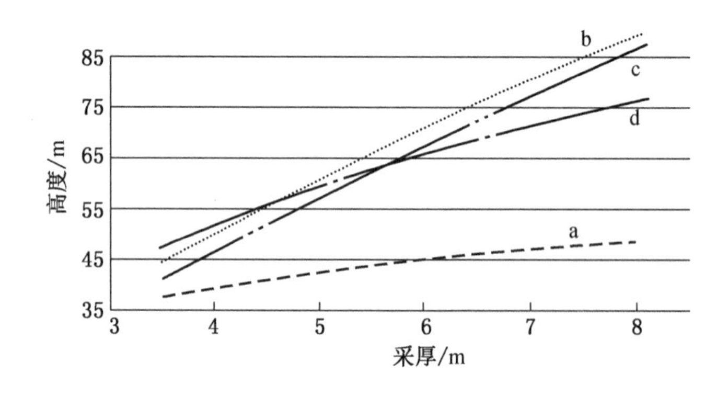

a按式(5-19)(“三下”采煤指南)；b按式(5-27)(文献[246])；
c按式(5-31)(文献[247])；d按式(5-40)(文献[249])

图5-4 “三下”采煤指南中推荐公式之一与以往经验公式导水裂隙带高度比较(覆岩中硬)

表5－7　导水裂隙带高度实测结果与经验公式计算结果对比表（覆岩中硬）

煤矿	工作面	采厚/m	实测导水裂隙带高度/m	按公式计算结果/m			
				按式（5－19）	按式（5－27）	按式（5－31）	按式（5－40）
张集矿	1212	3.9	49.05	39.63	49.40	45.99	51.39
	1212	4.5	57.45	41.67	55.90	52.36	56.14
孔庄矿		5.29	61	43.85	64.08	60.49	61.68
南屯矿	93上01	5.65	67.5	44.70	67.67	64.11	63.98

尽管从图5－4和表5－7中很难比较各种文献中总结的经验公式哪一个更适合综采/综放开采条件，但通过比较和分析可以得到如下结论：“三下”采煤指南中推荐的导水裂隙带高度计算公式适合于采厚小于3 m的条件（无论炮采、普采还是分层综采），但不太适合于采厚大于3 m的综采/综放开采条件。

5.4.2　以往研究成果在神东矿区的适用性分析

本章第2节、第3节中介绍了很多以往研究成果，本节试将这些研究成果用于神东矿区，将实测数据与公式计算结果进行比较，通过对比分析，以期发现适合神东矿区的经验公式。

表5－8采纳了表5－1中的大部分钻孔数据，存疑数据、覆岩非中硬数据和数值模拟数据未采纳。如韩家湾煤矿2304工作面采厚为4.1 m，冒落带高度仅为1～1.5 m，存疑，故未采纳；如黄麻梁煤矿为极软弱覆岩，非中硬覆岩，故未采纳；又如凉水井煤矿42103工作面两带高度为数值模拟结果，非实测结果，故未采纳。

将表5－8中公式计算结果与实测数据进行比较，结果列于表5－9。从表5－9的统计数据对比中可以得到如下结论：

（1）以往两带高度的经验公式在神东矿区的适用性大体相近，难以区分优劣。由于收集到的钻孔资料受限于数量或局限于某区域，基于这些钻孔资料总结出来的经验公式仅适用于局部矿区或部分煤矿，不宜在神东矿区推广应用。

（2）总体上，以往两带高度的经验公式计算所得高度小于神东矿区实测高度，这从侧面说明，神东矿区综采/综放条件下，覆岩破坏高度不仅大于炮采、普采和分层综采的高度，而且也大于中东部矿区的综采/综放的高度，这与神东矿区开采强度较大、覆岩结构类型复杂有关。

表 5－8　两带高度以往研究成果在神东矿区的适用性比较（综采/综放，覆岩中硬）

序号	煤矿、工作面、钻孔编号	采厚/m	实测高度/m		公式计算结果/m 据文献［27］，$M<5$ m 时，选择式（5－3）和式（5－5）；$M \geq 5$ m 时，选择式（5－4）和式（5－6）												
			冒落带高度	导水裂隙带高度	式(5－18)	式(5－19)	式(5－1)	式(5－3) 式(5－4)	式(5－5) 式(5－6)	式(5－7)	式(5－8)	式(5－26)	式(5－27)	式(5－30)	式(5－31)	式(5－40)	式(5－42)
1	上湾矿 12304 工作面 SD－SW－1	3.8	24.22	55.72	10.31	39.26	10.31	18.93	42.55	17.83	51.74	18.11	48.30	17.57	44.91	50.55	55.66
2	上湾矿 12304 工作面 SD－SW－2	3.8	25.42	53.92	10.31	39.26	10.31	18.93	42.55	17.83	51.74	18.11	48.30	17.57	44.91	50.55	55.66
3	补连塔矿 12511 工作面 SD－BLT－1	5.8	36.52	93.12	12.54	45.03	12.54	34.71	80.31	26.47	70.70	26.41	69.15	26.33	65.60	64.89	75.81
4	补连塔矿 12511 工作面 SD－BLT－2	7.4	45.95	124.42	13.76	47.93	13.76	51.19	106.23	33.38	83.22	32.53	84.05	33.11	80.91	73.46	88.63
5	布尔台矿 42106 工作面 SD－BET－1	6.6	34.72	158.52	13.19	46.61	13.19	42.03	93.04	29.92	77.21	29.52	76.78	29.74	73.38	69.43	82.54
6	布尔台矿 42106 工作面 SD－BET－2	6.6	28.82	154.4	13.19	46.61	13.19	42.03	93.04	29.92	77.21	29.52	76.78	29.74	73.38	69.43	82.54

表 5-8（续）

序号	煤矿、工作面、钻孔编号	采厚/m	实测高度/m		公式计算结果/m 据文献[27]，$M<5$ m 时，选择式(5-3)和式(5-5)；$M\geq5$ m 时，选择式(5-4)和式(5-6)												
			冒落带高度	导水裂隙带高度	式(5-18)	式(5-19)	式(5-1)	式(5-3) 式(5-4)	式(5-5) 式(5-6)	式(5-7)	式(5-8)	式(5-26)	式(5-27)	式(5-30)	式(5-31)	式(5-40)	式(5-42)
7	大柳塔矿 52306 工作面 DS2	7.3	19.82	137.32	13.69	47.77	13.69	49.96	104.55	32.95	82.50	32.16	83.16	32.69	79.98	72.98	87.90
8	大柳塔矿 52304 工作面 D1	6.44	24.49	68.76	13.07	46.32	13.07	40.37	90.45	29.23	75.95	28.91	75.28	29.06	71.85	68.57	81.25
9	韩家湾矿 2304 工作面	4.1		104.58	10.71	40.35	10.71	20.91	45.71	19.12	54.86	19.40	51.60	18.90	48.13	53.03	59.02
10	韩家湾矿 2305 工作面 G1	4.43		110.11	11.12	41.45	11.12	23.21	49.43	20.55	58.18	20.81	55.16	20.36	51.62	55.62	62.57
11	活鸡兔井 12上308 工作面与 309 工作面煤柱 S1	3.9		33.89	10.45	39.63	10.45	19.58	43.58	18.26	52.80	18.54	49.40	18.01	45.99	51.39	56.80
12	活鸡兔井 12上307 工作面 S2	3.7		48.1	10.17	38.87	10.17	18.29	41.55	17.39	50.68	17.68	47.18	17.12	43.82	49.68	54.51

表 5-8（续）

序号	煤矿、工作面、钻孔编号	采厚/m	实测高度/m		公式计算结果/m 据文献［27］，$M<5$ m 时，选择式（5-3）和式（5-5）； $M \geq 5$ m 时，选择式（5-4）和式（5-6）												
			冒落带高度	导水裂隙带高度	式(5-18)	式(5-19)	式(5-1)	式(5-3) 式(5-4)	式(5-5) 式(5-6)	式(5-7)	式(5-8)	式(5-26)	式(5-27)	式(5-30)	式(5-31)	式(5-40)	式(5-42)
13	活鸡兔井 12上308 工作面与 309 工作面煤柱 S3	3.9		36.13	10.45	39.63	10.45	19.58	43.58	18.26	52.80	18.54	49.40	18.01	45.99	51.39	56.80
14	补连塔矿 12406 工作面 BM1	4.41		74	11.10	41.39	11.10	23.06	49.19	20.46	57.98	20.72	54.94	20.27	51.41	55.46	62.36
15	补连塔矿 12406 工作面 BM2	4.38	45	89.5	11.06	41.29	11.06	22.85	48.85	20.33	57.68	20.60	54.62	20.14	51.10	55.23	62.04
16	锦界矿 93104 工作面冒 1	3	13.2	45.7	9.06	35.71	9.06	14.07	35.19	14.37	42.86	14.57	39.16	13.97	36.10	43.17	46.06
17	锦界矿 31104 工作面	3.3	12.1	43.6	9.56	37.16	9.56	15.83	37.77	15.67	46.29	15.91	42.65	15.33	39.44	46.07	49.78

表 5-8（续）

序号	煤矿、工作面、钻孔编号	采厚/m	实测高度/m		公式计算结果/m 据文献［27］，$M<5$ m 时，选择式（5-3）和式（5-5）； $M\geq5$ m 时，选择式（5-4）和式（5-6）												
			冒落带高度	导水裂隙带高度	式(5-18)	式(5-19)	式(5-1)	式(5-3) 式(5-4)	式(5-5) 式(5-6)	式(5-7)	式(5-8)	式(5-26)	式(5-27)	式(5-30)	式(5-31)	式(5-40)	式(5-42)
18	沙吉海矿 B1003W01 工作面	6.8	19.7	82.3	13.34	46.96	13.34	29.99	96.29	30.79	78.76	30.29	78.63	30.59	75.29	70.48	84.12
19	寸草塔矿 43115 工作面 寸探 03	2.3	8.8	25.2	7.72	31.59	7.72	10.26	29.99	11.35	34.33	11.36	30.76	10.78	28.13	35.64	36.82
20	布尔台矿 23101 工作面 布探 01	3	9.5	146	9.06	35.71	9.06	14.07	35.19	14.37	42.86	14.57	39.16	13.97	36.10	43.17	46.06
21	布尔台矿 23101 工作面 2	3	13.16	140	9.06	35.71	9.06	14.07	35.19	14.37	42.86	14.57	39.16	13.97	36.10	43.17	46.06
22	补连塔矿 31401 工作面 S19	4.4	21.72	142.5	11.09	41.35	11.09	22.99	49.08	20.42	57.88	20.68	54.84	20.23	51.31	55.39	62.25
23	补连塔矿 31401 工作面 S21	4.4	19.08	155.95	11.09	41.35	11.09	22.99	49.08	20.42	57.88	20.68	54.84	20.23	51.31	55.39	62.25

表 5-8（续）

序号	煤矿、工作面、钻孔编号	采厚/m	实测高度/m		公式计算结果/m 据文献[27]，$M<5$ m 时，选择式（5-3）和式（5-5）； $M\geq5$ m 时，选择式（5-4）和式（5-6）												
			冒落带高度	导水裂隙带高度	式(5-18)	式(5-19)	式(5-1)	式(5-3) 式(5-4)	式(5-5) 式(5-6)	式(5-7)	式(5-8)	式(5-26)	式(5-27)	式(5-30)	式(5-31)	式(5-40)	式(5-42)
24	上湾矿 51201 工作面 SW1	5.8	35.35	53	12.54	45.03	12.54	34.71	80.31	26.47	70.70	26.41	69.15	26.33	65.60	64.89	75.81
25	乌兰木伦矿 2207 工作面	2.2	9.2	63.2	7.50	30.90	7.50	9.75	29.35	10.91	33.05	10.89	29.52	10.32	26.97	34.47	35.44
26	乌兰木伦矿 12403 工作面 WM1	2.47		62.89	8.07	32.71	8.07	11.15	31.15	12.08	36.47	12.15	32.84	11.56	30.09	37.57	39.14
27	乌兰木伦矿 12403 工作面 WM2	2.04		35.74	7.14	29.72	7.14	8.94	28.36	10.22	30.97	10.14	27.53	9.59	25.10	32.54	33.18
28	察哈素矿 31301 工作面 D1	4.75	31.8	67.1	11.49	42.41	11.49	25.55	53.28	21.93	61.27	22.15	58.53	21.77	54.96	57.98	65.87
29	察哈素矿 31301 工作面 D2	5.1	25.6	70.1	11.87	43.37	11.87	60.34	69.54	23.44	64.53	23.59	62.15	23.30	58.56	60.42	69.33

表 5-8（续）

序号	煤矿、工作面、钻孔编号	采厚/m	实测高度/m		公式计算结果/m 据文献［27］，$M<5$ m时，选择式（5-3）和式（5-5）； $M\geq5$ m时，选择式（5-4）和式（5-6）												
			冒落带高度	导水裂隙带高度	式(5-18)	式(5-19)	式(5-1)	式(5-3) 式(5-4)	式(5-5) 式(5-6)	式(5-7)	式(5-8)	式(5-26)	式(5-27)	式(5-30)	式(5-31)	式(5-40)	式(5-42)
30	察哈素矿 31303 工作面 D3	4.7	27.5	103.3	11.44	42.27	11.44	25.18	52.66	21.71	60.79	21.94	58.01	21.55	54.44	57.62	65.36
31	察哈素矿 31303 工作面 D4	4.5	27.9	109.2	11.21	41.67	11.21	23.71	50.25	20.85	58.86	21.10	55.90	20.67	52.36	56.14	63.30
32	大柳塔矿 1203 工作面	4	9.1	45	10.58	40.00	10.58	20.24	44.63	18.69	53.84	18.98	50.51	18.46	47.06	52.22	57.91
33	大柳塔矿 201 工作面	3.95	13.49	42.78	10.52	39.82	10.52	19.91	44.10	18.47	53.32	18.76	49.96	18.24	46.52	51.81	57.36
34	补连塔矿 12407 工作面	4.8		92	11.55	42.55	11.55	25.93	53.90	22.15	61.74	22.35	59.06	21.99	55.48	58.34	66.37
35	哈拉沟	5.3	9.8		12.07	43.87	12.07	44.71	72.58	24.31	66.34	24.40	64.18	24.17	60.59	61.75	71.24

表 5-8（续）

序号	煤矿、工作面、钻孔编号	采厚/m	实测高度/m		公式计算结果/m 据文献［27］，$M<5$ m 时，选择式（5-3）和式（5-5）； $M\geq5$ m 时，选择式（5-4）和式（5-6）												
			冒落带高度	导水裂隙带高度	式(5-18)	式(5-19)	式(5-1)	式(5-3) 式(5-4)	式(5-5) 式(5-6)	式(5-7)	式(5-8)	式(5-26)	式(5-27)	式(5-30)	式(5-31)	式(5-40)	式(5-42)
36	大柳塔矿 20601 工作面	4	7.5		10.58	40.00	10.58	20.24	44.63	18.69	53.84	18.98	50.51	18.46	47.06	52.22	57.91
37	活鸡兔井	5		75	11.76	43.10	11.76	68.03	56.46	23.01	63.61	23.18	61.12	22.86	57.54	59.74	68.36
38	海湾矿 3 号井	3.3	5	70	9.56	37.16	9.56	15.83	37.77	15.67	46.29	15.91	42.65	15.33	39.44	46.07	49.78
39	乌兰木伦矿	3	10	65	9.06	35.71	9.06	14.07	35.19	14.37	42.86	14.57	39.16	13.97	36.10	43.17	46.06
40	昌汉沟矿 15106 工作面	5.2		51.3	11.97	43.62	11.97	71.06	59.11	23.87	65.44	24.00	63.17	23.73	59.58	61.09	70.29
41	乌兰木伦矿 61203 工作面	5	24	71.2	11.76	43.10	11.76	27.47	56.46	23.01	63.61	23.18	61.12	22.86	57.54	59.74	68.36
42	补连塔矿 12520 工作面	4.5	71		11.21	41.67	11.21	23.71	50.25	20.85	58.86	21.10	55.90	20.67	52.36	56.14	63.30

表5-9 两带高度以往研究成果在神东矿区的适用性计算结果（综采/综放，覆岩中硬）

序号	煤矿、工作面、钻孔编号	公式计算结果与实测结果的差值/m												
		式(5-18)	式(5-19)	式(5-1)	式(5-3) 式(5-4)	式(5-5) 式(5-6)	式(5-7)	式(5-8)	式(5-26)	式(5-27)	式(5-30)	式(5-31)	式(5-40)	式(5-42)
1	上湾矿 12304 工作面 SD-SW-1	-13.91	-16.46	-13.91	-5.29	-13.17	-6.39	-3.98	-6.11	-7.42	-6.65	-10.81	-5.17	-0.06
2	上湾矿 12304 工作面 SD-SW-2	-15.11	-14.66	-15.11	-6.49	-11.37	-7.59	-2.18	-7.31	-5.62	-7.85	-9.01	-3.37	1.74
3	补连塔矿 12511 工作面 SD-BLT-1	-23.98	-48.09	-23.98	-1.81	-12.81	-10.05	-22.42	-10.11	-23.97	-10.19	-27.52	-28.23	-17.31
4	补连塔矿 12511 工作面 SD-BLT-2	-32.19	-76.49	-32.19	5.24	-18.19	-12.57	-41.20	-13.42	-40.37	-12.84	-43.51	-50.96	-35.79
5	布尔台矿 42106 工作面 SD-BET-1	-21.53	-111.91	-21.53	7.31	-65.48	-4.80	-81.31	-5.20	-81.74	-4.98	-85.14	-89.09	-75.98
6	布尔台矿 42106 工作面 SD-BET-2	-15.63	-107.79	-15.63	13.21	-61.36	1.10	-77.19	0.70	-77.62	0.92	-81.02	-84.97	-71.86
7	大柳塔矿 52306 工作面 DS2	-6.13	-89.55	-6.13	30.14	-32.77	13.13	-54.82	12.34	-54.16	12.87	-57.34	-64.34	-49.42
8	大柳塔矿 52304 工作面 D1	-11.42	-22.44	-11.42	15.88	21.69	4.74	7.19	4.42	6.52	4.57	3.09	-0.19	12.49

表5－9（续）

序号	煤矿、工作面、钻孔编号	公式计算结果与实测结果的差值/m												
		式(5－18)	式(5－19)	式(5－1)	式(5－3) 式(5－4)	式(5－5) 式(5－6)	式(5－7)	式(5－8)	式(5－26)	式(5－27)	式(5－30)	式(5－31)	式(5－40)	式(5－42)
9	韩家湾矿 2304 工作面		-64.23			-58.87		-49.72		-52.98		-56.45	-51.55	-45.56
10	韩家湾矿 2305 工作面 G1		-68.66			-60.68		-51.93		-54.95		-58.49	-54.49	-47.54
11	活鸡兔井 12上308 工作面与 309 工作面 煤柱 S1		5.74			9.69		18.91		15.51		12.10	17.50	22.91
12	活鸡兔井 12上307 工作面 S2		-9.23			-6.55		2.58		-0.92		-4.28	1.58	6.41
13	活鸡兔井 12上308 工作面与 309 工作面 煤柱 S3		3.50			7.45		16.67		13.27		9.86	15.26	20.67
14	补连塔矿 12406 工作面 BM1		-32.61			-24.81		-16.02		-19.06		-22.59	-18.54	-11.64

表 5-9（续）

序号	煤矿、工作面、钻孔编号	公式计算结果与实测结果的差值/m												
		式(5-18)	式(5-19)	式(5-1)	式(5-3) 式(5-4)	式(5-5) 式(5-6)	式(5-7)	式(5-8)	式(5-26)	式(5-27)	式(5-30)	式(5-31)	式(5-40)	式(5-42)
15	补连塔矿 12406 工作面 BM2	-33.94	-48.21	-33.94	-22.15	-40.65	-24.67	-31.82	-24.40	-34.88	-24.86	-38.40	-34.27	-27.46
16	锦界矿 93104 工作面冒 1	-4.14	-9.99	-4.14	0.87	-10.51	1.17	-2.84	1.37	-6.54	0.77	-9.60	-2.53	0.36
17	锦界矿 31104 工作面	-2.54	-6.44	-2.54	3.73	-5.83	3.57	2.69	3.81	-0.95	3.23	-4.16	2.47	6.18
18	沙吉海矿 B1003W01 工作面	-6.36	-35.34	-6.36	10.29	13.99	11.09	-3.54	10.59	-3.67	10.89	-7.01	-11.82	1.82
19	寸草塔矿 43115 工作面 寸探 03	-1.08	6.39	-1.08	1.46	4.79	2.55	9.13	2.56	5.56	1.98	2.93	10.44	11.62
20	布尔台矿 23101 工作面 布探 01	-0.44	-110.29	-0.44	4.57	-110.81	4.87	-103.14	5.07	-106.84	4.47	-109.90	-102.83	-99.94
21	布尔台矿 23101 工作面 2	-4.10	-104.29	-4.10	0.91	-104.81	1.21	-97.14	1.41	-100.84	0.81	-103.90	-96.83	-93.94

表 5-9（续）

序号	煤矿、工作面、钻孔编号	公式计算结果与实测结果的差值/m												
		式(5-18)	式(5-19)	式(5-1)	式(5-3) 式(5-4)	式(5-5) 式(5-6)	式(5-7)	式(5-8)	式(5-26)	式(5-27)	式(5-30)	式(5-31)	式(5-40)	式(5-42)
22	补连塔矿 31401 工作面 S19	-10.63	-101.15	-10.63	1.27	-93.42	-1.30	-84.62	-1.04	-87.66	-1.49	-91.19	-87.11	-80.25
23	补连塔矿 31401 工作面 S21	-7.99	-114.60	-7.99	3.91	-106.87	1.34	-98.07	1.60	-101.11	1.15	-104.64	-100.56	-93.70
24	上湾矿 51201 工作面 SW1	-22.81	-7.97	-22.81	-0.64	27.31	-8.88	17.70	-8.94	16.15	-9.02	12.60	11.89	22.81
25	乌兰木伦矿 2207 工作面	-1.70	-32.30	-1.70	0.55	-33.85	1.71	-30.15	1.69	-33.68	1.12	-36.23	-28.73	-27.76
26	乌兰木伦矿 12403 工作面 WM1		-30.18			-31.74		-26.42		-30.05		-32.80	-25.32	-23.75
27	乌兰木伦矿 12403 工作面 WM2		-6.02			-7.38		-4.77		-8.21		-10.64	-3.20	-2.56
28	察哈素矿 31301 工作面 D1	-20.31	-24.69	-20.31	-6.25	-13.82	-9.87	-5.83	-9.65	-8.57	-10.03	-12.14	-9.12	-1.23

表 5-9（续）

序号	煤矿、工作面、钻孔编号	公式计算结果与实测结果的差值/m												
		式(5-18)	式(5-19)	式(5-1)	式(5-3) 式(5-4)	式(5-5) 式(5-6)	式(5-7)	式(5-8)	式(5-26)	式(5-27)	式(5-30)	式(5-31)	式(5-40)	式(5-42)
29	察哈素矿 31301 工作面 D2	-13.73	-26.73	-13.73	34.74	-0.56	-2.16	-5.57	-2.01	-7.95	-2.30	-11.54	-9.68	-0.77
30	察哈素矿 31301 工作面 D3	-16.06	-61.03	-16.06	-2.32	-50.64	-5.79	-42.51	-5.56	-45.29	-5.95	-48.86	-45.68	-37.94
31	察哈素矿 31301 工作面 D4	-16.69	-67.53	-16.69	-4.19	-58.95	-7.05	-50.34	-6.80	-53.30	-7.23	-56.84	-53.06	-45.90
32	大柳塔矿 1203 工作面	1.48	-5.00	1.48	11.14	-0.37	9.59	8.84	9.88	5.51	9.36	2.06	7.22	12.91
33	大柳塔矿 201 工作面	-2.97	-2.96	-2.97	6.42	1.32	4.98	10.54	5.27	7.18	4.75	3.74	9.03	14.58
34	补连塔矿 12407 工作面		-49.45			-38.10		-30.26		-32.94		-36.52	-33.66	-25.63
35	哈拉沟	2.27		2.27	34.91		14.51		14.60		14.37			

表 5-9（续）

序号	煤矿、工作面、钻孔编号	公式计算结果与实测结果的差值/m												
		式(5-18)	式(5-19)	式(5-1)	式(5-3) 式(5-4)	式(5-5) 式(5-6)	式(5-7)	式(5-8)	式(5-26)	式(5-27)	式(5-30)	式(5-31)	式(5-40)	式(5-42)
36	大柳塔矿 20601 工作面	3.08		3.08	12.74		11.19		11.48		10.96			
37	活鸡兔井		-31.90			-18.54		-11.39		-13.88		-17.46	-15.26	-6.64
38	海湾矿 3 号井	4.56	-32.84	4.56	10.83	-32.23	10.67	-23.71	10.91	-27.35	10.33	-30.56	-23.93	-20.22
39	乌兰木伦矿	-0.94	-29.29	-0.94	4.07	-29.81	4.37	-22.14	4.57	-25.84	3.97	-28.90	-21.83	-18.94
40	昌汉沟矿 15106 工作面		-7.68			7.81		14.14		11.87		8.28	9.79	18.99
41	乌兰木伦矿 61203 工作面	-12.24	-28.10	-12.24	3.47	-14.74	-0.99	-7.59	-0.82	-10.08	-1.14	-13.66	-11.46	-2.84
42	补连塔矿 12520 工作面	-59.79		-59.79	-47.29		-50.15		-49.90		-50.33			
平均值		-11.84	-41.55	-11.84	3.91	-27.58	-1.63	-24.98	-1.58	-27.61	-1.88	-30.94	-27.76	-20.80
标准差		13.21	36.56	13.21	14.88	34.83	12.24	34.51	12.20	34.36	12.21	34.36	34.99	34.46

5.5 “三带”覆岩破坏特点

1. 冒落带内岩体特点

（1）冒落岩体堆积在采空区内，堆积体下部岩块破碎，堆积紊乱，失去原有的层位，堆积体上部岩块基本保持原有层位。

（2）冒落岩体具有碎胀性。冒落岩块之间存在空隙，因而冒落岩体体积大于冒落前原岩体积，岩块之间的空隙有利于水、砂、泥土通过。冒落岩体的碎胀性是冒落能自行停止的原因。

（3）冒落岩体具有可压缩性。冒落岩块之间的空隙随着时间的推移不断得到充填或压缩，时间越长，压实性越好，但不能恢复到冒落前的体积。

（4）冒落带的高度主要取决于采厚和上覆岩层的碎胀性。冒落带高度通常为采厚的3~5倍，薄煤层的冒落带高度较小，一般为采厚的1.7倍；坚硬顶板冒落带高度为采厚的5~6倍，软弱顶板冒落带高度为采厚的2~4倍。粗略估算冒落带高度可用下面的公式（何国清等，1991）：

$$H_{\mathrm{m}} = \frac{M}{(K-1)\cos\alpha} \tag{5-44}$$

式中 H_{m}——冒落带高度，m；

M——采厚，m；

K——碎胀系数；

α——煤层倾角。

碎胀系数与岩性有关，坚硬岩性的碎胀系数大，软弱岩性的碎胀系数小。冒落岩体体积大于冒落前原岩体积，所以碎胀系数恒大于1。

2. 裂隙带内破坏岩体特点

（1）导水裂隙带内岩体产生较大弯曲、变形和破坏，但能够保持原有层次。覆岩中出现垂直裂缝和离层裂缝两种形式，一般来说，垂直裂缝发育程度较高。自下而上，裂缝的严重程度逐渐减小，据此可将裂隙带分为严重裂隙带、一般裂隙带和微小裂隙带。

（2）导水性和导砂性。导水裂隙带内覆岩中存在大量裂隙，这些裂隙连通性较好，具有良好的导水性。在高强度开采条件下，采深较小，开采厚度较大。当一次采全高时，垂直裂缝发育逐渐增强，离层裂缝和垂直裂缝连通，裂隙带高度可直达地表，裂隙带具有较强的导水性和导砂性。

冒落带和裂隙带合称两带，又称为导水裂隙带。前文已述，导水裂隙带高度的预先判定对水体下采煤具有十分重要的意义。因此，关于导水裂隙带高度的研究历来受到学者专家们的关注。两带高度与覆岩性质和结构的关系十分密切，粗略估算两带高度，软弱覆岩为采厚的9~12倍，中硬岩层为采厚的12~18倍，坚硬岩层为采厚的18~28倍。

近20年来，关键层理论在覆岩破坏规律问题上有很多研究成果，本章后文专就关键层理论及其在两带高度计算中的研究成果进行介绍。

3. 弯曲带覆岩破坏特点

裂隙带之上直至地表称为弯曲带。

（1）弯曲带内岩层移动是连续而有规律的，保持了整体性和层状结构。

（2）弯曲带在自重作用下产生弯曲，因为保持了整体性和层状结构，所以具有很好的隔水性，但透水的松散层不能起到这个作用。

（3）在采深很大的矿区，弯曲带的厚度可能远远大于冒落带和裂隙带之和，但在浅埋煤层矿区，裂隙带可以直达地表，因此也就不存在弯曲带。弯曲带内无裂缝，但地表可能产生裂缝，部分裂缝可以自行闭合而消失。

5.6 神东矿区覆岩破坏类型

神东矿区是典型的浅埋煤层矿区，煤层厚度大，地质构造简单，覆岩总体为中硬类型，防治水工作和瓦斯治理工作难度较小，适合大规模高强度开采。这是神东矿区与中东部矿区覆岩破坏特点存在较大差异的原因。

矿山开采沉陷理论认为，煤层采出后形成的采空区破坏了上覆岩层的原始应力平衡状态，由此产生影响程度不同的移动、变形及破坏，自下而上形成冒落带、裂隙带和弯曲下沉带，即所谓“三带”。中东部矿区煤层埋深较大，开采强度不高，覆岩破坏相对不剧烈，一般都能形成明显的“三带”。神东矿区由于煤层埋深小，开采强度大，覆岩破坏相对剧烈，表现出与中东部矿区明显的不同。

有学者（杨荣明等，2013）将神东矿区覆岩破坏分为 3 种类型：正常“三带”分布、“两带”分布和超高裂隙带分布。部分区域煤层厚度相对较小或埋深较大，导水裂隙带实际高度与以往经验值相比无异常，未发育至地表，此为正常“三带”分布，寸草塔煤矿 22111 工作面就属此类，该工作面采深约 300 m，采厚为 2.8 m，导水裂隙带高度约 40 m，“三带”正常分布。部分区域煤层厚度大而埋深小，导水裂隙带发育至地表，不存在弯曲下沉带，此为“两带”分布，大柳塔煤矿 1203 工作面就属此类，该工作面采厚约 4 m，平均埋深约 60 m，松散层厚度约 26.5 m，导水裂隙带实际高度约 45 m，超过了基岩顶部，因此无弯曲下沉带，仅存在“两带”。大柳塔煤矿 1203 工作面切眼附近煤层平均埋深约 50 m，深厚比仅为 14.8，甚至出现“覆岩冒落带超过地表”（杜善周，2010）的现象。覆岩破坏仅存在“两带”分布的情况在神东矿区比较普遍，但在中东部矿区则很罕见。覆岩破坏两带分布形式主要在埋深小于 80 m 的浅埋条件发生（杨荣明等，2013）。由于覆岩强度、岩体结构、裂隙发育程度等原因的差异，神东矿区部分区域导高比（裂采比）超过 30，甚至达 40 以上，此为超高裂隙带分布，布尔台煤矿 23101 工作面、补连塔煤矿 31401 工作面就属此类。

很多学者在理论分析、实验模拟和大量现场观测资料统计分析后认为，基载比 J_Z（基岩厚度与松散层厚度之比）和基采比 J_C（基岩厚度与采厚之比）是分析浅埋煤层矿压显现特征和覆岩破坏规律的主要技术指标（黄庆享，2002；赵兵朝，2009）。通过基载比和基采比对覆岩破坏形态进行划分（赵兵朝，2009）：若 $J_Z \geqslant 0.8$，①当 $J_C < 10$ 时，覆岩表现出“三带合一”现象；②当 $10 \leqslant J_C \leqslant 25$ 时，覆岩破坏介于浅埋煤层和普通采场之间；③当 $J_C > 25$ 时，工作面地表表现出连续变形，随着基采比的增加，覆岩破坏形态逐渐向“三带”转变。若 $J_Z<0.8$，①当 $J_Z<15$ 时，覆岩表现出“三带合一”现象；②当 $15\leqslant J_C\leqslant30$ 时，矿压显现特征介于浅埋煤层和普通采场之间；③当 $J_C>30$ 时，工作面地表表现出连续变形，随着基采比的增加，覆岩破坏形态逐渐转变为“三带”型。此处所谓“三带合一”即导水裂隙带直通地表，且冒落带与裂隙带的界限不明显。大柳塔煤矿1203工作面的覆岩破坏就是“三带合一”型（张小明等，2007）。神东矿区煤层之上的基岩厚度较小且地表有厚度不小的风积沙，由于开采过程中顶板基岩沿全厚切落，破断直接波及地表，工作面覆岩基本上分为冒落带和裂隙带，无弯曲下沉带。

以补连塔煤矿12511工作面和12413工作面为背景的数值模拟结果显示（赵立钦，2018），相对于一般综采，特厚煤层综采一次采全高的垮采比和裂采比更高，随着采高的增大，垮采比和裂采比有增大的趋势，且裂采比的增速大于垮采比的增速，因此，采高对导水裂隙带高度的影响更大。采用钻孔冲洗液漏失量观测与彩色钻孔电视观测相结合的方法对补连塔煤矿12511工作面的“两带”高度进行了现场实测，证明工作面顺槽位置的覆岩破坏程度大于工作面中间位置覆岩破坏程度，符合“马鞍”型的覆岩破坏形态。

5.7　关键层理论在导水裂隙带高度计算中的应用实例

20世纪70年代末，我国学者钱鸣高院士在分析大量现场实测数据和生产实践基础上，提出了岩体结构的“砌体梁”力学模型，很好地解释了采场矿山压力显现规律。至20世纪90年代中期，随着岩层控制科学研究成果的不断积累和发展，在“砌体梁”模型的基础上，进一步提出了“岩层控制的关键层理论”。关键层理论的提出将矿山压力、岩层移动与地表沉陷研究有机地结合在一起，为更全面、深入地解释采动岩体活动规律与采动损害现象奠定了基础。关键层的基本特征：①几何特征，与其他岩层相比，一般厚度较大；②岩性特征，与其他岩层相比较为坚硬，弹性模量一般较大，强度较高；③变形特征，当关键层发生变形时，其覆岩整体或部分与之同步变形；④破断特征，关键层的破断会导致覆岩整体或部分产生破断，导致岩层成组运动；⑤支撑特征，关键层对覆岩起支撑的作用。

补连塔煤矿31401综采工作面开采四盘区 1^{-2}煤层，煤层埋深约180～250 m，基岩厚120～190 m，开采厚度平均约4.4 m。按“三下”指南中推荐的公式计算，顶板导水裂隙带最大高度为55 m，达不到基岩顶部的砂砾含水层，不应该发生周期性的顶板突水，事实上却连续发生了数十起工作面突水事故，严重影响了工作面的正常生产（许家林等，2009；伊茂森等，2008）。采用钻孔冲洗液漏失量观测方法观测导水裂隙带高度为150 m左右。研究认为（许家林等，2009），补连塔煤矿31401工作面覆岩为多层关键层结构类型，覆岩主关键层位置会影响顶板导水裂隙带高度，当主关键层与开采煤层距离较近并小于某一临界距离时，顶板导水裂隙带将发育至基岩顶部。对导水裂隙带高度产生影响的主关键层与开采煤层临界距离主要与煤层采高、顶板碎胀压实特性、主关键层破断块度等因素有关，可以粗略按7～10倍煤层采高计算该临界距离。当覆岩主关键层与开采煤层距离小于7～10倍采高时，不能按“三下”采煤指南推荐的公式确定顶板导水裂隙带高度；当覆岩主关键层与开采煤层距离大于7～10倍采高时，仍可按“三下”采煤指南推荐的公式确定顶板导水裂隙带高度。补连塔煤矿31401工作面不同区域覆岩主关键层与开采煤层之间的距离不同，由此确定的导水裂隙带高度不同，这一点在后续的开采过程中得到了证实。

理论分析并结合相似模拟实验发现（王志强等，2013），一次采出煤层厚度、工作面开采范围、覆岩残余碎胀系数、关键层与煤层之间的距离以及关键层自身的运动特点均是影响采场覆岩“三带”分布的影响因素。研究认为基于关键层划分采场上覆岩层“三带”更具合理性，并提出了基于关键层稳定及断裂后运动特点的采场覆岩“三带”划分的新方法及其适用条件。对包括补连塔煤矿31401工作面在内的多个工作面实际地质与开采情况进行划分验证，结果表明，基于关键层理论的采场上覆岩层“三带”划分更接近实测数据。

5.8 “两带”高度影响因素分析

本章前文用了较大篇幅介绍两带高度的研究成果，这为本节分析影响两带高度的因素及其机理提供了翔实的基础素材。

1. 开采厚度

开采厚度无疑是最主要因素之一。前人对两带高度开展了大量的实测工作，在对实测数据进行分析统计后，总结出了很多区域性的经验公式，有力地指导了安全生产。在这些可以定量描述的经验公式中，两带高度作为因变量，无一例外地将开采厚度作为自变量，这在本章前文中已经做了介绍。研究表明（煤炭科学技术研究院有限公司，2019），在无地质构造影响下，开采厚度在所有影响两带高度的因素中的贡献最大。导水裂隙带高度与采厚的关系如图5－5所示。

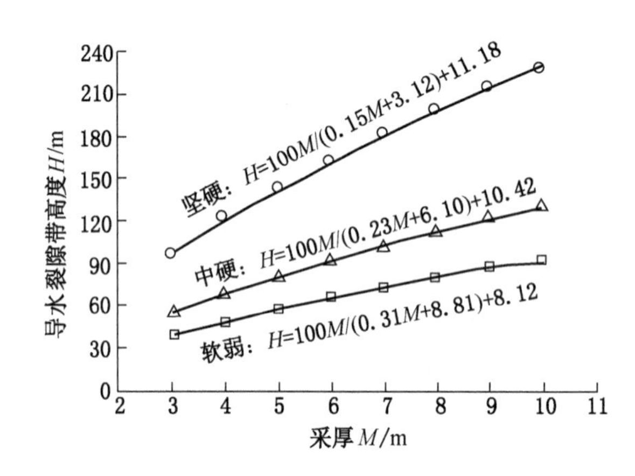

图5－5　导水裂隙带高度与采厚、覆岩性质的关系（据郭文兵等，2020）

2. 覆岩类型

覆岩类型即覆岩的坚硬程度或力学性质。覆岩越坚硬，形成的两带就越高，如图5－5所示。

粗略估算两带高度，软弱覆岩为采厚的9～12倍，中硬岩层为采厚的12～18倍，坚硬岩层为采厚的18～28倍（何国清等，1991）。也就是说，在相同的采矿条件下，坚硬覆岩两带高度约是软弱覆岩两带高度的2倍，中硬覆岩两带高度约是软弱覆岩两带高度的1.5倍。定量计算两带高度的经验公式总是将覆岩类型作为公式适用性的附加条件。研究表明（煤炭科学技术研究院有限公司，2019），在无地质构造影响下，在所有影响两带高度的因素中，覆岩类型的贡献仅次于开采厚度，位居第二。

覆岩的坚硬程度具有相对性。在“三下”采煤规范的“地表移动影响计算”（附录3）一节中，按单轴抗压强度将覆岩分为坚硬、中硬和软弱3种类型，在“近水体采煤的安全煤（岩）柱设计方法”（附录4）一节中，按单轴抗压强度将覆岩分为坚硬、中硬、软弱和极软弱4种类型。这对于准确判断覆岩类型存在一定的难度，也就给准确选择公式带来了难度。也可以说，定量的经验公式带有一定的定性因素，预计的两带高度与实际的两带高度存在一定误差在所难免。

3. 覆岩结构特征

覆岩不可能是由硬度一致的单一岩层组成，它必然是软硬相间的。不同力学性质的岩层形成不同的组合，这便是覆岩的结构特征。为简单起见，将岩层分为软、硬两种强度，于是就有坚硬－坚硬、软弱－软弱、坚硬－软弱、软弱－坚硬4种组合（何国清等，1991）。如图5－6所示。

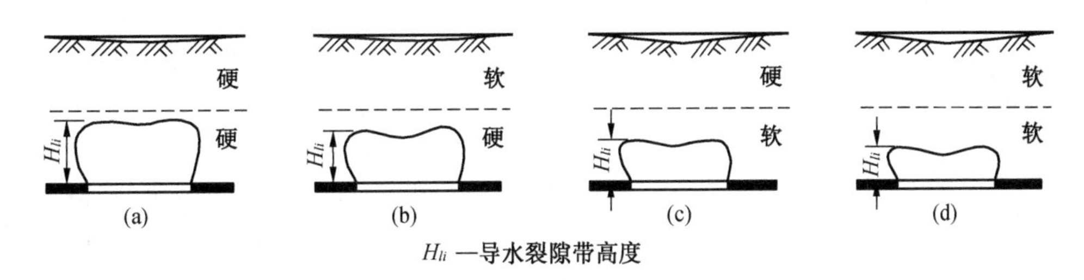

图5－6　覆岩结构特征对覆岩破坏高度的影响

对于坚硬－坚硬型，煤层基本顶坚硬不易弯曲下沉，开采空间几乎全部由冒落的直接顶岩块充填，而这些坚硬的直接顶岩块断裂后不易闭合，这就使得坚硬－坚硬型覆岩的破坏高度最大。如果基本顶和直接顶的碎胀系数都较小，冒落过程发育得最充分，则导水裂隙带高度可达采厚的30～35倍。

对于软弱－软弱型，工作面直接顶容易冒落，基本顶随之迅速弯曲下沉并坐落于冒落的岩块之上，冒落空间不断缩小。此种情况下，导水裂隙带高度发育较小。煤层上方有含水松散层覆盖、工作面接近基岩风化带、厚煤层分层（即重复采动）的顶板均属于软弱－软弱型顶板。

软弱－坚硬型覆岩，也就是直接顶为软弱岩层，基本顶为坚硬岩层。直接顶随着开采冒落，但坚硬的基本顶像梁板一样横跨在冒落的岩块之上，开采空间主要由冒落的软弱岩块充填，冒落发育充分，导水裂隙带一般发育至基本顶的底面。

与软弱－坚硬型情况相反，坚硬－软弱型覆岩的直接顶为坚硬岩层，基本顶为软弱岩层。坚硬的直接顶首先冒落，软弱的基本顶岩层随之下沉压实冒落岩块，因此导水裂隙带发育高度较小。巨厚松散层下的顶板条件就属于坚硬－软弱型。

覆岩结构特征可以简单地分为以上4种类型，这是根据岩性进行的定性分类，实际上不仅岩层的坚硬程度具有相对性，而且软弱、坚硬类型岩层所占的比例也是定性分类的条件，一层很薄的坚硬岩层夹杂于厚度很大的软弱岩层中，其作用甚微，完全可以将之忽略不计。考虑覆岩结构特征的覆岩破坏高度计算结果与实际高度存在误差是可以理解的。

根据覆岩结构特征划分的4种类型覆岩结构存在较多的人为主观因素，而目前应用广泛的关键层理论、数值模拟技术方法能更加准确地描述覆岩结构特性，因此降低了主观因素的作用，增加了客观因素的作用，这使得覆岩破坏高度计算结果更加科学，因而结果也更加准确。关于关键层理论和数值模拟技术方法的文献资料颇为丰富，本书不作介绍，有兴趣的读者可阅读有关文献。

4. 开采工艺

“三下”采煤规范中关于覆岩破坏高度的计算公式是在大量炮采和普采工艺实测数据基础上总结的经验公式，很多学者的研究成果表明，“三下”采煤规范中推荐的经验公式不适合综采/综放工艺条件，这是因为综采/综放工艺条件下的覆岩破坏更加剧烈，在相同采厚条件下，综采/综放工艺条件下导水裂隙带高度大于普采和炮采工艺条件下的导水裂隙带高度。图5－7为一般炮采与某矿综放开采导水裂隙带高度比较图（康永华，1998）。关于综采/综放工艺条件下的覆岩破坏高度计算，本章前文已做了大量介绍，此处不再赘述。

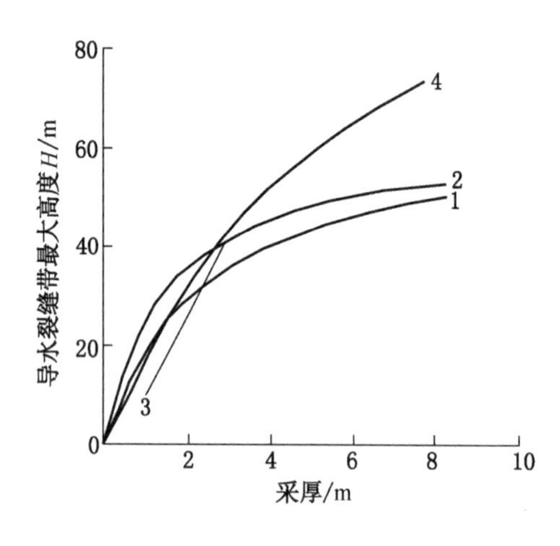

1—中硬覆岩一般炮采；2—兴隆庄煤矿综机分层开采；3—薄煤层单层开采或中厚及厚煤层分层初次开采；4—兴隆庄煤矿综放开采

图5－7　导水裂隙带高度与采厚的关系（据康永华，1998）

综采/综放工艺条件下工作面的推进速度大于炮采、普采工艺的推进速度。有研究认为（胡小娟等，2012），工作面推进速度是导水裂隙带高度的影响因素之一，但影响不大。

5. 顶板管理方法

充填法管理顶板在“三下”采煤中是最为常见的一种方法。充填材料充填到采空区，起到了支撑顶板的作用，因而覆岩破坏极不充分。

部分开采也是“三下”采煤最为常见的方法。采用房柱式、条带式、旺格维利采煤法，煤柱起到了支撑顶板的作用，尽管开采部分的顶板发生局部冒落，导水裂隙带还能存在，但是孤立存在，因而发育不充分，高度很小。部分开采导水裂隙带高度与煤柱是否能够保持长期稳定和回采率等因素有关，要想导水裂隙带高度很小，必须保持煤柱不被压垮。

本书关注的重点是长壁式开采、全部垮落法管理顶板条件下的覆岩破坏高度，关于充填开采和部分开采，本书不予探讨。

6. 采空区面积大小

现场实测表明：初次开采时，冒落带、裂隙带高度与采厚近似地呈线性关系。由于采空区面积决定了充分采动程度，所以采空区尺寸越大，上覆岩层破坏程度就越严重。但是当采空区面积增大到临界值后，上覆岩层破坏程度不再随着采空区面积的增加而增加。采空区面积只在开采不充分的条件下起作用。

实测结果表明（刘贵等，2013），非充分采动不仅覆岩破坏高度变小，而且导水裂隙带形态也有所变化，不是充分采动状态下的“马鞍形”，而是拱形。

在定义覆岩破坏充分采动程度并提出判别方法后，将开采厚度、开采深度、煤层倾角、工作面尺寸、覆岩结构特征作为影响导水裂隙带高度的因子，采用灰色关联分析方法计算关联度，结果表明，工作面尺寸对导水裂隙带高度的影响仅次于开采厚度（郭文兵等，2019）。对神东矿区数十组两带高度钻孔的资料分析（煤炭科学技术研究院有限公司，2019）认为，工作面尺寸对导水裂隙带高度的影响作用很小，见本章第2节。导水裂隙带高度与工作面尺寸的关系如图5-8所示。

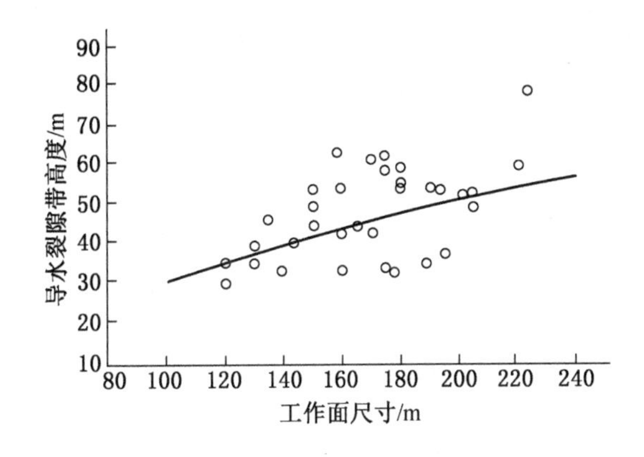

图5-8　导水裂隙带高度与工作面尺寸的关系（据郭文兵等，2019）

7. 采深

研究认为采深是影响覆岩破坏高度的重要因素之一（胡小娟等，2012；煤炭科学技术研究院有限公司，2019；郭文兵等，2019）。图5-9和图5-10分别展示了导水裂隙带高度和裂采比（导水裂隙带高度与采高之比）与采深的关系。

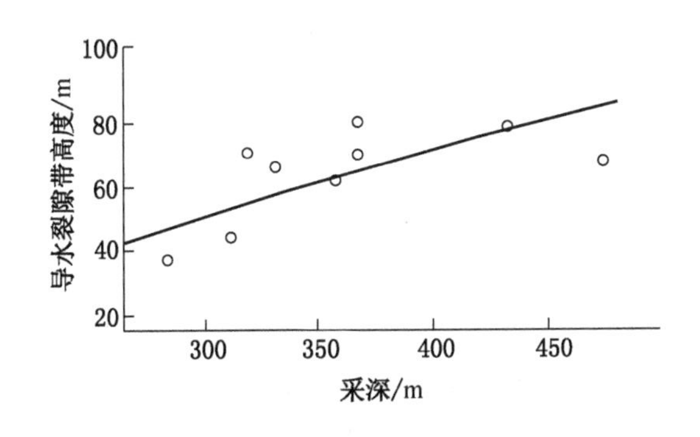

图5-9　导水裂隙带高度与采深的关系（据胡小娟等，2012）

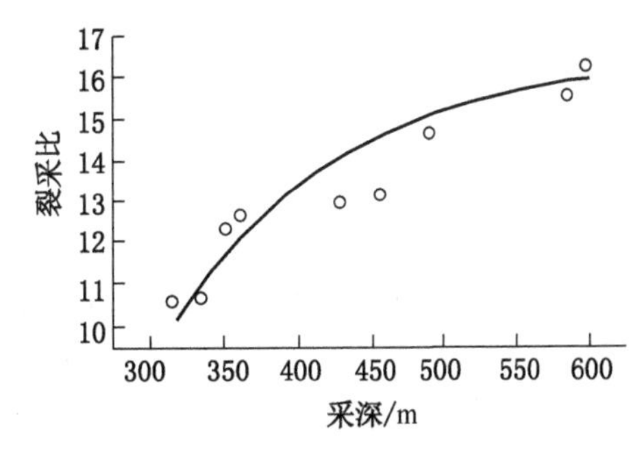

图5-10　裂采比与采深的关系（据郭文兵等，2019）

8. 煤层倾角

煤层倾角对覆岩的破坏主要表现在覆岩破坏形态上（何国清等，1991）。

开采近水平煤层和缓倾斜煤层时，冒落带在上覆岩层重力作用下，中央部分压得很实，因此导水裂隙带呈中间低两端高的“马鞍形”，并且在走向和倾向方向上的形态基本一致。冒落带和导水裂隙带的形态基本一致，只是高度较小。开采尺寸足够大且开采厚度基本相同时，采空区上方导水裂隙带高度处处相等。开采倾斜煤层时，顶板冒落岩块在自重作用下滚落到采空区下边界，首先将下边界充填满，这抑制了下边界顶板的继续冒落，促进了上边界顶板的冒落，使得上边界的覆岩破坏显著增加；在倾斜方向上，冒落带和导水裂隙带呈抛物线拱形，在走向方向上仍然为“马鞍形”。开采急倾斜煤层时，上边界覆岩破坏高度更大，下边界覆岩破坏高度更小，覆岩破坏形态由抛物线拱形变为拱形。上边界常常因为失去支撑作用而发生抽冒。

研究表明，覆岩破坏形态与采煤工艺无关，综采工艺条件下，开采近水平煤层的两带破坏形态仍为“马鞍形”（赵立钦，2018）。

9. 时间因素

覆岩破坏滞后于回采，冒落压实过程又滞后于冒落过程。覆岩破坏大致可分为两个阶段（何国清等，1991）：在发育到最大高度之前，破坏高度随着时间的推移而增加，直至发育到最大高度。一般来说，中硬覆岩 1 ~2 个月内达到最大值，坚硬覆岩比中硬覆岩的时间要长一些，软弱覆岩比中硬覆岩的时间要短一些。然后，导水裂隙带随着冒落带的压实而逐渐降低，降低的幅度与岩性有关，坚硬覆岩降低的幅度小，软弱覆岩降低的幅度大。

有学者研究认为，对于高强度开采来说，工作面推进速度极快，覆岩破坏程度剧烈，在工作面开采后的 1 ~2 d 内，覆岩破坏高度就达到了最大值（陈俊杰，2015）。

10. 基岩、松散层厚度

工作面上方地表是否有松散层覆盖，对地表移动变形特征分布有较大影响。特别是对地表水平移动和水平变形的影响更为显著。但是当松散层厚度较大，而基岩较薄时，即埋深较浅时，在高强度开采条件下，基岩会出现大面积垮落和断裂，覆岩破坏程度剧烈，导水裂隙带发育到地表。特别是当地表有风积沙覆盖时，风积沙自身特性使地表出现抽冒等非连续变形，工作面会出现溃砂现象（陈俊杰，2015）。关于高强度开采两带高度计算，参阅本章第 2 节关于神东矿区以往两带高度研究成果的介绍。

11. 重复采动

不论是煤层群开采第一层还是厚煤层分层开采，初采开采改变了覆岩的力学性质，特别是强度性质，使得以后的开采相当于是在软弱覆岩条件下开采。重复采动覆岩破坏规律与初次采动有所不同，以后的逐次重复采动又各不相同。覆岩破坏高度与重复采动的累计采厚呈抛物线形关系（何国清等，1991；康永华，1998）。

研究表明，许多情况下，开采第一分层后，覆岩的破坏高度已经达到了重复采动最终结果的一半。以后逐次重复采动时，覆岩破坏高度增长率分别为 1/6、1/12、1/20……可见，重复采动对覆岩破坏高度的影响作用随着重复次数的增加而减小（何国清等，1991）。

5.9 神东矿区浅埋煤层综采/综放“两带”发育总体特征

（1）神东矿区综采/综放工艺条件下不仅开采厚度比以往炮采、普采工艺条件下的开采厚度增大，工作面尺寸增大，而且工作面推进速度也提高了数倍，覆岩破坏急剧增大，这就导致了覆岩破坏高度比以往普采炮采工艺条件下的覆岩破坏高度有所增加；神东矿区综采/综放工艺条件下冒采比和裂采比也高于普采、炮采工艺条件下的冒采比和裂采比。

（2）神东矿区工作面尺寸大、采深小而采厚大，煤层开采后覆岩破坏充分，可以达到最大值，这是神东矿区煤层覆存条件和科技进步共同决定了的。因此，在神东矿区，采深、煤层倾角等覆岩破坏的影响因素作用甚微，几乎可以不加考虑。也正是因为如此，覆岩性质和结构的影响作用增大。神东矿区关键层结构类型较多，各种“两带”高度经验公式都存在一定的局限性。

（3）与中东部炮采、普采工艺条件下相比较，神东矿区综采/综放工艺条件下覆岩破坏的发育时间短。对中硬覆岩来说，中东部矿区导水裂隙带在工作面开采后 1 ~2 个月内达到最大值，而在神东矿区，由于高强度开采工作面推进速度极快，覆岩破坏程度剧烈，在工作面开采后的 1 ~2 d 内，覆岩破坏高度就达到了最大值。

6 柱式采空区稳定性评价

6.1 煤矿采空区地表利用的稳定性评价问题

“三下”采煤规范第123条规定，“在煤矿开采沉陷区进行各类工程建设时，必须进行建设场地稳定性评价。”这就是说，对煤矿采空区地表利用的前提条件是必须进行稳定性评价。

不同的行业、不同的专业领域提出了不同的采空区稳定性评价划分等级、评价标准和方法，见表6－1。“三下”采煤规范中，建设场地稳定性评价分为稳定、基本稳定、不稳定3个等级，《采空区公路设计与施工技术细则》（JTG/T D31－03—2011）中，采空区公路场地稳定性评价划分为稳定、基本稳定、欠稳定和不稳定4个等级。不仅评价等级上存在差异，而且不同的行业、不同的专业领域的评价方法上也存在差异。由于对采空区稳定性评价存在不同的认识，因而对采空区稳定性评价存在不同的技术思想。深入研究采空区稳定性评价问题，将有助于全面评价采空区状况，为采空区利用提供更加科学的理论依据。

神东矿区曾经普遍采用柱式采煤法，由此遗留的采空区面积巨大。煤柱具有支撑顶板的作用，覆岩长期未冒落的采空区内可能积水或聚集有毒有害气体，可能导致遗煤发热自燃，威胁煤矿安全生产。神东矿区煤层埋深浅，生态脆弱，采空区塌陷后造成的地质灾害远大于中东部矿区。因此，神东矿区采空区稳定性问题既涉及地表工程建设问题，又涉及生产和生态安全。

长壁式开采工艺的顶板随采随落，经过长期、大量的实践总结，人们已经掌握了覆岩和地表移动的基本规律，能够较为准确地预计覆岩和地表移动变形值，建设场地稳定性评价符合实际，基本满足了各种工程建设的需要。对于柱式开采遗留的采空区，覆岩破坏和地表移动存在突发性，稳定性评价存在较大难度，本章仅就柱式开采遗留的采空区稳定性问题进行探讨。

本章所指柱式采煤是指房柱式、巷柱式、刀柱式、旺格维利式、条带式采煤法采煤，也称短壁式采煤。本章中柱式采煤法遗留采空区简称柱式采空区。

表 6-1 关于采空区稳定性评价划分等级、评价标准和评价方法的汇总

有关规程或文献	稳定性等级	评价标准	评价方法
“三下”采煤规范	煤矿开采沉陷区拟建设场地稳定性评价分为稳定、基本稳定、不稳定[13/62]		1. 开采沉陷区采动影响和地表残余影响的移动变形计算[13/62]； 2. 覆岩破坏高度与建设工程影响深度的安全性分析[13/62]； 3. 地质构造稳定性及邻近开采、未来开采对其影响的分析[13/63]； 4. 建设工程荷载及动荷载对采空区稳定性的影响分析[13/63]； 5. 对于部分开采的采空区，还应当分析煤柱的长期稳定性、覆岩的突陷可能性及地面载荷对其稳定性的影响[13/63]； 6. 对于山区地形，应当进行采动坡体的稳定性分析[13/63]； 7. 其他（如地表裂缝、塌陷坑、煤柱风化等）对建设场地稳定性的影响分析[13/63]
“三下”采煤指南	按残余移动变形值，划分为稳定、基本稳定、不稳定3个等级[14/182]	小于Ⅰ级变形为稳定，Ⅱ级变形为基本稳定，Ⅲ级及以上变形为不稳定[14/182]	地基稳定性评价可从地表残余移动变形、覆岩“两带”高度和地面建筑物荷载影响深度及沉陷区开采方法两方面进行分析[14/182]。 地基稳定性评价结论须综合以上两者分析结果给出[14/183]
	按“两带”高度和地面建筑物荷载影响深度之和与开采深度的大小关系，划分为稳定、不稳定、极不稳定3个等级[14/183]	“两带”高度和地面建筑物荷载影响深度之和小于煤层开采深度为稳定；“两带”高度和地面建筑物荷载影响深度之和大于煤层开采深度为不稳定；对于柱式开采区且“两带”高度和地面建筑物荷载影响深度之和大于煤层开采深度的为极不稳定区[14/183]	
煤矿采空区岩土工程勘察规范（GB 51044—2014）（2017年版，2018年2月1日起实施）	采空区场地稳定性划分为稳定、基本稳定和不稳定[136/40]	采空区场地稳定性评价应根据采空区类型、开采方法及顶板管理方式、终采时间、地表移动变形特征、采深、顶板岩性及松散层厚度、煤（岩）柱稳定性等，宜采用定性与定量评价相结合的方式划分为稳定、基本稳定和不稳定[136/40]； 地表移动变形值确定场地稳定性等级评价标准，宜以地面下沉速度及下沉值为主要指标，并应结合其他参数综合判别[136/42]	采空区场地稳定性应根据采空区勘察成果进行分析和评价，并应根据建筑物重要性等级、结构特征和变形要求、采空区类型和特征，采用定性与定量相结合的方法，分析采空区对拟建工程和拟建工程对采空区稳定性的影响程度，综合评价采空区场地工程建设适宜性及拟建工程地基稳定性[136/39]。 采空区场地稳定性可采用开采条件判别法、地表移动变形判别法、煤（岩）柱稳定性分析法等进行评价[136/40]

表 6-1（续）

有关规程或文献	稳定性等级	评价标准	评价方法
采空区公路设计与施工技术细则（JTG/T D31-03—2011）	采空区公路场地稳定性评价划分为稳定、基本稳定、欠稳定和不稳定四个等级[210/16]	不同类型采空区场地稳定性评价标准如下： 1. 长壁式垮落法采空区，在工可阶段，宜依据工作面停采时间，按覆岩类型划分场地稳定性等级；在勘查设计阶段，应依据地表剩余移动变形值确定场地稳定性等级；有条件时，应对采空区场地进行半年以上的高精度地表沉陷观测，按下沉量划分场地稳定性等级[210/16]。 2. 不规则柱式采空区按深厚比并考虑覆岩坚硬程度划分稳定性等级[210/17]。 3. 单一巷道式采空区，可采用极限平衡分析方法，计算巷道顶板临界深度及稳定系数，划分场地稳定性等级[210/17]。 4. 条带式、短壁式、充填式及其他类型采空区，可参照上述相关标准进行场地稳定性评价[210/17]	根据采空区地表剩余变形量、采空区停采时间及其对公路工程可能造成的危害程度，划分为稳定、基本稳定、欠稳定和不稳定四个等级[210/16]。 公路采空区场地稳定性可按开采条件判别法、地表移动变形预计法（概率积分法）、地表移动变形观测法、极限平衡分析法及数值模拟法进行评价[210/18]
工程建设岩土工程勘察规范（DB33/T 1065—2009）	划分为不宜建筑的场地和相对稳定场地[209/69]	不宜作为建筑场地地段：（1）在开采过程中可能出现非连续变形的地段；（2）地表移动活跃的地段……（5）地表倾斜大于10 mm/m，地表曲率大于 0.6 mm/m^2 或地表水平变形大于 6 mm/m 的地段……	采空区地表移动盆地特征和变形大小[209/69]
	小窑采空区	有地裂缝和塌陷发育地段，属于不稳定地段，不适宜建筑[209/70]	是否存在裂缝和塌陷[209/70]
	小窑采空区：对次要建筑且采空区采深采厚比小于30时，划分为不稳定、稳定性差、稳定[210/70]	采深 $H \leqslant H_0$ 时，地基不稳定；$H_0 \leqslant H < 1.5H_0$ 时，稳定性差；$H > 1.5H_0$ 时，地基稳定[209/70]（此处 H_0 为临界深度，计算方法见相应规范）	按临界深度 H_0 评价地基的稳定性[209/70]

6.2　柱式采煤法简介

（1）房柱式采煤，就是在煤层内开掘一系列宽为 5 ~ 7 m 的煤房，煤房间用联络巷相连，形成近似于长条形或块状的煤柱，煤柱宽度由几米至 20 多米不等，采煤在煤房中进行。房柱式采煤法是神东矿区早期小煤矿最常用的采煤工艺。图 6 - 1 ~ 图 6 - 7 为揭露的房柱式采煤法煤柱留设情况。

图 6 - 1　房柱式采煤
（煤柱比较规则）

图 6 - 2　房柱式采煤
（煤柱不规则，回采率较大）

图 6 - 3　房柱式采煤
（煤柱部分规则，部分不规则）

图 6 - 4　房柱式采煤
（煤柱部分规则，部分不规则）

（2）在采空区内沿走向每隔一定距离留设与工作面等长的、一定宽度的煤柱，简称刀柱，用以支撑顶板，使其不致冒落，即为刀柱式采煤。20 世纪 80 年代前，大同矿区曾大量采用刀柱式采煤法。21 世纪初，榆林市部分煤矿曾采用过刀柱式采煤法（温嘉辉等，2016）。图 6 - 8 和图 6 - 9 分别为实测的刀柱式采煤法留设的煤柱情况。

图6-5　房柱式采煤（大部分煤柱比较规则）

图6-6　房柱式采煤（煤柱大小不等）

图6-7　房柱式采煤（煤柱“品”字形布置，据朱德福等，2018）

图6-8　某煤矿刀柱式采煤法煤柱留设
（实测局部，黑色部分为煤柱，斜线部分为采空区）

（3）巷柱式采煤就是在煤层中布置巷道进行采煤生产，采掘合一，以掘代采。神东矿区也存在巷柱式采煤法。大多数巷柱式采煤采用爆破落煤。早期小煤矿技术落后、管理松懈，常用巷柱式采煤法。图6-10为揭露的实际巷柱式采煤法煤柱留设情况。

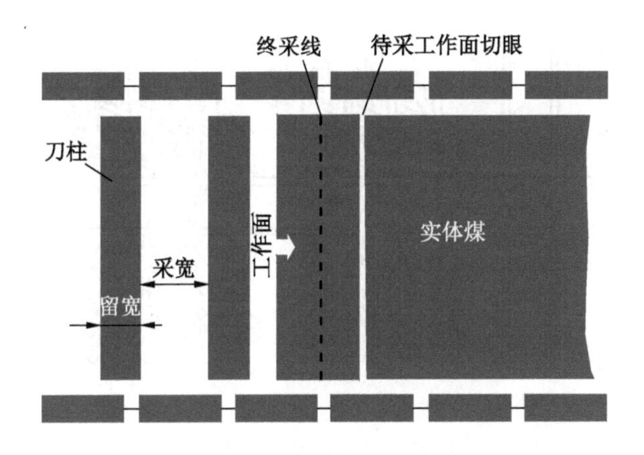

图6-9 神东矿区某煤矿刀柱式采煤法煤柱留设（据温嘉辉等，2016）

图6-10 巷柱式采煤法（巷道掘进随意性大，煤柱不规则）

（4）旺格维利采煤法（Wongawilli）开始于20世纪50年代末期，是澳大利亚采矿专家在房柱式开采技术基础上发展起来的一种高效短壁柱式采煤法。由于该采煤方法首先在澳大利亚新南威尔士州南部海湾的旺格维利煤层中试采成功，故称之为旺格维利采煤法，简称旺采。在南非称为“西格玛”采煤法。近年来，神东矿区也采用过旺格维利采煤法，在不适合布置长壁工作面的边角煤区域采用连采机落煤。图6-11和图6-12为实测旺格维利采煤法煤柱留设情况。

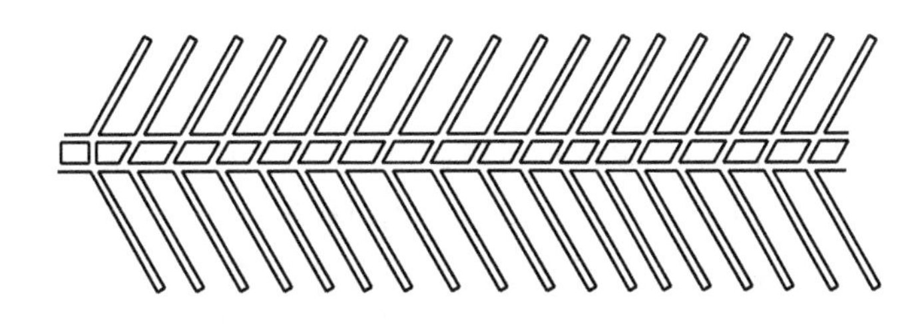

图6-11 某煤矿旺格维利采煤法（实测局部）

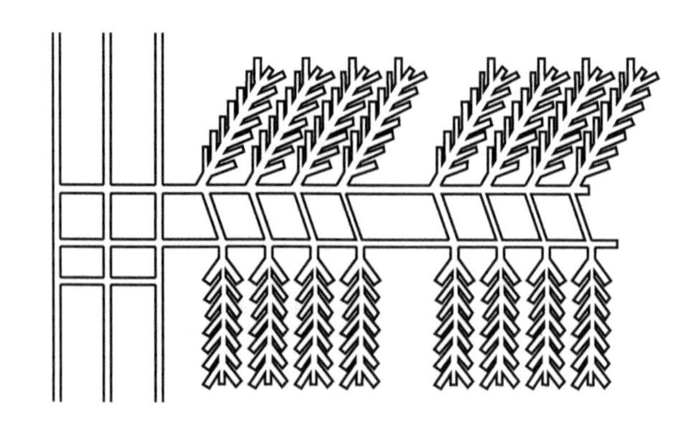

图6-12　某煤矿双翼对拉旺格维利采煤法（实测局部）

（5）条带式采煤就是采一条、留一条，使留下的煤柱能够支撑上覆岩层，这是“三下”采煤最常用的一种方法。

无论哪种柱式采煤方法，其初衷都是使留设的煤柱足以支撑上覆岩层而不致垮落，其目的均是保证安全生产和减小或彻底消除地表变形。

6.3　柱式采空区的危害

柱式采煤法采掘基本合一，这就大大提高了采煤的灵活性。在构造复杂区域、“三下”采煤和开采边角煤时，柱式采煤法的灵活性具有极大优势。但是，柱式采煤法无论是在回采率还是在工效方面，都远远落后于长壁式采煤法。此外，柱式采煤法覆岩和地表移动有别于长壁式采煤法，由于对柱式采煤法认识不足、管理落后、监督不到位等，早期柱式采煤常常不按设计施工，煤柱留设随意性很大，这就为煤矿留下了很多安全隐患。

柱式开采不仅浪费煤炭资源，而且存在遗煤自燃、有害气体涌出、突然塌陷、矿震等隐患，甚至造成人身伤亡事故。本节仅举几例典型的柱式开采危害事故。

（1）1960年，南非Coalbrook煤矿由于煤柱不稳定的“多米诺骨牌”效应导致约900个煤柱垮塌，引发了437人死亡的特别重大事故。

（2）大同煤矿集团公司挖金湾矿404盘区832采区自1958年开始回采到1961年结束，形成了163000 m^2 的采空区，其中煤柱面积为33206 m^2，煤柱面积占采空区总面积的20.37%，为了提高采出率，在房柱式开采结束后又对剩余煤柱进行了回采。当极不规则煤柱的面积为21302 m^2、占采空区总面积13.7%时，1961年发生了大面积整体塌陷灾害，经事后统计，一次性垮塌面积约为124047 m^2，地表下沉面积约124300 m^2。此次事故几乎摧毁了整个矿井并导致30人死亡。

（3）2008年12月3日，神东矿区柳塔煤矿房柱式采空区发生大面积冒顶事故，冒顶产生的剧烈冲击波将大巷标准密闭墙冲塌2处，当时途经此处的9辆运输车被掀翻，9名运输车司机中，4名司机被有毒有害气体致死，5名司机轻伤。

（4）2012年6月23日上午9时11分和9时38分，榆林市榆阳区十八墩煤矿407房采采空区接连发生两次塌陷，地表塌陷面积约100亩，两次塌陷产生的矿震震级分别为

2.8 级和 3.2 级。附近群众受到惊吓，造成居民恐慌。

（5）神东矿区石圪台煤矿 31201 工作面为该矿 3^{-1}煤首个综采工作面。2013 年 12 月 16 日，31201 工作面发生冲击地压事故，造成 121 台支架被压死，工作面停产 52 d。其原因是 31201 工作面的开采导致上覆 2^{-2}煤层的房采采空区煤柱遭破坏，发生整体垮落引起顶板突然冒落而诱发事故。事故发生在交接班时间，工作面没有作业人员，未造成人员伤亡。

（6）2018 年 11 月 4 日 20 时 20 分左右，伊金霍洛旗境内包府公路在 57.5 km 至 58.5 km 范围内发生了下沉变形。现场调查发现，下沉量最大为 1.8 ~2.0 m，影响范围为东西宽 262 m，南北长 790 m，面积为 135000 m^2，塌陷区地表有不明显的裂缝。塌陷未对公路旁的加油站、超市等造成明显破坏，未造成人员伤亡，但严重影响通车。勘查结果表明，塌陷区下方存在敬老院煤矿 3^{-2}煤和 4^{-2}煤两层房柱式采空区，采空区采用采 4 m 留 7 m 留设煤柱。两层采空区遗留的具体时间不详，至塌陷发生时超过 10 年。

本节将收集到的部分柱式采空区失稳事故信息汇总于表 6－2。

6.4 规则煤柱稳定性评价

柱式开采工艺中，煤柱承担了支撑上覆岩体的作用，是控制覆岩稳定性的重要结构之一，煤柱稳定性评价是柱式开采煤柱设计及采空区稳定性评价的主要内容之一。

对于规则煤柱，人们经过长期实践总结出了保持煤柱稳定性的经验数值，常用煤柱的宽度、高度、埋藏深度等进行煤柱稳定性的初步判断。煤柱的抗压强度随着高度的增加而下降，充填条带开采时煤柱的宽高比大于 2，冒落条带开采时煤柱的宽高比大于 5；国内外的大量实践证明，条带开采中的采宽与深度比介于 1/10 和 1/4 为宜，地面出现平缓的下沉盆地，采宽与深度比大于 1/3 后，地表下沉量急剧增加，出现波浪形盆地或突然下沉（何国清等，1991）。

长期实践中，学者们在各种假设基础上，经过煤柱强度试验和力学理论分析，得到了很多具有实用性的煤柱强度计算公式和煤柱稳定性评价方法。安全系数 SF（Safety Factor）法是我国最常用的柱式开采煤柱设计及稳定性评价方法，其实质是煤柱极限强度 S_P 与实际应力 S_L 之比：

$$SF = S_P/S_L \tag{6-1}$$

理论上 $SF=1$ 时煤柱即可保持稳定，但由于湿度、风化、水等的影响煤柱强度可能随时间的增加而减小，导致煤柱稳定性降低，因此，一般认为 $SF>1.5$ 时，煤柱才能保持稳定性。

国内外学者就煤柱强度计算的方法开展过大量的研究工作。在美国、南非等国家柱式采煤法非常普遍，因此研究成果也十分丰富，本书不一一介绍，在此仅介绍在我国普遍使用的威尔逊法。

英国 A. H. Wilson（威尔逊）于 1972 年提出了两区约束理论。通过对煤柱的加载试验发现，在加载过程中煤柱的应力是变化的。自煤柱应力峰值到煤柱边界这一区段，煤体的应力超过了屈服点，并且向采空区一侧有一定量的流动，这个区域为塑性屈服区，其宽度用 Y 表示。边界峰值内的煤体变形很小，应力没有超过屈服点，大体符合弹性原则，

表6-2　柱式采空区失稳事故汇总表

序号	矿区、煤矿、工作面名称	塌陷时间	地表塌陷面积	采空区塌陷面积	矿震级别（M_L）	采空区、塌陷区描述	灾害损失
1	南非 Coalbrook 煤矿	1960[261/21]				房柱式[261/21]；“多米诺骨牌”效应导致约900个煤柱垮塌[261/21]	437人死亡[261/21]
2	大同矿区挖金湾矿青羊湾井402采区	1960-07-30T2:40[262/66]		2.2×10^4 m^2[262/66]		1957—1960年房柱式开采，侏罗纪14号煤，距地表22~55 m，采空区面积为6.3×10^4 m^2。地面下陷0.3~0.7 m，6条裂缝[262/66]	产生了井巷暴风，高压高速气流冲击了相连的巷道，造成1人死亡，1人受伤。房屋倒塌，造成4人死亡，24人受伤[262/66]
3	大同矿区挖金湾矿青羊湾井404盘区832采区	1961-10-22T11:25[263]	124300 m^2[264]	124047 m^2[264]		房柱式开采侏罗纪14号煤，矿房和矿柱宽度分别为8~10 m和6~8 m。1958—1961年回采，形成了163000 m^2的采空区，其中煤柱面积为33206 m^2，煤柱面积占采空区总面积的20.37%。为提高采出率，在开采结束后又对剩余煤柱进行了回采。当极不规则煤柱的面积为21302 m^2、占采空区总面积的13.7%时，于1961年发生了大面积整体塌陷灾害[264]	30人死亡[264]。冒顶产生的强烈暴风摧垮巷道支架90 m，矿井通风、运输系统均遭破坏，全井被迫停产[263]
4	大同矿区白洞矿	1983-09-05T14:30[265]	300 m×500 m[265]		2.7[265]	1937—1945年日伪时期不规则刀柱式（仓房式）开采，11号煤层，采深64~99 m，采高3.5~4.0 m。最大下沉1 m，裂缝34条、最宽达0.53 m[265]	房屋严重破坏[265]
5	大同矿区北村煤矿、小南头煤矿、韭菜沟煤矿、51056部队煤矿	1986-06-09[266/1]		89425 m^2[266/1]		北村煤矿首先发生面积约800 m^2的顶板冒落事故，之后引起北村、小南头、韭菜沟等煤矿顶板冒落面积约89425 m^2[266/1]	四个矿停产40天及超过208万元的经济损失[266/1]

表 6-2（续）

序号	矿区、煤矿、工作面名称	塌陷时间	地表塌陷面积	采空区塌陷面积	矿震级别（M_L）	采空区、塌陷区描述	灾害损失
6	大同矿区马脊梁煤矿402盘区	1975-06-19T21:53[267]	超70000 m^2[267]	12.5×10^4 m^2[268]	3.2[268]。地动山摇，如同地震[267]。全矿区有震感[268]	采空区面积为151280 m^2，净采面积为122066 m^2。煤层埋深55.8～106 m，一般为78.84 m。煤厚3.9～8.3 m，平均5 m。刀柱式一次采全厚。每采25 m留宽度5 m的刀间煤柱。塌落区近似椭圆形，裂缝宽一般50～60 cm，最宽3.6 m，深13 m，塌落区落差最大达0.7 m[267]。2个多月前就有煤炮炸帮等来压征兆[267]	暴风将车场3个临时密闭和下顺槽7座临时密闭吹倒，1个煤车被掀翻，工作面刮板输送机被吹到煤帮[267]
7	大同矿区晋华宫矿	1972-03-28[269]		顶板大规模冒落[269]			发生 $M_L \geq 0.5$ 级矿震700余次，能量相当于1次 $M_L=3.45$ 级地震[269]
8		1973-06-14[269]		顶板大规模冒落[269]			
9		1975-05-31[269]		11 km^2[269]			发生 $M_L \geq 0.5$ 级矿震300余次，能量相当于1次 $M_L=2.9$ 级地震[269]
10		1993[270]		大面积采空区塌陷[270]	3.8[270]		影响半径达15 km，相邻生产矿井遭受严重破坏，造成井下8名矿工死亡，经济损失数百万元[270]
11	大同矿区黄土坡矿	1994[270]				采空区塌陷[270]	楼房倒塌，20余人死亡，40余人受伤[270]
12	大同矿区云冈矿、四台矿	1994-08[268]	2.8×10^4 m^2[268]			建筑物位于2号煤采空区上，采空区距地表30～40 m，用短壁刀柱和穿巷法开采，开采时间为1983年前后，采高3.2 m。塌陷区出现数十条环状大裂缝，宽0.5～0.6 m左右[268]	附近的20多间民房突然倒塌，造成20人死亡和23人受伤，周围的学校、仓库、机修房和泵房出现裂缝[268]

表6-2（续）

序号	矿区、煤矿、工作面名称	塌陷时间	地表塌陷面积	采空区塌陷面积	矿震级别（M_L）	采空区、塌陷区描述	灾害损失
13	大同矿区						仅1997年就发生采空区塌陷37起，其中村庄塌陷面积>4000 m^2，9人在塌陷中丧生[269]
14	河北省邢台康利石膏矿	2005-11-06[261/21]	600 m×800 m[261/21]			600 m×800 m范围内地面不同程度出现裂缝[261/21]	70余人被困井下，最终33人死亡，4人下落不明，直接经济损失达744万元[261/21]
15	印度					绝大多数煤矿采用了房柱式开采方法[261/9]	1996—2001年共发生490次不同类型的顶板事故，造成253人死亡和401人受伤，其中32.7%的伤亡发生在房柱式开采冒顶事故中[261/9]
16	神东矿区府谷县高石崖联办煤矿	2004-10-14T12:26[271]	约20×10^4 m^2[271]		4.2[271]。声响如同爆破，强烈振动，使人站立不稳[271]	采空区顶板距地表最大厚度约90 m，空区的高度约3.1 m。距塌陷区1000 m外几乎无震感[271]	塌陷造成地面破裂带宽约500 m，裂缝垂直落差20 cm左右，并诱发了部分黄土陡崖坍塌，数户居民的房屋遭到严重破坏，1人受伤[271]
17	神东矿区神木市马家盖沟煤矿	2004-11-21T10:43[271]	约2×10^4 m^2[271]		3.2[271]	塌陷造成地表多条拉张裂缝带，裂缝最大宽度约70 cm，垂直落差10~20 cm。采空区长约200 m，工作面宽约100 m，采煤高度约3.5 m，采空区顶板距地表最大厚度约90 m。事故发生前两天，井下有岩土微破裂声响的来压征兆[271]	无人员伤亡[271]
18		2005-06-13T14:17	5×10^4 m^2[272]		3.6[272]		

表 6－2（续）

序号	矿区、煤矿、工作面名称	塌陷时间	地表塌陷面积	采空区塌陷面积	矿震级别（M_L）	采空区、塌陷区描述	灾害损失
19	神东矿区 府谷县 园则沟峰联煤矿	2004－10－29T22:39[271]	约 12 × 10^4 m^2[271]		3.4[271]	地面陷落严重，最大垂直落差 30～50 cm，采空区长约 600 m，宽约 400 m，采煤高度约 4 m，煤层顶板距地表最大厚度约 70 m。事故发生前两天，井下有如同放鞭炮一样的声响[271]	诱发黄土陡崖坍塌，数户居民的房屋造成严重破坏，1 人死亡[271]
20	神东矿区 府谷县 新民镇府榆煤矿	2005－11－16[273] 2005－11－17[273]	26 × 10^4 m^2[273]		4.1[273] 3.7[273]		2 人被困井下[273]
21	神东矿区 神木市 赵家梁煤矿	2008－07－31T15:50[273]		12 × 10^4 m^2[273]			9 名矿工被困井下[273]
22	神东矿区 石圪台煤矿 31201 工作面	2013－12－16				开采 3^{-1} 煤的 31201 综采工作面上部存在 2^{-2} 煤房采采空区，煤层间距为 34.5～39 m，平均 38 m[274]	31201 工作面发生冲击地压，121 台支架被压死，停产 52 d[274]
23	榆林市 榆阳区 十八墩煤矿 407 采区	2012－06－23T9:11[275/1] 2012－06－23T9:38[275/1]	约 100 亩（1 亩 = 666.67 平方米），约合 6.67 × 10^4 m^2[275/1]		2.8[275/1] 3.2[275/1]		居民恐慌，未造成人员伤亡[275/1]
24	榆林市 榆阳区 常兴煤矿	2011－12－07[275/53]	约 839.8 亩，约合 55.99 × 10^4 m^2[275/53]		2.8[275/53]		多次塌陷。2011 年 12 月 7 日的塌陷为其中的一次

表 6-2（续）

序号	矿区、煤矿、工作面名称	塌陷时间	地表塌陷面积	采空区塌陷面积	矿震级别（M_L）	采空区、塌陷区描述	灾害损失
25	榆林市榆阳区金牛煤矿	2012-02-19[275/53]	69.6 亩，约合 4.64 × 10^4 m^2[275/53]		2.1[275/53]	采煤方法为条带式，采 6 m 留 7 m，采高 3.2 m 左右，顶板留 0.8～1.2 m 护顶煤[276]	多次塌陷。2012 年 2 月 19 日的塌陷为其中的一次
26	榆林市榆阳区二墩煤矿	2008-10-01[276]	14.1 × 10^4 m^2[276]				
		2013-10-09[276]	2.45 × 10^4 m^2[276]				
		2015-01-04[276]	11.75 × 10^4 m^2[276]				
27	榆林市榆阳区白鹭煤矿	2012-04-09T17:05	500 m × 300 m[276]			采空区地面塌陷区边缘地表裂缝宽度 50～200 mm，最大落差 300 mm[276]	矿井停产 2 个月[276]
28	榆林市榆阳区七山煤矿	2015-07-09[276]	0.085 km^2[276]				
29	神东矿区伊金霍洛旗敬老院煤矿	2018-11-04T20:20[277/1]	1.35 × 10^4 m^2[277/13]			下沉量最大为 1.8～2.0 m，影响范围为东西宽 262 m，南北长 790 m，面积为 135000 m^2。两层煤房柱式采空区，采 6 m 留 6 m，埋深分别为 75 m 和 110 m，开采年限超过 10 年[277/1]	加油站、饭店、汽车修理门市等建筑受到影响，包府路通车受到影响[277/13]
30	山东兰陵县远发石膏矿	2020-05-31T13:23[278]	约 10 亩[278]		3.0[278]	2015 年 12 月 25 日停工停产，2018 年 4 月经临沂市安委会批准，进行人工强制放顶试点[279]	矿井口正往外冒浓烟，发现周围地面有多处裂缝，无人员伤亡[278]。此前半年内发生采空区塌陷矿震[279]

这个区域被屈服区包围，受到屈服区的约束，称为弹性核区，宽度用 S 表示。也就是说，煤柱是由一个稳定的弹性核区和外部的屈服区所组成的。当采用充填开采或煤柱中心的核区被外部屈服区包围时，煤柱成三向受力状态。可以认为，煤柱所受荷载主要由煤柱核区所承担，屈服区完全或部分地失去承载能力。如图 6－13 所示。

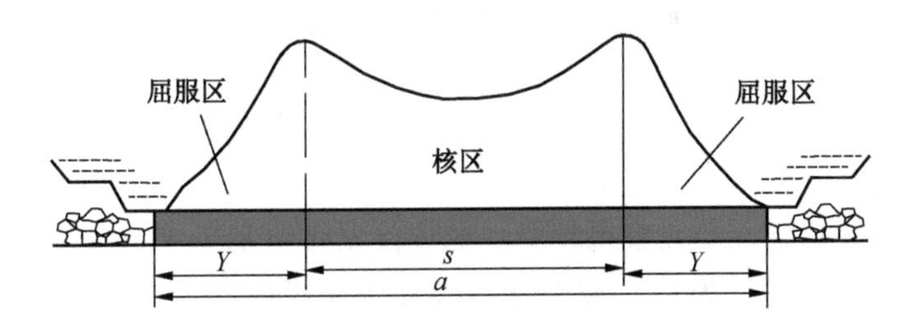

图 6－13　煤柱加载过程中煤柱应力变化

屈服区宽度 Y 与开采深度 H 和开采厚度 M 的关系式为

$$Y=0.00492MH \tag{6-2}$$

煤柱的宽度 a 应不小于核区宽度与 2 倍屈服区宽度之和：

$$a \geqslant 2Y+S \tag{6-3}$$

矩形煤柱的极限荷载（煤柱强度）和实际应力（实际荷载）按下式计算：

$$S_P=40\gamma H[ad-4.92(a+d)MH\times10^{-3}+32.28M^2H^2\times10^{-6}] \tag{6-4}$$

$$S_L=10\gamma d\left[Ha+\frac{b}{2}\left(2H-\frac{b}{0.6}\right)\right] \tag{6-5}$$

式中　S_P、S_L——煤柱极限荷载、煤柱实际荷载，kN；

γ——上覆岩层的平均容重，N/m^3；

a、d——保留条带宽度、长度，m；

b——采出条带宽度，m；

H——开采深度，m；

M——采厚，m。

关于煤柱强度和应力的计算方法很多，本书不一一列举，此处仅就煤柱宽度进行说明。

根据实测资料，弹性核区的宽度可取值 8.4 m，因此，按式（6－2）和式（6－3）可计算煤柱的最小宽度：

$$a \geqslant 0.00984MH+8.4 \tag{6-6}$$

煤柱的强度与煤的软硬密切相关。威尔逊建议，煤柱核区与煤柱宽度之间的比率（核区率）r_e 应满足：

$$r_e=S/a\begin{cases}\geqslant 0.65 & \text{软煤柱}\\ \geqslant 0.85 & \text{中硬煤柱}\\ \geqslant 0.90 & \text{硬煤柱}\end{cases}$$

关于煤柱塑性屈服区和弹性核区的宽度，很多学者都做过深入研究（吴立新等，1995；王旭春等，2002；翟所业等，2003；谭志祥等，2007），有兴趣的读者可以参考。

6.5　不规则煤柱稳定性评价

早期小煤窑管理不规范，监督不到位，多不按设计施工开采，这就造成了煤柱形状不规则，不等长多边形煤柱非常普遍，而且多呈哑铃形特征。为提高回采率，在设备回撤和材料回收时，小煤窑往往最大限度收煤柱，遗留很多“工”“十”“凹”“凸”“E”“F”“X”“Y”“L”“H”“T”“Z”形不规则煤柱。近年来，很多煤矿企业应用旺格维利采煤法，形成“丰”“非”字形不规则煤柱。

对于不规则煤柱稳定性研究成果较少。本节首先介绍基于 Voronoi 图的不规则煤柱稳定性分析方法（彭小沾等，2008），其次介绍煤柱形状指数（表示不规则程度）对稳定性的影响（孙庆先，2017）。

6.5.1　基于 Voronoi 图的不规则煤柱稳定性分析

6.5.1.1　经典硬岩煤柱强度公式

对于规则煤柱，其煤柱强度和煤柱荷载可按下式计算：

$$S_P = 0.27\sigma_c h^{-0.36} + \left(\frac{H}{250}+1\right)\left(\frac{w}{h}-1\right) \tag{6-7}$$

$$L_P = 0.025H(w+B)^2/w^2 \tag{6-8}$$

式中　S_P——煤柱强度，MPa；

L_P——煤柱载荷，MPa；

σ_c——实验室测定的煤柱单轴抗压强度，MPa；

H——开采深度，m；

w，h——煤柱宽度和高度，m；

B——矿房宽度，m。

6.5.1.2　不规则煤柱强度和载荷的计算方法

1. 不规则煤柱的有效宽度

对于规则煤柱，不同的量取位置对应的是同一个煤柱宽度，如图 6-14a 所示，因而可以容易地计算出煤柱的强度和煤柱载荷；对于不规则煤柱，由于量取位置不同而存在不同的煤柱宽度，如图 6-14b、图 6-14c，因而难以计算出煤柱的强度和煤柱载荷。发育良好且平行于载荷主轴的层理或片理的煤柱，其破坏方式为挠曲，由此提出不规则煤柱的有效宽度为煤柱的最大内切圆直径的观点。在其他条件不变的情况下，煤柱强度随煤柱最大内切圆直径的增大而增强。

2. 不规则煤柱的从属面积

为了确定不规则煤柱的从属面积，引入 1850 年由数学家 Dirichlet 提出的 Voronoi 图。图 6-15 为二维空间 12 个点的 Voronoi 图，其中没有 4 点共圆。关于 Voronoi 图及其在各领域中的应用可参考有关文献。

为了便于说明，以 4 个不规则煤柱为例（图 6-16）。不规则煤柱从属面积的构建算法类似于晶体的生长算法，假定煤柱以时间为函数按相同速度向外膨胀扩展，2 个煤柱生

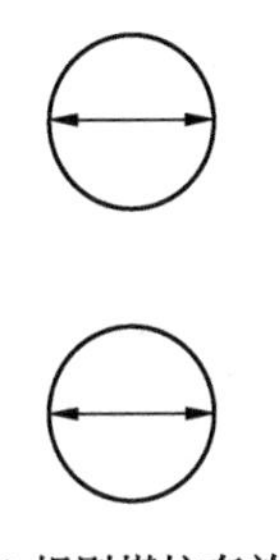
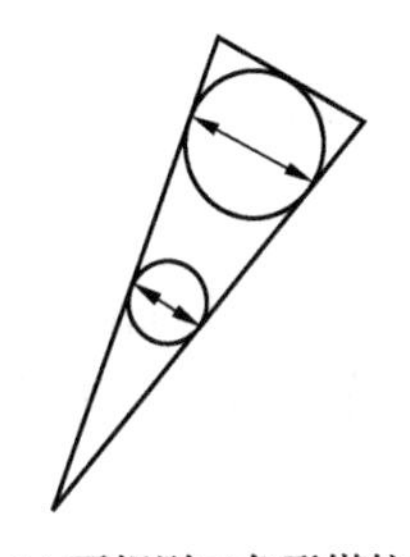
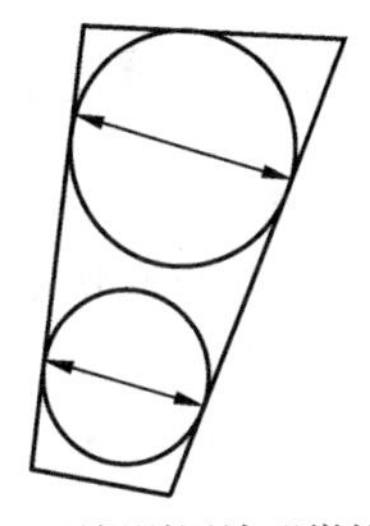

(a) 规则煤柱有效宽度示意图　(b) 不规则三角形煤柱有效宽度示意图　(c) 不规则四边形煤柱有效宽度示意图

图 6－14　不规则煤柱有效宽度示意图

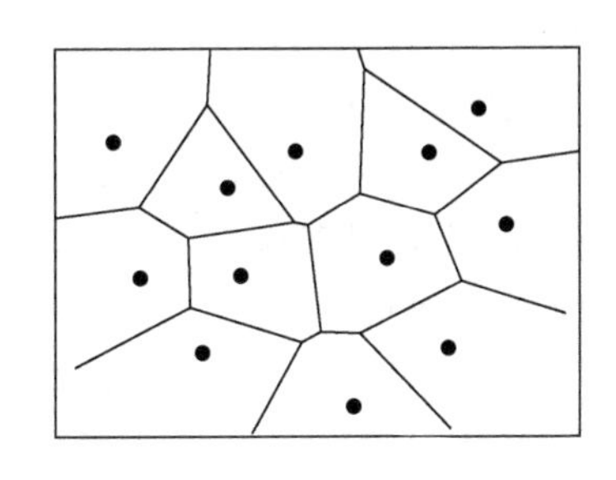

图 6－15　12 个点的 Voronoi 图

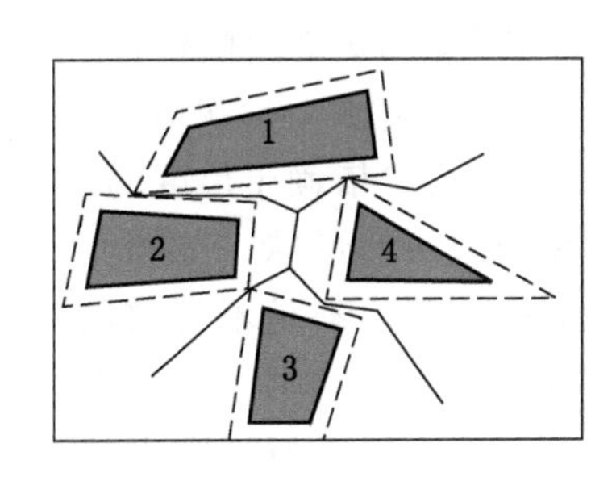

图 6－16　煤柱从属面积的 Voronoi 图

长边界的交点可以追踪出分属于 2 个煤柱的从属区域。该算法分 2 步：①2 个相邻煤柱以等速向外生长膨胀，直至膨胀边界相交，产生 1 个交点；②从交点开始，作两个扩展煤柱边界的角平分线，图 6－16 中的实线构成的范围即为 4 个煤柱从属面积。

6.5.1.3　不规则煤柱的稳定性分析

将煤柱承受的载荷式（6－8）改写为下式：

$$L_P = 0.025H(A_{tP}/A_P) \tag{6-9}$$

式中　L_P——煤柱载荷，MPa；

A_{tP}——煤柱的从属面积，m^2；

A_P——煤柱面积，m^2；

H——采深，m。

由此可以计算不规则煤柱稳定性安全系数。

通过定义不规则煤柱的有效宽度，引入 Voronoi 图划分不规则煤柱的从属面积，较客观地评价了不规则煤柱的稳定性，为不规则煤柱稳定性评价提供了一条途径。按此方法，计算了大同矿区挖金湾矿青羊湾井 404 盘区 832 采区 138 个不规则煤柱的稳定性安全系数。结果表明，破坏煤柱 72 个，不稳定煤柱 14 个，稳定煤柱 52 个，稳定煤柱仅占全部煤柱的 37%。破坏煤柱丧失承载能力后，原由该煤柱承受的载荷转移到邻近煤柱上，导致邻近煤柱荷载骤增，邻近煤柱由于过载而逐渐失效，产生连锁“多米诺”效应，这便诱发了大面积即时型塌陷。

6.5.2 煤柱形状指数对稳定性的影响

6.5.2.1 关于形状指数

景观生态学中，斑块的形状指数 *LSI*（landscape shape index）是通过计算区域内某斑块形状与相同面积的圆或正方形之间的偏离程度来测量其形状复杂程度的指标。

以正方形为参照物的形状指数 *LSI* 为

$$LSI = 0.25E/\sqrt{A} \tag{6-10}$$

以圆形为参照物的形状指数 *LSI* 为

$$LSI = E/(2\sqrt{\pi A}) \tag{6-11}$$

以上两式中，E 为斑块的周长，A 为斑块的面积。

显然，形状指数 *LSI* 是面积和周长的函数，斑块的形状越复杂，相同面积斑块的周长越大，其形状指数就越大。形状指数值越大，表明斑块形状越复杂。

斑块的定义[4]："依赖于尺度的与周围环境在性质上或者外观上不同的空间实体。"可以定性地说明斑块的形状，如方形、圆形、长条形都是用来说明各种物体形状的，大多数自然界中的斑块都是不规整的，很难准确地用几何形状说明，这时可采用形状指数这个指标去说明。本书中，将煤柱视为斑块。不论是否规则，煤柱的形状指数都可以明确计算得到。为了与规则煤柱形状相适应，本书选择以正方形为参照物计算形状指数。

假定某一煤柱面积为 2500 m^2，若为 50 m × 50 m 的正方形，其周长为 200 m，按式（6-10）计算其形状指数为 1；若为 5 m × 500 m 的矩形，其周长为 1010 m，其形状指数为 5.05。

6.5.2.2 不规则煤柱安全系数与其形状指数

在煤柱面积不变情况下，其周长越大，则形状指数越大。可以推测，对于不规则煤柱，特别是形状"凹凸"剧烈的煤柱，其形状指数越大，抵抗变形的能力就越差。按照这个技术思路，通过不断变换煤柱的长度和宽度，探讨和发现煤柱安全系数与相应形状指数之间是否存在可定量化描述的规律。如果存在可定量化描述的规律，则说明通过形状指数可以建立煤柱安全系数与任意形状煤柱之间的定量关系，这是因为形状指数是描述煤柱复杂程度的指标，无论煤柱形状是否规则，其形状指数都是可以明确计算的。

假设某条带开采区域采深为 100 m，采高为 2.2 m，近水平煤层。采宽为 20 m，煤柱面积为 1000 m^2。保持煤柱面积不变，其长度和宽度不断变化，即留宽是变化的。计算形状指数和安全系数见表 6-3。其中，上覆岩层平均重力密度取值为 2.45 kN/m^3，矩形煤柱的强度和荷载分别按式（6-4）、式（6-5）计算得到。计算结果见表 6-3。

表 6-3 煤柱形状指数与安全系数计算

序号	宽度/m	长度/m	周长/m	长宽比	形状指数	煤柱强度/kN	煤柱荷载/kN	安全系数
1	5.0	200.0	410.0	40.0	3.24	7640769	10616667	0.72
2	7.0	142.9	299.7	20.4	2.37	8225698	8283333	0.99

表6－3（续）

序号	宽度/m	长度/m	周长/m	长宽比	形状指数	煤柱强度/kN	煤柱荷载/kN	安全系数
3	9.0	111.1	240.2	12.3	1.90	8541230	6987037	1.22
4	11.0	90.9	203.8	8.3	1.61	8734308	6162121	1.42
5	13.0	76.9	179.8	5.9	1.42	8861450	5591026	1.58
6	15.0	66.7	163.3	4.4	1.29	8949030	5172222	1.73
7	17.0	58.8	151.6	3.5	1.20	9011011	4851961	1.86
8	19.0	52.6	143.3	2.8	1.13	9055478	4599123	1.97
9	21.0	47.6	137.2	2.3	1.08	9087433	4394444	2.07
10	23.0	43.5	133.0	1.9	1.05	9110142	4225362	2.16
11	25.0	40.0	130.0	1.6	1.03	9125822	4083333	2.23
12	27.0	37.0	128.1	1.4	1.01	9136037	3962346	2.31
13	29.0	34.5	127.0	1.2	1.00	9141916	3858046	2.37
14	30.0	33.3	126.7	1.1	1.00	9143501	3811111	2.40
15	31.0	32.3	126.5	1.0	1.00	9144300	3767204	2.43

表6－3显示了在其他条件完全不变，仅煤柱长度和宽度变化时的煤柱形状指数与对应的安全系数。

对表6－3中形状指数和安全系数进行相关分析，发现二者相关性十分明显，相关系数和皮尔森相关系数均为－0.9274，为负相关，如图6－17所示。回归计算可以得到二者之间的定量关系：

$$SF = 2.3037 LSI^{-0.998} \tag{6-12}$$

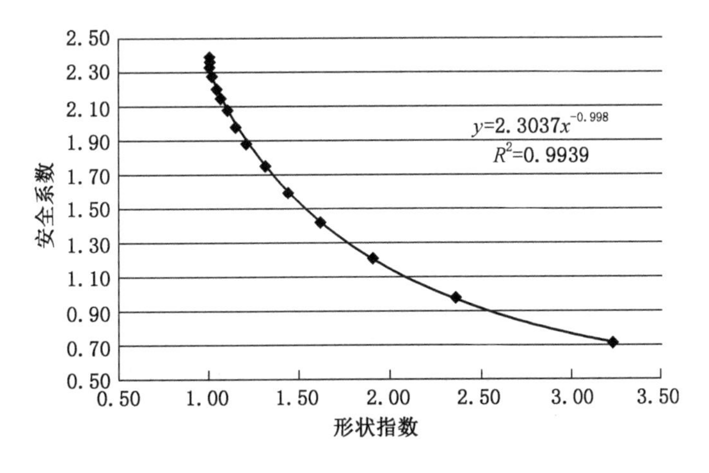

图6－17　形状指数与安全系数的相关性分析、回归计算

也就是说，形状指数和安全系数呈（负）幂函数关系，形状指数越大，安全系数越小。用同样的方法，可以得到任意采宽、采高、采深和任意面积大小的煤柱安全系数与形状指数之间的定量关系式。著者曾尝试变化这些参数，得到的煤柱安全系数与形状指数之间的定量关系式形式仍同式（6－12），仅系数有所不同。

6.5.2.3 不规则煤柱安全系数示例

假定某区域柱式开采的地质条件与得到式（6－12）的地质条件相同，煤柱面积为1000 m^2。形状为“Π”“工”形，煤柱参数如图6－18所示。经计算可知，“Π”煤柱的周长为186.8 m，据式（6－10）计算形状指数为1.739，据式（6－12）计算该煤柱的安全系数为1.326。

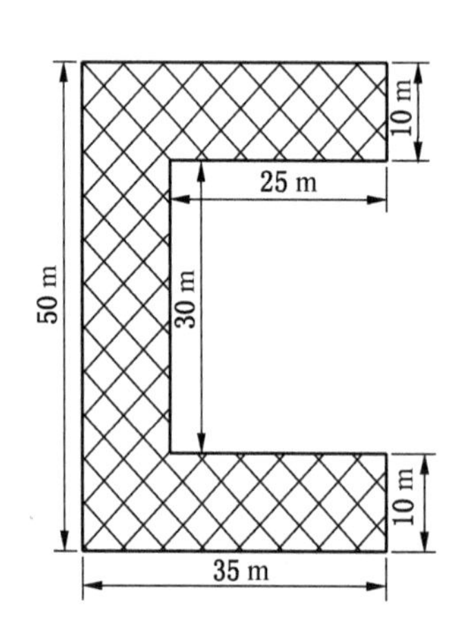

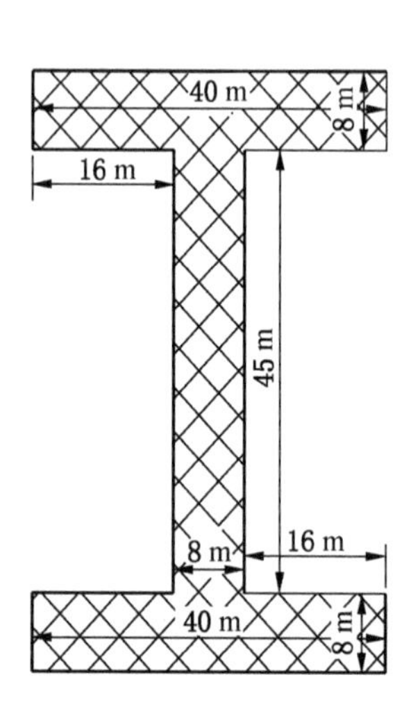

图6－18 “Π”形和“工”形煤柱及其参数

进一步将煤柱复杂化为“工”形。经计算可知，“工”形煤柱的周长为266 m，据式（6－10）计算形状指数上升为2.103，据式（6－12）计算煤柱的安全系数下降为1.097。

式（6－10）和式（6－11）是关于条带开采工艺的计算公式，不仅与留宽（煤柱）有关，也与采宽有关，因此式（6－12）更适用于条带开采。本示例为任意煤柱，未考虑周边开采情况。所以由式（6－12）计算煤柱安全系数略有不妥。尽管如此，示例的计算结果仍具有可比性。本节意在说明这样一个事实：在保持面积不变的前提下，煤柱形状越规则，其稳定性越好。

6.6 煤柱群稳定性评价

对于煤柱群的稳定性，有学者（刘义新，2013）采用定性与定量评价相结合的综合评价法，从煤柱宽高比、煤柱面积比率、煤柱稳定性安全系数、煤柱保持稳定最小宽度等方面对房柱式采空区遗留煤柱稳定性进行评价。著者（孙庆先，2017）采用内因和外因相结合的方法评价煤柱群的稳定性，其中内因主要是单个煤柱稳定性的影响因素，外因是煤柱群稳定性的影响因素，外因包括煤柱面积比率、采空区面积、时间、开采方法。有学者分析了房式开采中单一煤柱失稳对群柱稳定性的影响，研究表明，煤柱周围对角煤柱失稳对该煤柱的影响小于邻接煤柱失稳对其的影响；当煤柱的初始安全系数为2时，即使周围所有煤柱失稳，该煤柱也能保持稳定（于洋，2018）。采用重整化群方法描述煤柱群宏观稳定性状态，结合威布尔失稳概率分布模型，计算系统稳定临界条件，进而建立房式采空区中煤柱群稳定性的方法（朱德福等，2018），经验证认为该方法可靠。

柱式采空区中煤柱数量多，煤柱间距小，相邻煤柱之间稳定性互相影响。因此，尽管单个煤柱的稳定性与采空区整体稳定性有关，但单个煤柱的稳定性却不能代表采空区的稳定性。单个煤柱易于理想化和模型化，因而人们往往关注单个煤柱的稳定性研究，研究成果也比较丰富，而影响煤柱群稳定性的因素错综复杂，难于量化，所以研究成果相对较少。大量的实测资料统计规律表明，煤柱群稳定性除了与单个煤柱稳定有关外，还与采空区面积、煤柱面积比率等因素有关。本节介绍采空区面积和煤柱面积比率对煤柱群稳定性的影响。

6.6.1 采空区面积对煤柱群稳定性的影响分析

此处采空区面积指柱式采空区面积。

煤炭科学研究总院技术人员于1981年10—11月，对大同矿区云岗、晋华宫等矿的顶板冒落与地表塌陷情况进行了一次全面调查，收集分析了8座矿41个回采工作面或盘区的开采以及相应的顶板垮落与地表塌陷的实例，见表6-4。通过对云岗、晋华宫等矿的顶板冒落与地表塌陷情况调查发现，长壁采空区悬顶面积达到$1\times10^4\ m^2$以上时，顶板容易大面积垮落；柱式采空区悬顶达到$(2\sim4)\times10^4\ m^2$以上时，容易发生大面积失稳垮塌。神东矿区和榆阳矿区发生的采空区垮塌面积也均大于$2\times10^4\ m^2$，与大同矿区云岗、晋华宫等煤矿的顶板冒落与地表塌陷情况调查结果一致。

这就是说，柱式采空区面积不宜超过$2\times10^4\ m^2$，否则增加大失稳垮塌的可能性。2009—2019年，煤炭科学技术研究院有限公司（原煤炭科学研究总院）在神东矿区和榆林矿区开展了大量的采空区调查工作，发现早期小煤矿都采用房柱式开采工艺，遗留的采空区接连成片，面积往往超过$2\times10^4\ m^2$，这是导致神东矿区和榆林矿区频繁发生采空区塌陷事件的重要原因之一。

6.6.2 煤柱面积比率对煤柱群稳定性的影响分析

煤柱面积比率指保留煤柱面积占相应开采面积的比率，实际上是回采率的一种表达方式，只是为了强调柱式开采遗留煤柱的存在而衍生的。煤柱面积比率越大，就意味着煤柱的有效承载面积越大，因而煤柱稳定性就越高，不易发生“多米诺”效应，采空区整体就越稳定。

对大同矿区（戴华阳等，1995）和神东矿区（煤炭科学研究总院，2014）柱式开采条件下煤柱面积比率及其采空区稳定性的有关资料整理分析后发现如下规律：

（1）在开采厚煤层时，采空区内遗留煤柱面积比率为30%～35%以上；薄及中厚煤层时，当煤柱面积比率为25%～30%以上时，采空区内遗留煤柱的稳定性好，因而顶板

表6-4 大同矿区不同地质开采条件下实际的采空区面积、煤柱面积比率及其稳定性调查统计表（据煤炭科学研究总院，2014）

矿井		盘区号	煤层	采厚/m	采深/m	采煤方法	典型块段面积/m² 盘区开采面积/m²	回采面积煤柱比/%	盘区面积煤柱比/%	地表影响程度	煤柱稳定性评价	附注
云岗矿		402南翼	2	1.5	89~96	长壁刀柱	89892/103092		17.7	无裂缝	好	
			3	2.5	93~117	长壁刀柱	542450/(1200×1200)		25.5	小裂缝	较好	
			7	2.3	152~180	长壁刀柱 长壁综采	369296/(600×150)	0	29.3 13.5	大裂缝	不好	有地堑式环形裂缝
		303南翼	2	4.5	136~177	长壁刀柱	324779/(2400×1500)		26.2	无裂缝	好	
			3	2.5~3.0	207	长壁综采	79200/(1200×310)	0		大裂缝	不好	
		404南北	2	4.5	107~112	长壁刀柱	589620/(1400×1400)	24.8	29.0	大裂缝	不好	南翼4个面同时推进，北翼裂缝与断层平行
		301南翼	2	4.5	153	长壁刀柱	138230/(350×350)		14.3	大裂缝	不好	
晋华宫矿	南山井	301	2	2.8~3.0	50~150	长壁刀柱	231000/(610×400)	27.5	43.8	小裂缝	较好	裂缝分布在综采面附近
			3	2.3	161.4	长壁综采	188300/(620×400)	0	12.0	大裂缝	不好	
	晋华宫井	408	2	3.5	103.5	长壁刀柱	134156/(900×750)		31.0	无裂缝	好	
			3	2.6	217.3	长壁刀柱	133472/(600×750)		30.0	无裂缝	好	下沉0.5~0.9 m，最大1.41 m，民房、水池未受损害

表 6-4（续）

矿井		盘区号	煤层	采厚/m	采深/m	采煤方法	典型块段面积/m² 盘区开采面积/m²	回采面积煤柱比/%	盘区面积煤柱比/%	地表影响程度	煤柱稳定性评价	附注
晋华宫矿	晋华宫井	305	3	1.5	153.5	长壁刀柱	$\frac{486825}{1000\times500}$		26.0	无明显裂缝	好	巷道变形大面积来压
			7^{-1}	1.8	181.2	长壁刀柱	$\frac{475800}{1000\times480}$		22.4	无明显裂缝	好	
		404 406	2	4.5	140~200	长壁刀柱	$\frac{-}{471696}$	29.3			较好	巷道变形大面积来压
		307 309	2	4.5		长壁刀柱	$\frac{-}{386900}$	29.8			较好	巷道变形大面积来压
	马武山井	402	7^{-1}	2.5	140~197	长壁综采	$\frac{168950}{1100\times170}$	0	6.1	大裂缝	不好	
			7^{-1}	2.5	115~220	长壁刀柱	$\frac{450596}{1200\times400}$	26.5	43.2	小裂缝	较好	
同家梁矿		305	2	1.8	125	长壁刀柱	$\frac{245191}{1000\times1000}$	18.5	20.6			
			3	1.2~1.3	160	长壁陷落	$\frac{-}{250\times200}$					
			9	0.7~0.8	250	长壁陷落	$\frac{-}{300\times300}$					
			11	2.6~3.3	280	长壁陷落	$\frac{220576}{630\times450}$	6.9				顺槽煤柱宽达 16 m，共有 2 个顺槽煤柱
			12	2.0	298	长壁综采	$\frac{-}{120\times180}$	0		无裂缝	好	地表最大下沉 0.55 m

表 6-4（续）

矿井	盘区号	煤层	采厚/m	采深/m	采煤方法	典型块段面积/m² / 盘区开采面积/m²	回采面积煤柱比/%	盘区面积煤柱比/%	地表影响程度	煤柱稳定性评价	附注
同家梁矿	301	2		70	古窑开采						
		7	1.3	177	长壁刀柱						
		8	1.6	191	长壁刀柱						
		11	3.0	247	分层长壁						
		12	2.0	273	长壁陷落				无裂缝	好	
		14	3.0	291	长壁刀柱	48627 / 180×180	17.2	23.0	突塌、大裂缝	不好	采面推进 158 m 时，地表塌陷
	303扩区	11	5.0	101	长壁综采（顶）长壁陷落（底）	12000 / 120×100			突塌、大裂缝	不好	底层推进 100 m 时，出现塌陷，塌深约 3 m
	口泉沟下	11	5.0	100	仓房	– / 400×130	46.7		无明显变形	好	
		14	3.8	148	仓房	– / 800×250	46.7		无明显变形		
挖金湾矿 青阳湾井	402	14^{-1}	4.0	28~55	房柱	63016 / –	25.7		突塌、大裂缝	不好	采深 28~55 m，靠近断层及口泉沟
挖金湾矿 青阳湾井	404	14^{-1}	4.0~4.3	84~104	房柱	163000（半区）/ –	26.7		突塌、大裂缝	不好	沿断层及旧冒落区切冒，煤柱极不规则
挖金湾矿 大巴沟井	402	14^{-1}	4.3~4.6	64~88	短壁刀柱	42182（3 面）/ –	17.1		突塌、大裂缝	不好	为深孔爆破基本顶试验区，一侧沿断层切冒
挖金湾矿 大巴沟井	402	14^{-1}	4.3~4.6	65~90	短壁刀柱	12912（3 面）/ –	14.6		突塌、大裂缝	不好	为深孔爆破基本顶试验区，采深 65~90 m

表 6-4（续）

矿井	盘区号	煤层	采厚/m	采深/m	采煤方法	典型块段面积/m² / 盘区开采面积/m²	回采面积煤柱比/%	盘区面积煤柱比/%	地表影响程度	煤柱稳定性评价	附注
挖金湾矿 大巴沟井	402	14^{-1}	4.1～4.3	85～97	短壁刀柱	51535 / –	17.8		突塌、大裂缝	不好	
挖金湾矿 大巴沟井	404	14^{-1}	4.0～4.2	72～85	短壁刀柱	46920 / –	15.4		突塌、大裂缝	不好	
挖金湾矿 大巴沟井	408	14^{-1}	4.2～4.5	68～80	长壁刀柱	57000 / –	25.8		突塌、大裂缝	不好	
挖金湾矿 大巴沟井	307	14^{-1}	5.3～5.5	35～55	长壁刀柱	19796（2 面） / –	28.9		突塌、大塌坑	不好	采深 35～55 m，顶板风化严重
挖金湾矿 大巴沟井	406	14^{-1}	4.5～7.0	88～117	长壁刀柱	65408（2 面） / –	32.0		突塌、大裂缝	不好	沿断层切冒，煤柱稀疏不均采高大，基本顶为细粉砂岩互层
挖金湾矿 大巴沟井	406	11^{-2}	3.1	62～115	长壁刀柱	60800（3 面） / –	16.7～17.2		突塌、大裂缝	不好	刀柱煤柱宽度仅 4 m，两处塌陷
挖金湾矿 大巴沟井	402	14	4.1～4.3		短壁刀柱	39005 / –	17.8		突塌、大裂缝	不好	沿断层切冒
挖金湾矿 大巴沟井	404	14	3.8～4.0		短壁刀柱	24994 / –	7.3		突塌、大裂缝	不好	煤柱少，上部 11^{-2} 已采已冒
挖金湾矿 大巴沟井		14	3.7～3.9		短壁刀柱	30266 / –	14.9		突塌、大裂缝	不好	煤柱少，上部 11^{-2} 已采已冒
挖金湾矿 挖金湾井	404	14^{-1}	4.5	93～133	短壁刀柱	59300（4 面） / –	18.3		突塌、大裂缝	不好	顶板节理、层理发育
挖金湾矿 挖金湾井	303	14^{-1}	4.1～4.3	67～95	房柱	7160 / –	29.5		突塌、大裂缝	不好	沿断层切冒，靠近大东沟，部分煤柱回收
挖金湾矿 挖金湾井	402	14	4.1～5.0	70～110	短壁刀柱	56468（4 面） / –	24.5		无明显裂缝	好	位于大东沟东侧，采深 70～110 m
挖金湾矿 挖金湾井	406	14	4.1～5.0		短壁刀柱	37906（3 面） / –	21.1		突塌、大裂缝	不好	面内有小断层，倾角 5°～8°，刀柱沿走向布置，顶板砂岩薄

表6-4（续）

矿井	盘区号	煤层	采厚/m	采深/m	采煤方法	典型块段面积/m² 盘区开采面积/m²	回采面积煤柱比/%	盘区面积煤柱比/%	地表影响程度	煤柱稳定性评价	附注
大斗沟矿	309	2	1.98	115~136	长壁刀柱	$\frac{314142}{1000\times600}$	20.7	21.8	无裂缝	好	
		3	1.36	163~169	长壁综采 长壁刀柱	$\frac{416186}{940\times460}$	12.7	15.5	无裂缝	好	
	301	2	4.40	95	长壁刀柱	$\frac{129706}{560\times600}$	29.4	32.6	无裂缝	好	工作面宽50 m，走向长200 m，刀柱宽6~10 m
	311	2	3.60		长壁刀柱	$\frac{-}{117046}$	15.4		大裂缝	不好	地表产生纵横交错裂缝缝宽10~70 mm
永定庄矿	406	2	2.0		长壁刀柱	$\frac{-}{1000\times1000}$	16.4	20.8	无裂缝	好	
		8	1.5~1.6		长壁刀柱 长壁陷落	$\frac{-}{1000\times1000}$	14.0	17.2	无裂缝	好	
		9	1.1		长壁陷落	$\frac{-}{1000\times1000}$	4.8	10.6	无明显裂缝	好	
		11	3.2		长壁综采	$\frac{-}{350\times500}$	9.0	12.7	大裂缝	不好	累积下沉最大2.63 m
马脊梁矿	402	2	5.0	56~106	长壁刀柱	$\frac{-}{151280}$	19.4		突塌、大裂缝	不好	裂缝宽3.6 m深13 m地表塌陷7×10^4 m²椭圆坑
雁崖矿	301东部	12	5.5~6.0	103	短壁锚杆	$\frac{-}{30000}$	19.5		突塌、大裂缝	不好	中心下沉最大4 m
	402东部	14	5.5~6.0	90~115	短壁锚杆	$\frac{-}{22480}$	17.5		突塌、大裂缝	不好	中心下沉最大0.4 m
	301东部	11	5.5~6.0	70~100	短壁锚杆	$\frac{-}{16400}$	15.1		突塌、大裂缝	不好	裂缝宽达0.5 m

和地表也是安全稳定的，甚至在开采3~4个煤层以后，顶板未出现大面积冒落，地表未出现突然塌陷。

（2）无论煤层属于薄煤层还是中厚煤层，当煤柱面积比率为20%~25%时，遗留煤柱的稳定性一般，地表一般只发生小裂缝。

（3）无论煤层属于薄煤层还是中厚煤层，当煤柱面积比率小于20%时，遗留煤柱的稳定性较差，地表易发生大裂缝或突然塌陷。

6.6.3 开采方法对煤柱群稳定性的影响分析

（1）开采顺序。多煤层采用柱式开采时，应遵循上行开采顺序，先开采下层煤，再依次开采上部煤层，使保留下来的煤柱不受重复采动的影响。

（2）上下层煤柱对应。多煤层采用柱式开采时，上下煤层的煤柱宜整齐对应，如果开采倾斜煤层，上下层煤柱应以沿煤层法线方向对应整齐布置为宜。

（3）空间分布。煤柱宜整齐、均匀布置，煤柱大小、形状、间距宜保持稳定不变。单个煤柱的过载失效将引起应力向邻近煤柱转移，造成邻近煤柱过载失效，这种破坏的“多米诺”效应往往诱发大面积塌陷灾害的发生，而煤柱的整齐、均匀布置能有效地阻止“多米诺”效应的发生。不宜在煤柱中掘进巷道，破坏煤柱的完整性。不宜在回撤设备和材料时搜刮煤柱，降低煤柱面积比率或减小单个煤柱的尺寸，从而降低煤柱强度。

6.7 煤柱（群）稳定性影响因素

煤柱（群）的稳定性是多种因素共同作用的结果，这些因素往往相互交织在一起，因而难以准确计算单一因素在煤柱稳定性中的贡献率，所以，评价煤柱稳定性必须定量与定性相结合。

6.7.1 单个煤柱稳定性影响因素

就单个煤柱而言，煤柱的稳定性与其宽深比、宽高比等因素有关。

1. 煤柱最小宽度

无论采深、采厚如何，要保持煤柱长期稳定，留设煤柱宽度应包括塑性区和核区两部分，且煤柱应有一个稳定的核区存在。煤柱最小宽度可按式（6-6）计算。煤柱最小宽度应用于条带式开采设计。

2. 煤柱宽高比

根据国内外研究结果和经验数据可知，煤柱强度随煤柱宽高比的增加而增大，当煤柱宽高比达到8以上时，煤柱强度基本不再增大，如图6-19（杨跃翔，2002）所示。一般选用的煤柱宽高比：充填条带开采时宽高比大于2，冒落条带开采时宽高比大于5。

3. 宽深比

宽深比指采出条带宽度 b 与深度 H 之比。根据收集到的国内外资料建立的地表下沉率和宽深比 b/H 的关系可知（王文杰等，2003），$b/H \leqslant 0.3$ 时，地表下沉率很小，均在0.2以下，这说明煤柱基本保持了稳定，如图6-20所示。

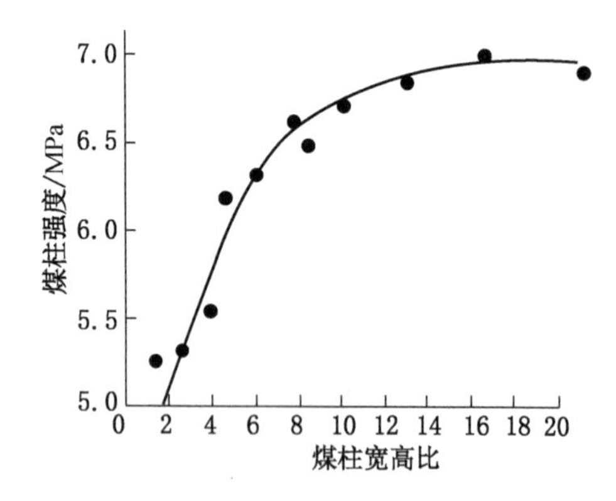

图 6-19　煤柱强度与宽高比之间的关系
（据杨跃翔，2002）

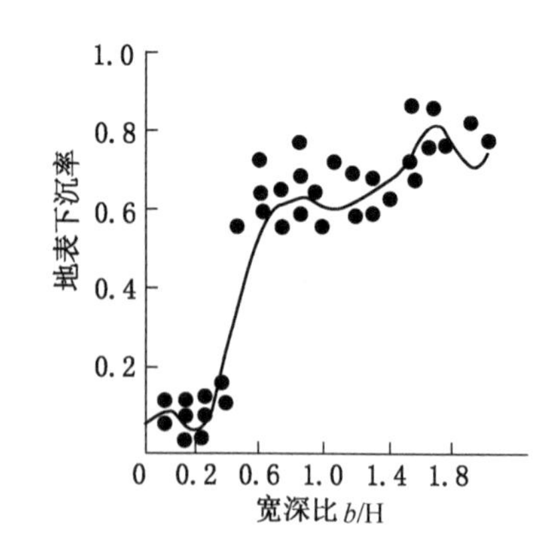

图 6-20　地表下沉率与宽深比之间的关系
（据王文杰等，2003）

4. 煤柱形状指数

本章第 5 节已经介绍了煤柱形状指数对其稳定性的影响。无论是条带式开采还是房柱式开采，留设煤柱的形状尽量规则，且尽量使煤柱周长与面积之比最小，房柱式开采时正方形或圆形煤柱稳定性最佳。当一个采区开采完毕后，不宜在回撤设备和材料时搜刮煤柱。不宜在煤柱中掘进巷道，破坏煤柱的完整性。

5. 时间

有的煤柱可以保持数十年甚至百余年的稳定。例如 1983 年 9 月 5 日大同矿区白洞矿面窑沟发生的老采空区大面积塌陷，其采空区为 1937—1945 年日伪时期用仓房法开采形成的老采空区；又如波兰 Wieliczka 盐矿开采 140 年后地表突然塌陷。因此，煤柱的稳定性随着时间的延长而降低是无疑的。有学者（徐金海等，2005）利用最小势原理，在分析了煤柱与顶板的相互关系以及煤柱受力状况后，建立了考虑顶板刚度及煤柱软化与流变特性的煤柱时间相关稳定性分析模型，得到了煤柱保持稳定的最短时间计算公式。煤柱保持稳定的最短时间与煤柱及其顶板的硬度等因素有关，欲延长煤柱的稳定时间，应控制煤柱的软化程度（如锚杆加固措施）。煤柱顶板越软，刚度越小，煤柱流变性大，则煤柱保持稳定的时间越长，这也说明了坚硬顶板下较硬煤柱易失稳的原因。

6.7.2　煤柱群稳定性影响因素

煤柱群是由大量单个煤柱组成的。无疑，单个煤柱的稳定性影响着煤柱群（采空区）的稳定性。评价煤柱群的稳定性，首先需要对单个煤柱的稳定性进行评价，单个煤柱不稳定必将会导致煤柱群（采空区）的不稳定，但是，单个煤柱稳定却不能保证煤柱群（采空区）的稳定。

单个煤柱的稳定性影响因素已在本节分析讨论。煤柱群的稳定性影响因素与整个采空区面积、煤柱面积比率、开采方法等因素有关，已在本章第 5 节分析讨论，不再赘述。

6.8 柱式采空区地表沉陷规律

6.8.1 条带开采地表移动规律

条带开采主要尺寸选得合适，地表不会出现波浪式下沉盆地，而出现单一平缓的下沉盆地。其他变形的分布规律与全采相似。力学分析与实测结果表明，当开采深度小于1/3采深时，地表不会出现波浪形下沉盆地，而是呈现单一的下沉盆地。大量实测数据整理分析结果表明，条带开采的地表移动和变形值可用概率积分法进行计算。关于条带式开采地表移动规律的研究成果十分丰富，感兴趣的读者可以参阅有关文献。本书在此仅简要介绍。

1. 下沉系数

柱式开采引起的地表移动与变形值都很小。对于冒落条带开采，其下沉系数约为0.1~0.2，相当于长壁式开采的1/6~1/4。条带开采的下沉系数随着回采率的增加而增大。条带开采下沉系数的经验公式（胡炳南等，2017）为

$$q_{条}/q_{全}=4.52M^{-0.78}\rho^{2.13}\left(\frac{b}{H}\right)^{0.603} \tag{6-13}$$

或

$$q_{条}/q_{全}=0.2663\mathrm{e}^{-0.5753M}\rho^{2.6887}\ln\left(\frac{bH}{a}\right)+0.0366 \tag{6-14}$$

式中 $q_{条}$——条带开采下沉系数；

$q_{全}$——相同条件下全采下沉系数；

M——煤厚，m；

ρ——条带开采区域面积采出率，$\rho=b/(a+b)$；

a、b——条带煤柱宽度、条带开采宽度，m；

H——条带开采深度，m。

2. 主要影响角正切

条带开采的主要影响角正切 $\tan\beta_{条}$ 按下式计算（胡炳南等，2017）：

$$\tan\beta_{条}/\tan\beta_{全}=0.7847\mathrm{e}^{-0.0012PH} \tag{6-15}$$

式中 $\tan\beta_{全}$——相同条件下全采主要影响角正切；

P——上覆岩层综合评价系数；

H——条带开采深度，m。

3. 水平移动系数

条带开采的水平移动系数 $b_{条}$ 按下式计算（胡炳南等，2017）：

$$b_{条}/b_{全}=-0.0002\frac{H(a+b)}{b}+0.8786 \tag{6-16}$$

式中，a、b、H 的意义与单位同式（6-14），$b_{全}$ 为相同条件下全采水平移动系数。

4. 拐点偏移距

条带开采的拐点偏移距 $s_{条}$ 按下式计算（胡炳南等，2017）：

$$s_{条}=0.0673\frac{b^2H}{a(a+b)}+2.564 \tag{6-17}$$

式中，a、b、H 的意义与单位同式（6－14）。

5. 地表移动时间

观测结果表明，条带开采地表移动持续时间和地表移动活跃期都比全采的短。地表移动持续时间约为全采的40%～60%。

6. 开采影响传播角

条带开采区的开采影响传播角可以取用类似地质条件下全部垮落法开采时的开采影响传播角。

6.8.2 房柱式开采地表移动规律

房柱式开采地表观测资料很少。兖州矿区南屯矿一采区南部边角煤房采工作面实际回采率为40.4%，根据实测数据拟合了概率积分法预计参数。与长壁式综采相比较，房采工作面地表移动变形规律及参数具有以下特点（谭志祥等，2003）：

（1）地表移动盆地范围减小，边界角增大，边界角增大率约为30%；

（2）地表下沉量明显减小，下沉系数减小，下沉系数减小率约为80%；

（3）主要影响角正切减小，最大下沉角和拐点偏移距变化不大。

可以看出，各种柱式开采引起的地表移动与变形值都很小，但遵循全采地表移动规律，可以用概率积分法进行预计。

6.9 房采采空区地基稳定性评价方法与应用实例

很多老矿区遗留大量柱式开采采空区。大同矿区清末就已较大规模开采，柱式开采采空区大多为20世纪70年代前遗留，距今已经半个多世纪甚至百余年。神东矿区柱式开采采空区主要形成于20世纪80年代至21世纪前10年。无论是大同矿区还是神东矿区，由于早期煤矿重产能轻管理等多种原因，造成柱式开采采空区资料缺失极为严重，不法煤矿企业故意篡改资料亦时有发生，煤柱规格尺寸、采高、采深、开采时间、回采率、开采范围等地质采矿基本信息均未知或存疑。即使这些信息较为准确，煤柱稳定性也受多种因素共同影响，各种因素难以准确量化，因而柱式采空区的塌陷往往具有突然性，造成人员财产的损失，本章前文已列举大量事实。这给柱式采空区建设场地稳定性评价带来了很大困难。

本节以房柱式采空区地表铺设天然气管道为例，就房柱式采空区地基稳定性评价方法问题展开探讨，希望能给相近条件的施工企业提供参考，给广大读者提供技术思路。

6.9.1 基本情况介绍

建设输气管道是天然气工业一项很重要的工作。我国已经建成的输气管线陕京线（靖边－北京）是北京天然气的重要来源。陕京天然气管道由陕京一线、二线、三线和四线组成。陕京一线天然气管道（简称陕京一线）横穿陕北神木市。神木市是我国第一产煤大县，早期小煤矿大多采用房柱式炮采，形成分布广泛、大小不一和难以计数的采空区。

陕京一线途经神木市锦界镇附近6座煤矿。该段线路及两侧附近地表大部为黄土覆盖，黄土顶部有不固定的沙丘、沙梁，基岩零星出露，属典型的黄土高原地貌。地层由老至新依次为：上三叠统永坪组（T_3y）、中侏罗统延安组（J_2y）、直罗组（J_2z）、新近系上新统静乐组（N_2j）、第四系中更新统离石组（Q_2l）、上更新统萨拉乌素组（Q_3s）、全新统风积沙（Q_4^{eol}）及冲积层（Q_4^{al}）。沿途无断层和明显的褶皱构造，也无岩浆活动，仅局部表现为一些宽缓的大小不等的波状起伏，地质构造简单。

6座煤矿均为乡镇或村办煤矿，全部始建于20世纪90年代，2009年前全部关闭。矿井开采延安组3号煤层，具体开采时间不详。陕京一线与6座煤矿的平面位置关系如图6－21所示。3号煤埋深为60～120 m，采厚为1.8～2.5 m，倾角为1°～3°。房柱式炮采，采6 m留6 m。回采率为50%左右。采空区分布如图6－21所示。

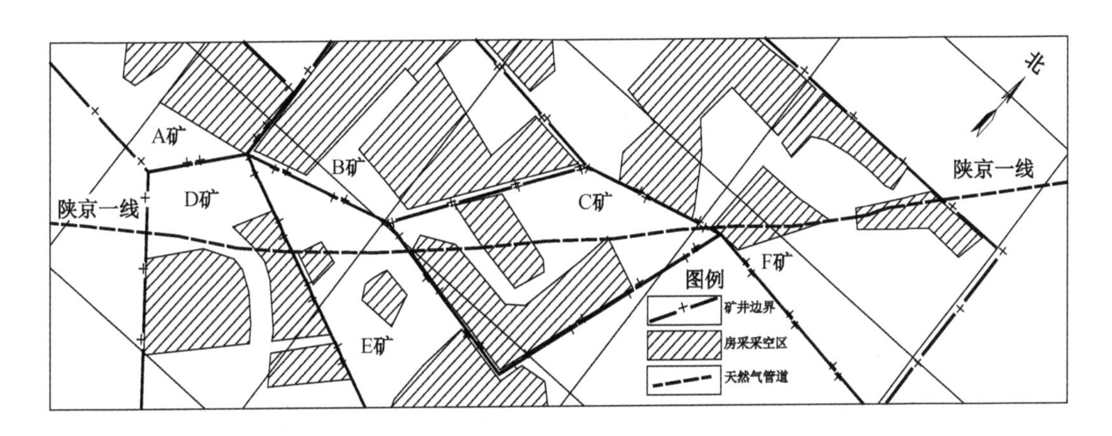

图6－21　陕京一线天然气管道与6座煤矿的平面位置关系图

陕京一线途径神木市6座煤矿的长度约3300 m，3300 m之外无煤矿，也就是无采空区分布。

6.9.2　房柱式采空区地基稳定性评价思路

《建筑物、水体、铁路及主要井巷煤柱留设与压煤开采规范》第127条规定，进行开采沉陷区建设场地稳定性评价时，应当进行下列工作：“（一）开采沉陷区采动影响和地表残余影响的移动变形计算”；“（二）覆岩破坏高度与建设工程影响深度的安全性分析”……“（五）对于部分开采的采空区，还应当分析煤柱的长期稳定性、覆岩的突陷可能性及地面荷载对其稳定性的影响”……

这就是说，对于陕京一线场地稳定性评价，需要开展3方面的工作，即开采沉陷区地表移动变形影响的计算分析；覆岩破坏高度与建设工程影响深度的安全性分析；煤柱的长期稳定性分析。3方面的分析具体过程如图6－22所示。

图6－22可以简单地描述为，对于未塌陷的采空区，如果煤柱能保持长期稳定且覆岩

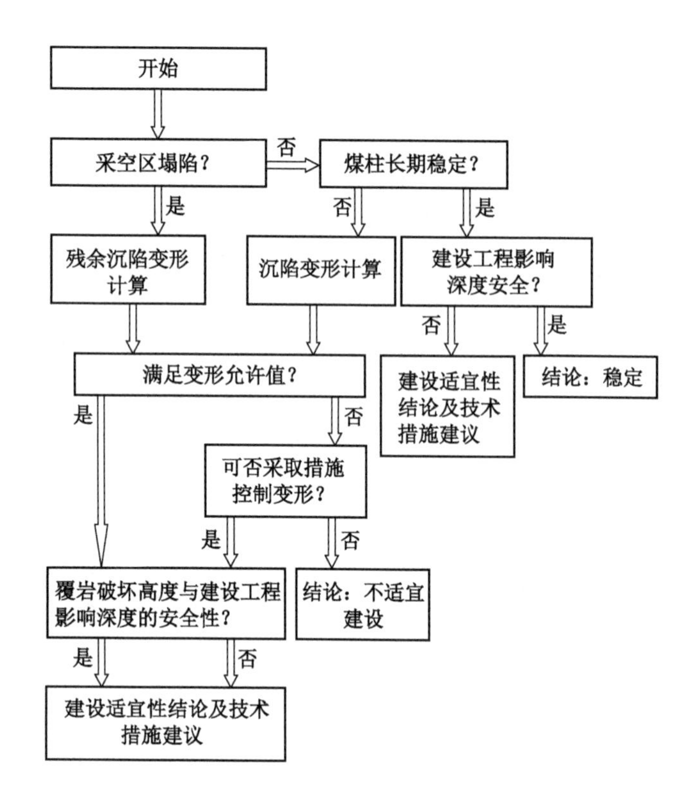

图 6－22　柱式采空区建设场地地基稳定性评价内容和分析过程示意图

破坏高度未达到建设工程影响深度，则建设场地稳定，否则，进行沉陷变形计算和覆岩破坏高度与建设工程影响深度的安全性分析，并进行覆岩突陷可能性分析，进而得到建设适宜性结论并提出抗变形技术措施的建议；对于已经塌陷的采空区，进行残余变形计算和覆岩破坏高度与建设工程影响深度的安全性分析，得到建设适宜性结论并提出抗变形技术措施的建议。

6.9.3　房采采空区地基稳定性评价

评估区位于陕北黄土高原北部边缘和毛乌素沙漠南缘，大部分地表为风积沙所覆盖，采煤沉陷裂缝易被风沙掩盖或自然闭合，潜水位低，塌陷区不会出现地表积水，所以，陕京一线建设场地下方房采采空区是否塌陷和塌陷范围难以在地表目测判定识别。通过对当地居民的走访调研，结合以往经验分析，推测部分房采采空区已经塌陷，部分未塌陷。

6.9.3.1　煤柱长期稳定性分析

1. 单个煤柱长期稳定性分析

1）煤柱最小宽度

A. H. 威尔逊两区约束理论认为，煤柱存在“屈服区”和“核区”。若煤柱的宽度大于核区宽度和 2 倍屈服区宽度之和，煤柱就是保持稳定的。煤柱最小宽度按本章第 4 节式

（6－6）计算，按最不利情况考虑（采深120 m，采厚2.5 m），计算得到煤柱最小宽度约为11.3 m。建设场地煤柱留设采6 m留6 m，小于计算所得煤柱最小宽度，单个煤柱不能保持长期稳定性。

2）煤柱的宽高比

对煤柱的稳定性有重要影响。煤柱的稳定性随宽高比的增加而增加。从很多成功实例来看，煤柱宽高比小于3时，煤柱不稳定；宽高比超过10时，煤柱能保持长期稳定。一般地，煤柱宽高比最小应为3.2～3.6，通常应大于5。按最不利情况考虑（煤柱高2.5 m，宽6 m），陕京一线建设场地煤柱宽高比为2.4，小于5，据此可认为煤柱是不稳定的。

3）煤柱稳定性安全系数

对于神东矿区房柱式开采，煤柱内应力常采用辅助面积法进行计算。辅助面积法的实质是认为采空区上方的覆岩载荷全部转移到遗留煤柱上，公式为：

$$S_L=\gamma H(W+B)(B+L)/(W\cdot L) \tag{6-18}$$

式中 S_L——煤柱应力，MPa；

H——采深，m；

W——煤柱宽度，m；

B——煤房宽度，m；

L——煤柱长度，m；

γ——上覆岩层平均容重，t/m^3。

煤柱强度一般用下式计算：

$$S_P=\sigma_1(0.64+0.36W/M) \tag{6-19}$$

式中 S_P——煤柱强度，MPa；

σ_1——煤柱的原位强度，一般取值6.7 MPa；

M——煤厚，m。

煤柱稳定性安全系数SF一般大于1.5即可认为煤柱是稳定的，计算公式为

$$SF=S_P/S_L \tag{6-20}$$

按最不利情况（采深120 m，煤柱高1.8 m）考虑，将地质采矿条件参数代入到式（6－18）和式（6－19）中，通过公式（6－20）计算，煤柱稳定性安全系数为1.1，小于1.5。据此认为煤柱是不稳定的。

总之，单个煤柱不能保持长期稳定性。

2. 煤柱群长期稳定性分析

1）煤柱面积比率

煤柱面积比率是指采空区所有煤柱面积之和占相应开采面积的比率，这是衡量煤柱群稳定性的重要指标。当不留顶底煤时，回采率接近煤柱面积比率，可近似用回采率代替煤柱面积比率估算煤柱群稳定性。煤柱面积比率越大，就意味着承载上覆岩层荷载的面积越大，因而分担到每个煤柱的荷载就越小，煤柱也就越稳定。开采实践表明，当煤柱面积比率在30%以上时，煤柱群稳定性较好，地表缓慢下沉且下沉较小；当煤柱面积比率小于20%时，煤柱群稳定性较差，地表易发生大裂缝或突然塌陷；当煤柱面积比率为20%～25%时，煤柱的稳定性一般，地表一般只发生小裂缝。

陕京一线建设场地下3号煤层实际厚度为3.0～3.2 m，采厚为1.8～2.5 m，留设了0.5～1.2 m左右护顶煤，根据回采率约50%可估算煤柱面积比率在30%以上，总体来说，煤柱群稳定性较好。实际上各个煤矿之间的煤柱面积比率会相差较大，即使同一煤矿不同块段采空区内煤柱面积比率亦相差较大，不能排除个别区域采空区煤柱面积比率小于20%。这就是说，煤柱群不稳定的采空区是存在的。

2）房采采空区面积

对数十个回采工作面或盘区的开采以及相应的顶板垮落与地表塌陷情况进行统计分析后发现，房柱式采空区悬顶面积达到$(2\sim4)\times10^4\ m^2$以上时，煤柱的稳定性较差，个别煤柱失稳，失去承载能力，覆岩荷载转移至周边煤柱，造成周边煤柱荷载增加，由稳定状态变为不稳定状态，这种情况继续向四周传播，出现“多米诺”效应，引发大面积突然垮塌。这是神东矿区频繁发生矿震的原因。因此，为避免房采采空区发生大面积突然垮塌，单个采空区面积宜控制在20000 m^2内。

从图6－20可以看出，陕京一线建设场地下方和周边存在多个独立块段房采采空区。量取这些独立块段采空区的面积发现，陕京一线正下方E矿采空区面积为$1.24\times10^4\ m^2$，除此之外，其余独立块段采空区面积均在$2\times10^4\ m^2$以上，面积最大的是C矿“L”形状的采空区，面积为$18.1\times10^4\ m^2$，这远远大于独立块段采空区面积不超过$2\times10^4\ m^2$的要求。因此，陕京一线建设场地采空区是不稳定的。

3. 煤柱长期稳定性结论

无论是单个煤柱还是煤柱群，都不能保持长期稳定。

6.9.3.2　地表变形计算分析

1. 未来塌陷区地表移动变形预计计算

柱式采空区的塌陷具有突然性，因此，关于柱式采空区地表沉陷规律的研究成果较少，参考有关文献（何国清等，1991；谭志祥等，2003），下沉系数与回采率等因素有关，下沉系数的取值为0.05～0.25。根据计算，陕京一线采空区未来塌陷区域地表最大下沉值为511 mm，最大倾斜值为6.9 mm/m，最大水平变形值为3.1 mm/m，最大曲率值为$0.21\times10^{-3}/m$。

2. 已塌陷区地表残余移动变形计算

一般认为，地表残余移动变形规律与地表移动期内移动变形规律一致。因此，采空区地表残余移动变形可采用我国应用最广泛的概率积分法进行计算。“三下”采煤指南（胡炳南等，2017）推荐的地表残余变形下沉系数计算公式：

$$q_{残}=(1-q)k[1-e^{-(50-t)/t}] \tag{6-21}$$

式中　$q_{残}$——残余下沉系数；

q——下沉系数；

k——调整系数；

t——距开采结束时间，a。

式（6－21）一般适用于长壁全陷开采。柱式开采遗留采空区的残余下沉系数至今无经验公式可供参考，本实例为柱式开采遗留采空区，只能参考式（6－21）适当调整。根据公式（6－21）的计算结果并结合以往的工程经验，确定建设场地采空区残余下沉系数为0.05～0.15。

根据计算，陕京一线采空区已塌陷区域残余地表最大下沉值为315 mm，最大倾斜值为6.0 mm/m，最大水平变形值为2.0 mm/m，最大曲率值为0.15×10^{-3}/m。

3. 地表移动变形计算分析结论

“三下”采煤指南（胡炳南等，2017）第6章规定了建构筑物和技术装置的允许地表变形值，对油气管道的允许变形值专门作出了规定，根据地表变形指标将采空区稳定性分为5级，见表6－5。

表6－5 采空区稳定性分级

稳定性级别	地表变形指标			危险程度
	水平变形 ε/(mm·m^{-1})	倾斜 i/(mm·m^{-1})	曲率 K/(10^{-3}·m^{-1})	
Ⅰ	$\varepsilon>9.0$		$K>1.0$	高
Ⅱ	$6.0<\varepsilon\leqslant9.0$	$i>6.0$	$0.4<K\leqslant1.0$	较高
Ⅲ	$2.0<\varepsilon\leqslant6.0$	$3.0<i\leqslant6.0$	$0.25<K\leqslant0.4$	一般
Ⅳ	$0.5<\varepsilon\leqslant2.0$	$0.6<i\leqslant3.0$	$0.05<K\leqslant0.25$	较低
Ⅴ	$\varepsilon\leqslant0.5$	$i\leqslant0.6$	$K\leqslant0.05$	无

注：判定采空区所属级别时，只需满足该级别各地表变形指标中的一项指标。

根据前述预计结果，对照表6－5可知，未来塌陷采空区和已塌陷采空区的稳定性级别都属于Ⅲ级，危险程度一般。

6.9.3.3 覆岩破坏高度与建设工程影响深度的安全性分析

“两带”的岩层虽经多年的压实，但仍不可避免地存在一定的裂缝和离层，其抗拉、抗压、抗剪强度明显低于原岩的强度。如果建构筑物荷载传递到“两带”，在附加荷载作用下会进一步引起沉降和变形，甚至造成建（构）筑物的破坏，影响其使用。

对于单层采厚不超过3 m，累计采厚不超过15 m的煤层（分层）开采所产生的“两带”高度，经过前人多年的观测研究已基本查清，并把经验公式写进了“三下”采煤规范，这在本书第5章已做介绍。

“三下”采煤规范中推荐的公式是在长壁式采煤基础上统计总结的结果，而建设场地采空区全部为房采采空区，“两带”高度预测无公式可供参考。考虑到早期小煤矿管理不规范，煤柱留设随意性大，回采率忽高忽低，因此，为安全起见，建设场地“两带”高度应按最不利情况计算，即按“三下”采煤规范计算“两带”高度。开采厚度也存在较大随意性，亦按最不利情况考虑，取采厚最大值2.5 m。

神东矿区覆岩以中硬为主。按经验公式之一计算“两带”高度为38.5 m，按经验公式之二计算“两带”高度为41.6 m。取最大值作为计算结果，“两带”高度最大值为41.6 m。

陕京一线采用X60管材钢，管道直径为660 mm，单位长度的质量约为330kg/m，这对地基造成的荷载影响深度是很小的，可以忽略不计。但是，施工过程中，物料集中堆放以及大型机械设备（如挖掘机、起重机、推土机）等自重荷载影响深度可能很大。

在采煤沉陷区，当地基中建筑荷载产生的附加应力等于相应位置处地基土层的自重应力的10%时，即认为附加应力对该深度处地基产生的影响可忽略不计。假定物料堆放或大型机械设备附加压力值为50 kN/m^2，并按均布矩形荷载计算附加应力，计算得到荷载影响深度为11 m。

要保证采煤沉陷区建设场地的稳定性，应使建筑物载荷不对老采空区冒裂岩体的稳定性产生明显影响。则地下采空区的安全开采深度$H_{最小}$应为

$$H_{最小} \geqslant H_{li} + H_{y} + H_{b} \tag{6-22}$$

式中H_{li}、H_{y}、H_{b}分别为采空区“两带”高度（单位为m）、载荷影响深度（单位为m）、保护层厚度（单位为m）。H_{li}、H_{y}、H_{b}分别取值为41.6 m、11 m、5 m，则安全开采深度$H_{最小}$应大于57.6 m。

陕京一线建设场地采空区埋深为60～120 m，大于安全开采深度57.6 m，建设场地不会破坏采空区的稳定性。但是，安全开采深度已经接近采空区最小深度，由于物料集中堆放以及大型机械设备产生的附加应力难以准确估算，因此，应避免将物料、设备集中堆放在采空区深度较小的区域。

6.9.4 房采采空区地基稳定性结论

前文分析了开采沉陷区地表移动变形影响的计算分析、覆岩破坏高度与建设工程影响深度的安全性分析、煤柱的长期稳定性分析。结果表明，陕京一线天然气管道下方煤柱不能保持长期稳定性；根据沉陷区地表移动变形计算结果可知采空区的稳定性级别属于Ⅲ级，危险程度一般；建设工程影响深度未达覆岩破坏高度，但接近极限。综合分析认为，陕京一线建设场地采空区是不稳定的。

早期小煤矿管理松懈，滥采乱掘现象十分普遍，煤柱留设随意性大，形状不规则，实际尺寸小于设计尺寸，这些因素都加剧了煤柱的失稳。煤柱的稳定性还与时间有关，6座煤矿均始建于20世纪90年代，于2009年前关闭，采空区距今最短时间约10年，最长时间20余年，煤柱强度有所降低是必然的。由于小煤矿追求利益最大化和管理监督不到位等原因，在设备回撤和材料回收的同时，小煤矿往往最大限度地回收部分煤柱，致使实际回采率高于设计回采率，因而实际煤柱面积比率有所下降，小于20%是完全可能的。因此，尽管结论是按最不利情况考虑的，但结论比较接近实际，也就是说，结论是可信的。

6.9.5 采空区建设场地抗变形措施

从以往注浆加固采空区后进行地表建设的成功实例来看，对陕京一线建设场地下方采空区注浆加固，不仅可以避免采空区大面积突然塌陷，而且可以减小甚至完全消除地表残余变形。需要说明的是，由于小煤窑资料缺失严重，很多影响采空区稳定性的因素难以准确量化。对采空区注浆加固处理前应当进行必要的工程勘查，明确房采采空区是否已经塌陷和塌陷范围，施工前应当根据勘查结果编制详细的施工设计。此部分内容非本书关注内容，故不再赘述。

6.10 非线性理论在柱式采空区塌陷预测中的应用

6.10.1 基本思想与理论方法

长壁式采煤顶板随采随落，柱式采煤留设的煤柱支撑顶板，使顶板能保持较长时间的稳定。由于柱式采空区塌陷具有突然性，难以准确预测，因而柱式采空区存在很大的安全隐患。

柱式采空区的塌陷是多种因素共同作用的结果，很多因素错综复杂，且相互交织在一起，难以量化。

柱式采空区塌陷是多种因素共同作用的结果，主要因素包括地质和采矿两大类。地质因素包括覆岩赋存性质、地质构造、松散层厚度与性质、地应力状态、地下水作用、围岩组合性质等，采矿因素包括采厚、采深、采空区面积、开采方法、顶板管理方法、重复采动、时间过程等。这些因素错综复杂且相互交织在一起。在开采历史悠久的老矿区，无论是规模较大煤矿还是小煤窑，都不可避免地存在重产量轻管理的现象，无规划、无设计、无记录的情况十分普遍，很多地质采矿要素都是一代一代的矿工口口相传，这就造成了采矿要素往往不明确、不准确或未知，无法采用前述方法对采空区稳定性进行判断。非线性理论为柱式采空区塌陷预测提供了新的技术方法。本节以北京西山矿区为例，简要介绍非线性理论在采空区塌陷预测中的应用方法，意在为其他矿区相同、相近条件的老空区塌陷预测提供思路。

非线性方法可以比较合理地解决诸多因素不确定性问题。对于柱式开采采空区稳定性问题，学者们采用了模糊综合评判、人工神经网络（Artificial Neural Network，ANN）、突变级数、支持向量机（Support Vector Machine，SVM）、费歇（Fisher）判别、距离判别等方法，取得了较为理想的结果。本书在此介绍北京西山矿区门城镇采煤沉陷区稳定性非线性评价方法。

6.10.2 研究区简要介绍

北京西山煤炭开采历史悠久，推测始于南北朝，可证实辽代已有煤炭开采，元代、明代有较大发展，清代开始征税。民国时期和抗日战争时期，机械化、半机械化开采已推广使用，但仍有大量小煤窑沿用祖辈的土法采煤，新中国成立前，仅门头沟、城子两座煤矿周围注册的小煤窑就有400余个。煤层覆存于侏罗系和石炭二叠系，以侏罗系为主。

土法采煤就是无支护穿洞式、残柱式和高落式采煤，窑工手掘巷道，煤油灯照明，手镐落煤，锹铲装卸，荆筐承载，人拉肩背。机械化、半机械化开采主要是排水、通风、提升方式的改变，基本采掘未变。机械化开采的推广使用使开采深度不断增加，新中国成立前，采深最大的门头沟煤矿最大采深为 -198 m（井口至开采水平的垂直距离为338 m），西山小煤窑坑口累计2000余个。在800余年的开采历史中，开采出的煤炭资源数亿吨（纪玉杰，2003）。

北京西山煤炭开采导致的地质灾害主要是地面塌陷，伴随有山体滑坡、地面裂缝、破坏性矿震等。采空区塌陷造成的危害十分严重，调查发现，多处公路受采空区塌陷影响，虽经多次整修，但塌陷不断，随整随塌，成为交通安全隐患。调查发现，20 世纪 80 年代以来的采空区塌陷 700 余处，分布于居民区的占 52%，在道路交通线下及旁侧的占 28%，在耕地、树林中的占 12%，在荒山中的仅占 8%（纪玉杰，2003）。实际上，无法统计的地面塌陷远比统计结果多得多。

6.10.3 支持向量机基本思想

学者们采用了不同的非线性理论对北京门城镇采空区塌陷进行预测（邓波，2011；白云飞等，2008；慎乃齐等，2001；张长敏等，2005；陈红江等，2008；李笛等，2008），本节仅介绍支持向量机理论，其他理论请读者参考相应文献。

支持向量机 SVM（Support Vector Machine）是一种基于统计学习理论的机器学习方法。1992 年，美国 AT&T 贝尔实验室的 Boser、Guyon 和 Vapnik 首次在 COLT（Computational Learning Theory）-92 上提出。支持向量机 SVM 可以替代人工神经网络等很多已有的学习算法，并开辟了向高维空间数据学习的新天地。支持向量机具有泛化能力强、容易训练、无局部极小值、较好的推广能力和非线性处理能力等优点。自诞生以来，其发展势头相当迅猛，在智能信息获取与处理领域都取得了成功的应用。

支持向量机的基本思想是，对于一个给定的具有有限数量训练样本的学习任务，如何在准确性（对于给定的训练样本）和机器容量（机器无错误地学习任意训练集的能力）两个方面进行折中，以得到最佳的推广能力。支持向量机是从线性可分情况下的最优分类面发展而来的，也是统计学习理论中最实用的部分。对于支持向量机分类问题，根据统计学原理，结构风险最小化可以通过寻找一个能够使分类间隔最大化的超平面来实现，则问题就转化为求解凸二次规划问题。

6.10.4 采空区塌陷预测的支持向量机模型及其应用

经综合分析，确定 7 个指标作为支持向量机的输入参数，这 7 个指标是：覆盖层类型（X_1）、覆盖层厚度（X_2）、地质构造复杂程度（X_3）、煤层倾角（X_4）、采空区体积率（X_5）、采空区距地表的垂直深度（X_6）、采空区层数（X_7）（邓波，2011）。覆盖层类型和地质构造复杂程度为状态参数，量化处理后输入 SVM 模型，其他参数直接输入 SVM 模型。本书在此不介绍状态参数的量化方法和过程，请读者参考相关文献。

选择 17 组数据作为训练样本。其中 9 组为塌陷样本点，8 组为稳定样本点，由此得到 SVM 的分类模型。用该模型对 17 组数据进行判别，误判率为 0。这说明训练后的 SVM 分类模型是可靠的，可以投入使用。17 组训练样本数据见表 6-6（邓波，2011）。根据训练好的 SVM 分类模型对没有参加训练的样本进行检验，结果见表 6-7。学者们用同样的训练样本，采用突变级数（陈红江等，2008）、费歇（Fisher）判别（白云飞等，2008）、人工神经网络（ANN）（慎乃齐等，2001）、距离判别（李笛等，2011）理论建立模型并进行训练，训练结果列于表 6-6，而且采用了同样的样本对模型进行检验，检验结果列于表 6-7。

表6-6 机器学习样本数据

序号	判别因子（输入参数）							实际结果	判别结果（输出结果）				
	X_1	X_2	X_3	X_4	X_5	X_6	X_7		SVM	突变级数	Fisher	ANN	距离判别
1	3	7.5	2	28	18	10.4	3	垮塌	垮塌	垮塌	垮塌	垮塌	垮塌
2	3	11.5	2	45	18	22.0	3	垮塌	垮塌	垮塌	垮塌	垮塌	垮塌
3	2	14.5	3	55	14	16.0	3	垮塌	垮塌	垮塌	垮塌	垮塌	垮塌
4	3	12.5	3	55	11	14.5	4	垮塌	垮塌	垮塌	垮塌	垮塌	垮塌
5	3	15.0	2	50	10	17.5	3	垮塌	垮塌	垮塌	垮塌	垮塌	垮塌
6	2	15.5	1	35	5	18.2	1	稳定	稳定	稳定	稳定	稳定	稳定
7	1	12.0	2	40	7	25.0	2	稳定	稳定	稳定	稳定	稳定	稳定
8	3	17.0	3	80	20	20.2	2	垮塌	垮塌	垮塌	垮塌	垮塌	垮塌
9	2	12.0	3	50	10	13.5	3	垮塌	垮塌	垮塌	垮塌	垮塌	垮塌
10	3	14.0	3	70	15	16.7	2	垮塌	垮塌	垮塌	垮塌	垮塌	垮塌
11	3	13.5	2	50	1.5	15.4	3	稳定	稳定	稳定	稳定	稳定	稳定
12	2	19.0	2	35	6.0	26.0	1	稳定	稳定	稳定	稳定	稳定	稳定
13	1	10.0	2	50	4.0	22.5	2	稳定	稳定	稳定	稳定	稳定	稳定
14	2	15.0	2	40	2.0	16.5	1	稳定	稳定	稳定	稳定	稳定	稳定
15	2	10.0	2	45	2.5	16.4	1	稳定	稳定	稳定	稳定	稳定	稳定
16	2	15.0	1	25	5.5	30.0	2	稳定	稳定	稳定	稳定	稳定	稳定
17	3	9.0	3	75	12.0	12.7	3	垮塌	垮塌	垮塌	垮塌	垮塌	垮塌

表6-7 机器模型检测样本数据及判别结果

序号	判别因子（输入参数）							实际结果	判别结果（输出结果）				
	X_1	X_2	X_3	X_4	X_5	X_6	X_7		SVM	突变级数	Fisher	ANN	距离判别
1	3	12.0	2	40	10	17.0	2	垮塌	垮塌	垮塌	垮塌	垮塌	垮塌
2	3	10.5	3	50	13	14.5	3	垮塌	垮塌	垮塌	垮塌	垮塌	垮塌
3	2	16.5	3	70	20	20.2	3	垮塌	垮塌	垮塌	垮塌	垮塌	垮塌
4	2	15.0	3	70	18	17.0	2	垮塌	垮塌	垮塌	垮塌	垮塌	垮塌
5	2	10.0	2	45	2.5	18.4	1	稳定	稳定	稳定	稳定	稳定	稳定
6	2	15.0	1	25	5	24.8	2	稳定	稳定	稳定	稳定	稳定	稳定
7	2	16.0	1	25	5.8	40.0	3	稳定	稳定	稳定	稳定	稳定	稳定

6.10.5 非线性理论应用于柱式采空区塌陷预测的结论

我国是世界上最早开发和利用煤炭资源的国家，土法开采煤炭有约千年的历史。1949年后，很多煤矿仍大量使用柱式开采工艺。20世纪80年代后，神东矿区开始较大规模开采，至21世纪前10年，大量使用房柱式开采，即使目前，对于边角煤，仍使用柱式开采（如旺格维利采煤法）。早期矿井产权混乱，在经济利益驱动下，无设计、无图纸、无记录开采，且采取了较为落后的房柱式开采方式，评价采空区稳定性的要素不明确或未知，这种情况下，无法采用煤柱稳定性安全系数等方法对采空区稳定性进行判定或效果不理想。此时，非线性理论显示出其优越性。

非线性方法的研究对象是非线性现象，它是反映非线性系统运动本质的一类现象，不能采用线性系统的理论来解释。有些非线性理论方法属于机器学习的范畴，如人工神经网络。机器学习是一门人工智能的科学，它模拟人类学习方式，通过组织已有的知识结构，自动改进计算机算法，不断改善自身的性能，以获取新的知识或技能。从前述可以看出，无论是支持向量机还是人工神经网络模型等等，在评价要素不明确或未知的采空区稳定性时，具有传统评价方法所不具备的优势，有必要开展更加深入的研究。

7 总结与思考

7.1 浅埋煤层开采覆岩破坏和地表移动变形的典型特征

同中东部埋深较大矿区一样，在浅埋煤层矿区，影响覆岩和地表移动变形的主要因素是采深、采厚、覆岩性质等。但是，对于浅埋煤层，由于煤层埋深浅、厚度大、工作面推进速度增大等原因，使得浅埋煤层综采/综放条件下覆岩破坏和地表变形剧烈程度明显增加，因而规律性降低、突然性增大，这增加了覆岩破坏高度和地表移动变形预计的难度。尽管如此，浅埋煤层综采/综放条件下的覆岩破坏和地表变形仍具有较强的规律性。

（1）一般认为，在无地表实测资料时，地表移动持续时间为采深的2.5倍，这是在大量实测资料统计基础上得到的结论，是共识性的认识，1985年版的“三下”采煤规程、2000年版的“三下”采煤规程和“三下”采煤指南都予以认可和推荐。对神东矿区的实测资料进行统计，结果发现，地表移动持续时间平均仅为采深的1.25倍，地表移动持续时间明显缩短，仅约为经验公式的一半，这与以往人们的共识相去甚远。根据下沉速度的大小，将地表移动持续时间分为初始期、活跃期和衰退期3个阶段，统计实测资料表明，神东矿区地表移动3个阶段时长分别占地表移动持续时间的比例、3个阶段下沉量分别占总下沉量的比例也与中东部矿区存在差异，与中东部矿区相比，神东矿区活跃期的时长占地表移动持续时间的比例下降约5%，而下沉量占总下沉量的比例增加约5%。这就是说，无论从时长还是从下沉量的角度看，浅埋煤层的地表移动变形更加剧烈，在更短的时间内完成了更大的变形。

（2）一般认为，深厚比30是地表连续变形与否的初步判断依据，这一结论是在炮采和普采工艺基础上对实测资料的分析结果。与炮采和普采相比，以神东矿区为代表的综采/综放工作面推进速度快数倍甚至10余倍，而且开采厚度一般也较大，这就导致地表移动剧烈程度明显增加，即使深厚比很大时也极易出现地裂缝形式的非连续性变形。对于浅埋煤层综采/综放工作面来说，深厚比30已远不能作为地表连续变形与否的初步判断依据了。

（3）开采导致的地表裂缝有多种分类方法，根据裂缝的发育位置，地表裂缝大体可分为超前于工作面的动态裂缝和沿采空区边缘的永久裂缝两种类型。前者存在自愈性，大多可自行闭合或减小；后者为永久性，大多不能闭合或减小。一般认为，地表连续性变形的规律性明显，可通过大量实测数据总结经验公式，发现规律，揭示机理，地表非连续性变形的规律性不明显，难以总结成果，发现规律。但是，在以神东矿区为典型代表的浅埋煤层综采/综放条件下，地表非连续性变形的规律性显著增加，特别是超前于工作面的动态裂缝，其发生位置、发育时间、发育周期、发育形态均具有明显的规律性；超前裂缝的发育与采场来压存在较明显的时空对应关系，其长度、宽度、台阶落差高度之间存在较明显的定量关系。

（4）浅埋煤层综采/综放条件下，地表易出现塌陷坑。对神东矿区塌陷坑实测资料的分析表明，塌陷坑易发生在切眼内侧附近区域，一般在初次来压之后、前几次周期来压之前。塌陷坑平面形态不规则，多近似圆形、椭圆形、半月形、梨形。

（5）实测数据显示，神东矿区导水裂隙带发育高度普遍略大于有关规程推荐的经验公式计算结果，而且在个别工作面出现超高导水裂隙带现象，实测数据远远大于有关规程推荐的经验公式计算结果，这说明有关规程推荐的经验公式不太适合神东矿区。对于超高导水裂隙带现象，关键层理论给出了较为合理的解释，且在后续开采中得到证实。这说明，有关规程推荐的经验公式尚存在不足，以往的研究成果对覆岩结构和运动特征的认识尚不透彻，需要进一步发现覆岩破坏运移规律，揭示本质机理。

（6）无论地表移动变形的动态参数还是静态参数，在浅埋煤层矿区，这些参数的离散程度明显增加，这意味着规律性下降，因此增加了预计计算时参数取值的难度。

（7）煤柱的最小宽度、宽高比、宽深比等是影响煤柱强度和稳定性的因素，是初步判断煤柱稳定性的依据。研究认为，煤柱的形状指数也是判断煤柱稳定性的依据，煤柱稳定性系数与形状指数呈负指数幂函数关系，同等面积的煤柱，其形状指数越大就越不稳定。也就是说，同等面积的煤柱，周长越大就越不稳定。同等面积的煤柱，地质条件无变化时，正方形或圆形煤柱是最稳定的。

7.2 构建“采场矿压－岩层移动－开采沉陷”统一体

煤炭资源开采后，采场围岩受到破坏，产生移动。煤矿采场顶板结构移动变形，应力重新分布，这一过程导致在采场矿压显现的同时，地表出现移动变形。以往的研究多是针对采场来压和地表移动变形两种现象分别单独进行的，产生了各种矿压理论和开采沉陷理论，这两种理论鲜有交叉研究。对于开采沉陷来说，无论是覆岩破坏形态或高度，还是地表沉陷的形态或地表点的运动轨迹，以往的研究成果注重现象而非本质机理，力求以数学方法准确刻画现象而非以力学理论探究过程。人们可以达成共识的是，覆岩顶板结构移动下传至采场即为矿压显现，上传至地表即为开采沉陷。因此，毫无疑问，矿压理论与开采沉陷理论存在交叉，开采沉陷学研究中融入力学思想是可行的。

（1）在钻孔内部安装位移计对岩层内部移动情况进行监测记录，同时对钻孔地表进行观测记录，实测数据的分析结果显示，地表下沉与岩层内部下沉几近同步。这就是说，地表与覆岩协同运动，进一步的研究表明，覆岩主关键层对上覆岩层的破坏和地表移动的动态过程起控制作用，即覆岩破坏高度和地表移动变形受控于覆岩性质和结构。

（2）概率积分法是目前我国开采沉陷计算中应用最广泛的方法。1985 年版“三下”采煤规程中概率积分法被推荐为地表移动变形计算的方法之一。2000 年版“三下”采煤规程称概率积分法为“常用方法”。2017 年的“三下”采煤规范将概率积分法称为“最为常用的方法”。可见，概率积分法的影响力在几十年间不断提高，近 20 年来，其他地表移动计算方法的研究成果几乎很难见到。我国中东部埋深较大矿区，在覆岩运动传递至地表的过程中，各种影响因素相互“牵制”“中和”，同时一般存在较厚的松散层，消化了关键层非均匀下沉，地表沉陷变形与概率积分法计算结果接近。但是浅埋煤层矿区一般松散层很薄，地表下沉的非均匀、非正态特征显著，概率积分法计算结果与实测值之间往往存在较大差异，不太适合浅埋煤层矿区。实际上，很早就有学者注意到，在极不充分采动、大倾角、厚松散层、工作面形状不规则、条带开采等条件下，概率积分法的计算结果与实际情况的符合程度也不能令人满意。已有研究表明，基于关键层理论的地表沉陷预计是可行的。

（3）传统开采沉陷学理论认为，地表移动起动距约为采深的 1/4～1/2，超前影响角、最大下沉速度滞后角是固定值，这是一种经验总结，是对现象的描述。显然，主关键层初次破断下传至采场出现初次来压的同时，上传至地表则开始沉陷，地表移动起动距与工作面初次来压步距大致相当。同理，主关键层周期破断下传至采场出现初次来压的同时，上传至地表则地表周期性下沉，导致超前影响距和滞后影响距周期性变化，存在最小值与最大值，且最大值与最小值之差与周期来压步距基本一致。中东部矿区一般采深较大，且存在较厚的松散层，上传至地表的过程不仅削弱了这种周期性变化，而且由于观测频率过低，大多未观测到这种周期性变化。因此，无论是地表移动起动距与初次来压步距的对应关系，还是超前影响距的最大值与最小值之差与周期来压步距的对应关系，均少有观测记录。分析浅埋煤层有关矿压和开采沉陷文献资料可发现这种现象的记录，证实了这种推断的科学性。

（4）已有很多文献记录显示，超前裂缝出现在工作面前方地表，随着工作面的不断推进，这种裂缝超前工作面周期性地出现，裂缝间距大体与来压步距一致。这就是说，主关键层周期性破断导致地表超前影响距周期性变化，由于浅埋煤层矿区地表变形剧烈程度加剧产生非连续变形，表现出了超前裂缝的周期性发育。煤层埋深较大矿区地表较少出现裂缝等非连续变形，因而在中东部矿区难以观测到这种现象。

（5）传统开采沉陷理论认为，地表点的下沉速度在时间、空间上是连续渐变的，下沉速度曲线是一条单峰的光滑曲线。已有文献观测记录显示，增加观测频率后的下沉曲线为多峰曲线，峰值之间的间距与周期来压步距大体一致。这印证了覆岩主关键层对地表移动起控制作用的技术思想具有科学性。

（6）无论是地表移动起动距与工作面初次来压步距的时空对应、地表移动超前影响距与工作面周期来压步距的时空对应，还是超前动态裂缝间距与工作面周期来压步距的对应，无论是地表最大下沉速度的周期性变化与工作面的周期性来压现象的时空对应、地表点下沉速度曲线的多峰状特征，还是关键层理论与概率积分法相结合完成地表沉陷计算，都可以证明这样一个事实：工作面采场来压、覆岩破坏和地表移动变形是具有因果关系的、统一的力学行为。因此，构建“采场矿压 - 岩层移动 - 开采沉陷”统一体，探索实现三者的有机统一，不仅是可行的，而且也是必要的。

参考文献

[1] 王金庄. 开采沉陷若干理论与技术问题研究 [J]. 矿山测量，2003(3)：1-5.
[2] 崔希民，邓喀中. 煤矿开采沉陷预计理论与方法研究评述 [J]. 煤炭科学技术，2017，45(1)：160-169.
[3] 刘宝琛，戴华阳. 概率积分法的由来与研究进展 [J]. 煤矿开采，2016，21(2)：1-3.
[4] 邹友峰，邓喀中，马伟民. 矿山开采沉陷工程 [M]. 徐州：中国矿业大学出版社，2003.
[5] 陈凯. 东胜煤田浅埋煤层开采地表移动规律研究 [D]. 北京：煤炭科学研究总院，2015.
[6] 刘宝琛，廖国华. 煤矿地表移动的基本规律 [M]. 北京：中国工业出版社，1965.
[7] 中国矿业学院，阜新矿业学院，焦作矿业学院. 矿山岩层与地表移动 [M]. 北京：煤炭工业出版社，1981.
[8] 煤炭科学研究院北京开采研究所. 煤矿地表移动与覆岩破坏规律及其应用 [M]. 北京：煤炭工业出版社，1981.
[9] 何国清，杨伦，凌赓娣，等. 矿山开采沉陷学 [M]. 徐州：中国矿业大学出版社，1991.
[10] 吴立新，王金庄，刑安仕，等. 建（构）筑物下压煤条带开采理论与实践 [M]. 徐州：中国矿业大学出版社，1994.
[11] 煤炭工业部. 建筑物、水体、铁路及主要井巷煤柱留设与压煤开采规程 [S]. 北京：煤炭工业出版社，1985.
[12] 国家煤炭工业局. 建筑物、水体、铁路及主要井巷煤柱留设与压煤开采规程 [S]. 北京：煤炭工业出版社，2000.
[13] 国家安全监管总局，国家煤矿安监局，国家能源局，等. 建筑物、水体、铁路及主要井巷煤柱留设与压煤开采规范 [S]. 北京：煤炭工业出版社，2017.
[14] 胡炳南，张华兴，申宝宏. 建筑物、水体、铁路及主要井巷煤柱留设与压煤开采指南 [M]. 北京：煤炭工业出版社，2017.
[15] 许家林，钱鸣高，朱卫兵. 覆岩主关键层对地表下沉动态的影响研究 [J]. 岩石力学与工程学报，2005，24(5)：787-791.
[16] 朱卫兵，许家林，施喜书，等. 覆岩主关键层运动对地表沉陷影响的钻孔原位测试研究 [J]. 岩石力学与工程学报，2009，28(2)：403-409.
[17] 许家林，王晓振，刘文涛，等. 覆岩主关键层位置对导水裂隙带高度的影响 [J]. 岩石力学与工程学报，2009，28(2)：380-385.
[18] 刘玉成. 开采沉陷的动态过程及基于关键层理论的沉陷模型 [D]. 重庆：重庆大学，2010.
[19] 何昌春. 基于关键层结构的地表沉陷预计方法研究 [D]. 徐州：中国矿业大学，2018.
[20] 郭文兵，邓喀中，邹友峰. 地表下沉系数计算的人工神经网络方法研究 [J]. 岩土工程学报，2003，25(2)：212-215.
[21] 王正帅. 老采空区残余沉降非线性预测理论及应用研究 [D]. 徐州：中国矿业大学，2011.
[22] 孙庆先. 基于长壁式和短壁式相结合的条带采煤法研究 [J]. 煤炭工程，2016，48(8)：12-14.
[23] 孙庆先. 基于形状指数和面积的不规则煤柱稳定性分析 [J]. 煤矿安全，2017，48(12)：176-178，182.
[24] 李玉. 矿区开采沉陷分层传递预计理论及其应用 [J]. 能源技术与管理，2019，44(1)：74-76.

[25] 刘义新. 厚松散层下深部开采覆岩破坏及地表移动规律研究 [D]. 北京：中国矿业大学（北京），2010.
[26] 刘飞. 麟游矿区综放开采地表移动变形规律研究 [D]. 西安：西安科技大学，2017.
[27] 煤炭科学技术研究院有限公司. 神东矿区“三带”发育规律研究项目 [R]. 北京：煤炭科学技术研究院有限公司，2019.
[28] 孙庆先，牟义，杨新亮. 红柳煤矿大采高覆岩“两带”高度的综合探测 [J]. 煤炭学报，2013，38(S2)：283－286.
[29] 叶飞，舒多友. 煤矿采空区覆岩层两带高度的综合探测 [J]. 内蒙古煤炭经济，2015(4)：189－191.
[30] 李宏杰，黎灵，李健，等. 采动覆岩导水断裂带发育高度研究方法探讨 [J]. 金属矿山，2015(4)：1－6.
[31] 张美微. 基于 Beidou/GPS 组合的矿山开采地表沉陷监测方法研究 [D]. 合肥：安徽理工大学，2014.
[32] 何倩，范洪冬，段晓晔，等. 三维激光扫描与 DInSAR 联合监测矿区地表动态沉降方法 [J]. 煤矿安全，2017，48(12)：70－73，77.
[33] 高冠杰，侯恩科，谢晓深. 基于四旋翼无人机的宁夏羊场湾煤矿采煤沉陷量监测 [J]. 地质通报，2018，37(12)：2264－2269.
[34] 刘占新，白丽扬，郭皓，等. 综合应用 VB 和 VBA 语言的开采沉陷预计及治理系统开发 [J]. 金属矿山，2017(5)：111－117.
[35] 杨光. 深部煤层采动地表移动规律及可视化软件开发研究 [D]. 北京：中国地质大学（北京），2016.
[36] 戴自希. 20 世纪矿产勘查的重大发现 [J]. 国土资源情报，2005(3)：30－34.
[37] 王鹏. 韩家湾煤矿大采高开采地表移动变形规律研究 [D]. 西安：西安科技大学，2012.
[38] 杜善周. 神东矿区大规模开采的地表移动及环境修复技术研究 [D]. 北京：中国矿业大学（北京），2010.
[39] 王新静. 风沙区高强度开采土地损伤的监测及演变与自修复特征 [D]. 北京：中国矿业大学（北京），2014.
[40] 陈超. 风沙区超大工作面地表及覆岩动态变形特征与自修复研究 [D]. 北京：中国矿业大学（北京），2018.
[41] 刘辉. 西部黄土沟壑区采动地裂缝发育规律及治理技术研究 [D]. 徐州：中国矿业大学，2014.
[42] 侯忠杰. 浅埋煤层关键层研究 [J]. 煤炭学报，1999，24(4)：359－363.
[43] 侯忠杰. 地表厚松散层浅埋煤层组合关键层的稳定性分析 [J]. 煤炭学报，2000，25(2)：127－131.
[44] 黄庆享. 浅埋煤层的矿压特征与浅埋煤层定义 [J]. 岩石力学与工程学报，2002，21(8)：1174－1177.
[45] 雷薪雍. 韩家湾矿综采面矿压规律研究 [D]. 西安：西安科技大学，2010.
[46] 李金华. 浅埋煤层采场覆岩破坏及地表移动规律研究 [D]. 西安：西安科技大学，2017.
[47] 赵宏珠. 浅埋采动煤层工作面矿压规律研究 [J]. 矿山压力与顶板管理，1996(2)：23－27.
[48] 任艳芳. 浅埋煤层长壁开采覆岩结构特征研究 [D]. 北京：煤炭科学研究总院，2008.
[49] 任丽艳. 大屯矿区岩移参数规律研究 [D]. 青岛：山东科技大学，2009.
[50] 滕永海，张荣亮. 徐州矿区地表移动规律研究 [J]. 矿山测量，2003(3)：34－35，33.
[51] 赵兵朝. 浅埋煤层条件下基于概率积分法的保水开采识别模式研究 [D]. 西安：西安科技大学，2009.

[52] 蒋军. 薄基岩浅埋深下开采沉陷规律研究 [D]. 西安：西安科技大学，2014.
[53] 王英汉，梁政国. 煤矿深浅部开采界线划分 [J]. 辽宁工程技术大学学报（自然科学版），1999，18(1)：23 – 26.
[54] 梁政国. 煤矿山深浅部开采界线划分问题 [J]. 辽宁工程技术大学学报（自然科学版），2001，20(4)：554 – 556.
[55] 何满潮. 深部的概念体系及工程评价指标 [J]. 岩石力学与工程学报，2005，24(16)：2854 – 2858.
[56] 钱七虎. 深部岩体工程响应的特征科学现象及“深部”的界定 [J]. 东华理工学院学报，2007，27(1)：1 – 5.
[57] 李铁，蔡美峰，纪洪广. 抚顺煤田深部开采临界深度的定量判别 [J]. 煤炭学报，2010，35(3)：363 – 367.
[58] 谢和平，高峰，鞠杨，等. 深部开采的定量界定与分析 [J]. 煤炭学报，2015，40(1)：1 – 10.
[59] 伊茂森. 神东矿区浅埋煤层关键层理论及其应用研究 [D]. 徐州：中国矿业大学，2008.
[60] 师本强. 陕北浅埋煤层矿区保水开采影响因素研究 [D]. 西安：西安科技大学，2012.
[61] 都平平. 生态脆弱区煤炭开采地质环境效应与评价技术研究 [D]. 徐州：中国矿业大学，2012.
[62] 刘辉，何春桂，邓喀中，等. 开采引起地表塌陷型裂缝的形成机理分析 [J]. 采矿与安全工程学报，2013，30(3)：380 – 384.
[63] 王业显. 大柳塔矿重复采动条件下地表沉陷规律研究 [D]. 徐州：中国矿业大学，2014.
[64] 煤炭科学研究总院. 万利矿区浅部煤层快速推进条件下开采地表移动沉陷规律研究 [R]. 北京：煤炭科学研究总院，2012.
[65] 郭俊廷，李全生. 浅埋高强度开采地表破坏特征：以神东矿区为例 [J]. 中国矿业，2018，27(4)：106 – 112.
[66] 陈俊杰. 风积沙区高强度开采覆岩与地表变形机理及特征研究 [D]. 焦作：河南理工大学，2015.
[67] 王军，赵欢欢，刘晶歌. 薄基岩浅埋煤层工作面地表动态移动规律研究 [J]. 矿业安全与环保，2016，43(1)：21 – 25.
[68] 冯超，丁在峰. 杨家村煤矿 222201 工作面开采地表监测数据分析及研究 [J]. 工程勘察，2015(10)：75 – 79.
[69] 陈俊杰，南华，闫伟涛，等. 浅埋深高强度开采地表动态移动变形特征 [J]. 煤炭科学技术，2016，44(3)：158 – 162.
[70] 煤炭科学技术研究院有限公司. 万利一矿三盘区 31 煤综采工作面岩移规律研究 [R]. 北京：煤炭科学技术研究院有限公司，2015.
[71] 陈凯，张俊英，贾新果，等. 浅埋煤层综采工作面地表移动规律研究 [J]. 煤炭科学技术，2015，43(4)：127 – 130，70.
[72] 吴步尘. 察哈素煤矿首采工作面地表沉陷规律研究 [D]. 青岛：山东科技大学，2015.
[73] 张国忠，刘义新. 大采高综采条件下地表沉陷规律研究 [J]. 矿山测量，2015(1)：68 – 70.
[74] 郭佐宁. 张家峁煤矿 15201 综采工作面地表移动规律研究 [D]. 西安：西安科技大学，2015.
[75] 神华神东煤炭集团有限责任公司. 三道沟煤矿采空区地表移动沉陷规律基础研究 [R]. 鄂尔多斯：神东煤炭集团有限责任公司，2013.
[76] 高国生，郝鹏飞. 三道沟煤矿 85201 大采高工作面设备选型研究 [J]. 陕西煤炭，2016(3)：5 – 8.
[77] 杨传福. 三道沟煤矿一期采空区地表沉陷危险性分析 [D]. 西安：西安科技大学，2016.

[78] 刘辉，邓喀中，雷少刚，等. 采动地裂缝动态发育规律及治理标准探讨 [J]. 采矿与安全工程学报，2017，34(5)：884-890.
[79] 郭瑞瑞. 布尔台矿采空区下开采的地表移动规律初探 [J]. 煤矿开采，2018，23(2)：68-71.
[80] 李红旭. 布尔台矿重复采动覆岩移动及地表变形规律研究 [D]. 焦作：河南理工大学，2016.
[81] 甄智鑫. 布尔台矿重复采动煤层关键层结构特征及研究 [D]. 焦作：河南理工大学，2016.
[82] 施喜书，许家林，朱卫兵. 补连塔矿复杂条件下大采高开采地表沉陷实测 [J]. 煤炭科学技术，2008，36(9)：80-83.
[83] 徐敬民. 浅埋大采高工作面端部覆岩运动规律及其对地表变形的影响 [D]. 徐州：中国矿业大学，2017.
[84] 杨俊哲. 7 m 大采高综采工作面导水断裂带发育规律研究 [J]. 煤炭科学技术，2016，44(1)：61-66.
[85] 汪青仓. 活鸡兔煤矿 12205 工作面矿压观测 [J]. 江西煤炭科技，2005(2)：9-11.
[86] 徐友宁，何芳，武自生，等. 神东矿区开采沉陷及塌陷指数预测 [J]. 中国煤炭，2005，31(12)：37-40，43.
[87] 宋世杰. 基于关键地矿因子的开采沉陷分层传递预计方法研究 [D]. 西安：西安科技大学，2013.
[88] 闫光准. 张家茆 14202 综采工作面矿压规律分析 [J]. 西安科技大学学报，2011，31(5)：515-518.
[89] 洪兴. 浅埋煤层开采引起的地表移动规律研究 [D]. 西安：西安科技大学，2012.
[90] 李春永. 浅埋综放开采地表移动变形规律研究 [J]. 矿山测量，2013(4)：77-78，81.
[91] 孙继凯. 串草圪旦煤矿 6204 回采工作面岩移观测 [J]. 水力采煤与管道运输，2012(3)：75-76.
[92] 艾顺岭. 串草圪旦煤矿综放条件下地表裂隙发育规律 [J]. 水力采煤与管道运输，2015(1)：81-82.
[93] 赵杰. 沟谷区域浅埋特厚煤层开采覆岩破断失稳规律及控制研究 [D]. 徐州：中国矿业大学，2018.
[94] 张聚国，栗献中. 昌汉沟煤矿浅埋深煤层开采地表移动变形规律研究 [J]. 煤炭工程，2010(11)：74-76.
[95] 赵俊峰. 冯家塔煤矿地表观测站设置技术研究 [J]. 陕西煤炭，2013(3)：33-35.
[96] 林怡恺. 巨厚砂岩下开采地表与岩层移动规律研究 [D]. 徐州：中国矿业大学，2018.
[97] 李来源. 浅埋煤层大采高综采地表沉陷规律实测研究 [J]. 煤炭技术，2017，36(6)：25-26.
[98] 刘海胜. 浅埋煤层大采高工作面矿压规律与“支架-围岩”关系研究 [D]. 西安：西安科技大学，2013.
[99] 凌源. 黄土山区多工作面开采沉陷规律研究 [D]. 西安：西安科技大学，2016.
[100] 刘兴昌. 榆神府矿区煤层地下开采地表移动规律数值模拟研究 [D]. 西安：西安科技大学，2018.
[101] 刘义新. 浅埋深综放开采下地表沉陷实测规律研究 [J]. 煤矿开采，2018，23(2)：61-64.
[102] 谷拴成，王恩波，熊家全. 浅埋煤层非充分采动地表移动规律实测研究 [J]. 煤炭工程，2014，46(6)：99-102.
[103] 郭浩森. 特厚煤层综放采场矿压显现特征及覆岩移动规律研究 [D]. 焦作：河南理工大学，2012.
[104] 徐飞亚. 近浅埋厚煤层高强度开采地裂缝分布特征及发育机理研究 [D]. 河南理工大学，2019.
[105] 谢晓深，侯恩科，王双明，等. 风沙滩地区中深埋厚煤层综采地表移动变形规律实测研究 [J].

煤矿安全，2021，52(12)：199－206.

[106] 相涛，栾元重，许章平，等. 石拉乌素煤矿地表岩移参数研究［J］. 煤炭技术，2019，38(8)：72－74.

[107] 杨嘉威. 基于 InSAR 技术的石拉乌素矿全盆地开采沉陷规律研究［D］. 徐州：中国矿业大学，2021.

[108] 石国牟，张丽佳，胡振琪，等. 陕北黄土沟壑地貌地表移动变形特征研究［J］. 煤炭科学技术，2023，51(4)：157－165.

[109] 薛换成. 乌兰木伦煤矿 3－1 煤“两带”高度探测与分析［J］. 能源科技，2021，19(1)：36－40.

[110] 鞠金峰，马祥，赵富强，等. 东胜煤田导水裂缝发育及其分区特征研究［J］. 煤炭科学技术，2022，50(2)：202－212.

[111] 杨勇，孙前芳. 高头窑煤矿 2－3 煤层“两带”高度观测及水体下安全开采技术［J］. 煤矿安全，2015，46(12)：73－76.

[112] 王世东，谢伟，罗利卜. 霍洛湾煤矿 22101 工作面顶板两带发育规律［J］. 煤田地质与勘探，2009，37(3)：38－40.

[113] 刘伟涛，周华强. 水体下开采导水裂隙带发育高度模拟与实测［J］. 煤炭技术，2016，35(10)：206－208.

[114] 徐建国. 浅埋深薄基岩矿井综放工作面导水裂缝带发育规律研究［J］. 中国煤炭，2019，45(7)：98－105.

[115] 闫瑞龙. 浅埋煤层综采工作面矿压显现规律研究［D］. 徐州：中国矿业大学，2016.

[116] 张玉军，宋业杰，樊振丽，等. 鄂尔多斯盆地侏罗系煤田保水开采技术与应用［J］. 煤炭科学技术，2012，49(4)：159－168.

[117] 张桉. 矿井采空区水库布置原理及水资源调用方法研究［D］. 包头：内蒙古科技大学，2019.

[118] 杨俊哲，张广伟，杨新林，等. 上湾煤矿超大采高工作面开采地表移动规律［J］. 辽宁工程技术大学学报（自然科学版），2022，41(2)：109－113.

[119] 煤炭科学技术研究院有限公司. 华电蒙泰不连沟煤矿特厚大采高综放开采煤层覆岩破坏发育规律研究及地表塌陷规律研究总结报告［R］. 北京：煤炭科学技术研究院有限公司，2022.

[120] 邹英杰，范洪冬，孙叶，等. 基于 SAR 技术的开采沉陷全盆地分区形变提取方法［J］. 煤矿安全，2022，53(11)：229－235.

[121] 王夏冰. 神东深部开采沉陷规律的 DInSAR 时序分析［D］. 焦作：河南理工大学，2019.

[122] 内蒙古银宏能源开发有限公司泊江海子矿. 内蒙古银宏能源开发有限公司泊江海子矿 113101 工作面开采地表移动观测站观测成果分析报告［R］. 鄂尔多斯：内蒙古银宏能源开发有限公司泊江海子矿，2018.

[123] 王汉元，赵皕，敖嫩，等. 东胜煤田典型煤矿开采沉陷变形破坏研究［J］. 中国煤炭，2023，49(4)：73－79.

[124] 高平，靳志龙，巩泽文. 神东矿区综采工作面地表移动变形规律研究［J］. 中国煤炭，2022，48(S1)：307－315.

[125] 李安宁. 浅埋深厚松散层综采工作面地表开采沉陷研究［J］. 山西煤炭，2023(3)：33－36，47.

[126] 单伟. 神东矿区布尔台煤矿开采沉陷规律研究［J］. 内蒙古煤炭经济，2023(7)：33－35.

[127] 赵阳升. 岩体力学发展的一些回顾与若干未解之百年问题［J］. 岩石力学与工程学报，2021，40(7)：1297－1336.

[128] 杨伦，戴华阳. 关于我国采煤沉陷计算方法的思考［J］. 煤矿开采，2016，21(2)：7－9，120.

[129] 田成东. 巨厚煤层开采覆岩破坏规律及地表变形研究 [D]. 徐州：中国矿业大学，2016.
[130] 杜福荣. 浅埋煤层的覆岩破坏及地表移动规律的研究 [D]. 阜新：辽宁工程技术大学，2002.
[131] 李圣军. 哈拉沟煤矿高强度开采覆岩与地表破坏特征研究 [D]. 焦作：河南理工大学，2015.
[132] 王国立. 活鸡兔首采工作面矿压及其上覆岩层移动研究 [D]. 阜新：辽宁工程技术大学，2002.
[133] 李全生，郭俊廷，戴华阳. 基于采动充分性的地表动态下沉预计方法 [J]. 煤炭学报，2020，45(1)：160-167.
[134] 张凯，李全生，戴华阳，等. 矿区地表移动"空天地"一体化监测技术研究 [J]. 煤炭科学技术，2020，48(2)：207-213.
[135] 张强. 高强度开采超前影响距与采动程度关系的模拟研究 [J]. 煤炭与化工，2017，40(6)：4-6.
[136] 中华人民共和国住房和城乡建设部，等. 煤矿采空区岩土工程勘察规范（GB 51044—2014）[S]. 北京：中国计划出版社，2017.
[137] 中华人民共和国国土资源部. 土地复垦方案编制规程　第3部分：井工煤矿（TD/T 1031. 3—2011）[S]. 北京：中国标准出版社，2011.
[138] 刘义新，李振国，曾柯植，等. 浅埋煤层工作面快速开采速度与地表移动参数关系研究 [J]. 中国煤炭，2018，44(5)：36-40.
[139] 贾新果，宋桂军，陈凯. 工作面推进速度对地表沉陷动态变形影响研究 [J]. 煤炭科学技术，2019，47(7)：208-214.
[140] 王金庄，李永树，周雄，等. 巨厚松散层下采煤地表移动规律的研究 [J]. 煤炭学报，1997，22(1)：18-21.
[141] 高庆潮，胡炳南. 特厚冲积层条件下大采高综采地表移动变形特征 [J]. 煤矿开采，2003，8(2)：19-21.
[142] 史世东，郑志刚，易四海. 厚黄土区综放开采地表移动变形观测与数值模拟研究 [J]. 矿山测量，2014(5)：82-84.
[143] 王志山. 综放高强度开采地表沉陷变形规律实测研究 [J]. 矿山测量，2018，46(4)：69-72.
[144] 胡海峰. 不同土岩比复合介质地表沉陷规律及预测研究 [D]. 太原：太原理工大学，2012.
[145] 郑志刚，滕永海，王金庄，等. 综采放顶煤条件下动态地表沉陷规律研究 [J]. 矿山测量，2009(2)：61-62.
[146] 滕永海，王金庄. 综采放顶煤地表沉陷规律及机理 [J]. 煤炭学报，2008，33(3)：264-267.
[147] 王建卫. 重复开采地表移动规律研究 [D]. 合肥：安徽理工大学，2011.
[148] 王帅，吴盾，刘桂建. 淮南丁集矿地表移动和变形规律分析 [J]. 中国煤炭地质，2013，25(2)：48-51，59.
[149] 王永强. 潘一东矿首采面地表移动变形规律分析 [D]. 合肥：安徽理工大学，2014.
[150] 李希勇，郭惟嘉，阎卫玺，等. 新汶矿区充填开采地表移动规律研究 [M]. 北京：煤炭工业出版社，2013.
[151] 卜昌森，等. 山东矿区地表沉陷移动参数与移动特性规律 [M]. 徐州：中国矿业大学出版社，2015.
[152] 张连贵. 兖州矿区非充分开采覆岩破坏机理与地表沉陷规律研究 [D]. 徐州：中国矿业大学，2009.
[153] 殷作如，邹友峰，邓智毅，等. 开滦矿区岩层与地表移动规律及参数 [M]. 北京：科学出版社，2010.
[154] 李春意，高永格，崔希民，等. 云驾岭矿厚煤层综采地表沉陷时空演化规律研究 [J]. 采矿与安

全工程学报，2019，36(1)：37－43，50.

[155] PENG S S. Surface subsidence engineering [M]. New York：The Society for Mining，Metallurgy and Exploration，Inc，1992.

[156] 隋旺华，陈奇. 简论煤层开采沉陷土体变形的研究意义、现状、机理及预测方法 [J]. 中国地质灾害与防治学报，1995，6(1)：1－6.

[157] 杨文丽. 新密矿区大采高浅埋深开采地表变形规律研究 [D]. 焦作：河南理工大学，2016.

[158] 唐君，王金安，王磊. 薄冲积层下开采地表动态移动规律与特征 [J]. 岩土力学，2014(10)：2958－2968，3006.

[159] 宫灿. 邢台矿区地表移动变形规律研究 [J]. 矿山测量，2015(3)：17－19，22.

[160] 孟令谱. 孙疃矿 1028 首采面地表移动变形规律研究 [D]. 淮南：安徽理工大学，2014.

[161] 原涛. 陕西黄土沟壑区开采沉陷规律研究 [D]. 西安：西安科技大学，2011.

[162] 李培现. 深部开采地表沉陷规律及预测方法研究 [D]. 徐州：中国矿业大学，2013.

[163] 高超. 东坡煤矿特厚煤层综放开采地表移动规律研究 [D]. 北京：煤炭科学研究总院，2014.

[164] 高超，徐乃忠，刘贵，等. 特厚煤层综放开采地表沉陷规律实测研究 [J]. 煤炭科学技术，2014，42(12)：106－109.

[165] 汤铸，李树清，黄寿卿，等. 厚松散层矿区综放开采地表移动变形规律 [J]. 煤矿安全，2018，49(6)：210－212，216.

[166] 苏静，姬祥，李文璐. 厚松散层矿区综放开采地表沉降规律研究 [J]. 煤炭工程，2018，50(3)：104－107.

[167] 郑志刚. 重复采动条件下地表移动变形规律实测研究 [J]. 煤矿开采，2014，19(2)：88－90，94.

[168] 邓念东，姚婷，尚慧，等. 铁路专线下综放开采地表沉陷规律 [J]. 煤田地质与勘探，2019，47(6)：121－125.

[169] 樊克松，申宝宏，张风达. 厚煤层开采地表移动变形规律的深厚效应研究 [J]. 煤炭科学技术，2018，46(3)：194－199.

[170] 郑志刚. 潞安矿区综采放顶煤条件下地表沉陷规律研究 [G]. 第四届全国煤炭工业生产一线青年技术创新文集，2009，435－440.

[171] 汤铸，陈才贤，赵忠义. 松散层在埋深中占比对地表移动变形特征的影响 [J]. 煤矿安全，2017，48(4)：211－214.

[172] 陈磊. 巨厚冲积层薄基岩下开采地表移动规律研究 [D]. 焦作：河南理工大学，2011.

[173] 张连贵. 兖州矿区综放开采地表沉陷规律 [J]. 煤炭科学技术，2010，38(2)：89－92.

[174] 刘帅. 赵庄二号井 1309 工作面地表岩移影响因素研究 [J]. 煤炭与化工，2018，41(4)：17－20.

[175] 峰峰矿务局煤研所，中国矿院地质系. 峰峰矿区建筑物下采煤的实践与认识 [J]. 矿山测量，1981(1)：1－10.

[176] 樊克松. 特厚煤层综放开采矿压显现与地表变形时空关系研究 [D]. 北京：煤炭科学研究院总院，2019.

[177] 许家林，朱卫兵，王晓振，等. 浅埋煤层覆岩关键层结构分类 [J]. 煤炭学报，2009，34(7)：865－870.

[178] 侯忠杰，张杰. 厚松散层浅埋煤层覆岩破断判据及跨距计算 [J]. 辽宁工程技术大学学报，2004，23(5)：577－580.

[179] 张兆江，吴侃，张安兵. 基于关键层理论的沉陷变形起动距的确定 [J]. 煤炭工程，2009(2)：70－71，2.

[180] 王晓振，许家林，朱卫兵，等. 走向煤柱对近距离煤层大采高综采面矿压影响 [J]. 煤炭科学技术，2009，37(2)：1-4，21.
[181] 王晋林，高良. 巨厚松散层下重复开采地表沉降规律研究 [J]. 煤矿开采，2007，12(2)：67-69.
[182] 李春意. 覆岩与地表移动变形演化规律的预测理论及实验研究 [D]. 北京：中国矿业大学（北京），2010.
[183] 王少华. 厚松散层下开采覆岩运动与地表移动规律研究——以淮南矿区顾北矿 13121 工作面为例 [D]. 合肥：安徽理工大学，2013.
[184] 许家林，钱鸣高. 关键层运动对覆岩及地表移动影响的研究 [J]. 煤炭学报，2000，25(2)：122-126.
[185] 徐良骥，王少华，马荣振，等. 厚松散层开采条件下覆岩运动与地表移动规律研究 [J]. 测绘通报，2015(10)：52-56.
[186] 刘利君. 潘北矿 11113 工作面地表移动变形规律研究 [D]. 合肥：安徽理工大学，2014.
[187] 煤炭科学研究总院. 察哈素煤矿 31 采区及采准巷道矿压规律和顶板控制研究报告 [R]. 北京：煤炭科学研究总院，2014.
[188] 李亮. 高强度开采条件下堤防损害机理及治理对策研究 [D]. 徐州：中国矿业大学，2010.
[189] 谭志祥，王宗胜，李运江，等. 高强度综放开采地表沉陷规律实测研究 [J]. 采矿与安全工程学报，2008，25(1)：59-63.
[190] 谭志祥，邓喀中，白振明. 综放开采地表移动变形规律实测研究 [J]. 测绘通报，2003(9)：20-22.
[191] 张广伟. 软弱覆岩地表沉陷机理研究及应用 [D]. 北京：煤炭科学研究总院，2016.
[192] 王金庄，张瑜. 矿区开采地表下沉率及采动程度关系的研究 [J]. 矿山测量，1996(1)：10-13.
[193] 康健荣，赵阳升. 停采后覆岩及地表下沉率随时间变化实验分析 [J]. 辽宁工程技术大学学报，2005，24(3)：324-327.
[194] 杨伦，温吉洋，于世全. 极不充分采动条件下地表下沉规律及计算方法研究 [J]. 中国地质灾害与防治学报，2005，16(1)：81-83.
[195] 侯得峰. 红岭煤矿不同采动程度下覆岩破坏及地表移动变形特征研究 [D]. 焦作：河南理工大学，2016.
[196] 郭增长，王金庄，戴华阳. 极不充分开采地表移动与变形预计方法 [J]. 矿山测量，2000(3)：35-37.
[197] 郭增长，谢和平，王金庄. 极不充分开采地表移动和变形预计的概率密度函数法 [J]. 煤炭学报，2004，29(2)：155-158.
[198] 戴华阳，王金庄. 非充分开采地表移动预计模型 [J]. 煤炭学报，2003，26(6)：583-587.
[199] 廉旭刚. 基于 Knothe 模型的动态地表移动变形预计与数值模拟研究 [D]. 北京：中国矿业大学（北京），2012.
[200] 李凤明，梁京华. 厚冲积层矿区地表移动参数与地质采矿条件之间的关系及其特点 [J]. 煤炭科学技术，1996，24(3)：29-33.
[201] 刘文生. 东北煤矿区地表下沉系数规律研究 [J]. 辽宁工程技术大学学报（自然科学版），2001，20(3)：278-280.
[202] 孙洪星. 风积沙和黄土覆盖下煤层开采地表移动规律对比研究 [J]. 煤矿开采，2008，13(1)：6-9.
[203] 中华人民共和国国家质量监督检验检疫总局，中国国家标准化管理委员会. 煤矿科技术语 第 7 部分：开采沉陷与特殊开采（GB/T 15663. 7—2008）[S]. 北京：中国标准出版社，2008.

[204] 孙庆先，陈清通，李宏杰，等．关键层破断对地表移动变形超前影响的机理研究［J］．煤炭工程，2023，55(2)：105－109.
[205] 郝延锦，吴立新，陈胜华．岩移参数的统计规律和影响因素［J］．煤矿安全，2000(5)：30－31.
[206] 戴华阳，王金庄，崔继宪，等．基于倾角变化的开采影响传播角和最大下沉角［J］．矿山测量，2001(S)：28－30，102.
[207] 黄乐亭．开采影响传播角与最大下沉角的关系［J］．矿山测量，1986(1)：13－18.
[208] 王新静，胡振琪，胡青峰，等．风沙区超大工作面开采土地损伤的演变与自修复特征［J］．煤炭学报，2015，40(9)：2166－2172.
[209] 浙江省质量技术监督局，等．工程建设岩土工程勘察规范（DB 33/T 1065—2009）［S］．杭州：浙江工商大学出版社，2010.
[210] 中华人民共和国交通运输部．采空区公路设计与施工技术细则（JTG－T D31－03—2011）［S］．北京：人民交通出版社，2011.
[211] 黄森林．浅埋煤层采动裂缝损害机理及控制方法研究［D］．西安：西安科技大学，2006.
[212] 鞠金峰．浅埋近距离煤层出煤柱开采压架机理及防治研究［D］．徐州：中国矿业大学，2013.
[213] 神华神东煤炭集团有限责任公司．三道沟煤矿浅埋大采高开采厚砂岩顶板控制技术研究［R］．鄂尔多斯：神东煤炭集团有限责任公司，2013.
[214] 戴华阳，罗景程，郭俊廷，等．上湾矿高强度开采地表裂缝发育规律实测研究［J］．煤炭科学技术，2020，48(10)：124－129.
[215] 范立民，张晓团，向茂西，等．浅埋煤层高强度开采区地裂缝发育特征——以陕西榆神府矿区为例［J］．煤炭学报，2015，40(6)：1442－1447.
[216] 煤炭科学技术研究院有限公司．巴彦高勒煤矿311101工作面开采地表移动规律研究［R］．北京：煤炭科学技术研究院有限公司，2018.
[217] 马施民，王洋，杨雯，等．山西煤矿潞安矿区地裂缝发育特征及形成机理分析［J］．中国地质灾害与防治学报，2014，25(1)：28－32.
[218] 姬文斌．黄土矿区不同采高情况下地表裂缝特征研究［D］．西安：西安科技大学，2017.
[219] 高超，徐乃忠，倪向忠，等．煤矿开采引起地表裂缝发育宽度和深度研究［J］．煤炭工程，2016，48(10)：81－83，87.
[220] 徐乃忠，高超，倪向忠，等．浅埋深特厚煤层综放开采地表裂缝发育规律研究［J］．煤炭科学技术，2015，43(12)：124－128，97.
[221] 胡青峰．特厚煤层高效开采覆岩与地表移动规律及预测方法研究［D］．北京：中国矿业大学(北京)，2011.
[222] 侯恩科，谢晓深，徐友宁，等．羊场湾煤矿采动地裂缝发育特征及规律研究［J］．采矿与岩层控制工程学报，2020，2(3)：037038(－1)－037038(－8).
[223] 张占兵．巨厚煤层综放开采地表裂缝深度探测研究［D］．唐山：河北理工大学，2010.
[224] 王国立．浅埋薄基岩采煤工作面覆岩纵向贯通裂隙演化规律研究［D］．北京：中国矿业大学(北京)，2015.
[225] 王来贵，初影，赵娜．采煤引起地表裂缝数值模拟研究［J］．沈阳建筑大学学报（自然科学版），2010，26(6)：1138－1141.
[226] 赵勤正，张和生．基于特征的井工开采土地破坏程度特征因子选取［J］．能源环境保护，2003，16(6)：54－57.
[227] 吴侃，周鸣，胡振琪．开采引起的地表裂缝深度和宽度预计［J］．阜新矿业学院学报（自然科学版），1997，16(6)：649－652.

[228] 胡振琪，王新静，贺安民. 风积沙区采煤沉陷地裂缝分布特征与发生发育规律 [J]. 煤炭学报，2014，39(1)：11－18.
[229] 刘辉，刘小阳，邓喀中，等. 基于 UDEC 数值模拟的滑动型地裂缝发育规律 [J]. 煤炭学报，2016，41(3)：625－632.
[230] 张登宏. 徐淮广电中心建设场地下老采空区地基稳定性研究 [D]. 西安：西安建筑科技大学，2009.
[231] 王晓振，许家林，朱卫兵. 主关键层结构稳定性对导水裂隙演化的影响研究 [J]. 煤炭学报，2012，37(4)：606－612.
[232] 范立民. 保水采煤的科学内涵 [J]. 煤炭学报，2017，42(1)：27－35.
[233] 赵立钦. 补连塔煤矿特厚煤层综采一次采全高覆岩破坏特征研究 [D]. 北京：煤炭科学研究总院，2018.
[234] 卫鹏，霍军鹏. 韩家湾煤矿导水裂隙带高度研究 [J]. 中国科技博览，2003(38)：66－67.
[235] 初艳鹏. 神东矿区超高导水裂隙带研究 [D]. 青岛：山东科技大学，2011.
[236] 李磊. 榆林矿区浅埋深厚土层薄基岩煤层开采覆岩破坏规律研究 [J]. 煤矿开采，2017，22(3)：62－64，103.
[237] 杨荣明，陈长华，宋佳林，等. 神东矿区覆岩破坏类型的探测研究 [J]. 煤矿安全，2013，44(1)：25－27.
[238] 王正帅. 导水裂缝带高度预测的模糊支持向量机模型 [J]. 地下空间与工程学报，2011，7(4)：723－727.
[239] 王创业，薛瑞雄，李振凯. 补连塔煤矿导水裂隙带发育规律研究 [J]. 煤炭技术，2016，35(1)：103－105.
[240] 王连国，王占盛，黄继辉，等. 薄基岩厚风积沙浅埋煤层导水裂隙带高度预计 [J]. 采矿与安全工程学报，2012，29(5)：607－612.
[241] 马雄德，范立民，贺卫中，等. 浅埋煤层高强度开采突水危险性分区评价 [J]. 中国煤炭，2015，41(10)：33－36，52.
[242] 赵兵朝，刘樟荣，同超，等. 覆岩导水裂缝带高度与开采参数的关系研究 [J]. 采矿与安全工程学报，2015，32(4)：634－638.
[243] 高登彦. 厚基岩浅埋煤层大采高长工作面矿压规律研究 [D]. 西安：西安科技大学，2009.
[244] 付玉平，宋选民，邢平伟. 浅埋煤层大采高超长工作面垮落带高度的研究 [J]. 采矿与安全工程学报，2010，27(2)：190－194.
[245] 滕永海，唐志新，郑志刚. 综采放顶煤地表沉陷规律研究与应用 [M]. 北京：煤炭工业出版社，2009.
[246] 许延春，李俊成，刘世奇，等. 综放开采覆岩“两带”高度的计算公式及适用性分析 [J]. 煤矿开采，2011，16(2)：4－7，11.
[247] 丁鑫品，郭继圣，李绍臣，等. 综放开采条件下上覆岩层“两带”发育高度预计经验公式的确定 [J]. 煤炭工程，2012(11)：75－78.
[248] 刘世奇. 厚煤层开采覆岩破坏规律及黏土隔水层采动失稳机理研究 [D]. 北京：中国矿业大学(北京)，2016.
[249] 白利民，尹尚先，李文. 综采一次采全高顶板导水裂缝带发育高度的计算公式及适用性分析 [J]. 煤田地质与勘探，2013，41(5)：36－39.
[250] 李洋，李文平，刘登宪. 潘谢矿区导水裂隙带发育高度与采厚关系回归分析 [J]. 地球与环境，2005，33(S)：66－68.

[251] 胡小娟，李文平，曹丁涛，等. 综采导水裂隙带多因素影响指标研究与高度预计 [J]. 煤炭学报，2012，37(4)：613 - 620.
[252] 张小明，侯忠杰. 厚土层浅埋深煤层开采覆岩“三带”的数值模拟 [J]. 煤炭科学技术，2007，35(2)：93 - 95.
[253] 伊茂森，朱卫兵，李林，等. 补连塔煤矿四盘区顶板突水机理及防治 [J]. 煤炭学报，2008，33(3)：241 - 245.
[254] 王志强，李鹏飞，王磊，等. 再论采场三带的划分方法及工程应用 [J]. 煤炭学报，2013，38(S2)：287 - 293.
[255] 郭文兵，白二虎，赵高博. 高强度开采覆岩地表破坏及防控技术现状与进展 [J]. 煤炭学报，2020，45(2)：509 - 523.
[256] 康永华. 采煤方法变革对导水裂缝带发育规律的影响 [J]. 煤炭学报，1998，23(3)：262 - 266.
[257] 刘贵，张华兴，刘治国，等. 河下综放开采覆岩破坏发育特征实测及模拟研究 [J]. 煤炭学报，2013，38(6)：987 - 993.
[258] 郭文兵，娄高中. 覆岩破坏充分采动程度定义及判别方法 [J]. 煤炭学报，2019，44(3)：755 - 766.
[259] 朱德福，屠世浩，王方田，等. 浅埋房式采空区煤柱群稳定性评价 [J]. 煤炭学报，2018，43(2)：390 - 397.
[260] 温嘉辉，沙猛猛，杨伟名. 刀柱式开采煤柱稳定的数值模拟研究 [J]. 中国煤炭，2016，42(4)：43 - 47.
[261] 王方田. 浅埋房式采空区下近距离煤层长壁开采覆岩运动规律及控制 [D]. 徐州：中国矿业大学，2012.
[262] 杨彦峰. 大同煤矿大面积悬顶岩体瞬间一次冒落灾害 [R]. 岩石工程事故与灾害实录（第一册），1994.
[263] 杨布华. 我国非煤矿山地下采空区稳定性研究进展 [J]. 矿产与地质，2008，22(5)：473 - 478.
[264] 彭小沾，崔希民，王家臣，等. 基于 Voronoi 图的不规则煤柱稳定性分析 [J]. 煤炭学报，2008，33(9)：966 - 970.
[265] 侯志鹰，张英华. 大同矿区采煤沉陷地表移动特征 [J]. 煤炭科学技术，2004，32(2)：50 - 53.
[266] 林惠立. 浅埋房采采空区稳定性分析及其安全评价系统 [D]. 青岛：山东科技大学，2014.
[267] 大同矿务局马脊梁矿. 马脊梁矿 402 采区大面积顶板冒落情况 [J]. 煤炭科学技术，1976(6)：48 - 52.
[268] 黄庆国，赵军. 大同矿区地表沉陷类型及成因初探 [J]. 煤炭科学技术，2008，36(9)：92 - 94，109.
[269] 李铁，蔡美峰，张少泉，等. 我国的采矿诱发地震 [J]. 东北地震研究，2005，21(3)：1 - 26.
[270] 陈忠华. 采空塌陷掣肘煤炭工业发展 [N]. 中国矿业报，2004.
[271] 董星宏，韩恒悦，邵辉成. 对陕西榆林地区三次矿震灾害的认识 [J]. 灾害学，2005，20(2)：96 - 98.
[272] 邵辉成，罗词建. 陕北煤矿塌陷及灾害简介 [J]. 华北地震科学，2009，27(2)：1 - 4.
[273] 狄秀玲，王平，金昭娣. 陕西榆林地区北部塌陷地震初步分析 [J]. 灾害学，2009，24(4)：81 - 83.
[274] 张俊英，李文，杨俊哲，等. 神东矿区房采采空区安全隐患评估与治理技术 [J]. 煤炭科学技术，2014，42(10)：14 - 19.
[275] 煤炭科学研究总院. 榆林市地方煤矿采空区综合治理规划 [R]. 北京：煤炭科学研究总院，2014.

[276] 白如鸿．榆阳区地方煤矿采空区现状调查 [J]．陕西煤炭，2016(3)：31 - 33，45.
[277] 煤炭科学技术研究院有限公司．敬老院煤矿井田包府路北部路基稳定性评估 [R]．北京：煤炭科学研究院有限公司，2019.
[278] 朱学森．山东兰陵 3 级地震系石膏矿采空区塌陷所致，面积约 10 亩 [EB/OL]．https://news.sina.com.cn/s/2020 - 06 - 01/doc - iirczymk4592630.shtml,2020 - 06 - 01/2020 - 06 - 01.
[279] 山东临沂兰陵 3 级地震系一石膏矿采空区塌陷，半年内第二次塌陷 [EB/OL]．https://tech.sina.com.cn/roll/2020 - 05 - 31/doc - iirczymk4539992.shtml.2020 - 05 - 31/2020 - 06 - 01.
[280] 吴立新，王金庄．煤柱屈服宽度计算及其影响因素分析 [J]．煤炭学报，1995，20(6)：625 - 631.
[281] 王旭春，黄福昌，张怀新，等．A. H. 威尔逊煤柱设计公式探讨及改进 [J]．煤炭学报，2002，27(6)：604 - 608.
[282] 翟所业，张开智．煤柱中部弹性区的临界宽度 [J]．矿山压力与顶板管理，2003，20(4)：14 - 16.
[283] 谭志祥，郭中华，邓喀中，等．深部走向条带开采试验研究 [J]．中国煤炭，2007，33(10)：35 - 38.
[284] 刘义新．房柱式采空区遗留煤柱稳定性综合评价研究 [J]．煤矿开采，2013，18(3)：78 - 80.
[285] 孙庆先．采空区内煤柱稳定性影响因素分析与评价方法 [J]．煤矿安全，2017，48(8)：128 - 131.
[286] 于洋．柱式开采煤柱长期稳定性评价方法研究 [D]．徐州：中国矿业大学，2018.
[287] 戴华阳，李树志，侯敬宗．大同矿区岩层与地表移动规律分析 [J]．矿山测量，1995(2)：16 - 21.
[288] 杨跃翔．房柱式开采煤柱设计及锚固法煤柱加固技术研究 [D]．北京：煤炭科学研究总院，2002.
[289] 王文杰，赵仁政，吴成宏．条带开采合理采宽的分析 [J]．煤矿现代化，2003(3)：22 - 23.
[290] 徐金海，缪协兴，张晓春．煤柱稳定性的时间相关性分析 [J]．煤炭学报，2005，30(4)：433 - 437.
[291] 谭志祥，卫建清，邓喀中，等．房式开采地表沉陷规律试验研究 [J]．焦作工学院学报（自然科学版），2003，22(4)：255 - 258.
[292] 纪玉杰．北京西山煤炭采空区地面塌陷危险性分析 [J]．北京地质，2003，15(3)：8 - 22.
[293] 邓波．采空区塌陷预测的支持向量机方法 [J]．化工矿物与加工，2011，40(12)：29 - 32.
[294] 白云飞，邓建，董陇军．费歇判别分析方法在采空区塌陷预测中的应用 [J]．矿业研究与发展，2008，28(5)：74 - 76.
[295] 慎乃齐，杨建伟，郑惜平．基于神经网络的采空塌陷预测 [J]．煤田地质与勘查，2001，29(3)：42 - 43.
[296] 张长敏，董贤哲，祁丽华，等．采空区地面塌陷危险性两级模糊综合评判 [J]．地球与环境，2005，33(S)：99 - 102.
[297] 陈红江，李夕兵，高科．突变级数法在采空区塌陷预测中的应用 [J]．安全与环境学报，2008，8(6)：108 - 110.
[298] 李笛，陈忠，杨金林，等．基于距离判别分析法的采空区塌陷预测 [J]．现代矿业，2011(5)：32 - 33，42.